“十三五”国家重点出版物出版规划项目
海洋生态科学与资源管理译丛

海岸系统动力学

［荷］Job Dronkers 著
孙永福 杨宗严 王柯萌 译

海洋出版社

2018年·北京

图书在版编目(CIP)数据

海岸系统动力学/(荷)乔布·庄克斯(Job Dronkers)著;孙永福,杨宗严,王柯萌译.—北京:海洋出版社,2018.12
书名原文:DYNAMICS OF COASTAL SYSTEMS
ISBN 978-7-5210-0296-6

Ⅰ.①海… Ⅱ.①乔… ②孙… ③杨… ④王… Ⅲ.①海岸-海洋动力学
Ⅳ.①P731.2

中国版本图书馆CIP数据核字(2018)第288866号

图字:01-2013-2850

责任编辑:苏 勤 安 淼
责任印制:赵麟苏

海洋出版社 出版发行
http://www.oceanpress.com.cn
北京市海淀区大慧寺路8号 邮编:100081
北京朝阳印刷厂有限责任公司印刷 新华书店北京发行所经销
2018年12月第1版 2018年12月第1次印刷
开本:787 mm×1092 mm 1/16 印张:23.5
字数:580千字 定价:289.00元
发行部:010-62132549 邮购部:010-68038093 总编室:010-62114335
海洋版图书印、装错误可随时退换

中文版前言

在过去的几十年间，中国经济飞速发展，沿海地区的工业和水产业在其中发挥了重要的作用。与此同时，政府管理部门已意识到应高度重视对沿海资源环境的保护。海岸带与人类生存息息相关，沿岸栖息地对海洋生物、海洋生态环境以及渔业生产都是至关重要的。自然岸线，如红树林、盐沼及沙丘等，可以减缓台风和地震引起的海洋波动对沿海发展的冲击，有益于海岸环境保护。

《海岸系统动力学》一书指出，海岸带，特别是海岸沉积区域，属于动力环境，并不仅仅以被动的方式响应外部干预。海岸地貌与波浪、潮汐和海流相互作用，朝着动态平衡的方向演变。海岸对外部干预的响应通常难以预见，然而准确可靠的预测响应机制对管理多重利益并存的海岸带是至关重要的。

典型的案例是修建海堤防止海岸侵蚀，这在亚洲很普遍，中国的很多海岸也是用这种方式来防护的。作为对海堤修建的响应，海岸剖面发生变化，海滩衰退，甚至消失，裸露的海堤基础因此遭受波浪的冲击破坏。防止海岸侵蚀的替代方式，有海滩补沙、沙丘植被、红树造林、修建缓冲带和离岸堤等，具体方式的选择取决于当地的条件，这些替代方式旨在以更低的代价产生长期的更大效益。同样，围海造地可以设计成不同的方式，其中某些方式或许更利于可持续发展，更利于保护国家和社会财富不受损失。

本书以论述塑造海岸环境的自然过程为主，理解这些过程是预测海岸演变的基本要求，并为海岸开发保护提供依据，避免人类活动与自然规律相违背。

荷兰是全新世海侵时期海洋动力与沉积过程相互作用形成的国家，我的经验主要基于几个世纪以来人类在对荷兰海岸干预过程中得到的教训。中国的海岸线多是基岩岸线、沙质岸线、粉砂淤泥质岸线，这不同于荷兰的障壁型海岸。然而，基本的海岸过程是相通的，如波浪和潮汐在浅水中的变形，海流和地形的相互作用，潮上带、潮间带和潮下带之间的泥沙交换，以及形成沙坝和沙嘴的沿岸输沙过程。无论在中国还是荷兰，海岸过程都遵循同样的规律，控制着海岸的侵蚀和沉积，塑造着海岸地貌。

在古代，中国的工程师设计并建造了世界上最伟大的水利工程——都江堰。三峡工程的建设，延续了中国工程师的智慧。今天，在长江三角洲、珠江三角洲及其他沿海地区，都有宏大的海岸工程在进行。这些工作将带来宝贵的经验，有益于世界各地的海岸开发。同时，荷兰的经验对中国现在的海岸工程建设也有借鉴意义。荷兰强调“与自然共建”的理念，以顺应自然的方式设计海岸工程。

“与自然共建”的过程就是充分理解海岸地貌演变的过程，我撰写本书的目的就是希望能帮助大家对此有更加广泛的理解与认识。

Job Dronkers

于2015年5月

致　谢

海岸带陆海相互作用强烈，是重要的人类活动区域，也是大量生物栖息地、滩涂、湿地、红树林等生态敏感区分布区域。研究探讨不同海洋水动力环境条件下海岸地貌动力响应机制过程及演变规律，预测评价人类工程活动对于海岸稳定的影响，对于海岸带资源环境管理与空间开发利用与生态保护具有非常重要的意义。

《海岸系统动力学》一书系统阐述了海岸水体运动与海岸地形地貌之间的动力相互作用机制及平衡过程，这些相互作用影响控制着整个海岸系统对外部动力环境改变和人类活动的响应。特别指出海岸地形地貌不只是被动地响应波浪和海流作用，海岸水体运动与海岸地貌之间存在非线性的相互作用关系，这种非线性反馈机制导致了海岸地形地貌演变的时空复杂性。从非线性反馈过程的角度描述海岸动力作用机制，可以更好地理解认识海岸地貌演变与岸线变迁。该书最后归纳总结出海岸工程开发活动的重要宗旨是：顺应海岸动力演变自然过程规律，“与自然协同工作”。

本书作者长期在荷兰从事海岸动力学及海岸地貌研究工作，在该专业领域具有丰富的科研与工程实践经验，对海陆相互作用有深刻的理解认识。此书可供从事海洋动力学、海岸动力地貌、海洋地质、工程地质、海岸工程等专业的科研教学人员及工程技术人员使用。

本书由孙永福研究员主持翻译完成，特别感谢夏东兴研究员对本书翻译给予的指导建议与鼓励支持，宋玉鹏、边淑华、乔璐璐、王勇智四位博士为本书翻译审校做了大量工作，董立峰、刘晓瑜、曹成林、张永强也参与了本书的部分编译工作，在此一并谨致谢意。

本书的翻译由国家海洋公益性行业科研专项（20105005）资助，在此也感谢课题组的所有同事和研究生同学所给予的支持和帮助。

因译者专业水平与能力所限，书中难免存在疏漏之处，敬请各位同行专家学者批评指正。

译者　孙永福

2018 年 12 月 10 日于青岛

符 号 说 明

a	潮波或波浪振幅（半均方根波高 H_{rms}）[m]
A	水道总横断面积 [m^2] 或系数
A_C	水道横断面积 [m^2]
b	瞬时宽度或时均宽度 [m]
b_C	水道宽度 [m]
b_S	表面宽度 [m]
c	波浪传播速度 [m/s] 或悬沙浓度 [kg/m^3]
c_D	摩阻（拖曳）系数 $\tau_b/\rho\,\overline{u}^2$
C	全沙体积输沙率 [m] 或系数
d	泥沙粒径 [m]
d_*	无量纲的泥沙粒径 $(g\Delta\rho/\rho\nu^2)^{1/3}d$
D	瞬时全水深（$Z_s - Z_b$）[m]
D_L	纵向扩散系数 [m^2/s]
D_S	传播深度 A_C/b_s [m]
De	沉积速率 [m/s]
e	2.7183
E	波浪能量或潮汐能量 [J/m^2]
Er	侵蚀速率 [m/s]
f	科氏参数 [s^{-1}] 或函数（幅度）
F	弗劳德数 $u/\sqrt{g\rho}$
g	重力加速度 9.8 [m/s^2]
G	相似系数
h	时均水深（水道深度）[m]
h_S	时均传播深度 [m]
h_{cl}	闭合深度 [m]
H	波高 $H_{rms} = \sqrt{8E/g\rho} = 2a$ [m]
HW	高潮时间（也用上标 + 表示）

HSW	高平潮时间
i	$\sqrt{-1}$或指数
j	指数
k	波数（x 方向）[m^{-1}]
K	扩散系数或涡动扩散系数 [m^2/s] 或复波数绝对值 [m^{-1}]
I	时均水面坡度
l	长度（特别指海湾的长度）[m]
L	潮波或波浪的波长 [m]
L_A	障壁型潮汐水道的长度 [m]
L_b	河流型潮汐水道的收缩长度 [m]
LW	低潮时间（也用上标 – 表示）
LSW	低平潮时间
m	米
n	泥沙通量公式中的速度指数，或者波浪群速度与波浪传播速度的比值
N	湍流黏性系数（涡黏系数）[m^2/s]
O [. .]	量级
p	压力 [N/m^2] 或海底孔隙率
p_n	n 个潮汐周期期间水团的净位移超过一定距离的概率
P	进潮量 [m^3]
P_n	p_n的断面均值
q	单宽体积输沙率 [m^2/s] 或总输沙率 [m^3/s]
q_b	单宽推移质输沙率 [m^2/s]
q_s	单宽悬移质输沙率 [m^2/s]
Q	单宽流量 [m^2/s] 或总量 [m^3/s]
Q_R	河流流量 [m^3/s]
Q_T	潮流量 [m^3/s]
Q_a	最大涨落潮流量的半差（$Q_T^+ - Q_T^-$）/2
Q_m	潮流量幅值 [m^3/s]
r	线性底摩阻系数 [m/s]
r_A	地球半径 [m]
R	水道曲率半径 [m]
Ri	理查森数
s	秒
S	盐度 [ppt]

$S^{(xx)}$，$S^{(xy)}$ 辐射应力［N/m］

t 时间［s］

T 波浪周期或潮汐周期［s］

$\bar{u}$ 流速矢量［m/s］

u x 方向上的流速［m/s］

u_{cr} 泥沙起动流速［m/s］

u_* 剪切速度 $\sqrt{\tau_b/\rho}$［m/s］

U 潮流速度幅值或波浪轨迹速度幅值［m/s］

v y 方向上的流速［m/s］

V 沿岸流［m/s］或落潮三角洲泥沙体积［m^3］

w z 方向上的流速［m/s］

w_s 沉速［m/s］

x 纵坐标［m］

y 横坐标（x，y，z 右旋坐标系）［m］

z 垂向坐标（z 轴朝上）［m］

z_b 相对于未受扰动海底的海底高度［m］

Z_b 固定参考系中的海底高度［m］

Z_s 固定参考系中的水面高度［m］

α 泥沙通量系数［$m^{2-n}s^{n-1}$］

β 海底坡度/海滩坡度/滨面坡度或潮流加速度与潮流摩阻的比值 $h\omega/r$

γ 泥沙输移公式中的海底坡度系数

γ_{br} 波浪破碎的判据 H_{br}/h_{br}

δ 边界层的厚度［m］

Δ 差值

Δ_S HW/LW 与相应滞潮之间的平均时差［s］

Δ_{EF} 退潮和涨潮的持续时差［s］

Δ_{FR} 潮水降落和潮水上升的持续时差［s］

Δ_ρ 泥沙与水的密度差［kg/m^3］

∂ 偏导数

ϵ 无穷小

ε_b 推移质输移的有效系数

ε_s 悬移质输移的有效系数

ζ 涡度（$\bar{v}_x-\bar{u}_y$）［s^{-1}］

η 自由表面高度波动［m］

θ	波浪入射角或流速与底形夹角［弧度］
κ	复波数 $k+i\mu$［m^{-1}］
λ	韵律底形的波长［m］
μ	复波数虚部或指数衰减系数［m^{-1}］
ν	运动黏度［m^2/s］
Ξ	潮流扩散系数［m^2/s］
π	3.14
ρ	海水密度［kg/m^3］
ρ_{sed}	沉积物密度［kg/m^3］
σ	韵律底形角频率（复数）［s^{-1}］
σ_r	韵律海底扰动 $K\sigma$的角频率［s^{-1}］
σ_i	海底扰动 $\tilde{v}\sigma$的增长率（正或负）［s^{-1}］
τ	切应力［N/m^2］
τ_b	海底切应力［N/m^2］
τ_{cr}	临界侵蚀应力［N/m^2］
ϕ	受扰动和未扰动流速之间的相角［弧度］
φ	潮流速度与水位之间的相角［弧度］
φ_r	休止角
Φ	流速势函数 $\Phi_x = u$，$\Phi_z = w$［m^2/s］或潮均盐度通量［mkg^3/s］
Ψ	流函数 $\Psi_x = -w$，$\Psi_z = u$［m^2/s］
ω	波浪角频率或半日潮波角频率［弧度/s］
Ω	地球自转角频率［弧度/s］

下标：

$i=0, 1, 2, \cdots$	残余分量；高阶分量；未扰动状态；一阶、二阶扰动等
x；y；z；t	偏导数 $f_x = \partial f/\partial x$；　$f_t = \partial f/\partial t$；　$f_{xx} = \partial^2 f/\partial x^2$ 等
$i=, 1; , 2; \cdots$	偏导数 $f_{,1} = \partial f/\partial x$；　$f_{,2} = \partial f/\partial y$ 等
eq	平衡值 f_{eq}
br	破浪线处的数值 f_{br}
C	与潮汐水道相关 f_C
R	与河流相关 f_R
T	与潮流相关 f_T

上标：

$(x;y;z)$	x；y；z 分量，$\vec{u}=(u^{(x)},u^{(y)},u^{(z)})$
$+$；$-$	高潮或涨急（f^{+}）时的数值；低潮或落急（f^{-}）时的数值
$'$	从平衡状态的扰动 f' 或相对平均偏差
$*$	无量纲变量 f^{*}

平均运算：

$\langle f\rangle$	时间平均 $\frac{1}{T}\int_{t}^{t+T}f\mathrm{d}t$
$\bar{f}$	深度平均 $\frac{1}{D}\int_{-h}^{\eta}f\mathrm{d}z$
$\bar{\bar{f}}$	断面平均 $\frac{1}{A}\iint_{A}f\mathrm{d}y\mathrm{d}z$
$[f]$	f 的量级

目 录

第1章　引　言

1.1　本书的内容

海岸动态变化

海岸是陆地与海洋的分界线，形态各异，蜿蜒复杂，在许多方面总是频繁变化并难以测。同时，海岸又有许多共同的特性，所有这些现象的解释都应当基于普遍适用的基础物理学定律。这一方法即被称为“海岸地貌动力学”。

本书主要阐述沉积海岸地貌的形成过程及反馈机制，向读者介绍过去数十年间发展起来的物理－数学概念，并用以解释海岸系统的基本原理。海岸地貌主要是在波浪和海流作用下形成的，潮汐也常常在其中发挥重要作用。这似乎是显而易见的，但却包含一个令人费解的问题。海岸地貌通常呈现从小到大不同的多尺度构造，这与波浪、潮汐和海流相对有限的空间尺度变化形成强烈的对比。本书的主题就是为解释这种明显差异提供线索。

泥沙运动

正如在许多有关海岸作用过程的文章或著作中所叙述的那样，海岸带是地球上最具活力和能量的环境，波浪、海流和潮汐是这种特征的明显表现形式。海水的运动作用于海岸和海底，从而引起海底物质的侵蚀和输运。在海岸带，大量的沉积物始终处于不断地运动中。例如在荷兰沿岸水域，任一时刻处于运动中的泥沙平均量可与海岸的年净侵蚀量(几百万立方米)相当。泥沙输移的数量和方向取决于局部的波浪、海流和潮汐，而这又受外海传入的波浪、潮汐和风等外力所驱动。

海岸带以水体运动和海底地貌的相互作用为特征

特别重要的是，波浪、海流、潮汐和泥沙输移并不仅仅取决于外力，而且还依赖于海底的局部地形和物质组成。在海岸带的不同地方泥沙输移的数量和方向不尽相同，有些地方出现侵蚀，而在另外一些地方，则出现淤积。因此，海底和岸线是处在不断地变化过程中：位置在变化、形态在变化、物质组成也在变化。这种变化又反过来影响波浪、海流和潮汐。换言之，海岸地貌和水体运动是以相互关联的方式进行演变的，沉积海岸环境是以海岸地貌和水体运动彼此间的不断相互适应为特征。因此，本书中的海岸系统有如下特征：

- 水体运动受海洋条件的影响；
- 水体运动和海底地形相互作用。

图 1.1 和图 1.3 概略地描述了这一定义下的典型海岸系统。

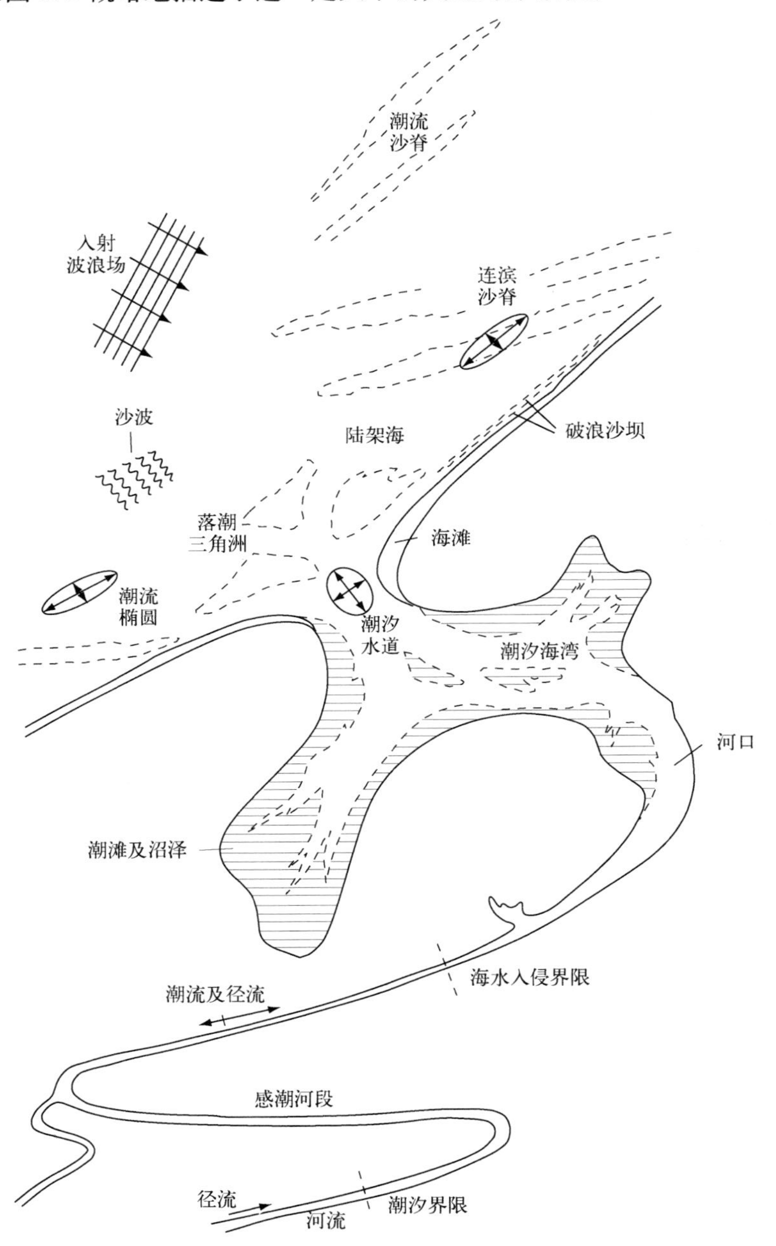

图 1.1　海岸线可以伸入内陆很远的距离。图中所描绘的是低洼海岸平原的主要构成，海岸地貌和离岸海底地貌主要是与非线性的水体运动相互作用的结果。该图给出了海岸环境的几种特征和本书使用的相应术语

侵蚀和淤积的尺度相关性

若空间尺度小，海底地貌与水体运动在短时间内即可相互适应达到平衡；但空间尺度大，两者相互适应的时间就会很长。侵蚀和淤积在大的时空尺度是处于总体平衡状态的话，在小的时空尺度就有可能不平衡；反之亦然。事实上，侵蚀、淤积和泥沙输移等现象总是需要针对特定的时空尺度加以限制。一般而言，我们限定的时空尺度比湍流运动的空间尺度大，而比海平面上升的时间尺度小。后者的时间尺度是数千年量级，在过去的数千年间，海平面大约上升了 1 m。根据需要，更精确的时空尺度的定义会在本书中给出。

地貌平衡的稳定性

假设冲刷和淤积处于平衡状态，这种状态被称为地貌平衡。假如这种地貌平衡被扰动，如受到外来沉积过程的干扰，会发生什么呢？通常有以下 3 种可能：①一段时间后，泥沙扩散，外来沉积物消失，这种情况平衡是稳定的；②外来沉积物不受影响，维持不变，则平衡是临界稳定的；③外来沉积物增长，则平衡是不稳定的。

地貌特征的形成

在最后一种情况下，是什么原因使沉积物增长呢？这个问题没有唯一的答案。可能会有不同的过程在发挥作用。所有这些过程通常都具有以下共同点：淤积引起的水流扰动导致沉积物向淤积处辐聚，从而进一步影响泥沙运动。这种现象已被包含在描述水体运动和泥沙输移的非线性方程中。然而，现象背后的原理更为普遍，这种原理在其他具有非线性反馈过程的系统中也发挥作用，在第 2 章将会给出，这些基本原理可概括为海底地貌与水体运动间非线性相互作用下的对称破缺[325]。对称破缺的概念适用于海岸沉积环境中大多数地貌结构的形成和演化，如从沙纹到沙坝，从潮沟到潮汐水道等。

海岸地貌动力学的时间尺度

之前提到，海岸沉积环境的物理特性与时空尺度有关，海岸地貌的物理过程跨越了 10 多个量级的时间尺度(见图 1.2)。我们不讨论时间尺度小于湍流尺度的过程。时间尺度的大小通常取决于水流特性，介于一秒至数小时之间。对于这些过程，我们将采用经验参数进行描述。在此范围的上边界，我们将把讨论限制在海平面发生显著性变化的时间尺度内，即万年量级。因此不包括诸如板块构造和冰期旋回等长期的地质过程，这些过程是形成全球海岸环境分布的重要原因。至于某些类型的海岸为什么处在当前位置，不在本书讨论范围之内。我们接受既成的大尺度现象，例如大陆架宽度、海底成分组成以及波浪、风和潮汐等外部水动力条件等。

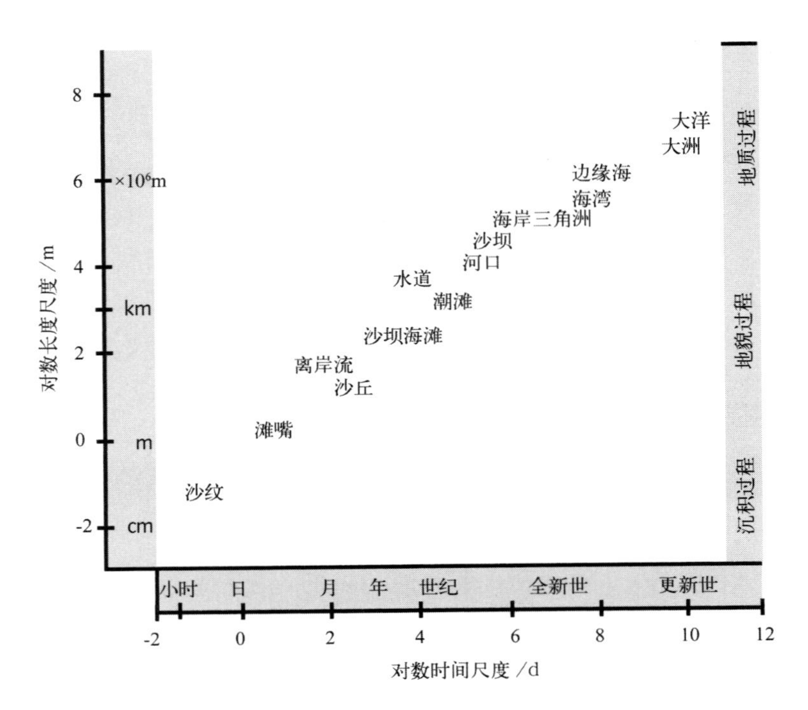

图 1.2 海岸系统中的地貌形态跨越了很大范围的时空尺度，时间尺度与空间尺度密切相关。根据原著参考文献[208]改编

海岸形态动力学的空间尺度

对时间尺度的限定等同于对地貌尺度的限定。时间尺度 T_m 及空间尺度 L_m（长度）和 Z_m（深度）可通过下式联系起来：

$$q_m = Z_m L_m / T_m \tag{1.1}$$

式中，q_m 为净沉积物通量（以单位时间内单宽沉积物输移量表示）。从以下讨论的一些例子我们将会看到，在有足够的泥沙供给和足够的海流强度的条件下，q_m 的典型量级范围为：

$$q_m \approx 10^{-6} \sim 10^{-5} \quad \mathrm{m^2/s} \tag{1.2}$$

这一量值适用于海底沉积物可以起动、输移且近底水流强度显著超过泥沙起动阈值的海岸系统。若取 $T_m \leqslant 10^4$a，取 $Z_m \approx 10$ m 作为垂直尺度的典型估算值，则发现 $L_m \leqslant$ 100 km。根据式（1.1），亦可估计海岸地貌适应海平面上升（在过去的 1 000 年间，$Z_m \approx 1$ m）的最大空间尺度。由此我们预期，在式（1.2）适用的条件下，空间尺度为数十千米的天然海岸系统将不会偏离平衡状态太多。图 1.1 和图 1.3 所示即是这种海岸系统的示例。

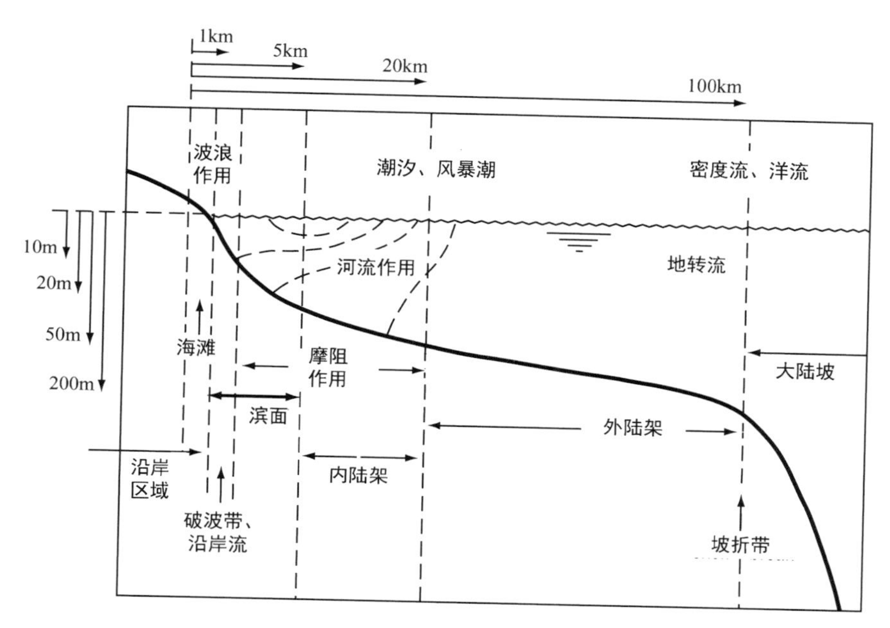

图 1.3 海岸带是从海滩到陆架坡折带的连续统一体。不同地带可以根据占优势的水动力过程和外力作用进行区分；这些地带对应于不同的水深范围，但是其过渡是渐变的。海底与水流相互作用的强度由外陆架向海滩增大。在海平面上升的时间尺度，地貌动力平衡概念只适用于海滩－滨面

1.2 本书的目的

认识上的突破

在过去的几十年中我们对海岸地貌的认识已经取得了令人瞩目的进展。海岸研究的成果得益于技术上的创新：精细的观测技术和不断增强的计算能力。但是这一进展的要点是概念上的创新：即把海岸地貌与非线性反馈的对称破缺关联起来。具有时间对称性的水体波动产生时间不对称的地貌响应；已经达到平衡的地貌在一定条件下可能会变得不稳定，且会自动地调整演化为新的地貌形态。利用这一方法对陆－海相互作用进行统一描述，是贯穿本书始末的主线。

理想化的三维海岸环境

在理想化的条件下能够最清楚地阐明对称破缺的基本机理，因为一些特殊的过程可被挑选出来，且忽略了实际条件下的很多复杂过程。对复杂度的人为降低可以使一些物理学过程更容易理解，但这并不能提供现实情形下的准确预测，而且还要承担对海岸环境真实

复杂性反映不足的风险。

将要讨论的三维理想化海岸环境，包括平坦海底上的无界稳定流、倾斜海底上的无界稳定流、平坦海底上的无界往复流、规则海湾中的潮流以及指数辐聚海湾中的潮流。对于对称破缺反馈机理，先进行定性描述，随后再进行数学分析。尽管有些特征只有通过数学分析才能反映出来，那些不太偏爱数学的读者可以跳过数学分析部分。空间对称破缺的数学分析是以线性稳定性分析为基础的，如此便带来一个很大的限制：用这种方法只能描述地貌形态的雏形，而不能描述其向最终成熟形态发育的演化过程。

对学科的重要贡献

过去50年海岸研究的巨大进展与“二战”(WWII)后的经济扩张有关，经济扩张导致了对海岸和港口开发的大量投资。但人们很快地认识到，海岸带是一个动态环境，它会以难以预料的方式响应各种干预。为了更好地了解海岸行为，许多国家都建立或扩建了研究实验室。本书将重点介绍这些研究团队取得的主要成果，并对此进行梳理。但本书并不试图对所有的科学进展逐一评述，较全面的评述可以在其他最近的教科书中找到[259、496、102、304]。本书的编排方式与 Seminara 和 Blondeaux（2001）编辑的专题文集《河流、海岸、河口地貌动力学》[399]（其中也包括许多综述性文章）比较接近。他们提到，R. A. Bagnold[19]和 F. Engelund[138]是泥沙运动力学研究的先驱，引导了河流和海岸两种环境中沉积过程研究的重大突破。由于这两个领域具有许多相似之处，所以在河流方面的研究大大地加快了海岸地貌动力学研究的进展。对沙纹、沙丘、沙坝以及弯曲河流的研究，已经获得了重要而普遍的深刻见解，其中领先的贡献来自于 L. B. Leopold[274]，J. F. Kennedy[252]，M. S. Yalin[501]，W. H. Graf[177]，G. Parker[343]和 S. Ikeda[228]。

泥沙运动力学

由 F. Engelund 建立的、以 J. Fredsøe 和 R. Deigaard 为首席科学家的丹麦河流和海岸地貌动力学院[157]为泥沙运动力学和床底－水流相互作用理论框架的建立和发展做出了很大的贡献。有关海岸带波浪动力学及其对泥沙运动影响的重要贡献应归功于 M. S. Longuet－Higgins（1953）[287]和后来 J. Battjes 对波浪破碎过程所做的研究工作[24]。E. Bijker（1967）[35]，L. van Rijn[472]，D. Huntley[224]，R. Soulsby[418]，P. Nielsen[326]以及其他一些人对泥沙输移的应用性描述做出了重要贡献。R. B. Krone[262]和 A. J. Mehta[312]所做的开创性的实验工作大大增长了我们在黏性泥沙特性方面的认识。

海滩过程

平衡剖面概念（见图1.3）的引入是海岸地貌动力学至关重要的一步。这一概念最初是在一个世纪以前提出来的[85,86,243]，1954 年 P. Bruun 更明确地指出了其对预测海岸长期演化过程的意义。后来 R. G. Dean（1973）[98]和 A. J. Bowen（1980）[49]又对这一概念的理论基础做了进一步的发展。对海滩过程最早的综合性描述是由 L. D. Wright 和 A. D. Short（1984）[499]完成的，他们是澳大利亚一个很有开创性的海岸科学研究团队的成员，此团队还包括 R. W. G. Carter[67]和 C. D. Woodroffe[495]等著名科学家。在 M. Hino 于 1974 年完成了首次探索性研究[201]以后，A. Falqués 的 Catalan 研究小组及其合作者设法揭示了导致沿岸破波带不稳定性的基本机制[143]。R. Holman 开启了此项工作的现场观测[208]，研制出 ARGUS 照相技术，并开始建立起全球观测站网。

海底构造

海岸环境以各种海底构造普遍发育为特征，如从小尺度的沙纹到大尺度的潮流沙坝。长期以来沙纹形成机制一直是最富挑战性的海岸现象之一：J. R. L. Allen[2]和 J. F. A. Sleath[410]首先对沙纹形成的基本机理进行了详细描述，而后 P. Blondeaux 及其合作者[44]的 Genua 地貌动力学院开发了基于过程分析的数值模型，对其机理进行了模拟研究。T. Off[336]，J. J. H. C. Houbolt[212]，J. H. J. Terwindt[438]，I. N. McCave[306]，D. J. P. Swift[433]，B. A. O'Connor[331]以及其他人对潮流和非潮流沙脊进行了重要的野外调查，而 J. D. Smith[414]，J. T. F. Zimmerman[510]以及 J. M. Huthnance[226, 227]对潮流沙脊的形成机制进行了首次描述。

潮流地貌动力学

J. van Veen（1950）[476]对潮汐海湾地貌动力学进行了首次描述。G. P. Allen[5]，R. W. Dalrymple[91]，J. S. Pethick[348]，C. L. Amos[8]等的研究小组及其他人对河口环境沉积过程的观测证据支持并拓展了其结论。H. Postma[354]于 1954 年首次认识到潮汐不对称性的重要作用及其对地貌演变的影响。关于潮汐不对称性产生的机制，P. H. LeBlond[271]，D. Prandle[358]和 D. G. Aubrey[16]首先进行了研究，并由 C. T. Friedrichs[161]，D. A. Jay[238]，G. Seminara[401]，S. Lanzoni[269]及其他人对这一机制与河口形态的关系做了进一步探讨。基于过程分析的包括潮汐海湾和邻近海岸线在内的整体海岸系统数值模型已在荷兰海岸研究中心得以实现，其中 H. De Vriend，M. J. F. Stive 和 D. J. A. Roelvink[424]对此做出了主要贡献。

对前人研究成果的丰富完善

前文对学者们几十年来取得的成就进行了简短综述，但这对我们理解海陆相互作用而言是远远不够的，目前还没有哪一本著作能够覆盖整个领域。关于海岸沉积作用过程的经典教材是 K. Dyer（1986）写的《海岸与河口泥沙动力学》[123]。目前最新的重要著作主要有：P. D. Komar（1998）的《海滩过程与沉积作用》[259]，C. D. Woodroffe（2002）的《海岸》[496]，R. G. Dean 和 A. Dalrymple 的《海岸作用过程》[102]以及 G. Masselink 和 M. Hughes（2002）的《海岸过程与地貌学导论》[304]。本书将把焦点集中在海－陆相互作用的基本物理原理上，以期作为对上述最新综述的补充。

1.3 本书的应用

海岸带可持续管理

海岸带是世界人口不断增长的直接支撑区域[412]。高度密集的大都市基本上都分布在陆海相互作用所形成的沉积海岸平原上，这一相互作用尚未停止，海岸地貌还在继续演变。海岸的演变虽然可以通过工程干预在局部尺度上得到暂时减缓，但是大尺度的演变几乎是不可能停止的。人为制约可能会加快海岸演变，如果海岸系统偏离其平衡状态，这种情况就会发生。制定可持续海岸发展计划的目的就是要避免人类社会进步与海岸自然演变的冲突，这必须依靠对陆－海相互作用机制的正确理解。

海岸线维护

位于荷兰北海海岸的 Egmond 有个古老的村庄，在过去几个世纪消失在了大海里（见图 1.4）。本可以由建造海堤来应对海岸线的自然退却，但问题是究竟能坚持多久？目前对 Egmond 的周边海岸采用取砂（从远离海岸的海底）回填的方式来使局部海岸线相对稳定在接近地貌平衡状态。预计在达到平衡状态之前，这种补砂工作将不得不持续长达数个世纪。与此同时，荷兰海岸将会不断地适应海平面的上升以及沙丘的移失。因此，只有以北海海底作为海岸回填砂的长久来源，海岸线的防护目的才能持续。

上述 Egmond 的例子清楚地说明了有关海岸开发和保护的困境，这表明海岸维护工程需要在收益和成本之间寻求平衡，这种平衡在短期内较易评估，但是长期评估常常更有意义。针对海岸线后退有几种可能的应对策略，包括从硬结构防护到居住地的放弃，从潮上带的回填到潮下临滨带的回填。不同对策的有效性在很大程度上取决于海岸系统对人为干预的长期响应，潮控海岸与浪控海岸相比，可能需要其他的应对策略。各种策略成本效用的估算，只有在对海岸线的自然动力特征充分了解的基础上，才有可能做到。

海岸观测

海岸观测是了解海岸的重要手段，其成本相对高昂。因为海岸演变不仅时间周期长，而且演变趋势被短期波动所掩盖。荷兰的海岸监测项目始于 20 世纪 60 年代，自那时起，每年都要沿整个海岸线进行剖面测量，剖面间隔为顺岸方向 200m，长度为与岸线垂直向海 800m，已积累了大量的实际观测资料。这些资料指导着年度海岸回填计划，对相关数据的解释是未来工作的根本。每年海岸线的位置都会发生一些大的波动，但是其中许多波动与长期趋势并不一致，对海岸演变的观测和解译是有效进行海岸管理的依据。

图 1.4 Egmond 教堂在 18 世纪被大海吞噬。该幅图画是在它被吞噬前的短时间内画下来的

对河口、潮汐水道和沿岸湿地的管理

对河口、港湾、潮汐水道和沿岸湿地的管理处于与海岸线开发和保护相似的困境，这源于保持现有海岸特征的期望以及对海岸环境的新诉求，它们要么相互矛盾，要么与海岸的自然演变相冲突。管理决策者需要知道拟进行的干预是否有悖于海岸的自然演变，以及演变的时空尺度。如何能够避免或缓和这些矛盾？需要的成本多大？拟进行的干预是否影响海岸环境？是否会影响现在和将来的开发？如何调解需求和利益的矛盾？在决策时，应该充分地利用过去在海岸动力学方面取得的成果，这些认识大大增强了我们对海岸环境自然演变及其对人为干预的响应进行可靠预测的能力。

模型、公式及类比

目前的知识水平不足以为预测大尺度和长期的海岸演变提供可靠的标准工具。一些(半)经验关系式则常常取得良好效果，例如：关于海岸后退的“布容公式”(Bruun rule)(第 5 章第 5.5.2 节)、关于海岸坡度的“迪安公式”(Dean rule)(第 5 章第 5.2.1 节)、关于潮汐水道横断面面积的“奥布赖恩公式”(O'Brien rule)(第 4 章第 4.2.6 节)以及关于落潮三角洲体积的“沃尔顿公式”(Walton rule)(第 4 章第 4.2.2 节)等。本书还利用简单模型推导了另外一些关系式，这些关系式可以帮助我们预测海岸演变以及海岸对人为干预的响应。这里必须强调的是，这些关系式的有效性都是有限定的，只能在规定的条件下应用。

对这些限定条件的理解要比了解相应的关系式重要的多。这就要求对每一种情况下的特定现场条件有清楚的了解，这只有通过观测才能获得。这些关系式的最大益处在于，它们可以为解释观测结果和得出正确结论提供帮助。模型和公式可能很容易地被误用。因此本书中所强调的主要是控制陆－海相互作用的过程，而不是可能会产生误导类比的实际案例。

海岸的多样性

本书讨论的陆－海相互作用机理通常根据从荷兰海岸带获取的野外资料来表述，这是经过仔细考虑的选择。其中的许多数据是荷兰公共事务与水务管理部为特定的海岸管理目的而获取的，是在公开的科学文献中见不到的。必须注意的是，这些数据并不一定能代表其他的海岸环境。荷兰海岸的主要特点是涌浪影响较小、河流泥沙供给适中、沉降盆地地质条件稳定。陆－海相互作用的基本机制在大多数沉积海岸环境中是相同的，但是不同过程的相对重要性在不同海岸带可能大不相同，即使它们相距不远。

读者、对象

撰写本书的主要目的是为了研究海岸演变机制。本书是根据作者在荷兰乌得勒支和代尔夫特两所大学为已熟悉海岸流体力学基本概念的研究生讲授的《海岸地貌动力学》课程讲义编写而成的。在扩展过程中，补充了有关陆海相互作用的主要物理、数学原理，可供海岸科研、工程人员完善背景知识，也为查找本领域最前沿的科学文献提供了帮助。本书还可以为其他海岸领域的专业人员熟悉最新的陆－海相互作用概念提供便利。书中对数学推导过程的描述，通常都放在“简单模型”一节的末尾介绍，这一部分常常可以忽略而不会影响对基本概念的理解。

1.4 本书的结构

对称破缺(symmetry breaking)原理

第 2 章介绍了时空对称破缺概念，这些概念为下面章节讨论的多种地貌动力反馈过程提供了统一的构架。钱塘江河口(中国)的涌潮作为时间对称破缺的实例进行讨论；空间对称破缺通过一个平行水道系统的不稳定性来阐明。莱茵河三角洲(百年时间尺度)、阿默兰暗礁(7 年时间尺度)作为举例来讨论。

海流－地形的相互作用

第 3 章开始对粗糙和松散海底上水体流动和泥沙运动的一些普遍特性进行简要概述。该章的主体是介绍海流与地形相互作用下的海底不稳定性及其所产生的空间对称破缺和海底韵律构造。空间对称破缺与恒定流和往复流都有关，这两种情况的基本原理是相同的。该章对不同的对称破缺过程也进行了讨论，这些过程产生了从沙纹（波长数十厘米）到潮流沙脊（波长数千米）等尺度大不相同的海底结构。在水道内流动的对称破缺导致了水道的蜿蜒和潮坪的产生。理解这些过程对于解释海底和海域地形的观测数据以及提取地貌过程和海岸演变信息都有很大的帮助。

潮流－地形的相互作用

第 4 章讨论了形成潮汐海湾的地貌动力反馈过程。潮流－地形间的相互作用影响潮波的时间对称性，其结果产生涨、落潮潮流强度以及高潮和低潮历时上的差异。这种不对称性会由于净侵蚀或净淤积而改变潮汐海湾的地形、地貌，进而反馈到潮汐的不对称性。我们区分两种类型的潮汐水道，即河流型和障壁型，并根据文献中大量的潮汐海湾研究，对这两种潮汐水道的稳定性标准参数进行了讨论。其结果可用于回答类似于下面的问题：潮汐海湾对人为干预（如疏浚、采砂、滩涂围垦等）或海平面上升是怎样响应的？

该章结尾讨论了潮汐海湾中细粒泥沙的动力学特征。与粗粒沙相比，细粒泥沙以不同的方式对潮波的不对称性做出响应，它对包括生物活动在内的其他输移和沉积过程也更敏感。本书对生态形态地貌没有做深入的讨论，尽管这类过程对潮汐海湾的长期地貌演变具有潜在的重要意义。

波浪－地形的相互作用

第 5 章对泥沙输移主要受波浪活动影响的近岸带进行了讨论。波浪以几种不同的方式与沿岸地形相互作用，这既涉及到时间对称破缺，同时也涉及到空间对称破缺。浅水中波浪不对称性逐渐增强，引起的波浪破碎和辐射应力是导致泥沙净输移和地貌演变的根源，而后者又再次反馈到波浪不对称性、波浪破碎和辐射应力。如此便产生了各种各样的海底结构，例如：沿岸沙坝，横向沙坝，滩嘴等。海岸剖面的形状本身就是波浪－地形相互作用的结果。理解这些过程对回答类似下面的问题是必要的：海洋怎样才能帮助我们维护海岸线？

基本机制

本书的重点始终是解释海岸地貌形成的机制。根据这些定性的描述，已经能够得出对地貌时空尺度的基本表征，这些描述还提供了对不同地貌发育形成条件的认识。对于相互作用的每一种机制，除了对其定性讨论以外，随后还为解决特定的三维理想化情形建立了数值分析模型。结论对定性讨论进行重述，但是也使一些相关的假设更加清晰明了。对现实环境而言，这些模型的预测价值十分有限，它们应当被视为分析和理解问题的工具。附录部分包括了基本方程的介绍和某些结果的数学推导，对于这些结果在正文中只给出了定性论证。

第2章　地貌动力反馈机制

2.1　模式的形成

独特的海岸特征

我曾经和朋友们一起沿着法国莫尔莱附近的布列塔尼半岛北部海滩散步。这儿的海岸景观迷人，陡峭的悬崖深入大海，中间分布着花岗岩礁石及袋状海滩。海滩呈半月形伸展，海滩下部以砂为主，滩面平滑，海滩上部逐渐变陡，滩面被鹅卵石覆盖。海滩高处是彩色、圆滑、直径几十厘米的巨砾。当时正处在低水位，大约在平均海平面以下 3 m，我们可以攀越基岩海岬，从一个袋状海滩步行到下一个。其中的一个袋状海滩看上去与众不同，我们花了一些时间才认出其原委。沙滩顶部的砾石在顺岸方向上以连续弓形排列，滩嘴高约 1m，指向大海。各滩嘴间隔相等，约为 15m。我们沿沙滩的上缘，在几百米的距离内，就数出了十多个滩嘴，这一很有规则的格局看上去很像是人工所筑。有没有可能是人们为了海岸防护把这些卵石放在了滩角？但这样的防护结构是最不常见的，而且也没有必要在这个地方设置海岸防护结构。如果这样的卵石布局不是人为设置的话，那又如何解释呢？为什么这里的滩嘴布局在其他袋状海滩上没有出现呢？我的朋友猜测这可能是外星人干的吧！

对称破缺事件

谈到外星人，让我们设想做一次时光倒流旅行。我们回到砾石仍然均匀散布在沙滩上的时候，那时的沙滩形态均一。但是突然，天昏地暗、乌云密布、狂风大作，一场风暴到来，汹涌的波浪击打着海岸。破碎的波浪把砾石掀起，随即拍岸浪形成的冲流携带着这些被卷起的砾石，伴随着轰鸣的咆哮声，向着沙滩上部高处猛烈地抛去。可怕的几个小时过后，风暴平静下来，乌云散去，天晴得足以看清楚沙滩。这时，低处的沙滩带变得更陡，但最引人注目的是砾石的规则排布，就是现在看到的那样，它们被放置在等间距的滩嘴中。沙滩形态已不再均一（见图 2.1），砾石分布的改变引入了以前不曾存在的新的空间尺度。但是更奇怪的是类似的尺度，即使是在有更宽广前缘和更大波长的波浪作用下也并没有出现。

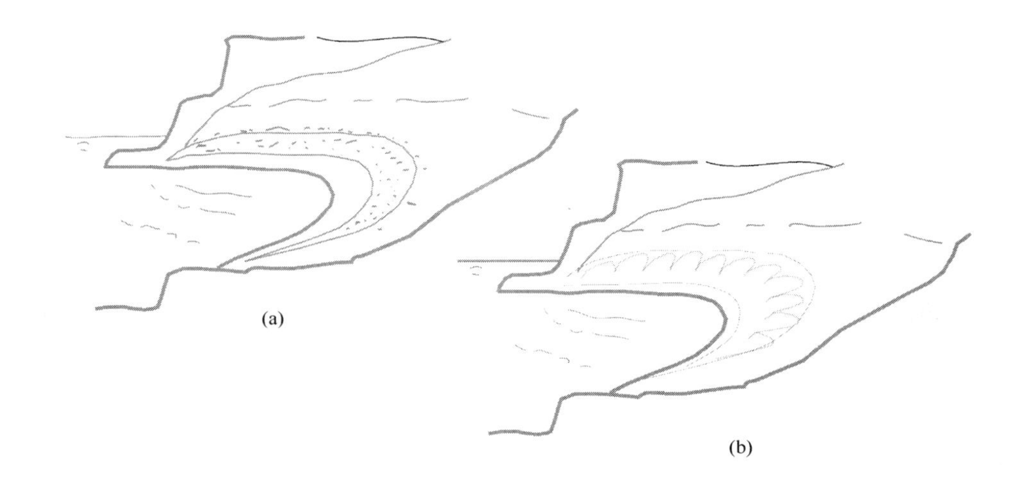

图 2.1　在低水位时，暴露在大潮海岸上被基岩海岬包围的凹形沙滩。沙滩的低处为砂，其高处覆盖着卵石和砾石。(a)沿岸均匀的沙滩；(b)沙滩高处滩嘴的韵律格局。亦参见图 5.27 滩嘴图片

天然对称破缺有可能存在吗

在上述故事里，波浪和砾石相互作用，并产生显著效果。这种情况真的能发生吗？如果没有人为干预，能实现由均一向不均一的海岸转变吗？物理定律会允许打破完美的对称吗？滩嘴的布局为何能如此规则？空间尺度由何决定？这些问题，我们将留在后面讨论。然而我们注意到，许多其他自然现象也会带来同类问题[325]。例如，液体怎样能变成晶体？规则波浪场是怎样产生于平坦的洋面？对称破缺的产生和地貌形态的变化都是牛顿所假设的物理定律的基本特性。

时间与空间的对称破缺

我们能区分出两种对称破缺：第一种影响波浪或潮汐引起的水流的时间分布；第二种则影响水流的空间分布。第一种对称破缺与波浪(包括风浪与潮波)和地形的相互作用有关；第二种对称破缺与水流和地形的相互作用有关。本章将对这两种相互作用的特性进行讨论。时间对称破缺是地形和波浪传播之间通过净泥沙通量达到相互适应的过程，它在长期海岸演变中起着重要作用(详见第 2.2 节)。空间对称破缺则是一种自发过程，起初均匀的地形受到微小扰动时即可触发这一过程。例如，在均一沙滩上滩嘴的形成即可用空间对称破缺过程来解释。稍后，我们将提供证据证明，其他许多地貌形态的变化也是空间对称破缺过程的结果(详见第 2.3 节)。

2.2 时间对称破缺

2.2.1 波浪的不对称性

扰动的传播

当把石块投入池塘里时，水波将从石块击打水面的位置向四周辐射开来(见图 2.2)。更为普遍的是，当水体局部受到扰动时，扰动将从初始位置向四周传播。随着时间的推移，越来越多的水体将受到影响，影响程度取决于扰动传播速度和扰动耗散速率。对具有自由表面的水体，如大洋、陆架海或潮汐河口，如果扰动的长度尺度远大于水深，则其传播速度主要取决于水深。然而，水深却不是水体本身固有的性质，其至少在一定程度上受到扰动的影响。如果水面处的扰动仅仅为水深的很小一部分，那么扰动对传播速度的影响可以不予考虑。此外，如果水深在与扰动长度相当的距离内几乎是一致的话，那么扰动将在整个水体内传播而不变形。由外海局部风场产生的涌浪向岸传播时，在到达近岸区域前几乎不会发生变形，因为相对波高而言，近岸处的波长与水深已不够大。

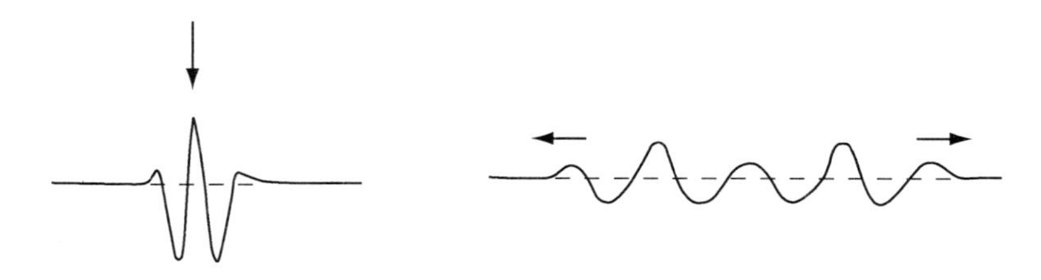

图 2.2　水体表面的局部波动将向周围传播

向岸波浪传播

浅水区，风浪和涌浪的不对称性显而易见。波峰在波浪前缘接近海岸时变得越来越陡峭，在某一时刻，波峰追赶上波谷，而后波浪发生越浪和破碎。浅水中的波浪变形也带来了在向岸和离岸运动中水质点轨迹的不对称性。向岸运动比离岸运动的持续时间短，但强度高(见图 2.3)。波浪引起的水体周期性运动使底部泥沙来回移动，不过向岸的泥沙输移量比离岸高。泥沙就是通过这种机制向岸堆积的。这一过程一直持续到因波浪不对称导致的向岸泥沙净输移，与海岸倾斜剖面上重力作用下的离岸泥沙净输移达到平衡。事实上，平衡剖面是永远得不到的。波浪不对称性主要取决于相对波高(波高与水深之比)，而这一量值随着潮汐和风的条件不断变化。此外，水质点运动轨迹的不对称性是受波浪破碎影响的，所引起的泥沙净输移现象将导致复杂沙坝海岸剖面的形成。

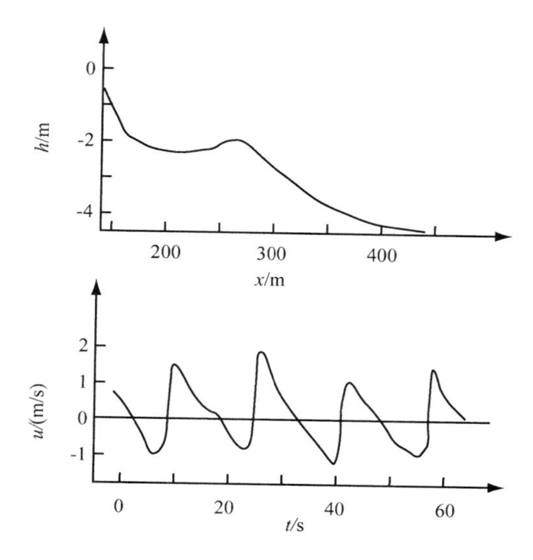

图2.3 上图：Duck(位于美国大西洋海岸北卡罗来纳州)的海岸剖面，从低水位线到离岸400 m，代表破波带(波浪破碎的地带)。下图：在上述剖面中1.5 m水深处，观测到的近底水质点速度(波浪破碎之前)，可见，向岸的水质点速度占据明显优势，也具有更大的加速度。根据原著参考文献[137]重新绘制

凹形海岸剖面

简单的模型不足以用来详细预测海岸剖面的瞬时变化。海岸剖面具有复杂的形状，而且每一个剖面都可能与邻近剖面不相同。然而，许多海岸剖面都具有下凹型特征：即在向岸方向上水深变浅的速率逐渐增大[99]。图2.3所示为一典型的海岸剖面。该剖面在碎波带外侧和靠近海岸一侧都是凹形，而不是贯穿整个区域，因为在破波带附近有沙坝存在。从图2.3还可以看到，所观测到的近底水质点速度变化表明了波浪的不对称性：向岸的水质点速度大于离岸的水质点速度。离岸与向岸水质点速度的快速反转，表明波峰几乎超过了波谷。此刻，流体的加速度非常强。可以看到，除了近底水质点速度的不对称性以外，加速度的不对称性也是产生向岸泥沙净输移的重要因素[137,189,235]。海岸剖面的凹形主要与海底坡度和波浪不对称性之间的反馈有关。海底坡度沿向岸的方向逐渐增大，产生足够强度的由重力作用引起的离岸泥沙净输移，以补偿在波浪向岸传播中不断增强的不对称性所引起的更为强烈的向岸泥沙净输移。这种向岸方向不断增大的波浪不对称性反过来又与凹形的海岸剖面有关。这说明海岸剖面形状是与波浪传播相互作用的直接结果。然而应该指出的是，考虑到波浪破碎所引起的离岸流的影响，上述重力作用下的离岸泥沙输移和波浪不对称作用下的向岸泥沙输移不一定达到平衡。平行于海岸的破浪沙坝可能就是由这种不稳定性所引发的。这种以及其他一些与波浪－地形相互作用有关的现象将在第5章做进一步讨论。

2.2.2 潮波的不对称性

大洋潮波在时间上的正弦分布

大洋中的潮波不是局部扰动引起的，其波长横跨整个大洋，而水深在这样的范围内不能被认为是均匀的。潮波可能呈现出比简单的正弦波更为复杂的形式。潮差比大洋深度小得多，而大洋深度又比潮波的波长小得多。那么潮汐传播速度则只依赖于平均水深，而与潮汐和时间无关。潮汐是由月亮和太阳对大洋水体的天体引潮力产生的，而地球自转与日、月相对运动对引潮力的影响在时间上为正弦曲线关系。潮波在传播过程中不改变其时间变化，所以在时间上，大洋潮波呈现出与引潮力相同的正弦相关性。

大洋潮波的对称性

大洋潮波的正弦时间相关性意味着涨落潮流的对称性。因为潮汐运动是多个周期和相位不同的潮波分量的总和，所以涨－落潮对称性不适合用于相邻的涨－落潮周期。不过平均而言，大洋中的涨－落潮周期具有相同的持续时间，并且涨落潮流具有相等的强度(后面将讨论例外情况)。如果海底上的沙粒被涨潮流移动了某一距离，那么就平均而言，这些沙粒将会被落潮流移回相同的距离。假如最初的海底是一个平整的水平面，那么大洋潮波将不会使沙粒产生任何净位移。换句话说，根据沙粒的运动无法区分落潮和涨潮。

应该指出，上述情形仅仅是在假定水体运动只是由潮汐引起的情况下才成立。实际上大洋中的潮流常常叠加于较强的非潮流之上。由于泥沙输移不与速度呈线性关系(如果流速增加了一倍，泥沙通量则可能增加 10 倍或更多)，所以潮流与非潮流的叠加影响涨落潮期间以各种方式进入水体的泥沙输移强度，从而造成涨落潮泥沙通量间的不对称性。

大洋潮波的不对称性

大洋潮波的对称性适用于不同的天文分潮。然而，如果不考虑平均周期，某些天文分潮相结合便会引起潮波的不对称性。其原因是，大多数天文分潮是由有限数量的基准周期叠加产生的，其中各分潮的周期对应于基准周期的和与差[114]。因此，不同的分潮可能会在这种不对称的调节方式下相互干预。这些不对称性在强全日潮的情况下可能变得十分显著，但对于以半日潮为主的情况，此效应则较小[204]。

浅水海域涨落潮的不对称性

潮波进入了浅水海域(近海、潮汐河口)时，运动特征发生了根本的变化。在这些区域，与水深相比潮差已不再很小，传播速度也不再是常量，而与潮波有关。高潮时的水深明显不同于低潮时的水深，与低潮波谷相比，潮波的高潮波峰将以不同的速度传播。如此一来，潮波就变得不对称了(图2.4)。涨潮流的强度和持续时间与落潮流有所差异。由于泥沙通量随水流速度呈非线性变化，所以输沙率在涨潮和落潮期间是不同的；泥沙颗粒平均输移距离在涨、落潮期间也将变得不同(图2.5)。虽然在一个潮周期期间没有发生海水的净输移，但是涨、落潮流之间的不对称性仍会引起泥沙的净输移。

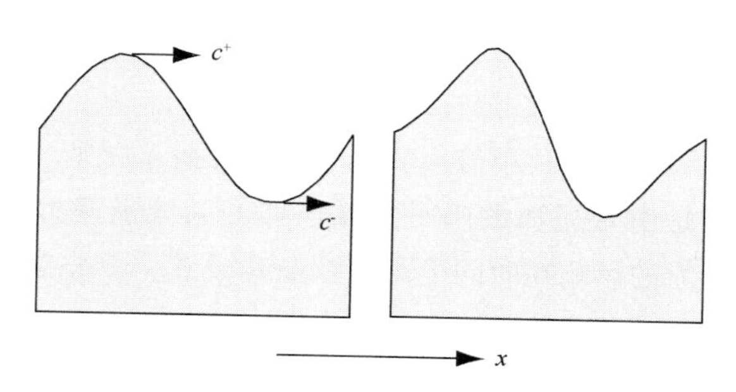

图2.4　在浅水中潮差与水深之比较大，潮波由对称的变为了非对称的。图中描绘的情况假定在高潮时潮波的传播快于低潮，这是由于同低潮相比，高潮时的水深较大

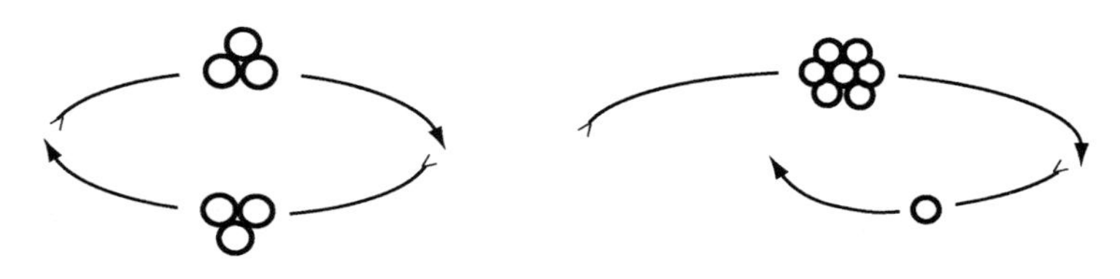

图2.5　左图：在涨潮流和落潮流是对称的情况下，平均而言，等质量的沉积物将来回运移相同的距离；右图：如果涨潮持续时间短于落潮持续时间且涨潮流强于落潮流，向岸方向的沉积物输移量与输移距离将大于离岸方向

潮汐不对称和海湾地貌的相互作用

长期以来，如果在一个潮汐海湾中涨、落潮期间的泥沙通量不相等，则泥沙将会在该潮汐海湾内重新分布，这个海域的深度和宽度将会改变。这种地貌变化会影响海湾内潮汐的传播，并由此影响潮波的不对称性；潮波不对称性的改变反过来又产生泥沙净输移量的变化。因而，海湾的地貌和潮波由于彼此间相互作用，两者都随时间的推移而演变，潮汐海湾可能永远不会达到一种平衡形态，但在某些特定地貌系统是有可能实现的，详见第4章内容。

潮波破碎

风成浪的破碎是一种很熟悉(尽管复杂)的现象。有人可能想知道，潮汐的不对称性是否也有可能引起潮波的破碎。潮波的破碎一般是不多见的，不过在有些潮汐水道的大潮期间，潮差达到最大值时可以观察到这种现象。潮波破碎产生涌潮，涨潮流就像一堵水墙向河流上游推进。充分发育的涌潮只有在大潮潮差超过 6 m 的潮汐水道才出现[206]。在欧洲，潮波破碎最著名的例子是塞纳河的涌潮（法语 mascaret，怒潮），其潮差在大潮时会超过 5 m（图 2.6），涌潮生成于距河口约 40km 处，该处潮波波峰（高潮）超越了波谷（低潮）。20 世纪 60 年代在塞纳河潮汐水道内的疏浚作业增大了低潮相对于高潮时的传播速度而使该涌潮减小。这样一来，高潮再也不可能赶上低潮，涌潮现象已成为过去。世界上最大的涌潮出现于中国杭州湾/钱塘江大潮时。在 1000 多年前，中国的作者们就已描述过该涌潮[68]。潮波破碎是很壮观的现象，但实际上，它只是潮波不对称性的极限状态而已。

图 2.6 1963 年大潮时，塞纳河 Caudebec 的涌潮。该涌潮也可以在潮汐记录（见图 4.20）中看到。照片由 J. Tricker 拍摄，经《Scientific American》杂志允许复制

钱塘涌潮

潮波破碎是在特殊地貌条件下的潮汐水道中发育的。这些条件持久稳固，正如像钱塘涌潮的长期历史所显示的那样，表明潮波破碎的发育需要在涌潮与潮汐水道之间存在着稳定的地貌动力学：河口的形状为漏斗状，而且在该处附近存在有较大的沙坝（或浅滩）。在钱塘江河口，沙坝中心位于河口内陆的一侧（见图 2.7），沙坝高 10 m，长 100 km，主要由粉砂（粒径主要在 20 ~ 40 μm 之间）组成。其他发育涌潮的潮汐水道大多都具有类似的形态特征，例如亚马孙河及恒河 - 雅鲁藏布江等；在这两处，沙坝中心位于河口向海的一侧。巨大的河口沙坝使低潮相对于高潮的传播速度减慢，并且在大潮低潮时较浅的水深使潮汐难以继续向前推进，而在随后的高潮时水深则足以使潮汐快速传播。沙坝亦造成摩擦能量的损耗，从而使潮差减小。潮差的减小一定程度上可以依靠漏斗状的河口得到补偿，此外，向陆传播的潮汐能量在不断收缩的断面中辐聚，使得潮差进一步加大。在高潮赶上低潮的地方，潮差仍然足以产生相当大的涌潮。

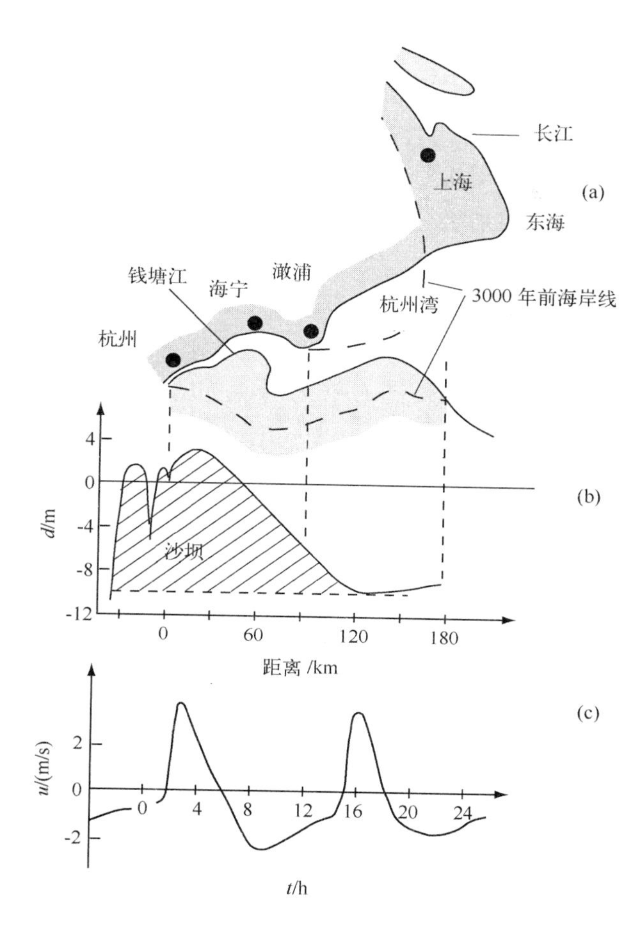

图 2.7　钱塘涌潮(据原著参考文献[242])

(a)杭州湾和钱塘江地图，其中包括现在和3000年前的海岸线；(b)沿河口轴线的纵向海底剖面；(c)在海宁沙坝中心附近的流速变化，显示出以强涨潮流为主。沙坝和漏斗状海湾形态并不是涌潮的唯一成因，潮汐的不对称性也是成因之一

潮汐不对称性的地貌动力反馈机制

由潮汐水道的地貌形态所形成的潮汐不对称性对维持这一地貌也起着作用。口门沙坝上方涨潮流的优势作用(图 2.7)防止了泥沙向海的流失，并通过捕获来自河流和海洋的泥沙促进沙坝的发育。河口的漏斗状形态防止了口门沙坝向上游的迁移，这是由于河流上游输沙强度高于下游的缘故。钱塘江河口的沙坝及其漏斗形状是在过去数千年间发育形成的，来自杭州湾外侧长江的泥沙供给也很有可能促进了这一地貌的形成。然而，泥沙特征分析表明，杭州湾外侧的侵蚀才是形成沙坝和漏斗状河口的主要泥沙来源[242]。钱塘涌潮这个例子说明了潮汐－地形相互作用对地貌发育演变的影响要大于河流泥沙供给(不论是来自钱塘江还是长江的)或海平面变化。在第4章将会看到，类似的动力学机制控制着世

界大多数河流潮汐水道的发育和演化。

海湾地貌的相似性

潮波传播与海湾地貌之间的反馈具有重要的因果关系。如果缺少这一反馈机制，潮汐海湾只能被动地在构造运动、海平面上升以及泥沙供给的影响下发育演化。由于初始地形的不同和泥沙输移上的差异，潮汐海湾将大不相同。可以预料，潮汐海湾之间将不会有太多相似性。潮汐反馈过程则把泥沙冲淤限定为地貌的函数，并引导地貌朝着平衡状态发育演化。例如，为了响应海平面上升，潮汐反馈过程将促进潮流作用下泥沙的净输入；而大量的泥沙供给则又促进潮流作用下泥沙的净输出(见第 4 章第 4. 6. 3 节)。因此，潮汐海湾的发育演化较少地依赖于初始地形和泥沙供给，如此一来，全世界的潮汐海湾很可能有非常强的相似性。对于这些相似性将在第 4 章做进一步研究。图 2. 8 给出的是自然界中所出现的各类海岸系统的示意图。虽然河流泥沙供应明显起到了一定作用，但海岸地貌形态还是更多地取决于潮汐和波浪。以潮汐作用为主的海岸系统呈现出典型的共同地貌特征，以波浪作用为主的海岸系统也同样如此，尽管这两种海岸系统在地貌结构细节上都很复杂。在海岸类型上是没有很强的随机性的，这表明大多数海域的地貌特征，取决于潮汐、波浪、地貌三者之间的动态反馈机制。

2. 3 空间对称破缺

2. 3. 1 海底微小扰动的地貌动力反馈

海底地貌的复杂性

在地形图上我们可以看到，大多数陆地地貌都具有错综复杂的形态，海岸沉积地貌亦是如此。这种地貌有时反映的是海底抗侵蚀层，有时是人为干预形成的，即使在没有各种限制时，海岸地貌也呈现出低于预期的一致性。其原因有三，外部条件，如风、波浪及潮汐等的空间尺度都相当大；海洋的输运过程一般有很强的扩散作用；海底结构往往在侵蚀作用下趋于平坦。因此，海岸地貌缺少一致性，其空间布局具有高度的复杂性。

理想的地貌动态平衡是不存在的

复杂的地貌形态既存在于水下，也存在于陆地。海底地貌常遭受海流产生的强大侵蚀作用；在海底泥沙不断冲淤变化的过程中，海底地貌随之演变，除非泥沙侵蚀和淤泥通量在各个位置都达到完美的平衡。实际上，这种完美的平衡是不存在的，至少不会在所有位置和所有时间尺度上存在，所以海底地貌是永远达不到完美平衡的。本节中我们将讲述地

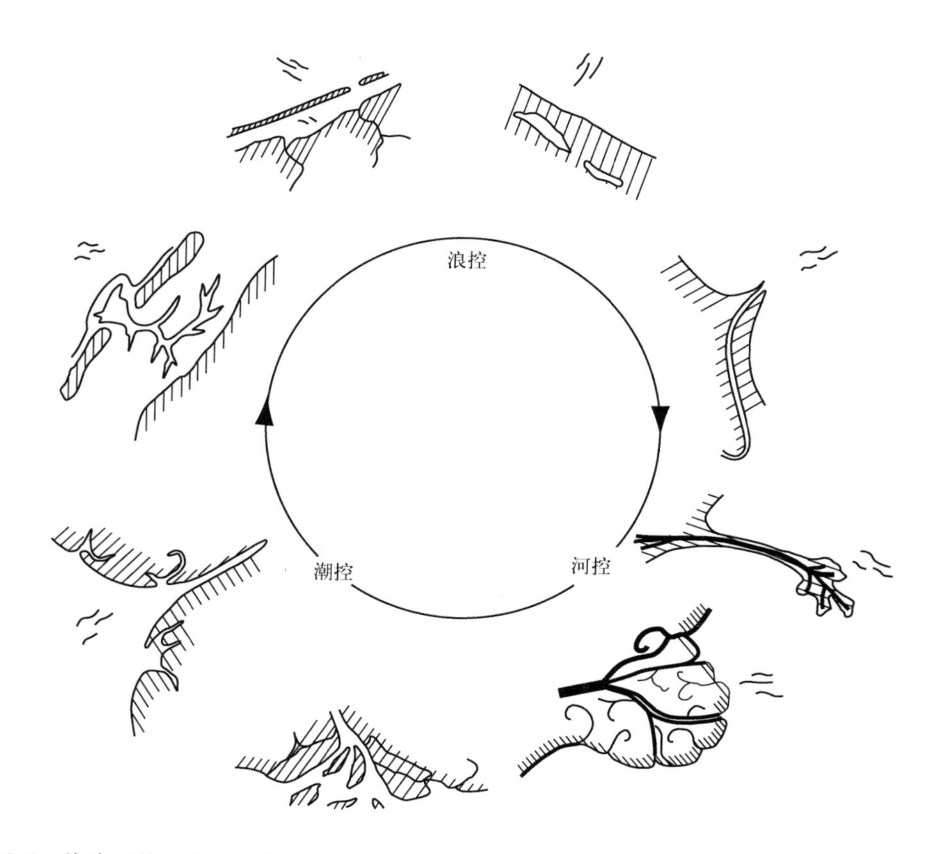

图2.8　海岸系统的地貌特征因占主导的外部作用不同而有所差异。图中分别显示了以河流作用、潮汐作用或波浪作用为主导的典型海岸地貌特征。图中也显示出了在河流－潮汐、河流－波浪、潮汐－波浪等共同作用下发育形成的中间地貌类型。其他因素(如构造、沉积等)也可能起到了一定的作用，据此也提出了许多海岸分类[347]。海岸分类是非常有意义的，因为地貌动力反馈限制了海岸演变的多样性。不过每一海岸系统均因其次级系统的高度复杂而具有唯一性。本书中，我们只对潮控潮汐海湾进行讨论。左半图上部的潮汐海湾被命名为"障壁潮汐海湾"，而下部的潮汐海湾被命名为"河流潮汐海湾"。参考原著参考文献[26]

貌与水体运动间的反馈机制，以及地貌形态从简单的对称化向复杂的非对称化转变的过程。这一机制将通过在高度理想环境中的几个实验来加以说明，对称破缺原理也能在真实情况下找到。

可以夷平发育沙纹的海底吗

潮汐影响下的海岸高潮过后不久，海滩的高处已在海平面之上，但是低凹处留有积水。海水通过一些小冲沟，从平行于海岸的沙坝(沙背)之间的长形低地(槽沟)流向大海。冲沟的典型宽度为1m或2m(见图2.9)，水流速度20～50 cm/s。这些冲沟的底部不是平坦的，其上布满了细小的沙纹，其波长约10 cm，高度约为1 cm。在每个沙纹的背侧均可见含有泥沙的涡旋，这些沙纹保持上述特征以大约 1 cm/s 的速度朝下游移动。这些沙纹是从哪儿来的呢？即使抹平这些沙纹，新的沙纹也会在几分钟之内重新形成。我们将在第 3 章中具体介绍这一机制。

图 2.9 低潮位时，潮间带上的沙脊和槽沟（荷兰，胡雷岛）。一些弯弯曲曲的小冲沟把槽沟中的海水排到大海中

水道间的竞争

连接洼地和大海的冲沟是弯曲的，如果人工进行截弯取直，会产生什么样的结果呢？于是，我们开挖了一个与冲沟尺寸类似的直道。刚刚贯通，海水就开始进入新挖的水道中；与此同时，冲沟里的水流开始减弱。在新旧两个水道的分汊处，一个小型沙坝开始生成，此时冲沟里的海水仍在进一步减少；又过了一会儿，旧冲沟已经几乎完全废弃。最后，一些地貌上的变化渐渐变得清晰起来：在直道的入口处出现轻微的弯曲，后来进一步向直道的下游发育。这个实验（见图 2.10）至少说明两件事情。第一，一个由两个相互竞争的水道组成的系统不一定是稳定的，即使这两个水道的尺寸相似；其中占有大部分水流的水道将以牺牲另一水道为代价而继续成长发育；换句话说，针对两个对称水道组成的系统，如果以牺牲另一水道为代价而加深其中的一个水道，那么这个系统就会偏离其初始的对称状态而朝着单一水道系统发育。第二，我们看到，一条平直水道趋向于发育成一条弯曲水道。在我们的实验中，流入直道的海水并非完全沿着该水道的轴线方向流动，弯曲水道也是开始在这里发育。这表明，在沿水道的某个地方稍加扰动，这个系统就会越来越向着非对称的方向发展。

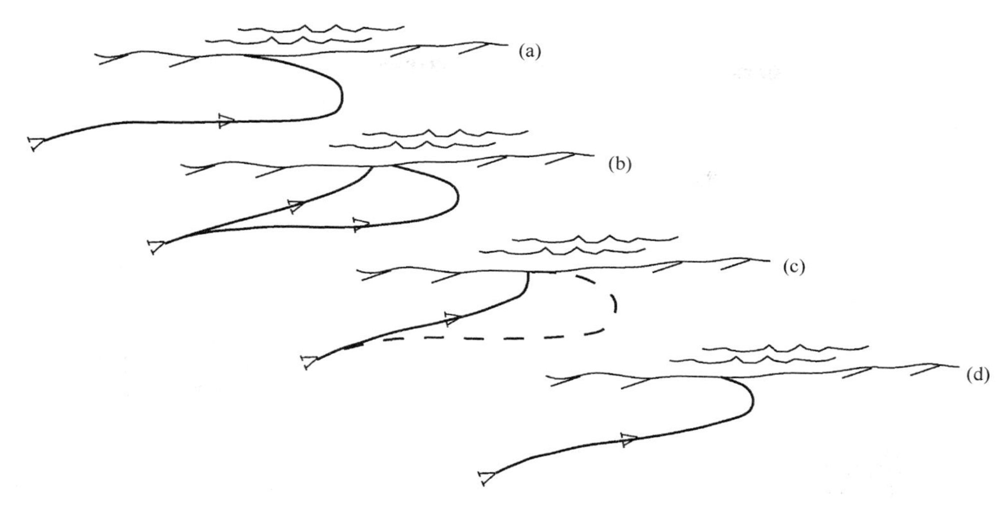

图 2.10　在高潮过后不久海滩上一个冲沟与开挖直道前(a)相比，开挖直道后(b)，原来的弯曲水道已被废弃(c)，但一段时间之后，新挖的直道开始产生类似的弯曲(d)

可以操控地貌动力反馈过程吗

海滩上的实验表明，对称破缺和地貌格局都是水流与海底泥沙之间自然相互作用的固有结果。在海滩实验中，我们改变了初始的地貌形态，但是并未操控整个系统的发育演变。地貌系统通过增大与初始对称状态的偏差来对改变做出响应，这些实验表明，系统的自然动力条件可以对偏离对称状态的改变产生正反馈。当然，我们想准确知道这种正反馈的本质。这种反馈总是存在，还是仅仅在一定条件下存在？我们能预测地貌动力反馈系统的发育演变吗？出于海岸管理目的，我们想知道是否有可能通过地貌动力反馈来调整海岸发育，或者在何种情况下通过何种方式才有可能操控这种反馈过程。

了解过去的地貌发育演化

可以通过把我们的海滩实验按比例放大到整个海岸系统来寻找这些问题的答案，然而，这需要基于现有实验手段远不能及的尺度。不过我们可以用替代的方法，研究大尺度海岸的演变历史。我们将在最后一节对荷兰莱茵河三角洲的长期地貌演变进行讨论，这一地貌演变历史已被很好地记录下来了。

2.3.2　稳定性

空间对称破缺与时间对称破缺

空间对称破缺在物理意义上与时间对称破缺相比，具有不同的性质。但在数学意义上，这两种概念是相似的，因为时间对称破缺和空间对称破缺都是非线性的，即时空演变的非线性。然而，时间对称破缺和空间对称破缺具有不同的成因。时间对称破缺是地形作用的结果，而空间对称破缺则可以产生于完全一致的空间条件。这两种对称破缺都通过地貌动力的相互作用而随时间演变。

对空间微小扰动的响应

空间对称破缺是指在不同于原有地貌形态下或在系统外部条件影响下，地貌形态的发育。我们以覆有松散沉积物的倾斜床面上的均匀水流（顺坡径流）为例，研究地貌动力过程。泥沙颗粒在水流作用下顺坡移动，如果斜坡足够长，泥沙的顺坡输移就是一种稳定的、空间上一致的过程。这与任何物理定律都不相矛盾。然而，由经验可知，水和泥沙的顺坡输移也能以其他的方式发生。水流可能集中于一个或多个水道，海底也可以出现横向沙波，而这些沙波则会与水流一起向下游移动。这些顺坡输移的不同模式遵循着与空间均匀模式相同的物理原理。似乎很明显，这些不同的输移模式与不同的初始地貌有关。但这就是全部吗？这些初始形态又是怎样产生的？此外，前面讨论的海滩实验表明，改变初始形态并不一定改变最终的结果，冲沟底部的沙纹在消除后又会很快重现！但我们能够想象得到，地貌动力系统可在不同输移模式之间自动转换吗？

类比：半球上的弹球

对上面问题的答案可以通过一种类比来说明。该类比由一个简单的实验组成：把一个圆滑小球放在一个较大的圆滑半球上，让这个小球在半球上处于平衡状态（图 2. 11）。这有可能吗？理论上讲，是可以的，因为在半球的顶部存在一个完全水平的位置，在该位置小球会处于平衡状态。然而实际上：完全的水平位置无限小！所以，我们其实没有能实现这一平衡的机会。在半球顶部的平衡状态与任何物理定律不相矛盾，而且系统总会自然而然地偏离这一状态。半球上的小球就是一个不稳定平衡的例子。对这一理论上的平衡，即使再小的扰动都将导致小球滚落下来。因此我们可以肯定地预测，这个小球是不会停留在半球顶上的。但是我们也能预测小球的滚落路径吗？能预测小球最终到达的位置吗？对于可预测性这一问题，将放在后面讨论。

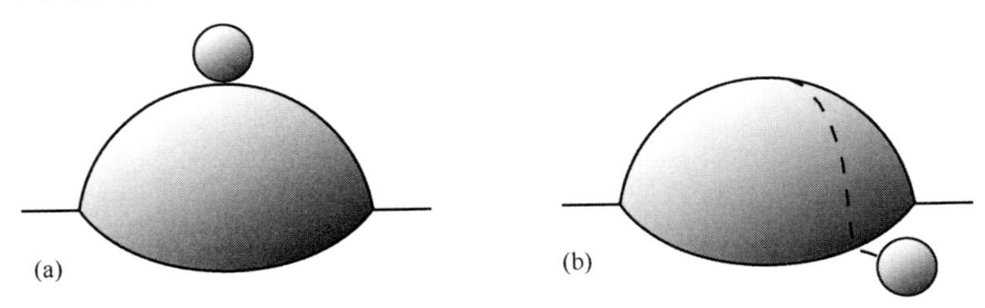

图 2. 11　圆滑小球在圆滑的半球顶上。即使再小的扰动都将导致小球的滚落。如果扰动的方向未知，小球滚落的路径和最终到达位置也是不能预测的

短暂的不稳定状态

在一定条件下，覆有松散沉积物的倾斜海底上的均匀流动是不稳定的，这与小球在半球上的情形相当。例如，如果流动强度稍大于泥沙起动的临界值，这就是一种不稳定的状态[211,233]。在这种情况下，理论上会是一种泥沙输移状态，而在实际上是不可能存在的，因为海底的任何微小扰动都将出现增大的趋势。这种扰动的增长将最终导致水流集中于一个或多个覆有横向沙波的水道。这种微小扰动产生沙波形态以及弯曲水道的机制将在第3章讨论。

静态平衡与动态平衡

小球在半球上的类比仅仅是在一定程度上模仿了平坦海底上均匀流动的不稳定性。这两个系统之间本质的差别在于能量消耗和不稳定状态下的反馈过程。如果半球是固定的，则不会有能量从小球转移到半球，那么小球就代表了一种静态不稳定平衡，这与平整海底上的流体流动不同，后者对泥沙颗粒施加的拖曳力和上举力不断消耗能量。一次偶发的泥沙颗粒非均匀再分布对水流所造成的微小扰动可以通过从顺坡流动获取能量而增大，同时也增大了对海底泥沙分布的扰动。这样，海底扰动将朝着有限的幅度发展，形成取决于水流-地形相互作用的动态地貌。这种有限幅度的微小扰动可能会向着泥沙输移量不断波动的不稳定平衡状态发展。

外界条件下的强制不稳定性

外界条件的任何变化都将改变泥沙输移格局。如果海底地形起初是处于地貌动态平衡的话，之后它将是不稳定的，并且向适应于外界新条件的新平衡演变。潮下带上的贝壳会造成该区域地貌的局部微小扰动，并在其尾部形成冲刷形态。就较大的尺度而言，一个从海滩伸入大海的防波堤可以造成沿海岸方向防波堤长度5～10倍距离的侵蚀和淤积格局的改变。长周期入射波经陡峭的海滩反射将产生驻波，这种驻波将导致海底朝着起伏的沙坝-沟槽地貌形态发育演变。这些都是原有未扰动海底地貌在外力强迫下演变成不稳定状态的例子。如果我们用足够精确的数学模型确定地貌动态演化的物理定律，那么就可以较好地预测海岸系统对外界条件下强制不稳定性的响应了。

自发不稳定性

对于地貌动力系统的自发不稳定性来说，情况则不同(见图2.12)。在这种情况下，系统将自然而然地从一种不稳定的平衡状态向另一种(稳定的或不稳定的)平衡状态演变，期间并不受任何外界条件的影响。初始平衡的不稳定性是指来自于平衡状态的任何微小的波动(在可能波动的一定范围内)都将以指数方式增长，其增长速率取决于波动特性(如波长等)。在初始均匀的系统中，自发不稳定性的发育演变将造成自发的对称破缺。实际上，围绕平衡状态的时空波动始终是存在的。初始波动越小，其增长速率也越小，达到一定程度的不稳定平衡状态需要的时间就越长。这是由微小扰动后初始增长的指数特性所决定的。然而，如果能有足够的时间，一定程度的不稳定平衡状态将总是可以达到的。关于对自发不稳定性情况下地貌发育演变的预测，将在后面讨论。我们将会看到，对这方面的预测受系统的固有属性限制，与外界强迫作用下的不稳定性情况相反。

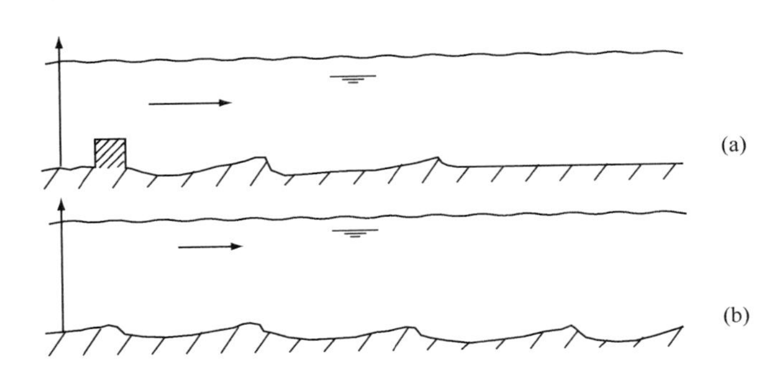

图 2.12　海底的强迫(a)和非强迫或自发(b)不稳定性。第一种情况下，海底地貌是由障碍物产生的水流微小扰动而发育形成的，其空间尺度与该水流微小扰动的尺度有关。第二种情况，是海底地貌形态对自发产生的水流微小扰动的响应

2.4　线性稳定性分析

对地貌动力反馈过程的模拟，只能在有限时空尺度和高度理想化的地貌形态中实现。但是，大多数地貌动力过程不可能求得解析解，因为这类问题具有强非线性，且涉及的时空范围很大。第 1 章的图 1.2 给出了海岸地貌动力过程时空尺度的简图。

初始响应

地貌动力反馈原理可通过系统对基本平衡状态微小扰动的初始响应来阐明。在扰动发展的初始阶段，扰动程度较小，水流状态几乎不变，并且水流响应的幅度几乎线性正比于海底扰动的幅度。因此，扰动在初始发育时可以用线性方程来描述，在有些情形下，也可以通过解析方法求解。

数学描述

地貌动力演变可以用下列量值进行描述：①空间坐标 x，y，z，其中 x，y 为水平坐标，z 为垂直坐标(向上为正)；②底部高程 $z=-h(x, y)+z_b(x, y, t)$，其中 $z=-h(x, y)$ 为平衡状态时的海底地貌(平衡状态时水深的空间分布)，$z_b(x, y, t)$ 为海底地貌偏离平衡的程度；③泥沙通量 $\vec{q}=\vec{q}_0(t)+\vec{q}'(x, y, t)$ 是在长周期(远大于潮汐、波浪周期)内的平均

值，$\vec{q}_0(t)$与平衡状态有关，$\vec{q}'(x, y, t)$是对微小扰动的响应。$q^{(x)}$和$q^{(x)}$表示x、y方向单位时间内的单宽输沙率。

泥沙平衡方程

平衡状态下的泥沙$\vec{q}_0$在空间上是均匀的(与x，y无关)。如果z_b为零，微小扰动的泥沙通量变化$\vec{q}'(x, y, t)$也为零。若在长期演变中，可以忽略悬沙对海底冲淤变化的影响。泥沙通量梯度$\vec{\nabla} \cdot \nabla\vec{q}' = \partial q'^{(x)}/\partial x + \partial q'^{(y)}/\partial y$等于单位时间内单位面积的侵蚀量($\vec{\nabla} \cdot \vec{q}' > 0$)或淤积量($\vec{\nabla} \cdot \vec{q}' < 0$)，沉积物的孔隙度以$p$表示，则单位时间的地貌变化可根据淤积量和侵蚀量得出。因此它与泥沙通量$\vec{q}'$之间的关系可用下式表示：

$$(1-p)\partial z_b(x,y,t)/\partial t + \vec{\nabla} \cdot \vec{q}' = 0 \tag{2.1}$$

泥沙平衡方程描述了海底的形态演变$z_b(x, y, t)$。如果把$\vec{\nabla} \cdot \vec{q}'$表示为$z_b(x, y, t)$的显函数，则该方程便是一个地貌动力方程。这样的分析表达式只有在少数高度理想化的情况下才能解析求解。一般来说，须应用数学方法求解。

一维理想条件

我们将对高度理想情形下方程(2.1)的解进行分析。首先，我们假设地貌变化和泥沙通量两者在水平y方向上都是均匀的，并且令$q^{(x)} = q/(1-p)$，则泥沙平衡方程可表示为：

$$\partial z_b(x,t)/\partial t + \partial q'(x,t)/\partial x = 0 \tag{2.2}$$

假设孔隙度p为常量。我们把分析限定在偏离平衡状态的初始阶段，在此期间z_b与水深h相比非常小。水深h几乎是一个常量，这种近似相当于只考虑了比整个地貌系统小得多的某一空间尺度(波长)上的微小扰动。我们进一步假设，泥沙通量依赖于瞬时流速$u(x, t)$，这样便排除了细粒泥沙对悬沙分布滞后的重要影响。最后，我们只考虑稳定边界条件，把问题进一步简化。

地貌动力的最初响应

现在我们来研究初始扰动的地貌动力响应，这些扰动也包括海底地貌的变化$z_b(x, 0) = \epsilon h\cos kx$，式中，$k$为波数，$\epsilon$远小于1。海底地貌的扰动也使泥沙平衡通量$q_0$产生扰动$q'$，$q'$可以写成参数$\epsilon$的幂级数：

$$q'(x,t) = \epsilon q_1(x,t) + \epsilon^2 q_2(x,t) + \cdots \tag{2.3}$$

式中，q_1，$q_2\cdots$的数量级与q_0相同。第一项q_1与扰动z_b呈线性关系，因此q_1的空间尺度只包含微小扰动的波长。这意味着对海底扰动$z_b(x, 0)$的初始响应产生了初始波数k。因此我们可以写成：

$$z_b(x,t) = \epsilon h f(t)\cos(kx + \phi(t)) \tag{2.4}$$

$$q_1(x,t) = \beta q_0 f(t)\cos(kx + \phi(t) + \delta) \tag{2.5}$$

式中，$f(t)$为描述扰动随时间变化的函数($f(0)=1$)，$\phi(t)$是描述扰动空间迁移的函数($\phi(0)=0$)。泥沙通量的变化值与海底高程的变化值成正比。但是相位可能不同。系数β和相位差δ取决于泥沙输移机制和流场的扰动$u'(x, z, t)$。流场的扰动可以通过求解关于ϵ的一阶流体方程得到。第3章中描述不同类型海底高程变化z_b的参数β和δ也是采用这一方法确定的，在此我们仅进行定性解释。相位差δ对于海底的稳定性也是至关重要的，这方面的研究已经取得了很多进展。

不稳定性的条件

将式(2.3)、式(2.4)、式(2.5)代入泥沙平衡方程(2.2)中，可得微分方程：

$$f_t = \sigma_i f, \quad \phi_t = -\sigma_r, \quad \text{其中 } \sigma_i = \sigma_r \tan\delta = -k\beta q_0 \sin\delta / h \tag{2.6}$$

式中下标t表示关于时间的微分。若$\sin\delta<0$或$-\pi<\delta<0$，由第一个方程可以得出扰动以指数增长(所以不稳定)。此时，根据式(2.5)可知，x方向泥沙通量梯度在扰动峰值($kx+\phi=0$)处为负值，因此泥沙将辐聚在海底扰动的波峰处，这意味着扰动幅度将增大(图2.13)。若$0<\delta<\pi$，泥沙通量将在海底扰动的波峰处辐散，则海底扰动衰减。式(2.6)的第二个方程表明海底扰动的相位随时间的线性变化，根据式(2.4)可知，相位变化相当于海底扰动以恒定速度迁移。假如水体扰动在波峰处为正值(流速增大)，则海底扰动向下游迁移；反之，则向上游迁移。然而，大多数海底扰动是向下游迁移的，向上游的迁移在理论上是可能的(逆行沙丘)。

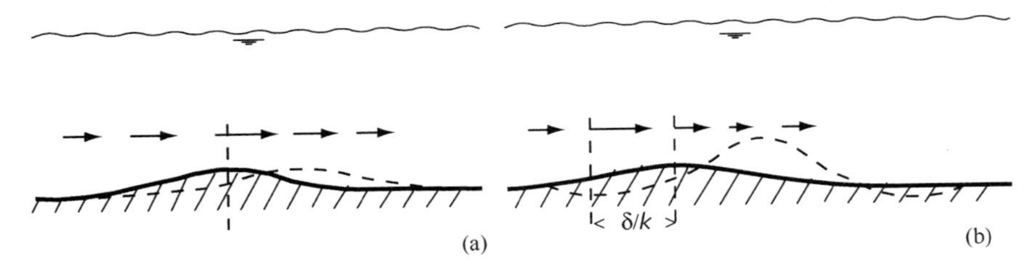

图2.13 $t=0$时(实线)和在之后某个时刻(虚线)的海底扰动。箭头表示泥沙通量的方向和大小。(a)如果最大泥沙通量的位置与波峰一致，则海底扰动将发生迁移，但不增长；(b)如果最大泥沙通量位于波峰上游，则海底扰动既增长又迁移

惯性作用

如果泥沙通量的最大值距离海底扰动波峰的上游不太远($-\pi/2<\delta<0$)，或者其最小值离波峰的下游不太远($-\pi<\delta<-\pi/2$)，则海底扰动将会增大。但是，为什么泥沙通量的最大值和最小值会偏离海底扰动的波峰和波谷呢？导致相位变化的几个原因，将在第3章进行较详细的讨论，其中与摩阻动量耗散有关的惯性作用(动量守恒)是最重要的。相对于底层而言，惯性作用迟滞了表层、中层水体对海底微小扰动的响应。

底部沙纹上方的水体流动

惯性效应可以通过底部沙纹上方的水体流动来说明。水深在波峰处比在其上游或者下游都小，因此流速一定会在沙纹的上游斜坡有所增加。由于惯性作用，波峰正上方的表层流速仍未达到最大值还处于加速状态，考虑到流体的连续性，波峰上方断面的平均流速需保持不变，因此波峰处的近底流动要有所减小。随着近底最大流速向波峰上游迁移，泥沙的推移质运动也向上游迁移。由此可得 $\delta<0$，即扰动初始增长的必需条件。将在第 3 章第 3.3 节，对这一不稳定性机制做进一步分析。

最快增长速度的对应波长

扰动的增长速率 σ_i 和移动速率 σ_r 取决于波数 k，因为式(2.6)中系数 β 和相位 δ 也都取决于波数 k。波数大(波长小)的海底扰动比波数小的扰动发育有更陡的斜坡，但陡坡引起的扰动增长被重力引起的泥沙顺坡输移所抵消。与波数大的扰动相比，波数小(波长大)的海底扰动将不会引起相应水流扰动较大的空间相位滞后 δ。由此可以推定，强增长不会出现在波数的两个极端，最快的增长出现在某个中间波数处，这些波数既足以产生十分明显的相位滞后 δ，又足以避免重力作用下强烈的泥沙顺坡输移。这种动态平衡决定了自然情形下最有可能观察到的扰动波长范围。这样，由此而产生海底地貌格局便按照系统固有的物理反馈机制而发育，并不受外界条件的强迫。在这种格局中存在的波长可能是在外力强迫作用或原始形态下所不具有的。

地貌形成与自组织能力

前一节给出了在均匀海底地形上沙纹或沙丘自然成长过程的定性描述。该过程是由初始的海底扰动和接踵而来的水流反馈之间的空间差异触发的，这种空间差异可能会以多种方式产生，取决于扰动的空间尺度、水深、侧边界、海底坡度以及水流(恒定、往复)等。不同类型的水流作用可能产生不同类型的海底不稳定性，并导致不同类型的地貌格局(不同空间尺度、不同方向)。海岸环境中观察到的大多数地貌格局，例如沙丘、沙波、滩嘴、离岸流单元、破浪沙坝、弯曲和网状水道、潮坪、沙坝、潮汐水道和潮汐海湾等，都能与床底－水流相互作用所产生的不稳定性相关联。这些地貌格局具有外界条件所不具有的特征波长，并且当被自然事件或人为干预消除以后往往能自然而然地恢复。一个系统产生与外界条件无关的地貌格局的能力常常被称为自组织能力。地貌形成是有关海岸地貌动力学的文献中最常使用的一个术语，然而，这个术语无法区分自由过程或强迫过程。自组织或由自然的对称破缺生成的地貌形态在塑造海岸环境中起着重要的作用。

2.4.1 有限增长的微小扰动

扰动最初增长之后会发生什么

微小扰动的指数增长不会永远继续下去，所以在某个时刻其增长速度必会减小。对于较大的扰动，线性近似(式(2.4)和式(2.5))不再适用，因此指数增长定律(式(2.6))也不再有效。只有在扰动很小的情况下，一些物理过程才可忽略，因为两者之间存在非线性的关系(二阶甚至更高阶)，这也是一种数学简化。波峰后面尾流分离产生的湍流就是类似的例子，该湍流使背流面的坡度增大[91]。在往复流的作用下，扰动的两个斜坡都将变得较陡，尤其是在峰脊附近。到发育的一定阶段后，泥沙顺坡输移(重力引起的)造成的侵蚀将会超过因水流辐聚所造成的泥沙淤积[156](图2.14)，由波浪引起的波峰周边的近底流动可能进一步促进了泥沙的顺坡输移。有观测数据表明，北海沙丘在波浪作用强烈的区域较小[212, 307]。

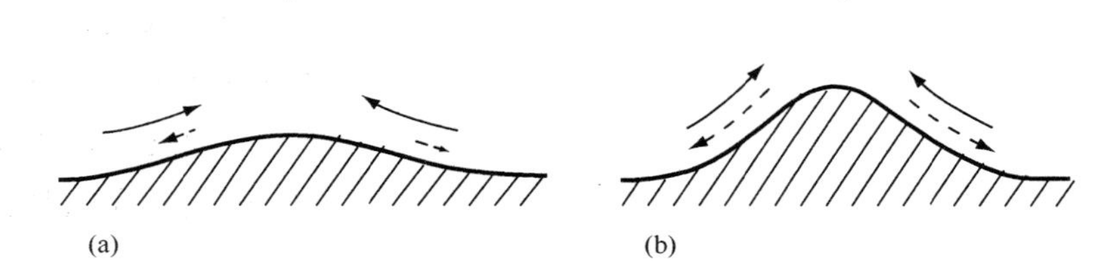

图2.14 (a)在发育的第一阶段：与海底微小扰动引起的水流作用相关的泥沙辐聚量(实线)高于重力作用下顺坡输移引起的泥沙辐散量(虚线)；(b)在最后阶段：这两种作用变得大体相当

增长限制机制

海底微小扰动的增长还受到泥沙输运模式转换的影响。波峰处切应力的增强将更有利于悬移质而非推移质的输移。在第3章可以看到，海底一些不稳定因素，如沙波、沙丘等，都依赖于推移质的增长。但当沙丘高度增加时，波峰处的水流强度可能十分强烈，使泥沙处于悬浮状态。如此一来，悬移质输沙量就会超过推移质，从而打断了其增长机制。

多种过程可以在海底地貌充分发展阶段限制其增长速率。但是，目前尚不知道怎样比较不同的增长限制机制，因为所涉及的过程太复杂。需要注意的是，增长限制机制并非适用于所有类型的海底不稳定性。例如，河口区的沙坝就可以不断地生长，直到超出海平面。

非线性的微小扰动增长

在微小扰动发生的初期，其增长速率与时间无关。对此在简单的一维模型式(2.6)中已经阐明。线性稳定性分析没有把微小扰动发育后期增长速度减小的过程包括在内，为了把这些过程考虑在内，必须包含 ϵ 幂级展开式(2.3)的一些更高阶项。从理论上讲，只要展开式可以收敛，这是有可能实现的，高阶项的引入将提供微小扰动在有限的增长幅值处的发育演变情况。在运动方程中对初始扰动响应的非线性反馈过程将产生具有新波长的二次扰动，随后最终的扰动失去正弦形态。最重要的非线性反馈项常常会有二阶特性，产生半波长的二次扰动。如果这些二次扰动也不稳定且开始增长，那么最初的正弦扰动就会转变成复杂的、不对称的、具有有限幅度的海底地貌形态。野外观测表明，在自然界大多数海底形态确实比单一的正弦形状复杂得多[91]。有关微小扰动有限增长幅度的分析过程，可以利用数值方法进行。

弱非线性分析

有时可以采用一种半分析手段，即利用被称为弱非线性近似的一种数值方法。这种解析方法可以概括为：建立一个与真实物理系统相关的虚拟系统，使其在大部分的扰动波段范围内保持稳定状态。该虚拟系统与真实系统的区别在于，虚拟系统内任一模型参数都是可以修改的，如摩阻系数等。即使针对有限的增长幅度而言，微小扰动初期的指数增长仍是一种有效的近似。因为微小扰动大部分作用在可使系统维持稳定的波段。如果真实系统与虚拟系统差别不大的话，可以通过求解虚拟值附近的稳定性参数的线性展开式来描述有限程度增长的线性稳定性问题。这种方法已经成功地描述了几个理想物理系统中微小扰动的有限幅度增长现象，如，平直河流中沙坝的发育。

简单的非线性演变方程

由弱非线性分析得到的增长速度并不是不变的，而是同微小扰动的幅度有关。其所能够具有的最简单的形式是 $\sigma_i - f^2$，其中 f 是表示微小扰动幅度与时间的相关因子。扰动幅度的演变方程则可写为：

$$f_t = f(\sigma_i - f^2) \tag{2.7}$$

初始时，微小扰动以指数方式增长，因为当 $f \ll \sigma_i$ 时，上式可以近似为 $f_t \approx f\sigma_i$。当 σ_i 为负值时，$f=0$ 是稳定状态的唯一解。如果 σ_i 为正值，原始状态 $f=0$ 就是不稳定的。稳定解为 $f = \pm\sqrt{\sigma_i}$。在微分方程中，$\sigma_i=0$ 是个临界点，σ_i 超越该临界点将导致自我反馈机制的形成。我们已经知道，地貌形态的波长是物理动力系统的固有属性。现在还可以确定的是其幅值也与系统固有属性有关，这些特征与系统的初始状态无关，但也不仅仅是在外部作用下形成的。

地貌演变的周期性

在简单的一维例子中，系统向具有恒定幅度的韵律海底地貌形态发展，这种格局一般是会发生迁移的。迁移是指系统并非向一个稳态演变，在发育的最终阶段海底呈周期性特性，地貌演变的周期性是许多海岸系统的普遍特征。这种周期性不仅与地貌形态的迁移有关，还与系统中的非线性反馈有关，后者阻止了任何稳定平衡状态的发育，对此将在下一节说明。下一节将要讨论的是两水道系统的不稳定性。在这个例子中将会看到，系统最初是从不稳定平衡开始移动，其移动方向很大程度上取决于初始扰动和外界条件，就像小球在半球之上的类比一样。

可预测性

如果我们接受海岸地貌的许多特征是形成于自发对称破缺，那么有人可能想知道海岸地貌是否可以预测，学者们已对此问题进行了很多研究（例如原著参考文献[208]）。海岸地貌是否稳定，取决于外界条件，如水流强度、水深、波高、波浪周期以及波浪入射角度等。这些条件通常是变动的，所以稳定性和不稳定性的条件可能是交替的。若变动由潮汐或气象条件所造成，交替周期可能会较短，从数小时到数天或几周不等，相应大尺度的地貌演变或海平面上升引起的波动，周期的交替也可以很长，甚至几十年至几个世纪。如果不稳定条件持续足够长的时间，地貌形态将最终发育形成。小尺度的地貌形态可能在几小时到几天的短期内发生，但是大尺度地貌形态的发育则需要几十年到几个世纪的时间。在前一节已经看到，地貌形态的最初发育对一定尺度范围内的波长是最强烈的，这一波长尺度范围理论上可以确定。然而，原始地貌也起着作用，假如原始状态中的波长足够接近于最大不稳定状态的波长，前者将在相当长的时间内对后者起支配作用。对海岸沙洲的底质取芯表明，这些沙洲常常是由含有更老内核的现代沉积物组成[212]。这表明，残余海底形态的正向地貌动力反馈强于波长快速增长下的新海底形态演变。如果外部条件变动时间与地形发育的时间尺度相当，则在强迫不稳定性（与原始地形有关）与自发不稳定性（与最大波长有关）之间存在着激烈的竞争。更为复杂的过程是强迫和自发不稳定性之间的相互作用，因为相似尺度的水流和地貌扰动相互依存。因此，预测海岸地貌是一个极其复杂的问题，这需要非常准确的地貌模拟。稳定与不稳定性的交替周期只能从统计学上预测而不是从确定的意义上预测。因此，不存在准确的预测模拟，预测地貌演变的过程受着不可克服因素的限制。

2.5　两水道系统的不稳定性

我们将以两水道系统的不稳定机制为例，阐明海岸地貌固有的不稳定性。该机制将以潮汐海湾中彼此相互作用的水道间竞争为基础。潮流很少受限于一条边界明确的水道。在许多潮汐海湾，潮流可以沿不同的路径流动，通常可分为以涨潮流为主或以落潮流为主的水道。在某些区域，涨潮流和落潮流沿同一条水道流动，而在另外一些区域它们则分别集中在不同的平行水道中。这些水道为了输送潮水而竞争，正是这种竞争确定了水道各自的断面面积。水道的相对重要性并不总是相同的，随着时间的推移，优势水道之间可能会出现转换。图2.15描绘的是西斯海尔德河河口。在河口三角洲也观察到同样的现象。在这两种情形中，尽管不稳定性机制不完全相同，却是相似的。下面我们主要讨论河口三角洲，这是一种稍微简单的情形。以莱茵河三角洲为例(见图2.16至图2.18)，描述该三角洲的两条主要支流的发展过程，这一过程清楚地显现出莱茵河三角洲大尺度地貌的发育演变，同时为回答下面的问题提供一些线索：它为什么以这样的方式发育演变?

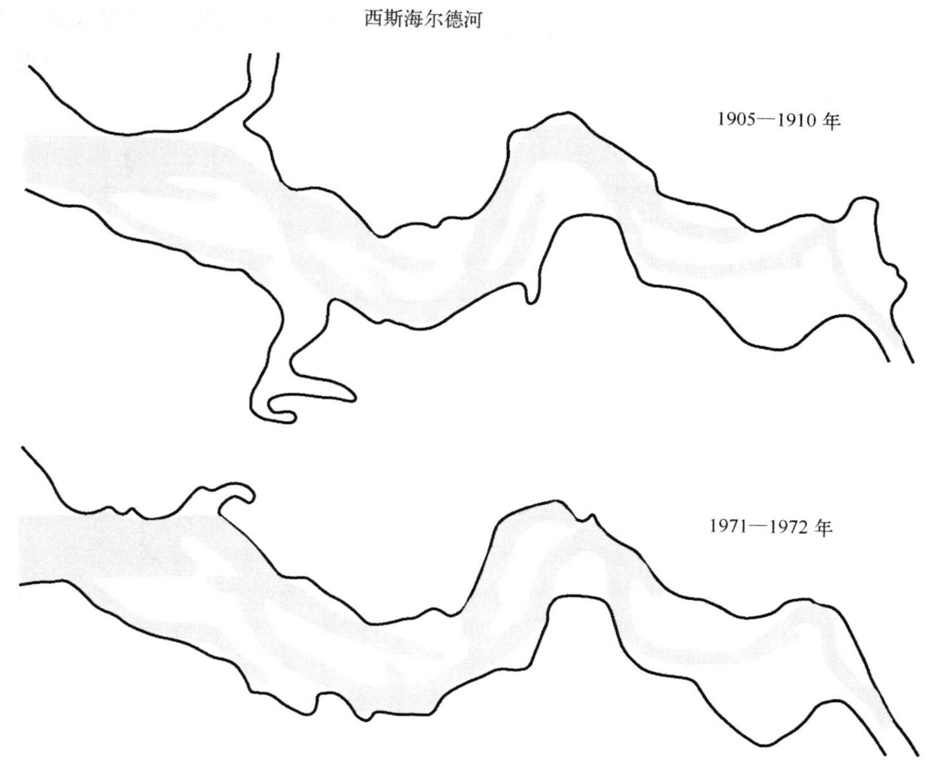

图2.15　西斯海尔德河水道系统的发育演变。在整个区域主水道都伴随一个次级水道。这两条水道的相对重要性可能随时间的推移而变化。这种变化在20世纪出现在水道系统的中部

图 2.16 1950 年前后的荷兰莱茵河三角洲。可以看到，莱茵河在德国边境附近形成瓦尔河和下莱茵河（Nederrijn，下同）河两条分支。哈灵 – 比斯博斯（Haringvliet – Biesbos）三角洲是 1421 年风暴潮造成的潮汐三角洲，自那时以来一直作为瓦尔河与北海间的主要连接通道。下莱茵河在 1870 年鹿特丹水道建成后有了一个与北海相连的新通道

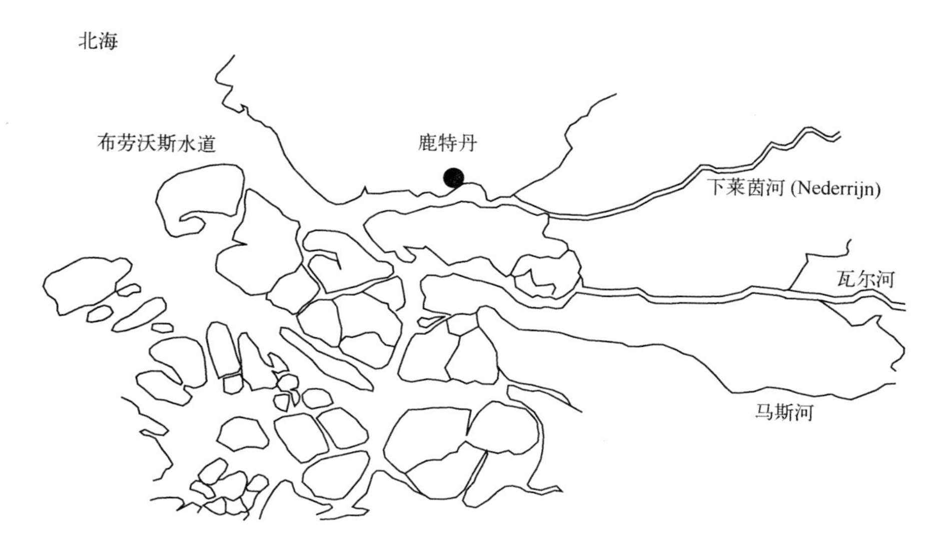

图 2.17　中世纪 1421 年风暴潮以前的莱茵河三角洲下游河段。布劳沃斯是当时河流流入北海的主要出口。布劳沃斯的南面是由岛屿、围海低田、潮滩和沼泽等形成的三角洲，所有这些都被包含在潮汐水道和小型支流组成的复杂网络里

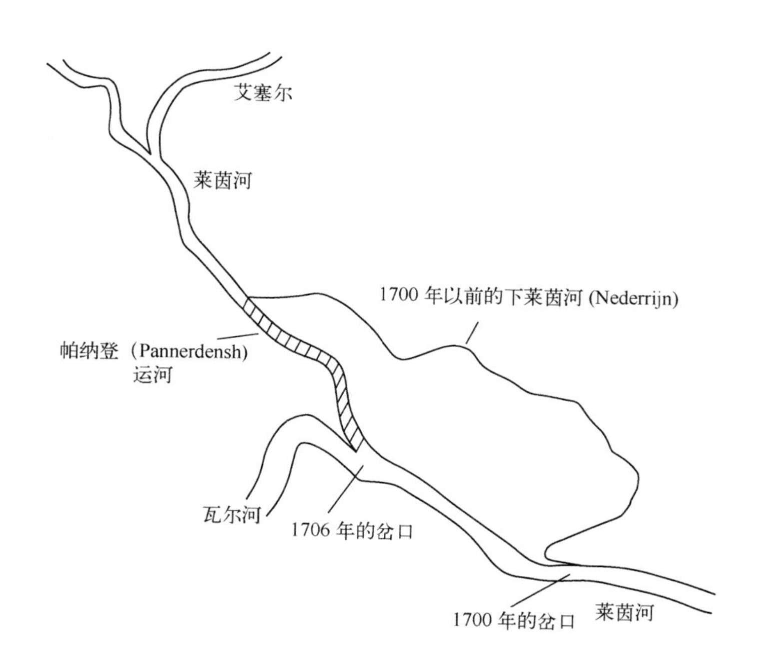

图 2.18　莱茵河形成的瓦尔河及下莱茵河(Nederrijn)的分叉处。在 16 世纪和 17 世纪，下莱茵河(Nederrijn)的上游段已经变得很浅，来自莱茵河的径流量很小；通过开凿帕纳登(Pannerdens)运河创建了一个新的分岔点，从而避开下莱茵河(Nederrijn)的上游段

2.5.1 莱茵河三角洲的发育史

地貌演变的时间尺度

莱茵河一进入荷兰就流过一片宽阔的海岸平原，该平原在上游河段以河流沉积物(砂、黏土)为主，在下游河段以海洋沉积物和泥炭为主。在刚刚离开德国，距海洋还有100 km的地方，莱茵河分成了两条支流：下莱茵河与瓦尔河。这两条支流之间的区域被称为贝蒂沃(Betuwe)地区，是巴达维亚人(Batavians)的居住地。大约2000年前，巴达维亚人在罗马时代以前，就定居在那里。瓦尔河当时是巴达维亚领土的南部边界，形成了阻挡罗马人的天然屏障。在几次尝试渡河都没有成功之后，罗马将军Drusus决定在瓦尔河的分叉点附近建一条大坝。这一人为干预使得渡过瓦尔河成为可能，因为如此一来，通过瓦尔河的流量减少了，径流都流向下莱茵河(公元0—50年)。巴达维亚人在战败后学习了罗马文化和工程教育。几十年以后，他们在巴达维亚领导人Julius Civilis的领导下反抗罗马统治。利用他们的新技术，设法恢复瓦尔河的流量，以恢复他们的南部领土防线。假如在罗马时期河流地貌出现了不可逆转的改变的话，这将是不可能实现的。由此我们得出结论，莱茵河三角洲发生显著地貌演变的时间尺度要大于几十年。

一场风暴潮改变了莱茵河的入海口

荷兰建造堤坝起始于罗马统治时期，但用了1000多年才将荷兰的冲积平原保护起来以免遭洪水冲击。由地主推举，通过税收和修道院资助的水利董事会，负责维护这一基础设施。在中世纪，土地围垦已经延伸到了三角洲的下游河段，潮流穿过由潮汐水道和小型支流组成的广阔系统深入内陆。对围垦地的排水常伴随有泥炭抽取、土壤氧化以及地面沉降，因而增大了围垦地抵御洪水的脆弱性。大约在公元14世纪至15世纪，荷兰经历了断断续续的内战，在此期间，水利设施基本被忽略了。在1421年，荷兰海岸遭到了一场巨大的风暴潮(圣·伊丽莎白洪水)袭击，淹没了位于瓦尔河下游河段的许多围垦地。当时的政治形势阻碍了对堤坝的迅速重建，这使得已远远伸入莱茵河三角洲腹地的深水航道遭受潮水的冲刷。这样一来瓦尔河就通过宽广的河口(哈灵水道)，与大海相连。最终，丰水期的较大径流可通过水闸排泄，这个几乎有五个半世纪历史的哈灵水道于1970年被关闭。

上、下游对哈灵水道的影响

在哈灵水道形成后的几个世纪中，瓦尔河以损失另外一条支流下莱茵河的流量为代价，不断增加莱茵河流量的分流份额。在洪水期，瓦尔河的分岔口增大，而下莱茵河的岔口则不断变浅，在17世纪，下莱茵河几乎断流了。17世纪末，帕纳登运河的建造形成了莱茵河与下莱茵河之间新的连接通道。同时，三角洲下游出现了许多变化。在中世纪，莱茵河三角洲有几个入海口，这些入海口通过错综复杂的潮汐水道系统而相互连接起来。在罗马时代，最大的入海口即为哈灵，位于海牙南面。中世纪时，其就已经向南迁移了约10 km，当时被称为布劳沃斯。在圣·伊丽莎白洪水以后，布劳沃斯入海口不得不与哈灵相竞争。从那时起，布劳沃斯入海口开始变浅，通往鹿特丹的航道逐渐被堵塞了。在19世纪早期，连接鹿特丹与哈灵的一条运河建成。然而，由于船舶吃水深度的不断增大，这条运河不久就不适用了。

莱茵河新人工入海口的建立

19世纪中叶，一个名叫Caland的年轻工程师建议，穿过位于布劳沃斯入海口北面的沙丘开凿一条由鹿特丹直通大海的运河，Caland想依靠潮流与河流的冲刷作用进一步加深加宽这条运河，这样一开始开凿一条小型运河就足够了。今天我们把这种方法叫做“与自然共建”。其实Caland所建议的与我们在海滩做的小尺度实验相类似。这条运河于1870年建成，并被命名为“鹿特丹水道”。但遗憾的是，Caland的想法并没有产生预期的效果。1877年鹿特丹水道的入口就被一些大型浅滩堵塞，水流的强度不足以疏通入海口。在同一时期，类似的问题也出现在了英国克莱德河及泰恩河。根据从英国疏浚工程中得到的经验，决定加宽鹿特丹水道(从50 m到100 m)，并将其挖深到10 m。除此之外，将港口防波堤再进一步向海延伸，并筑导流坝以使水流集中。后来，把布劳沃斯入海口也关闭了。实施这些改进之后，Caland预期的结果终于实现了。大约在1950年，新的莱茵河三角洲已接近于地貌平衡状态。那时，三角洲的下游河床几乎全部受到河堤和护岸的约束，大多数弯曲河段被取直，疏浚工作也仅仅是为了保持航道深度。

总结

我们从莱茵河三角洲的这段简要历史能认识到什么？在第2.3节我们描述了对海滩冲沟裁弯取直的实验，这个实验类似于形成了新的出口之后莱茵河三角洲支流间的竞争。然而，两者在时空尺度上却大不相同：对于冲沟来说，是半个小时的量级；而对于莱茵河三角洲而言，则是几百年的量级。莱茵河三角洲的长时间尺度地貌演变与其较小的输沙量有关，莱茵河的输沙量为每年$1\times10^6\sim2\times10^6$ m^3，其支流的总面积约为200 km^2。因而，莱茵河全部的泥沙输移量可在200年内使河床平均抬升1~2 m，这是产生明显地貌反馈所需要的。

综上所述，莱茵河三角洲的地貌动态演变：

- 假如没有地理上的限制，莱茵河可能会构建出多条具有分岔的弯曲水道；
- 不同水道布局之间出现转换，主要是由海岸带的侵蚀/沉积过程引起的(潮汐、风暴潮和波浪的影响)；
- 要引起这些变动，需要具有足够强度和持续时间的扰动；

- 河流三角洲的大尺度演变与社会环境密切相关。

莱茵河三角洲并不是入海支流相互竞争的唯一例子，类似的三角洲演变过程在其他低洼海岸平原也出现，如多瑙河、尼罗河、尼日尔河、恒河、马更些河(MacKenzie)等[500]。

2.5.2 水道竞争原理

我们怎样理解河流三角洲的演变过程？是什么样的机制决定着水道支流间的竞争？同样的原理既适用于河流三角洲也适用于潮汐三角洲吗？我们将通过理想化情形下的分析与讨论来试着回答这些问题，所谓的理想化情形即指一个简单的分析模型。该模型通过有限长度的两条平直水道，描述水道中的恒定流。现在，我们来进行下面的物理－数学实验。最初，相互关联的两条平行水道是完全相同的，具有相同的深度、宽度和长度。接下来，我们对其中一条水道的深度略加改变，并计算系统对这一微小扰动的响应。计算中使用的是简单的泥沙输移模式，并假设每一条水道在空间上是均匀的。此项实验得出了两水道系统的稳定性判识标准。所用模型是对真实情况高度简化了的模型，仅仅用来阐明有关水道竞争不稳定性的基本原理。首先我们针对定性讨论中的一些相关假设进行论述。

不稳定机制

当流速在一条平行水道中减小而在另一条水道中增大时会发生什么？当水流进入流速减小的那条水道时，泥沙携带量将迅速减少，泥沙将淤积在水道的入口处，形成浅滩；之后，流速减小与泥沙淤积的位置将迁移到沙坝的下游一侧。这一地貌动力反馈意味着，沙坝将向下游生长。与此同时，在另外一条水道的入口处将有冲刷坑发育，该冲刷坑也开始向下游生长。现在我们可能要问，当第一条水道里的沙坝和第二条水道里的冲刷坑最后伸展到整个水道时，这一侵蚀/淤积过程是否会达到新的平衡。答案取决于水流对第一条水道深度减小和第二条水道深度增大的响应。假如流速在变浅的水道里增大，而在受冲刷的水道里减小，那么在这两条水道里的流速最终将变成相等的，侵蚀/淤积过程也将随之停止。但事实上，我们预计会发生相反的情况：即水流速度在淤积的水道里会进一步减小，而在受冲刷的水道里则会继续增大。这是因为摩阻动量的耗散随深度的减小而增加。所以与第二条水道相比，第一条水道的变浅将减小其流速。如此一来，最初的微小扰动将增强，结果导致其中一条水道将关闭(见图2.19)。当变浅水道中的流速降低到维持泥沙输移的临界值以下时，该水道入口处的沙坝将不断增长，直至整条水道完全封闭。这几乎就是下莱茵河中发生的情形。由此我们可以得出这样的结论：两水道系统是不稳定的，它具有向单一水道系统发育的趋势。

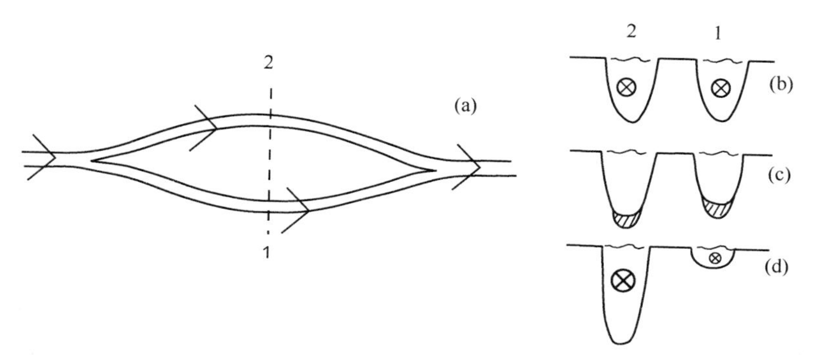

图2.19　最初对称的分离水道系统的微小扰动，水道1的深度稍微减小，水道2的深度稍微增大。不稳定性是指不对称性增强，最后水道1终于完全被淤满

水道横向堆积

上一节我们做了假设，水道淤满是浅滩作用下流速减小，也即垂向淤积的结果。在理论上，水道淤积也可以通过沿水道岸滩的沉积作用而发生，即横向淤积。如果假定水道淤塞完全归咎于横向的岸滩堆积，那么摩阻耗散将不会出现显著增加(只要保持水道宽度远大于水道深度)。这一水道淤积模型是把流速置于不受影响的状态。如果关于摩阻作用的反馈机制结束，淤积过程将终止。然而，这种情况只有理论意义。因为自然界中河道的宽度和深度都会去适应河流流量的改变，并大体上遵循均方根定律[264,248,390]。因此，流速的减小将使水道的宽度和深度都减小。即使我们允许水道宽度改变，正如上节所述，反馈过程也一定是存在的，从而导致两水道系统的不稳定性。

河流三角洲

假如多水道系统是不稳定的，那么为什么它们存在于自然界？例如，许多大型河流在其河口都发育形成了具有多条支流的三角洲系统。如果三角洲缺少多条支流，所有的泥沙都将沉积在单一出口周围，将会发育形成不断向海延伸的入海口。某段时间以后，河流在洪水期将寻找就近入海的捷径，如此便形成一条或者几条次级水道。径流量向新水道的分流将使原支流中的流速减小，导致原水道淤积，最终关闭。按照前述的反馈过程，如果新水道中的流速高于原水道的话，这种情况是会发生的。具有高输沙量的河流三角洲，如密西西比河及黄河等，其典型的特征是只有一个入海口，在新的入海口形成后不久，原入海口就会被堵塞。而后新入海口开始向大海突入，旧的三角洲开始被侵蚀。一段时间之后，这一过程可能会导致原有入海口的恢复。如果原有入海口的恢复出现在它被完全关闭之前，就会形成具有两条水道或多条水道的河流三角洲，在此过程中，不同水道之间流量分布将发生长期的周期性变动。对于输沙率中等的河流而言，如多瑙河三角洲，这是一种常见的情形[500]。

辫状河流及潮汐水道

在宽广的潮汐海湾中，多水道系统是普遍特征。对于宽－深比很大的河流而言，同样如此。在第3章将会看到，多水道系统的形成呈现出床底固有的不稳定性（第3章第3.5节），其最初形成，基于床底横向变化和水流横向空间分布之间的正反馈。通过弯曲河道中泥沙输运格局与弯曲河道之间的正反馈，进一步促进了不稳定性的增长。在潮汐海湾中，水流方向的交替变化也促进了多水道系统的形成，这是因为落潮流和涨潮流往往沿不同路径。很明显，前面水道变动的一维描述中没有涉及这个方面。不过有迹象表明，在宽阔的辫状河流和潮汐海湾中也存在水道间的竞争。这种竞争已在图2.15中阐明，它显示出了西斯海尔德水域20世纪发生的水道相对重要性的变迁。在塞纳河、默西河（Mersey，下同）、里布尔河（Ribble，下同）、卢尼河（Lune，下同）等，主、次潮汐水道已经被导流堤分开，并观察到次级水道随后迅速变浅[308,18]。这些观察结果表明，如果水流失去了其二维特征，多水道系统是不能继续存在的。

简单模型

本节将对前面考虑的一些问题用理想化的双平行水道数学模型进行说明。这两条平行水道具有相同的初始长度 l 、宽度 b、深度 h 和横断面平均流速 u（图2.20），其上游和下游均是宽度为 $2b$、深度为 h 的单一水道。通过这两个水道的总流量 $Q=2bhu$ 保持不变。为了简单起见，我们把所有宽度均看做是个固定量，并将其设置为 $b=1$。这并不完全符合实际，因为每个水道的深度、宽度都是会随着流量不断变化的。然而在模型中引入这样的假设，并不会改变稳定性分析的结果。其他的简化假设包括：

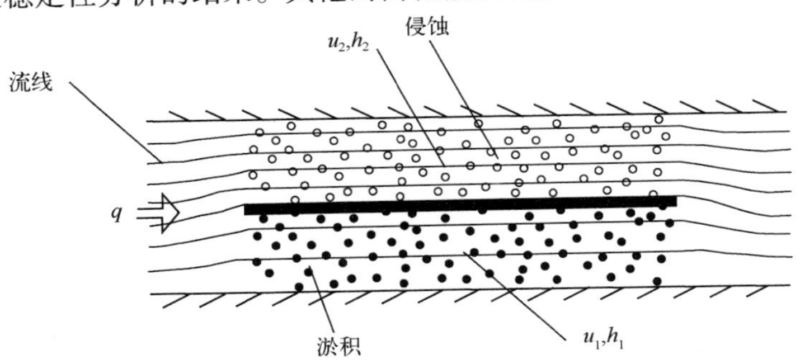

图2.20 潮汐水道分为两条初始宽度和深度相等，长度为 l 的平行水道。当 $t=0$ 时，地貌受到扰动，水道1的深度稍减，水道2的深度稍增，即 $h_2>h_1$。水道2流量变得比水道1大的原因有二：断面较大和摩阻作用小。所以图中所示流线略朝水道2弯曲。与上游水道流速比较，水道2中的流速较高，而水道1中的流速较低。在水道2的入口处将发育有冲刷坑，而在水道1的入口处将发育有沙坝。随着时间的推移，这些特征将沿流向扩展，这是由于地貌动力反馈的缘故。对水道2的冲刷导致该水道中流速增加，由于连续性，水道1中的流速减小。水道1中的淤积使原有平衡不能恢复，因为水道2将继续受到冲刷

• 水深均匀变化、忽略惯性加速度项、忽略水道曲率和横向流动，采用公式化的泥沙输移结果。

这些假设确实影响稳定性的判识标准，但是不能用简单模型对其进行评估。

现在，我们假设两水道系统受到微小的深度扰动。我们用标号 1 和 2 来区分这两个水道。然后对水道 1 设 $h_1 = h + \epsilon h'_1$，$u_1 = u + \epsilon u'_1$，对水道 2 也做类似的设定。这里 ϵ 是一个无限小的量值。水流连续方程为：

$$Q = 2hu = h_1 u_1 + h_2 u_2$$

假设水道 1 的长度远大于其深度（$l/h \gg c_D^{-1}$，其中 $c_D \approx 0.003$ 为摩擦系数，参见附录 B. 2 节）；我们还假设该水道断面流速几乎是均匀的。在此种情况，动量平衡意味着该水道长度范围内的水面坡降与摩阻耗散成正比，而该耗散假定与流速的平方成正比、与深度成反比（见附录 B. 4 节中方程（B. 33））。系统中两个水道的水面坡降是相同的，因为在这两个水道两端的水位是相同的。因此，可将动量平衡简化为：

$$u_1^2/h_1 = u_2^2/h_2 \tag{2.8}$$

从上述两方程中消去 h_1 和 h_2，可得：

$$u_1 = \frac{Qh_1^{1/2}}{h_1^{3/2} + h_2^{3/2}}, \quad u_2 = \frac{Qh_2^{1/2}}{h_1^{3/2} + h_2^{3/2}} \tag{2.9}$$

从式（2.9）可以断定，深度上的微小扰动将产生流速变化。若忽略非线性项，h'_1，h'_2 发生如下变化：

$$u'_1 = -u(h'_1 + 3h'_2)/4h, \quad u'_2 = -u(h'_2 + 3h'_1)/4h \tag{2.10}$$

泥沙输移公式

下面我们来研究适用于两水道系统的泥沙平衡方程，作如下假设：

• 每单位宽度的输沙率 q 与流速 u 具有下列关系：

$$q = \alpha u^{n+1}$$

其中，n 是一个取决于泥沙输移模式的常数。对于推移质，指数 $n \approx 2$；对于悬移质，实验结果表明 $n \geqslant 3$（见第 3 章第 3. 2. 4 节）。更准确的泥沙通量公式还应包括泥沙起动的临界速度。在此，我们采用简化公式。

• 在与上游连接处，每条水道的泥沙均来自上游，其量值与进入各水道的流量（分别为 $h_1 u_1/Q$ 和 $h_2 u_2/Q$）成正比（见图 2. 20）。原著参考文献[481，46]中提出的其他有关水道分岔处的泥沙分配公式本质上没有什么不同。然而应当提及的是，理论上多水道系统的稳定性判识标准同水道分岔处的泥沙分配密切相关。

• 假定在每条水道中由于泥沙通量的辐聚或辐散而引起的淤积或侵蚀沿整个水道长度均匀分布，除了沙丘和沙坝的局部扰动外，水道的深度假定为均匀的。

稳定性判据

在上述这些假设下，泥沙平衡方程可写作：

$$lh_{1t} = \alpha\left(u_1^{n+1} - \frac{h_1 u_1}{hu}u^{n+1}\right), \quad lh_{2t} = \alpha\left(u_2^{n+1} - \frac{h_2 u_2}{hu}u^{n+1}\right) \tag{2.11}$$

代入式(2.10)，若不考虑非线性作用，可得：

$$\frac{l}{\alpha}u^{-n-1}h'_{1t} = -\left(1 + \frac{n}{4}\right)h'_1 - \frac{3n}{4}h'_2$$

$$\frac{l}{\alpha}u^{-n-1}h'_{2t} = -\frac{3n}{4}h'_1 - \left(1 + \frac{n}{4}\right)h'_2 \tag{2.12}$$

这些耦合方程的解是指数函数 $\exp\sigma_{i1}t$ 和 $\exp\sigma_{i2}t$ 的和，指数函数的自变量 σ_{i1} 和 σ_{i2} 是方程组右侧矩阵的特征值。如果其中一个自变量为正值，解将是不稳定的；如果行列式 $((1+n/4)^2-(3n/4)^2)$ 的值是负值，那么矩阵特征值具有相反的符号，如此看来，两水道系统的稳定性取决于泥沙输运模式。对于推移质运动($n=2$)而言，两水道系统仍然是稳定的。

河道比潮汐水道稳定

这一结论是下面假设的直接结果：即来自上流的泥沙通量在各支流中的分配量，与支流的流量成正比。每条支流的流速与水深的1/2次方成正比，而其流量则与水深的3/2次方成正比(见式(2.9))。因此，如果 $n=2$，则不同水深下流入和流出水道的泥沙通量以同比例变化，即淤积或侵蚀都不会出现。对悬移质($n>2$)，右侧行列式的值为负值，因此两水道系统将产生微小扰动的增长。河流中推移质在泥沙输移量中所占的份额一般比潮汐水道大。仅就这一原因，就应该预料到，河流的多水道系统要比潮汐海湾中的多水道系统稳定得多。在简单模型中，不稳定性导致了两水道中的一条完全被泥沙淤满。假如在泥沙输移公式中考虑泥沙输移的临界速度，结果只会导致水道入口的关闭。关于多水道系统地貌的形成过程，将在第3章的第3.5.4节做进一步讨论。

2.5.3 阿默兰暗滩循环

本节要阐述的是自然条件下一个小型潮汐海湾中水道竞争的原理。在20世纪90年代中期，一个大的落潮三角洲浅滩(面积为2 km^2)与瓦登海的阿默兰岛连接起来。之后不久，围绕浅滩发育形成了一个较高的滩肩，除最高潮时，滩肩阻挡了潮水直接淹没浅滩。“暗滩”一词就是起源于这个滩肩的存在。潮水通过位于浅滩下游一侧的水道侵入浅滩地势较低的中央部位，形成了一个小规模的潮汐海湾，其中涨潮三角洲形成于浅滩中央。潮汐水道的长度随入口位置的下移而增长。沿水道也发育形成了一个大型弯道，并切入了沙丘底部，那里的一个餐馆不得不迁走(见图2.21)。10个月后(见图2.22)，又形成了第二个弯道，旧的弯道依然存在，不过随着次级水道在弯部凸侧横穿潮滩而被废弃。由图2.22(上图)可以看到新的次级水道，一年半以后，滩肩破碎，新的进潮口在更靠近涨潮三角洲处生成。旧的潮汐水道在与新水道的竞争中失败，并在一年后关闭(见图2.22，下图)。

图2.21　上图：1999年1月低水位时的阿默兰暗滩。该暗滩有一滩肩环绕，只在下游一侧有一个入口。主波向为西北方向(图片右上侧)。浅滩中央低于低潮水位，受到弯曲潮汐水道的冲淤作用影响，水道弯部的凹侧正在遭受侵蚀。更靠浅滩中央的原有入口已被关闭。下图：水道弯部的近照。于1999年1月该弯曲切入凹侧沙丘底部。本页和下页照片是荷兰国家水运局调查部在进行航空监测活动时拍摄的

图2.22　上图：1999年10月底时的阿默兰暗滩。入口已经迁移到更下游的位置，潮汐水道的长度也有所增加。在与第一个弯道的相互作用下，更靠近入口的第二个弯道已经开始发育，第一个弯道由于在凸侧发生了“裁弯取直”而趋于废弃。下图：2001年5月时的阿默兰暗滩滩肩已经被破坏，形成了更靠近浅滩中央的一个新水道。原水道已经被废弃，原进潮口也已关闭。新的入口开始向下游迁移。由于中央浅滩的淤积，进潮量已减小

新的潮汐水道目前也开始向浅滩的下游方向迁移。上述的整个地貌循环是在无人干预下发生的，所以可以将其看做是一次大尺度的野外天然实验。它揭示了几种与地貌动力不稳定性，特别是水道竞争不稳定性相关的反馈过程。

2.6　海洋是怎样塑造陆地形态的

前面几节，我们通过几个例子阐明了海洋和陆地在海岸带进行的“竞争”，结果有时令人惊奇。我们也介绍了这场“竞争”最重要的原理：空间对称破缺和时间对称破缺。我们针对一种特别现象，即平行水道间的竞争，阐明了具体原理。可是在这一章，大部分有关“海洋是怎样塑造陆地形态?”的问题都被搁在了一边。以阿默兰暗滩的发育过程为例，这样的问题包括：海岸带浅滩的演变机制是什么？它们是高能海岸环境中一种常见的现象吗？在这样的环境中是如何存在的呢？是什么样的过程形成了进潮口？这些进潮口是稳定的吗？如果是，那么平衡地貌是什么？潮汐水道为什么发育？它们为什么不是平直的，而是弯曲的？水道的弯曲总是不稳定的吗？为什么？海底为什么不是平的，而是覆盖有沙丘和沙纹？这种地貌上的复杂性有什么作用？所有这些地貌过程的时间尺度是什么？短期过程是怎样影响长期地貌演变的？要回答此类的问题，我们需要对海洋与陆地之间的相互作用有个基本的认识。在后面各章中，将介绍一些有助于增强这种认识的内容。包括海流-地貌相互作用、潮流-地貌相互作用以及波浪-地貌相互作用。对于这些内容将分开讨论，因为它们之间的相互作用和影响十分复杂，超出本书的讨论范围。本书将重点关注理想化情形，以限制地貌动力相互作用的范围。但这样有时可能会带来对简单化的误解。阿默兰暗滩循环可以作为一个例子，提醒我们海岸动力学实际上的复杂性。

第 3 章　海流 – 地形相互作用

3.1　摘　要

海底为什么不是平的

或许大部分人认为海流总能把能量传递到海底，以侵蚀夷平海底的沉积构造。但潮流作用下地貌形态演变的观测和海底地形图却表明事实并非如此。在有些情况下，海底的沉积地貌与先前存在的构造有关，例如冲刷坑就是在障碍物附近形成的。但是对于大部分海底构造而言，不存在这种直接关系，它们的存在无法用地形或水文条件的约束来解释。实验室实验表明，一些沉积构造，如沙纹、沙丘等，甚至在最初几乎完全均匀的海底条件下也能发育形成。这种现象一直是科学家们所面对的挑战，但曾经长时间未能对此给出一个合理的解释。

海底的不稳定性

仅仅在 20 世纪的下半叶，人们才开始解释与海底地貌格局形成有关的一些基本原理。这些原理与海流 – 地貌相互作用的非线性有关，同样适用于自然界的大量现象，例如波浪的形成发育。目前，海底的许多地貌特征都被认为是源自非线性的海流 – 地貌相互作用和相关的海底不稳定性。然而，这种相互作用的动力过程是相当复杂的，对其在数学上的描述常常高度简化。很难保证能把所有必要的物理过程全都恰当地包括进来，因而在对其结果进行解释时应该格外谨慎。这些描述不是对真实环境的重现，但可以提高对海洋现象的解释能力。正确解释海底地形信息是十分重要的，尽管测深技术的准确性已经有很大的提高，但是频繁地进行海底调查，其费用常常是难以承受的。解读海底地形图，将有助于识别一些随时空尺度迅速变化的区域，这与海上航行、采矿、管线铺设以及其他一些海上活动等高度相关。

从沙粒到沙坝

本章从最小尺度的海流 – 地貌相互作用开始：单粒泥沙的尺度。如果作用在海底泥沙上的切应力足够强，泥沙颗粒将被迫离开其原有位置，并被水流带走。泥沙输移过程是在海流 – 地貌相互作用中进行的，对单个颗粒的尺度而言，湍流运动起着重要的作用。泥沙输移过程还取决于泥沙颗粒的性质以及它们在海底底质中的相互作用，目前还没有基于湍流原理的理论能够可靠地预测野外泥沙输移，所以对实际情况中的泥沙输移只能根据实验室实验和野外观察推导出来的几项公式进行描述。本章的第一部分介绍实践中经常使用的一些公式及其应用范围，而本章的主体则主要致力于分析讨论海底地貌格局(如沙纹、沙丘、沙洲等)的反馈过程。分析中，我们应用的是一些泥沙输移经验公式，并在应用中做了如下假设：对大尺度的海底地貌而言，泥沙颗粒尺度的动力学特征不受海底地貌与水流之间大尺度相互作用的显著影响。

沙丘和沙坝

泥沙输移过程与海底的小尺度构造有关，例如海底沙纹的形成既是泥沙输移的原因又是泥沙输移的结果。海底韵律底形可分为依赖流场垂向分布的沙纹、巨型沙纹、沙波等(“沙波”家族)，以及依赖流场平面分布的沙坝、沙背等(“沙坝”家族)。“沙坝”家族受海底大尺度地形特征的影响，包括海底坡度、横向流动限制(水道边界)等，某些底形构造在恒定流、往复流中均有出现。不同的韵律底形经常共存，相互叠加[267]，使流场受到彼此相互作用的影响，表现出更大的复杂性，如图3.1和图3.2所示。

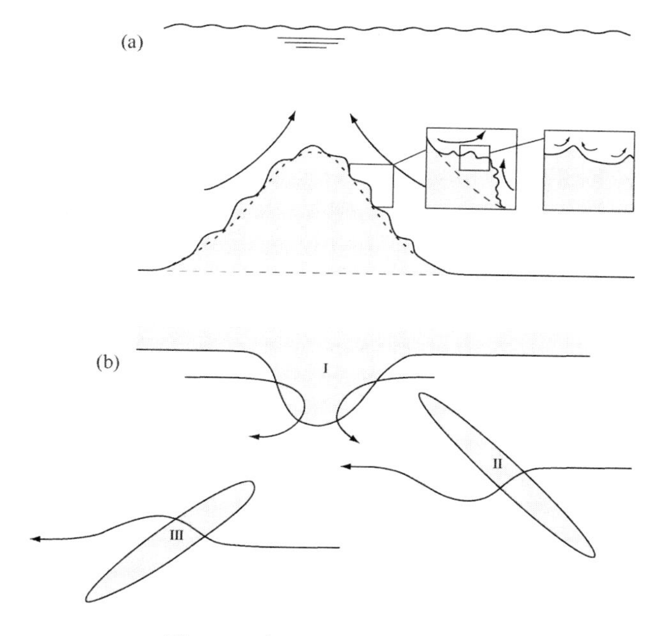

图3.1　沙丘和沙坝家族示意图

(a)海底大型沙丘，其上重叠有较小的巨型沙纹，巨形沙纹上又重叠有更小的海流形成的沙纹。其垂向尺度相对于水平尺度放大了一个量级。(b)海岸平视图：(Ⅰ)岬角海岸的平视图；(Ⅱ)位于倾斜内陆架上，朝临滨弯曲的线状沙脊；(Ⅲ)位于外陆架上，相对于主潮流轴线向左(在北半球)倾斜的潮流沙脊，箭头表示不同底形引起的平均水流状态

图 3.2　重叠于海滩沙坝上的波致沙纹

本章将首先描述海流－地形相互作用原理中，形成沙纹、沙丘等地貌形态的小尺度反馈，然后对形成潮流沙脊、连滨沙脊等地貌形态的大尺度反馈进行讨论，最后对横向有界流动引起的交错沙坝、潮滩及弯曲水道的地貌动力学反馈过程进行讨论。

3.2　海床－水流相互作用

3.2.1　流层

湍流

水体运动受质量和动量守恒原理的控制。质量和动量平衡都是非线性的，非线性是动量守恒和自由水面运动所固有的特性。由于这种非线性，水流对扰动的响应受到它所产生的流场变化的正反馈，并通过从原流场摄取能量而生长。这是高度不稳定性的根源，特别是在时空尺度小于限制边界条件的时空尺度(即地形尺度，潮汐、波浪等外力的尺度)时。这种不稳定的水体运动即被称为湍流，湍流使流动现象变得极其复杂。实际上，想要从控制方程中求解全部湍流结构几乎是不可能的。问题在于，如果我们仅仅对大尺度的水流特征(如地形尺度或外力尺度)感兴趣，完全求解湍流结构是否有必要。因此，我们只需要模拟湍流对质量和动量守恒的平均作用，无需考虑其具体结构。这就需要对湍流的统计特性做一些假设，对于这些假设的有效性必须对照实际观测结果进行检验。

强湍流状态

为了得出与大尺度质量和动量守恒有关的湍流统计特性，人们已经建立了许多模型。湍流的统计特性并非处处相同，因此有必要对不同流区加以区分。例如，在水柱的不同区域湍流的特征明显不同，这些不同的区域被称为流层(图 3.3)。对于粗糙床面上的湍流，常常可以区分出 3 层。而对于因盐度或悬浮泥沙造成的密度层化，可能有必要引进更多的流层。如果沙粒雷诺数远大于 1，在平坦底面上的水体流动可被划分为水力粗糙区，即：

$$Re_g = u_* d/v \gg 1 \tag{3.1}$$

式中，v 为运动黏度($v = (1 \times 10^{-6} \sim 1.5 \times 10^{-6})\ \mathrm{m^2/s}$)；$d$ 为中值粒径；u_* 为摩阻流速，它与床底切应力 τ_b 有如下关系：

$$u_* = \sqrt{\tau_b/\rho} \tag{3.2}$$

式中，ρ 为流体密度。在沿岸水域，式(3.1)所示条件通常是可以满足的，特别是在海底受到高能海流和波浪强烈扰动，水流携带有大量泥沙时。海岸系统的许多地貌动力过程就是在这种条件下发生的。因此，本书所探讨的主要是水力粗糙区的近底流动。

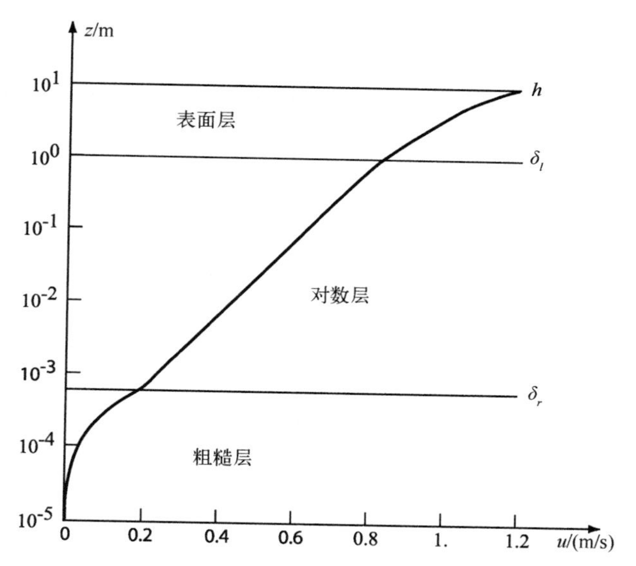

图 3.3　对于恒定流，可以区分出 3 个具有不同湍流特征的流层：①粗糙层 $\delta_r = 2.5\ d$；②对数层 $\delta_l = 0.1\ h$；③表面层(本例中 $h = 10$ m)。图中所示为平坦中砂(粒径 $d = 250$ μm)粗糙床面海底上的特征流速($\bar{u} = 1$ m/s)剖面。z 为到海底的距离

粗糙层

近底层，也被称为“粗糙层”，是沉积物床面以上厚度为 δ_r 的流层，δ_r 的量级与海底不规则表面的平均最大高度同级：对于平坦的海底，为中值粒径 d 的几倍[410]；而对于有

沙纹的海底，则为沙纹平均高度 $2z_{b\max}$[415]。粗糙层以小尺度海底不规则表面，如泥沙颗粒和海底沙纹等所产生的湍流结构为特征。这些湍流结构在海底不规则表面的扰动下，发生漩涡的交替生长和分离过程。湍流漩涡的垂向特征尺度与海底不规则表面的高度相似；而粗糙层的厚度 δ_r 在相关文献中则经常被称为"等效糙率"或"尼古拉兹糙率" k_s。对于有沙纹覆盖的海底，满足水力粗糙区的标准如下[326]：

$$Re = u_* \delta_r / \nu > 70 \tag{3.3}$$

粗糙层中的切应力 τ 近似为常数，并与床底切应力相等，即：

$$\tau \approx \tau_b = \rho u_*^2 \tag{3.4}$$

切应力主要是由于粗糙层内水平动量的垂向交换所引起的。假设湍流产生的垂向交换可以被参数化为垂向扩散过程，则：

$$\tau = \rho N u_z \tag{3.5}$$

式中，粗糙层概化的涡黏系数 N，普遍近似认为其与 z 值无关。将式(3.4)和式(3.5)合并得出：

$$u(z) = C u_* z / \delta_r \tag{3.6}$$

其中，$C = \delta_r u_* / N$ 是与泥沙几何形态和海底泥沙运动有关的一个常量。在粗糙层中，流速到底部减小至零(假设海底为静止状态)，在高度 z 范围内平均流速近似为 z 的线性函数。对于均匀一致的恒定流而言，流速梯度取决于粗糙层厚度 δ_r 和摩阻流速 u_*。

对于糙率已确定(沙粒直径为 d)的平坦海底，$\delta_r = d$，$C = 8.5$[316]；对于有泥沙移动的沙纹海底(粗糙层厚度 δ_r 为 1 ~2 cm[370])，野外观测数据表明 C 值介于 5 和 8 之间[415,328]。这里值得指出的是，式(3.6)所示的速度剖面与平坦海底的速度剖面相类似。但平坦床面垂向动量交换是通过黏度而发生的，该种情况还存在一个厚度 $\delta_r = C\nu / u_*$ 及 $C = 11$ 的黏性亚层[316]。

粗糙层的厚度并不是常量，强湍流层中的连续漩涡产生强烈的扰动，而这些漩涡将引起高速流体向粗糙层的涌入("扫掠")或低速流体向粗糙层外的喷出("猝发")。"扫掠"和"猝发"事件大大增强了泥沙的运动和海底物质的悬浮[429,234]，这可能是导致潮汐水道内砂的悬浮的主要机制[417]。

对数层

在粗糙层之上的流层，湍动漩涡受到了距海底高度的制约。由前述近似可知，漩涡的平均尺寸随至海底的高度呈线性增大。我们假设对数层内的切应力也可以参数化为扩散过程(见式(3.5))。在平滑的时空梯度条件下，这是一种合理的近似(也可参见第 3.2.2 节)。应当指出，式(3.5)中没有考虑湍流在流体密度上的扰动，该 Boussinesque 近似只是对非层化的状况有效。关于盐度层化效应，将在第 4 章的第 4.7.2 节讨论。对数层中的扩散系数 N 被称为涡黏系数。观测表明，该系数可以近似为距海底高度的线性函数：

$$N = \kappa u_* z \tag{3.7}$$

其中，$\kappa = 0.4$ 为冯卡门(von Karman)常数。由于切应力 τ 在近底层近似为常数，可通过式(3.4)得到 N 与 u_* 的关系。联立式(3.5)和式(3.7)可得，速度剖面为对数形式：

$$u(z) = \frac{u_*}{\kappa}\ln\frac{z}{z_0} \tag{3.8}$$

其中，参数 z_0 为海底粗糙长度。海上实际观测表明，上述对数形式基本适用于总水深底部的10%[418]。有些研究中提到较大的对数层厚度，可近水深的一半[295]。在粗糙层与对数层之间的过渡带，即 $z = \delta_r$，式(3.6)和式(3.8)所示速度应该相同。据此得出下列方程所示的海底粗糙长度 z_0：

$$\delta_r = z_0 \exp(\kappa C) \tag{3.9}$$

对于平坦的海底($C = 8.5$)，我们得出 $\delta_r/z_0 = 30$。假如取粗糙层的厚度 δ_r 为中值粒径 d 的2.5倍[139]，则得出 $d/z_0 \approx 10$，该结果与野外研究结果一致[297]。对有泥沙移动的沙纹海底($C = (5 - 8)$)，由式(3.9)得出的 δ_r/z_0 值介于7~25之间，其中 $\delta_r \approx 15$ mm。

对数定律(式(3.8))较好地表述了恒定流的速度剖面。但在海岸带海流经常受到波浪的调节。Sleath 的研究表明，对数定律仍然可以相当好地描述海岸环境中恒定流的速度剖面。

表面层

从对数层再向上，在占总水深10%以上的水层中，涡动黏性不仅受到距海底高度的制约，而且还受到距海面高度的限制。水柱的这一上部水层被称为表面层。在沿岸较浅的水域，该层通常可以一直延伸至水面，而在较深的水域，其厚度受到地球自转效应和潮汐时间尺度(在有潮流的情况)的限制。潮汐边界层的厚度 δ_t 可由下式给出[418]：

$$\delta_t = 0.0038\frac{\omega U_{\max} - f U_{\min}}{\omega^2 - f^2} \tag{3.10}$$

其中，$U_{\max}$ 和 $U_{\min}$ 表示一次潮周期中沿水深平均的最大和最小流速值；f 为科氏参数；ω 为用弧度表示的潮汐频率。实际观测表明，恒定、均匀流动的表面层的速度剖面可以用指数分布定律表示[418]，即：

$$u(z) = u_s\left(\frac{z}{h}\right)^{1/7} \approx 1.14\bar{u}\left(\frac{z}{h}\right)^{1/7} \tag{3.11}$$

其中，$\bar{u}$ 为剖面平均流速；h 为水深。在表面层和对数层的过渡带，即 $z = \delta_l$，流速相同，可得：

$$\bar{u} = 0.88(u_*/\kappa)(\delta_l/h)^{-1/7}\ln(\delta_l/z_0) \tag{3.12}$$

摩阻系数(拖曳系数)c_D、海底切应力 τ_b 以及剖面平均流速 $\bar{u}$ 通过下式联系起来：

$$\tau_b = \rho c_D \bar{u}^2 \tag{3.13}$$

根据式(3.2)，也可以得出：

$$c_D = (u_* / \overline{u})^2 \tag{3.14}$$

摩阻系数 c_D

根据式(3.12)，我们得出了摩阻系数 c_D 与粗糙长度 z_0 之间的关系。在 δ_l/z_0 值较大的情况，可以忽略 δ_l 的影响，得出：

$$c_D \approx 0.03(z_0/h)^{2/7} \tag{3.15}$$

根据在稳定和不稳定平坦海底上对恒定流的观测，经最佳拟合得出[418]：$c_D \approx 0.02(d/h)^{2/7}$，其中 d 为中值粒径。如果假设 $z_0/h \approx 0.2$ 的话，该式与式(3.15)对等。摩阻系数 c_D 的变化范围通常为 0.001 ~ 0.01[439]，其数值大小取决于下列变量：泥沙类型、粒径、海底上的不规则形态(如沙纹等)、输沙率以及水流强度等。在陆架海及河口，摩阻系数的典型量级为 0.002 ~ 0.003[225,407,439]。

例如在 Georges Bank(位于美国大西洋海岸 Cape Cod 外约100 km)，80 m 水下的沙质海底(中值粒径为 250 ~ 1 000 μm)通常被由大浪事件形成的高 1 ~ 2 cm、波长 15 ~ 20 cm 的沙纹覆盖。此处海底以上 1.2 m 的最大潮流强度 $u_{1.2}$ 为1 m/s 量级。根据对半日潮流速剖面的实际测量，由 $(u_*/u_{1.2})^2$ 定义的摩阻系数为 $(3 \pm 0.1) \times 10^{-3}$，并且没有重大的季节性变化[486]。相应的粗糙长度 z_0 变化于 0.05 ~ 0.09 cm 之间，该变化范围与厚度为 1 ~ 2 cm、$C \approx 8$ 的粗糙层相一致(见式(3.9))。

式(3.15)表明，摩阻系数也是水深的函数。由于粗糙长度 z_0 几乎与水深无关[370]，所以可以利用式(3.15)估算深度对摩阻系数的影响。通常使用曼宁经验公式代替上式：

$$c_D = gn^2 / h^{1/3} \tag{3.16}$$

其中，g 为重力加速度；n 为曼宁的底床粗糙系数。从式中可以看出，摩阻系数随水深的减小而增大。

在海滩上破波带的冲流、回流中测量到数值为 0.02 ~ 0.06 的高摩阻系数[368]。造成高摩阻系数的因素不仅有较浅小的水深(典型的是小于 0.5 m)，还有波浪破碎产生的湍流。然而，在高能条件下，摩阻系数有可能减小，而不是增大，如在北海野外的实际观测结果[225]。这种现象归咎于强浪下泥沙再悬浮引起的近底层化[172]。此外，当近底区域有细粒黏性泥沙的高浓度层形成时，也会导致拖曳系数的减小(见第 3.2.3 节)。

涡黏系数 N

表面层中涡黏系数 N 的估算可以根据动量平衡公式推导得出。根据动量平衡，在恒定、均匀(未层化)的水流中切应力是水深的线性函数：

$$\tau(z) = \rho N u_z = \rho u_*^2 (1 - z/h) \tag{3.17}$$

在该方程中引进流速剖面式(3.11)，则可得出，表面层中的 N 近似为 z 的抛物线函数，其垂向平均值出现在中间深度，其深度平均值可以由下式求出：

$$\bar{N} \approx hu_*^2/\bar{u} = \sqrt{c_D}hu_* = c_D h\bar{u} \tag{3.18}$$

显然，在均匀恒定的水流中涡黏系数与摩阻系数有密切的关系。

由于对湍流扩散的阻碍，密度差将而大大降低水体的垂向混合。由于淡水的流入而产生的密度差是河口和近岸水域中一种常见现象；离岸再远一些时，密度分层可能是由于垂向的温度梯度。与均匀情况相比，在有密度分层存在(即使很弱)的条件下，涡黏系数具有完全不同的量级和随水深的变化梯度(见第4章第4.7.2节)。

表面摩阻与形状阻力

泥沙输移与海底切应力有关。应当将海底切应力区分为两种：一种与海底颗粒结构有关；另一种则与海底沙纹等结构有关[157]。前者被称为“表面摩阻”，或称为“有效剪切”，此类摩阻对应于黏性底层或粗糙层中水流对海底颗粒所施加的切应力；后者被称为“形状阻力”，对应于海底形态(如沙纹、沙丘等)后侧涡流区内的能量损耗。表面摩阻包括海底颗粒周围水流造成的拖曳力和上举力。它对推移质运动中的初始泥沙运动特别重要，因为推移质运动首先需要将泥沙颗粒从其在海底的平衡位置移开。形状阻力对于推移质泥沙运动而言并不重要，因为表征相关压力场变化的长度尺度远大于泥沙颗粒的尺度[309]。形状阻力对动量的摩阻损耗则起着重大作用，而且它是造成泥沙悬移质运动的主要因素。由于形状阻力对湍流总强度有影响，因而它对表面摩阻也具有间接的贡献。对于沙纹海底，形状阻力一般要比表面摩阻大数倍[418,486]。

非均匀或非恒定流

前一节我们讨论了恒定均匀流动的流速剖面。“恒定”和“均匀”这两个术语必须在统计学意义上来理解，即在湍流时空尺度上的平均状态。海洋环境中的水体流动或是由于随时间变化的强迫作用(如波浪、潮汐等)，或是由于海底地形的缘故而不断地加速或者减速。理论上的流速剖面形状(如式(3.6)、式(3.8)和式(3.11)所示)在实际上是很少存在的。这是因为湍流运动不能同步适应外部强迫的变化，在流速剖面与湍流应力之间建立新的平衡需要一定的时间。该时间滞后对大尺度湍流漩涡更加明显，并与水深密切相关。例如在爱尔兰海(Irish Sea)，湍流能量耗散下的潮流随水深变化的函数显示，冬季混合作用下底层与表层间存在约2个小时的相位滞后，而在夏季层化作用下的相位滞后高于4个小时。

近底部分的流速剖面会更快地适应表面压力梯度的波动，远离床底的部分也比靠近床底的部分保留原始动量的时间要长。当流体加速(减速)时，近底部分首先加速(减速)，随后才是水柱中的较高部分。与恒定均匀的流动相比，在非恒定、非均匀情况下，表层和底层流速差值在加速阶段更小，减速阶段更大，因此加速阶段的湍动应力比减速阶段要小。流体适应过程中的摩阻时间滞后效应在塑造海底形态方面起着重要作用，将在随后介绍。

波浪边界层

在高频波浪运动(如风浪)的情况下，其流层结构与恒定流明显不同。有关波浪动力学的介绍将在第5章波浪－地貌相互作用和附录D中给出，波浪作用下的泥沙输移也将推迟到第5章进行讨论。但是，把海流和波浪作用下的泥沙输移放在一起讨论可以对这两种情况之间的差异有更好的理解。

在有高频波浪运动的情况下，湍流边界层将不会在整个水柱中发育，原因是其振荡周期短(见第5章)。这表明波生流几乎是无摩阻的(势流)，不过近底层除外(图3.4)。对于平坦海底的黏性流动，近底层的厚度可近似由下式给出：

$$\delta_w \approx \sqrt{2v/\omega} \tag{3.19}$$

其中，v 为运动黏度；ω 为波浪的角频率；δ_w 相当于最多几毫米的厚度。然而在海岸环境中，海底糙度和波浪水质点速度使波浪边界层大多呈湍流状态。在沙纹海底，对海底湍流边界层厚度的一个相当合理估算可由下式给出[434,179,277]：

$$\delta_w \approx 100 z_{b\max}^2 / \lambda \tag{3.20}$$

其中，$2z_{b\max}$ 为沙纹平均高度；λ 为沙纹平均波长。对于典型高度为1.5 cm、波长为10 cm的小沙纹，由式(3.20)可得出海底湍流边界层的厚度 δ_w 为5 cm量级。对于典型高度为5 cm、波长为1 m的大沙纹，此量值也相似。

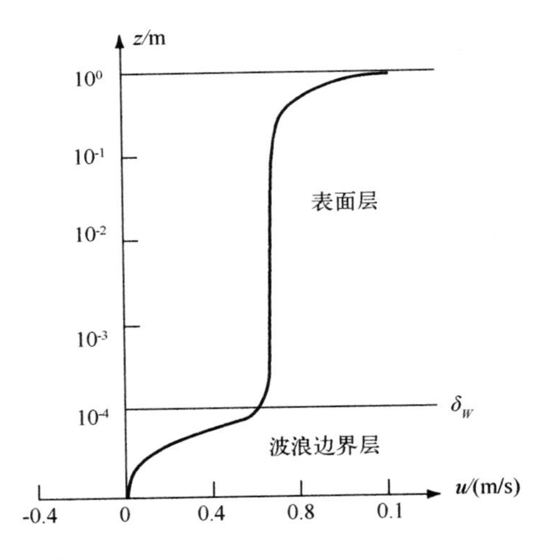

图3.4 对波浪水质点流动，可以区分出两层：波浪边界层 $\delta_w \approx \sqrt{2v/\omega}$ 和表面层(本例中 h = 10 m)。如图所示，表面层中的特征波浪水质点轨迹速度剖面 $u = a\omega\cosh(kz)/\sinh(kh)$；$z$ 为距海底的距离

波浪边界层中的动量耗散

在边界层中，波浪水质点动量因海底切应力而发生耗散。类似于恒定流，波浪引起的海底切应力 τ_w 可以通过二次关系式与波浪水质点轨迹速度联系起来：

$$\tau_w = \frac{1}{2}\rho f_w U_b^2 \qquad (3.21)$$

其中，U_b 为近底处波浪水质点速度幅值；f_w 为波浪摩阻系数。为了估算该摩阻系数，已经建立了几个经验关系式[418]。f_w 的大小主要取决于近底处波浪水质点位移幅值和海底粗糙长度之比 r，可近似为 $f_w \approx 0.2r^{-0.5}$，其典型数值范围为 0.01 ~0.1。

漂流

Longuet－Higgins[287]首次指出，在平坦海底上方的波浪边界层中，前进波将产生一个向前漂移速度 u_s（称为“漂流”）。漂流在黏性波浪边界层的顶部达到最大，为：

$$u_s \approx (3/4)U_1^2/c \qquad (3.22)$$

其中，U_1 表示在黏性边界层顶部的最大波浪水质点轨迹速度；c 为波速。漂流将引起泥沙在波浪传播方向上的净输移。在强浪条件下，表层泥沙可能会液化，形成可流动的泥沙薄层。漂流可以贯穿液化的泥沙层，并驱使其向岸移动[153]。

漂流是由于波浪边界层中水质点动量耗散而引起的。由于摩阻动量耗散，波浪边界层中的水平流动对静水压力梯度变动的响应比上方水体处快，因此水平和垂向波浪水质点轨迹速度 u 和 ω 之间的相位差（在远离波浪边界层处为90°）将沿水柱向下递增。如此产生的波致净应力 $\langle uw \rangle < 0$，相当于前向水平动量向下的净扩散。向下的动量净扩散在波浪界面层顶部附近达到最大。$|\langle uw \rangle|$ 的向下增大引起前向动量的净输出和相应的与波浪传播方向相反的流体加速度。在波浪边界层内，前向水平动量向下的净扩散在该层底部（$w=0$）减小至零，从而造成底部前向动量的输入和相应的与波浪传播方向一致的加速度。正是这种流体净加速度（其方向在底部与波浪传播方向一致，在波浪边界层之上与波浪传播方向相反）产生了被称为“漂流”的流体漂移。漂流在边界层底部为零，边界层顶部附近最大，再向上则迅速减小。前向动量的净输入和净输出，与漂流产生的摩阻切应力在整个水柱达到平衡。对黏性波浪边界层，漂流垂向剖面可以用数值方法依据摩阻和波纹应力平衡求得[157]。

实验室测量结果表明，如果是粗糙海底，在海底附近的漂流将大大减小[37]；如果是沙纹覆盖的海底，在海底附近的漂流甚至发生反转，变为与波浪传播相反的方向。这种效应可以用波浪不对称性对涡黏系数的影响来解释[445]，因为波浪的不对称性可以使近底流速的相位超前减小。在海底有沙纹覆盖的情况下，漩涡在沙纹峰脊处的分离过程也会阻止波浪边界层中向岸的漂流发育[95,300]。

3.2.2 泥沙特征

沉积颗粒

沿岸区域的海底沉积物一般是由各种各样的颗粒组成的，其中大部分是由于内陆流域的土壤侵蚀所产生的，被称为碎屑沉积物。这些沉积物主要由各种矿物组成，例如高岭石（黏土矿物）、长石（粉砂矿物）或石英（砂质矿物）等。其他颗粒有生物成因，如贝壳和珊瑚碎屑、泥炭、腐殖质、浮游生物等。用来区别泥沙颗粒的一个重要特征就是它们的粒径。泥沙的粒径差别很大，从黏土和粉砂（粒径为 $10^{-6} \sim 10^{-5}$ m）到砂（粒径为 $10^{-4} \sim 10^{-3}$ m），以及细砾、中砾、卵石（粒径为 $10^{-2} \sim 10^{-1}$ m）。泥沙颗粒的密度 ρ_{sed} 平均为水体密度的 2.5 ~ 3 倍，不过，更大密度的重矿物也可能存在。

沉速

如果没有湍流或上升流，泥沙颗粒将向下运动，因为其密度大于水的密度。对沙粒的沉降速率 w_s 已经建立了一些经验公式，例如[471]：

$$w_s = \frac{10v}{d}\left[\sqrt{1 + 0.01d_*^3} - 1\right], \quad d_* = \left(\frac{g\Delta\rho}{\rho v^2}\right)^{1/3} d \tag{3.23}$$

图 3.5 所示即为用该式获得的颗粒沉速曲线。式中 d 和 d_* 分别表示泥沙直径和无量纲粒径，v 为水的运动黏度（10°C 时，约为 1.35×10^{-6} m²/s；20°C 时，约为 10^{-6} m²/s），$\Delta\rho/\rho = \rho_{sed}/\rho - 1 \approx 1.5$ 是泥沙颗粒与海水的平均相对密度差，$g = 9.8$ m/s² 为重力加速度。

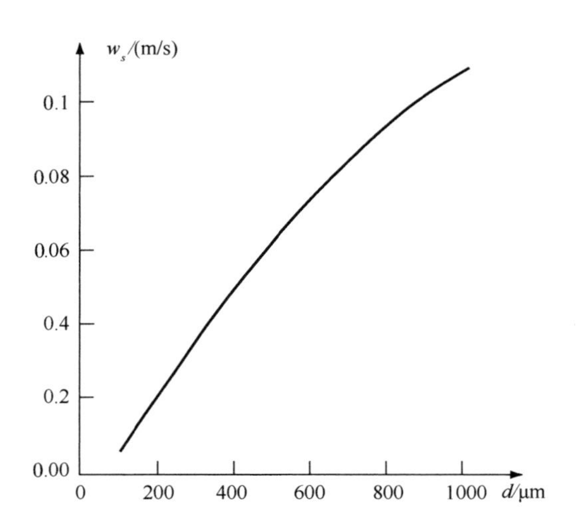

图 3.5 10℃时沙粒随其粒径而变化的沉速

对于无量纲粒径较小的颗粒（如粒径小于 200 μm 的细粒或者密度低的较大颗粒），式 (3.23) 可以被简化为：

$$w_s \approx 0.05g(\Delta\rho/\rho)d^2/v \tag{3.24}$$

对于这些颗粒，沉速与其水下质量比和颗粒直径成正比。

湍流抬升作用

因为泥沙颗粒通常是向下移动的，或许有人认为：所有悬浮颗粒终将会沉降到海底。在静止的水体中的确如此。然而，在水流中湍流的存在将有可能使泥沙维持在悬浮状态，即平均垂向速度为零。这是因为在湍流的脉动作用下，向上输运的流体中具有更高的悬沙浓度，因此，若存在悬沙垂向浓度梯度，湍流将导致向上的泥沙净输移。在恒定流平衡状态时，泥沙通过水柱中每一个水平面的净通量将为零。根据这一条件可以得出垂向平均悬沙浓度分布是颗粒沉速 w_s 和湍流强度(用扩散系数 K 表示)的函数。

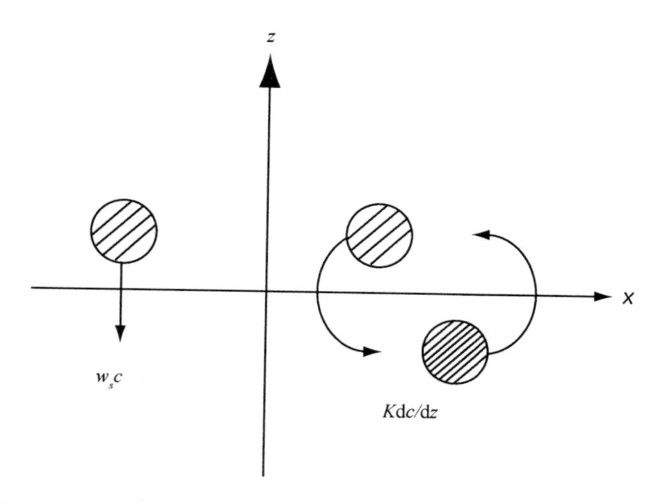

图3.6 垂向泥沙通量各分量平衡示意图，包括湍流扩散分量产生的向上输运及颗粒沉降产生的向下输运

悬沙剖面

泥沙颗粒的沉速 w_s 由平均向下运动速度 $\langle w \rangle = -w_s$ 和湍流引起的脉动分量 w' 组成，其中 $\langle w' \rangle = 0$。泥沙浓度 $c(z)$ 也可以用其平均浓度 $\langle c \rangle$ 和脉动分量 c' 来表示。通过任一给定平面的垂向泥沙平均通量则为 $\langle cw \rangle = -\langle c \rangle w_s + \langle c'w' \rangle$，该式的最后一项是湍流扩散作用造成的泥沙通量。通常假设：在没有层化的条件下水质点的湍流运动可以用随机游动来表示。在这种条件下，脉动泥沙通量近似地与平均悬沙浓度的垂向梯度成正比，即：

$$\langle c'w' \rangle \approx -K\mathrm{d}\langle c \rangle/\mathrm{d}z \tag{3.25}$$

其中，z 为距海底的距离；K 为湍流扩散系数。平均垂向泥沙通量等于零的条件为：

$$w_s c = -K\mathrm{d}c/\mathrm{d}z \tag{3.26}$$

为了简化起见，我们删去了表示湍流时间平均的括号。对数边界层湍流扩散系数 K 可以用类似于湍流涡黏系数 N 的方式来表示，$K = \kappa u_* z$，其中 $\kappa = 0.4$ 为冯卡门常数，u_* 为摩阻流速。如果假设泥沙沉速 w_s 为常量，那么式(3.26)的解为恒定流中悬沙平衡剖面的指数分布定律(图3.7)，即：

$$c(z) = c_a (z/z_a)^{-w_s/\kappa u_*} \tag{3.27}$$

如果沉速低，且湍流扩散系数大，则泥沙在水体中趋向于均匀分布；如果情况相反，泥沙浓度则具有强烈的垂向梯度变化。一般而言，大部分悬移质运动被限于近底处厚度为沙纹高度10~20倍[75]的流层中。

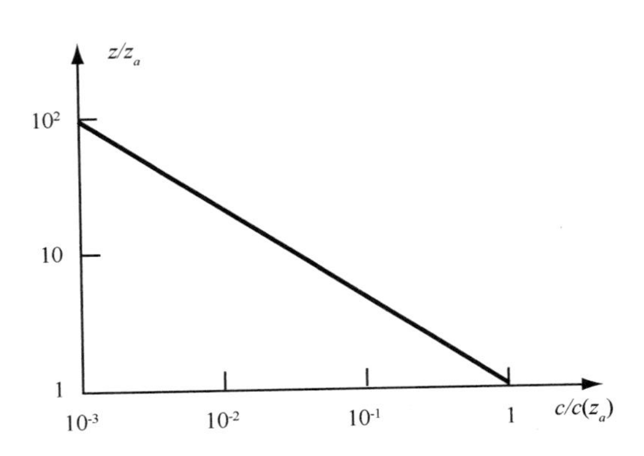

图3.7　据式(3.27)得到的双对数坐标中的悬沙平衡剖面。对应的典型值为：$w_s = 0.02$ m/s；$u_* = 0.03$ m/s

近底悬沙浓度

对泥沙起动过程较合理的数学描述，需要明确地包括近底层的湍流和泥沙运动。根据大涡模拟技术建立的一些模型能够重现在实验室里也能观测到的许多现象，这些模型证实了湍流结构和海底沙纹耦合作用的重要性、相关性。泥沙颗粒在沙纹的迎流面起动，并进入流体中，在水流作用下向下游运动，在垂向速度分量的作用下向上运动。同时，这些模型也显示出在二维直线峰脊沙纹和三维沙纹情况下泥沙起动的巨大差异。

然而，这些模型却不能给出近底悬沙浓度的详细表达式。那些在实践中应用的近底悬沙浓度表达式都是根据实验室实验结果得出来的，例如，在纯海流作用下的悬沙浓度，可以用 Van Rijn 的公式对基准高度为 z_a 的近底悬沙体积浓度参考值 c_a 进行估算：

$$c_a = 0.015 \frac{d\tau_*^{3/2}}{z_a d_*^{0.3}}, \qquad \tau_* = \frac{\tau_s - \tau_{\text{crit}}}{\tau_{\text{crit}}}, \qquad z_a = \min\left[\frac{h}{100}, z_{b\max}\right] \tag{3.28}$$

该式适用于流速高于临界流速的情况下，此时 τ_s 大于 τ_{crit}，该临界值相当于把泥沙颗粒从其所在海底位置上提起所需要的最小切应力。上述表达式也考虑了海底不规则表面如沙纹或沙丘等的影响，式中 $z_{b\max}$ 表示沙纹或沙丘平均高度的一半。海底沙纹的波陡比其高度起的作用更重要[202]，但式(3.28)中没有明确地包括这一现象。根据式(3.28)，在海流较强的情况下海底附近的悬沙参考浓度大体随流速的三次方变化。

波浪引起的泥沙悬浮

波浪作用对于泥沙的悬浮也有贡献。如前所述，由波浪产生的湍流和扩散与水流相比有根本不同，这是因为波浪周期比湍流运动时间尺度短的缘故[246,326,411]。由波浪或波流耦合作用产生的泥沙悬浮过程相当复杂。在摩阻海底边界层中，波浪和海流的相互作用具有非线性特征，它们共同产生的表面阻力比它们单独产生的表面阻力的总和还要高。波浪水质点轨迹运动的强加速度对海底侵蚀也有影响。

为了描述波浪和海流引起的泥沙悬浮和输移，学者们已经提出了许多模型，其中大多数是经验模型[471,94,418]。用简化的数学模型所进行的数值模拟表明，当低速湍流条带开始破碎，并形成使混合作用增强的无序漩涡时，泥沙颗粒开始启动，并被带入悬浮状态。低速湍流条带形成于加速阶段的末尾(此时流速最大)，在波流周期的减速阶段开始分解[479]。

在海岸带附近，波浪水质点轨迹速度普遍强于恒定流。在这种情况下，通常假设波浪作用主要是引起泥沙悬浮(以波浪扰动函数表示)，泥沙输移则主要由恒定流所为。然而对于这样的简化，应用时务必谨慎。例如，波浪单独作用时，波浪的非对称性和波生流也会引起净泥沙输移[314]。

不均匀沙

式(3.28)只适用于泥沙级配良好的中值粒径 d。实际上，海底泥沙是由大小不同的颗粒组成的混合物(又称“不均匀沙”)。虽然泥沙中的细粒组分比粗粒组分更容易悬浮，但是细粒组分的起动常常受到掩蔽作用，粗颗粒泥沙可降低作用于细颗粒泥沙的表面切应力[111,333,408]。与之相反，粗粒泥沙的起动临界切应力可能会略微减小。然而，即使是少量的细颗粒黏性泥沙(5%~10%)，也可以导致包括粗颗粒部分在内的泥沙侵蚀临界切应力大幅度增加。下一节将对影响细粒黏性泥沙输移的主要性质进行简要论述。

3.2.3 黏性泥沙

细粒泥沙的絮凝过程取决于多个要素

对无黏性的细粒沙而言，其沉速大致符合斯托克斯定律：

$$w_s = \frac{v}{18d}d_*^2 \tag{3.29}$$

其中，无量纲泥沙粒径 d_* 由式(3.23)给出。该表达式对于雷诺数不超过1的泥沙颗粒有效，即对颗粒很小且又未絮凝的泥沙颗粒(粒径约 10^{-6}m)有效。由式(3.29)得出的沉降速率是很小的，以致细粒泥沙会始终处于悬浮状态。对于始终处于悬浮状态的细粒组分，我们称之为冲泻质。然而，细粒泥沙往往具有絮凝倾向，从而形成直径很大的絮团(见图

3.8)。由于絮团的直径很大，所以其沉速高于小颗粒组分的沉速，尽管絮凝体的密度远小于小颗粒组分的密度[315]。絮凝过程受如下许多因素的影响[125]：

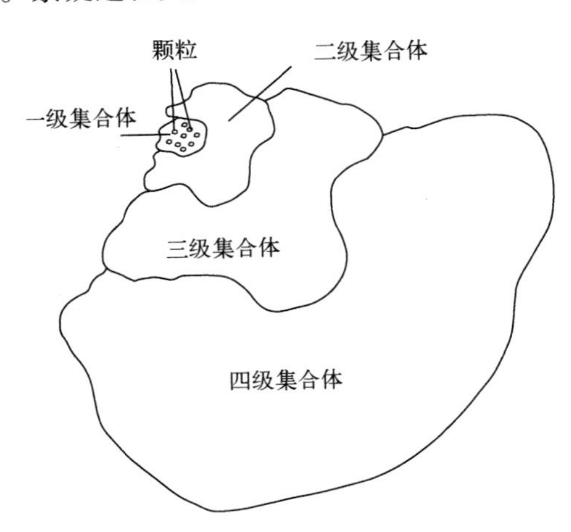

图 3.8 絮团由不同级别的集合体组成

- 浓度

当颗粒频繁碰撞时，絮凝作用和絮团的大小都会增加[262]。观测结果表明，在高浓度时形成的絮团比低浓度时形成的絮团具有更大的沉速。随着浓度的增高，絮团的沉速大体呈线性或二次方增大。然而当浓度更高(特别是接近于海底)时，絮团将阻碍彼此的向下运动，从而使其有效沉速随浓度的增大而减小[340]。这被称为“制约沉降”(图 3.9)。

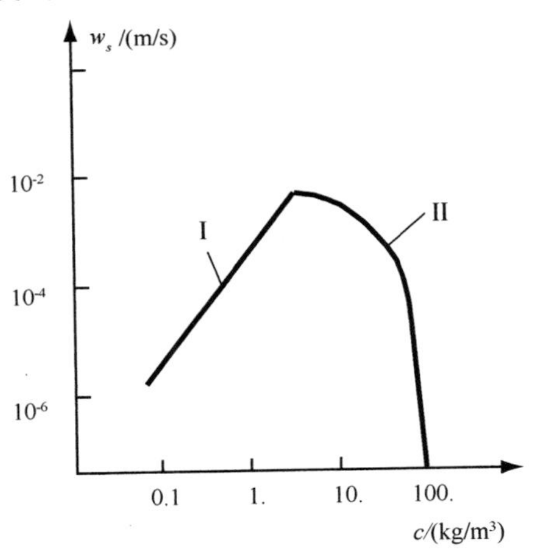

图 3.9 絮凝作用与浓度的关系，据原著参考文献[312]。高浓度下形成的絮团具有更大的直径和更高的沉速(上升段 I，拟合试验结果得 $w_s = 5 \times 10^{-4} c^{1.3}$ m/s)，随着浓度的进一步增加，絮团沉降受阻(下降段 II，拟合实验结果得 $w_s = 2.6 \times 10^{-3}(1 - 0.008c)^{4.65}$ m/s)

- 湍流

湍流使泥沙颗粒的碰撞频率提高，从而增强了絮团的生长。然而在湍流和剪应力很强的情况下（如接近海底时），絮团分解，随即沉降速率减小，泥沙颗粒将更容易地进入悬浮状态[311,125]。对应一定强度的湍流，絮团的聚合和分解将达到平衡。

- 盐度

黏土颗粒具有表面电荷，因此颗粒与颗粒之间可以黏附在一起。这一过程受氯离子[131]以及金属或有机质附层[223]的影响。然而，在野外现场，盐度对絮凝作用的影响是不能与其他影响分离开的。

- 有机质、细菌及其他生物

诸如浮游动物之类的生物排泄的有机分子（特别是多糖类）被吸附在泥沙颗粒表面，与其一起形成较大的集合体，进而捕捉更小的颗粒和碎屑。细菌的存在也促进了絮团的生长[1,282]。

实验测量的必要性

絮团很容易被扰动，大小和成分变化很大，其直径可达组成颗粒的1000倍。然而，这种大小的絮团很脆弱。絮团体的沉速不仅受其直径的影响，而且还受其密度（絮团的含水量）和水体阻力（水动力形式）的影响。所以在实践中，絮凝泥沙颗粒的沉速只能通过实验确定，如图3.10所示。

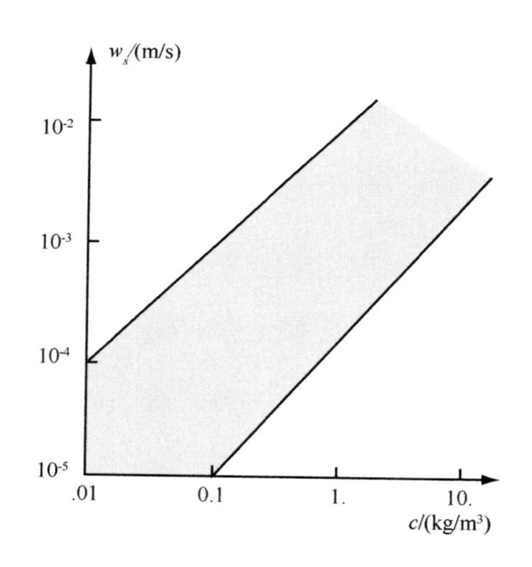

图3.10 不同河口淤泥质絮团的平均沉速随浓度的变化范围，据原著参考文献[469]。在每一浓度处，实测值的变化范围超出一个数量级

浮泥

由于颗粒的沉降，海底附近的泥沙悬浮可能导致其密度明显高于上层水体密度（假定在底层存在充分的湍流混合作用），特别是在平潮期间或者在河口内海水入侵界线附近。密度梯度抑制了浑浊底层与其上层水体之间的湍流交换，促使跃层（浑浊层与其上层水体

之间的明显界面）的形成（见图 3. 11）。上层流体承受的拖曳力将大大减小，即使泥沙浓度每升只有几百毫克[183,279]。在小潮期间，因上层中絮凝作用而产生的沉降加速和下层中的沉降受阻都对浑浊层转变成浮泥层起到了很大作用，该浮泥层由于絮团间的相互作用而使其有效黏度增大[127]。图 3. 9 所示沉速曲线中的最大值意味着向浮泥层沉降的泥沙浓度接近 10 kg/m^3[128]，浮泥层可以随底流运动相当远的距离而不在水体中扩散[254]。

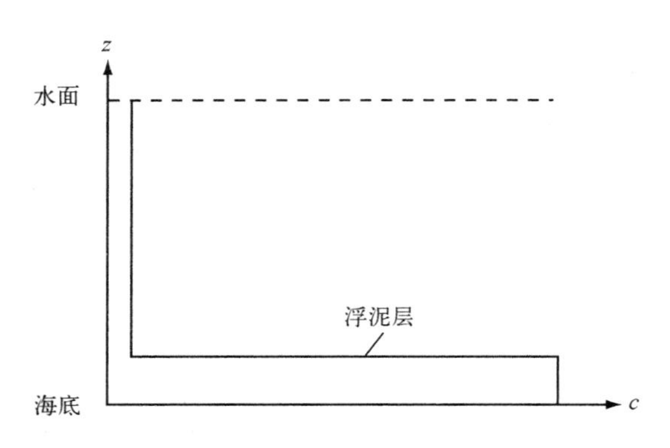

图 3. 11　具有浓度跃层的悬沙剖面示意图

沉积

絮团在水体中的沉降并不总是导致海底的沉积。这是因为在海底附近絮团承受的切应力可能太高，以致不能保持其原样。如果絮团分解，其组成颗粒的沉速就会变得太低，沉降过程就会中断。因此只有当海底切应力 τ_b 低于某一临界值 τ_{De}时，沉积作用才有可能发生。当低于发生沉积的临界切应力时，可以引进由 $1-\tau_b/\tau_{De}$给出的泥沙沉降概率[130]。经实验发现，τ_{De}值的变化范围是 0. 05 ~0. 6N/m^2。沉积速率 De 可以写成：

$$De = c\,w_s(1-\tau_b/\tau_{De}) \tag{3.30}$$

其中，c 为近底浓度；w_s 为沉速。

固结

已沉积的泥沙在海流作用下被转变成悬浮状态的速率取决于几种因素，其中最重要的是沉积物的固结和压实。在自重作用下沉积物被不断压缩并脱水，因此，沉积时间越久，沉积物的固结程度越大。在海底的饱和松散堆积物中，沉积物孔隙水压力的变化破坏了原有颗粒间的接触关系，从而有助于海底切应力将泥沙颗粒带走[315]；如果大颗粒之间的孔隙被细粒泥沙填满，海底侵蚀将会减弱，因为此时的海底基本与水体处于相互隔绝状态，波浪作用下的压力变化难以对沉积物产生影响。泥沙的悬浮还受到硅藻和蓝藻等微生物产生的外部黏性聚合物的影响。这些物质通过在潮坪上生长藻从而使海底变得稳定[17,455]，并通过氢化作用而使下层沉积物稳固[292]。然而，像蠕虫疏松泥沙（即生物扰动）和大型生物的粪便等，都对海底稳定性起着相反的作用[10]。起稳定作用的微型水底植物的季节密度变化可以导致潮滩泥沙净沉积量增加到两倍，起扰动作用的蚌类的年度密度变化可以引起泥沙净沉积量的5倍变化。在陆架海较大深度的海底上也出现由生物引起的变动，这些变动在春、夏两季能阻止沙纹的形成[486]。化学过程，如与细菌活动有关的过程，也起着一定的作用。生物群落对海底的净效应可以是正面的，也可以是负面的，不过至今还没有模型能可靠地模拟这些过程。

侵蚀

正如前面已经讨论过的那样，海底侵蚀主要是海底上方湍流切应力造成的，其中较大的湍流漩涡起着重要的作用(“扫掠”和“猝发”)。当海底切应力低于某一临界值(其大小与黏结力、泥沙密度以及泥沙粒径有关)时，将不会有泥沙侵蚀现象。新沉积的物质容易发生再悬浮，但对于较老的沉积物，其临界侵蚀切应力则可能会相当高，这与沉积物的埋藏和压实程度有关。图3.12所示为海底开始被侵蚀时所需最小(临界)海流强度的经验曲线，自变量为泥沙粒径[356]。该图没有把波浪对海底的影响考虑进去，而这一影响可能会是特别重要的。如，对潮滩来说，当有波浪存在时，海底侵蚀在较弱的水流条件下也会发生[82,105,388]。这种现象主要归咎于波浪引起的循环加载和孔隙水压的增大，波浪的循环加载作用可以导致海底构造破坏和海底上层液化[8,313]。

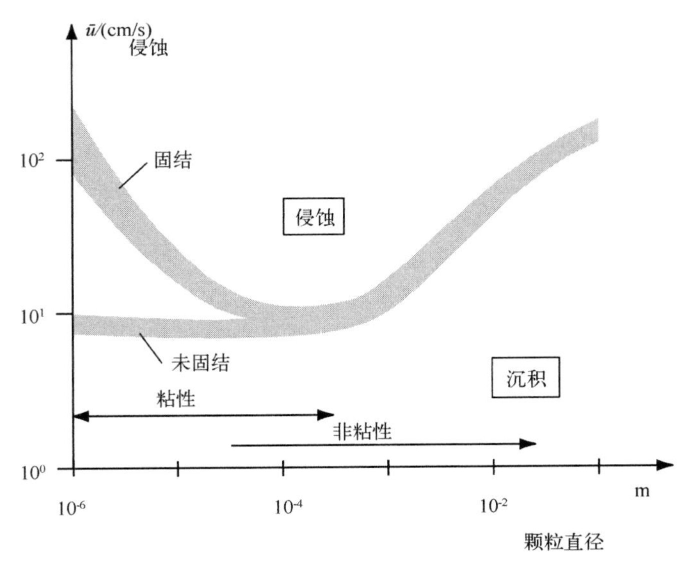

图3.12 侵蚀与沉积强度是平均水流强度和平均粒径的函数。固结黏性泥沙仅在较高流速下才可能发生侵蚀现象。依据原著参考文献[356]重绘

侵蚀速率

当海底切应力 τ_b 超过临界侵蚀切应力 τ_{cr} 时，海底开始遭受侵蚀。τ_{cr} 的数值取决于许多因素，但其中最主要的是海底的固结程度。新沉积的泥沙，如海底上面的“浮泥层”，当

流速达到0.1 m/s(切应力约为0.025 N/m²)时就已经发生再悬浮[134]，但是下层的固结泥沙可能会有很强的抗侵蚀能力。关于海底侵蚀速率，可以用下式表示[344,312]：

$$Er=\mu(\tau_b/\tau_{cr}-1)^m \quad (3.31)$$

式中参数μ和m变化范围很宽，与泥沙和海底特性有关，需通过实验测定。

3.2.4 泥沙输移

一旦表面切应力超过临界侵蚀应力，海底沉积物就会被水流带走。其中，一部分泥沙的输移发生在海底表面(即滚动和跃移)；而另一部分泥沙则在湍流作用下悬浮移动。我们将前者称为推移质运动，将后者称为悬移质运动。推移质和悬移质运动的比例取决于流速和泥沙粒径，见图3.13。

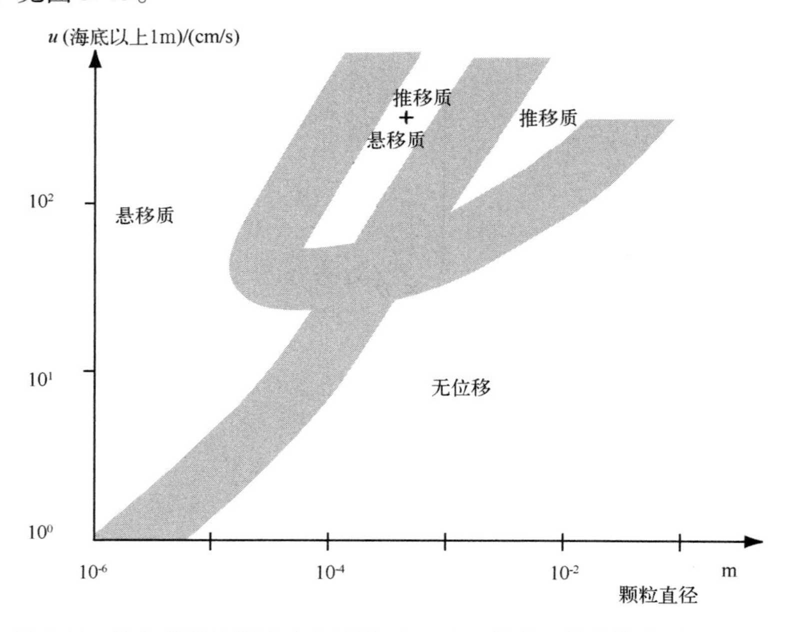

图3.13 均匀非黏性泥沙流速(距海底1m)、粒径和输移模式之间的关系

恒定流作用下的泥沙输移

至今还没有理论模型能够对水流作用下的泥沙输移量进行精确并普遍适用的估算[129]，目前所应用的泥沙输移公式都是来自于经过野外验证的实验室经验结果。虽然已经有了许多表达式，但是没有哪种表达式在所有方面都具有较好的适用性。对于远超泥沙运动临界情况的平坦或缓坡海底，瞬时的全沙输沙率可用下式表示：

$$\vec{q} \propto C\vec{u} \quad (3.32)$$

其中，C表示沿水深积分的悬沙浓度，常用m^{-1}(每平方米泥沙的体积)表示。流速$\vec{u}$取海底附近的代表值，以使式(3.32)右边合理地近似表示沙纹上的垂向积分水平泥沙输移量。

如果泥沙主要以推移质输移，则具有代表性的流速 u 相当于泥沙颗粒在海底上滚动和跃移时的流速。对于砂的输移，泥沙浓度 C 与平均流速呈指数 $n>1$ 的关系：

$$C \propto |\vec{u}|^{n-1}, \quad \vec{q} = \alpha |\vec{u}|^{n-1}\vec{u} \tag{3.33}$$

系数 α 主要与海底和泥沙性质有关。出于应用需要，其量值需经实验测定。指数 n 和比例常数 α 的变化范围(砂)如下：

$$n = 3 \sim 6, \quad \alpha = (0.5 \sim 5) \times 10^{-4} \quad [\mathrm{m(m/s)}^{1-n}] \tag{3.34}$$

式(3.33)将泥沙输移与瞬时流速联系了起来，瞬时流速值为湍流脉动作用下的时均值。该方程式只适用于流速脉动不是太快的情形，因此只有当流速脉动的时间尺度大于泥沙颗粒的平均沉降时间时，才可以用于悬移质运动。如果以推移质运动为主，常见的做法是令指数 $n=3$。这就相当于假设：任一时刻的泥沙通量可以表示为近底代表流速乘以与海底切应力成正比的泥沙浓度。

近底流速的定义并不是很明确，所以最好是把泥沙通量与海底切应力 τ_b 联系起来。海底切应力的无量纲形式是由下式定义的希尔兹数 ϑ(Shields parameter)：

$$\vartheta = \frac{\tau_b}{gd\Delta\rho} \tag{3.35}$$

如此一来，式(3.33)所示泥沙通量则可写成：

$$q \propto \vartheta^{n/2} \tag{3.36}$$

其中，$q \equiv |\vec{q}|$。

推移质运动

推移质输沙率 q_b 与悬移质输沙率 q_s 通常是要区分开的。但这两种输移模式可以同时出现，所以全沙输沙率一般取这两种输沙率的总和，即：

$$q = q_b + q_s$$

如果流速相对较低，或者沉积物为中砂到粗砂，则泥沙运动以推移质为主。在低流速时，推移质运动主要是由小尺度海底地形(海底与近底流动相互作用形成的，见第3.3节)的漂流所致[456]。如果流速刚刚超过泥沙运动的临界值，则需要把侵蚀临界流速 u_{cr} 加进泥沙输移公式(3.33)。近底临界流速的典型量值在0.2 m/s和0.4 m/s之间。如果海底为中砂至粗砂，临界流速 u_{cr} 可以按照希尔兹数 $\vartheta \approx 0.055$ 求得[123]，或者按照对等的表达式 $c_D u_{cr}^2 \approx 0.055gd(\Delta\rho/\rho)$ 求得。海底坡度也起一定的作用：由于重力的缘故顺坡输移要比逆坡输移强度大。对于这一影响因素，也可以加到泥沙输移公式里，方法是引入与海底坡度 $\vec{\nabla}h$ 成正比的重力项，即：

$$\vec{q}_b = \alpha(|\vec{u}| - u_{cr})^{n-1}(\vec{u} + \gamma |u_\perp| \vec{\nabla}h), \quad u_\perp = \vec{u} \cdot \vec{\nabla}h / |\vec{\nabla}h| \tag{3.37}$$

其中，$\vec{u}$ 为近底流速。在该式中，假设重力效应与横向流速的大小成正比。对比例参数 γ 进行直接测量是不可能的，但预测和实测输移量的对比表明，比例参数 γ 的数值应该接近

1(在有些区域介于0.3~3之间)。有时也假定重力效应由顺坡流动引发，那么，可以使用下列泥沙输移公式：

$$\vec{q}_b = \alpha(|\vec{u}| - u_{cr})^{n-1}(\vec{u} + \gamma|\vec{u}|\vec{\nabla}h) \tag{3.38}$$

悬移质运动

悬浮泥沙总量不是随着水流强度的改变而立即调整的。当流速突然减小时，尚需要一定的时间泥沙才能沉降，新的悬浮平衡才能建立，这被称为沉降滞后时间 T_s；当流速突然增大时，更多的泥沙被从海底上侵蚀掉，此时要达到新的平衡同样需要一定时间，而这则被称为再悬浮滞后时间 T_e。因此对于悬移质运动，特别是针对细粒泥沙，计算公式应当考虑沉降和再悬浮时间滞后。对于无黏性细粒泥沙可以使用建立在平衡浓度概念基础上的模型。下面就是这种模型的例子：

$$C_t + \vec{\nabla} \cdot \vec{q}_s \approx \frac{1}{T_s}[C_{eq}(u) - C], \quad 其中 C > C_{eq} \tag{3.39}$$

$$C_t + \vec{\nabla} \cdot \vec{q}_s \approx \frac{1}{T_e}[C_{eq}(u) - C], \quad 其中 C < C_{eq} \tag{3.40}$$

这两个微分方程把泥沙的沉积和侵蚀描述成瞬时泥沙含量 $C = C(t)$ 为达到与瞬时流速的平衡而进行的指数调整过程。在实际应用中，沉降滞后时间和再悬浮滞后时间必须通过实验来确定。至于平衡泥沙含量 C_{eq}，可以根据式(3.27)和式(3.28)的悬沙剖面进行推导，得出下式：

$$C_{eq} = \frac{0.015 d\tau_*^{3/2}}{d_*^{0.3}} \frac{(h/z_a)^{(1-w_s/\kappa u_*)} - 1}{1 - w_s/\kappa u_*} \tag{3.41}$$

悬沙通量可以通过在式(3.32)中代入式(3.39)和式(3.40)进行估算。对于恒定流，可由下式估算：

$$\vec{q}_s = C_{eq}\vec{u} \tag{3.42}$$

由于海底侵蚀性质的时空变化，平衡浓度概念通常不适用于黏性泥沙，此时，可通过式(3.30)与式(3.31)引入泥沙沉积和侵蚀的源汇项，在泥沙平衡方程中求解悬沙浓度：

$$C_t + \vec{\nabla} \cdot \vec{q}_s = Er - De \tag{3.43}$$

全沙输运

在应用中常常难以区分推移质和悬移质运动，在这种情况下，可以应用一个将这两种运动都包括在内的公式。Engelund 和 Hansen[139]根据经验得出全沙输沙率公式 q(单位时间通过单位宽度的泥沙体积，m^2/s)：

$$q = \frac{0.04 c_D^{3/2}}{g^2(\Delta\rho/\rho)^2 d} u^5 \tag{3.44}$$

式中，c_D 为摩阻系数(拖曳系数)；$\Delta\rho$ 为泥沙与水体的密度差。图3.14所示为推移质(式

(3.38))、悬移质(式(3.42))和全沙(式(3.44))3种不同泥沙输移公式的比较，其中所用泥沙粒径均为250 μm，并均作为平均流速 u 的函数。由该图可以看到，当流速大于1 m/s时，泥沙通量大幅度增加，这主要是由于悬移质急剧增多的缘故。从这3种表达式来看，只有在流速介于0.4 m/s(泥沙起动的临界速度)和0.8 m/s之间时，推移质和悬移质运动具有相当的量级。

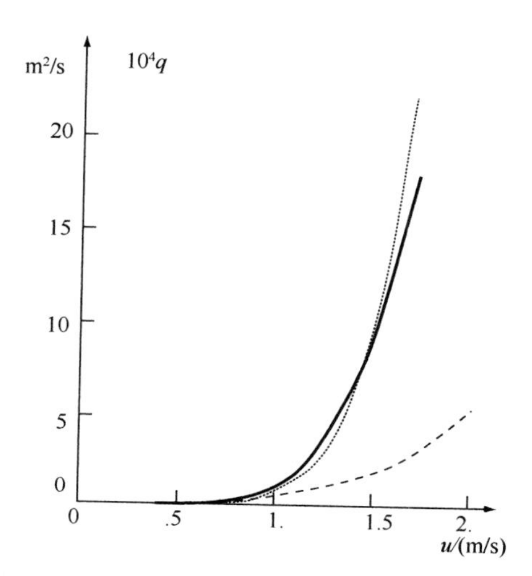

图3.14　推移质式(3.38，虚线)、悬移质式(3.42，点线)和全沙式(3.44，实线)3种不同泥沙输移公式的比较，所用泥沙粒径均为250 μm，均无海底坡度存在，均为平均流速 u 的函数。所用各种数值如下：推移质指数 $n=3$、推移质比例系数 $\alpha=10^{-4}\ \mathrm{m^{-1}s^{2}}$、参考高度 $z_a=1\mathrm{cm}$、水深 $h=10$ m、摩阻系数 $c_D=0.003$、沉速 $w_s=0.03$ m/s、泥沙起动临界速度 $u_{cr}=0.4$ m/s。当 $u>0.8$ m/s时，悬移质运动随流速急剧增加，并在推移质运动之上

泥沙强烈输移的条件

天然系统中的水流强度由于受到风暴、潮汐、波浪以及洪水等影响而波动。由于泥沙输移对流速有高度的敏感性，极端条件比平均条件对地貌演变有更重要的作用。例如，最大涨、落潮流时期比平潮重要，大潮比小潮重要，风暴与河流洪水时期对长期地貌演变的贡献比平均条件时期更显著(即使风暴和河流洪水的出现频率不高)。在极端条件下的短期地貌变化常常偏离长期地貌演变趋势，长期趋势在平均作用条件下将会部分或者全部得以恢复。

波浪作用下的泥沙输移

前面已经指出，由于波浪对海底的扰动作用，波浪的存在可以大大加快泥沙输移的速度。在缺少平均水流的条件下，大部分悬沙会被限定于近底处某一薄层内，但是在有平均水流的条件下，悬沙就会被提升到水体的较高处。悬移质是通过平均水流输移的，即使水

流因本身太弱而不足以扰动海底上的泥沙。这种泥沙输移过程的细节是相当复杂的，对此可参见 Van Rijn 文献中列举的例子[472]。在实际计算中，经常使用类同式(3. 32)的公式。在该式中泥沙含量 C 主要取决于近底波浪水质点速度幅值。

前滨的泥沙输移

前滨是泥沙输移受波浪作用影响强烈的区域。在外海形成的波浪进入浅水(水深远小于波浪的波长)，并在破碎前后对海底产生扰动。在前滨，泥沙的顺坡输移大体与波浪引起的泥沙向岸输移相平衡(见第5章)。泥沙的运动方式既有推移质，也有悬移质。针对这种情况，已经得出了一些半经验性的表达式，其中用于推移质运动的公式与沙粒从倾斜海底底质中起动有关，而用于悬移质运动的公式则与自悬浮现象(如果流线从海底发散，颗粒不易沉降)有关。这些表达式最早是由 Bagnold[19] 提出来的，后来由 Bailard[20] 发展成为与 式(3. 38)相类似的形式：

$$\vec{q}_b = \alpha_b(\langle |\vec{u}|^2\vec{u}\rangle + \gamma_b\langle |\vec{u}|^3\rangle \vec{\nabla}h) \tag{3.45}$$

$$\vec{q}_s = \alpha_s(\langle |\vec{u}|^3 \vec{u}\rangle + \gamma_s\langle |\vec{u}|^5\rangle \vec{\nabla}h) \tag{3.46}$$

式中的各系数如下：

$$\alpha_b = \frac{\varepsilon_b c_D}{g\tan\varphi_r \Delta\rho/\rho}, \quad \gamma_b = \frac{1}{\tan\varphi_r}, \quad \alpha_s = \frac{\varepsilon_s c_D}{g w_s \Delta\rho/\rho}, \quad \gamma_s = \frac{\varepsilon_s}{w_s}$$

上式中的 u 为近底流速，其中包含一个波动分量(波浪水质点速度)和一个恒定分量(一般远小于波动分量)。式中括号表示波浪周期内的平均值，系数 ε_b 和 ε_s 是量值分别为0. 1 和 0. 02 的效率参数。推移质运动公式中的 φ_r 为休止角，表示在没有海底切应力的情况下出现自然崩塌的角度($\varphi_r \approx 30°$)。对这些公式的应用条件是，海底坡度 $\beta = |\vec{\nabla}h|$ 要远小于 $\tan\varphi_r$。在悬移质运动公式中，海底坡度对泥沙中的细粒组分影响更大，该组分沉降较慢，而且在波浪离岸运动期间比向岸运动期间更容易保持悬浮状态。只有当海底坡度 β 远小于自悬浮比 $w_s/|\vec{u}|$ 时，悬移质运动公式才有意义。

悬浮滞后和沉降滞后

式(3. 45)和式(3. 46)两个泥沙输移公式都是有关波浪引起的泥沙运动的粗略模型，例如泥沙浓度对波浪水质点速度的瞬间和局部适应就是一个有疑问的过度简化。实际上，波浪周期很短，以致瞬间适应不可能出现。例如观察到，与波浪有关的泥沙输移在量级和方向上是随沙纹的几何形态不同而变化的；同样是在不对称波浪的作用下，在具平缓沙纹的海底上泥沙发生向岸输移，而在覆盖有陡峭沙纹的海底上则发生离岸输移。对此可以用泥沙浓度的适应滞后来解释[477,75,249]。对于平缓的沙纹而言，这种滞后时间较短，沙纹处没有流动分离现象出现，而且向岸方向的波浪水质点运动强于离岸方向，因而产生了不对称波浪的净向岸输移。对于陡峭沙纹，在波浪水质点向岸运动期间，沙纹峰脊处将发生流动分离，而且在波浪水质点运动朝离岸方向反转时，将发生涡流分离。涡流分离将导致悬移质浓度的增高，这些悬移质随后被波浪离岸运动带向大海。由此便产生泥沙中细粒组分向海的净输移。悬浮-沉降滞后效应可以在一定程度上并入参数 ε_b、γ_b、ε_s 及 γ_s，通过对这些参数进行调整，使实际观测的输沙率与计算值相符合。

3.2.5　海底演变

如果泥沙通量的空间分布已知，就有可能预测海底地貌的演变。海底相对于参考面高程可以由 $z_b(x, y, t)$ 给出。单位时间内海底高程的变化可以根据海底以上水柱中的泥沙平衡求得，即根据进入和离开参考体的泥沙通量之差来求得。由此产生下列泥沙平衡方程(图3.15)：

$$(1-p)z_{bt} + C_t + \vec{\nabla} \cdot \vec{q} = 0 \tag{3.47}$$

式中 $\vec{q}$ 为全沙输沙率(推移质与悬移质)，C 为总含沙量，$1-p$ 为表示海底孔隙度的因子。一般而言，与海底高程变化有关的泥沙体积远大于与总含沙量 C 变化有关的泥沙体积。如果我们考虑的是一个发生海底强烈侵蚀或淤积时期内的平均作用，那么在泥沙平衡中总含沙量 C_t 的变化可以忽略不计。如此得到：

$$(1-p)z_{bt} + \vec{\nabla} \cdot \vec{q} = 0 \tag{3.48}$$

上式定义了海底变化与流体力学之间的关系，并且可以通过为 q 引进适当的泥沙输移公式(如式(3.32)、式(3.37)、式(3.38)等)对其求解。式(5.64)为地貌动力模拟的初始条件之一。

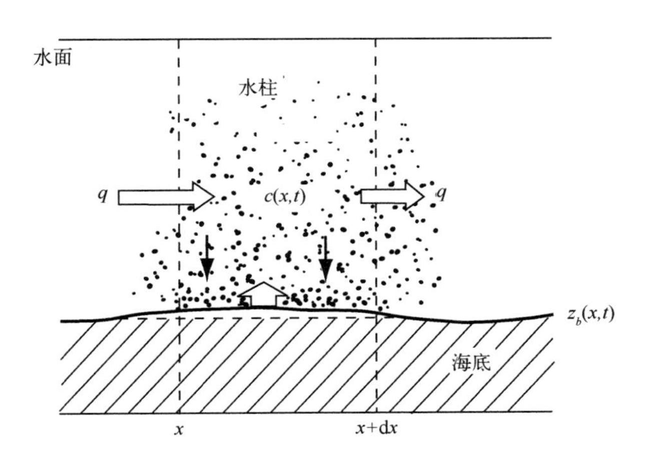

图3.15　水柱中泥沙平衡汇/源项作用下的海底演变示意图

悬移质引起的海底演变

在以悬移质运动为主的情况下，可以通过对式(3.39)和式(3.40)的时间平均(用角括号〈〉代表)，将海底演变方程与海底侵蚀-沉积关联起来。平均的时间间隔要足够长，因此悬移质随时间的变化可以被忽略，可得下式：

$$(1-p)z_{bt} = \left\langle \frac{C - C_{eq}(u)}{T_{s,e}} \right\rangle \tag{3.49}$$

其中，$T_{s,e}$为沉降或侵蚀滞后的时间尺度，取决于在给定时间和位置哪项占主要地位。

3.3 沙丘和沙纹

3.3.1 定性描述

依赖于水流强度

水流作用下的平坦海底是很少见的。所谓的“规则”海底具有各种形态和水平、垂直尺度的海底构造，其形成与沉积物类型、泥沙粒径及水流速度等有关。沙纹和沙丘是最常见的海底构造。

大沙丘也被称做沙波，而小沙丘有时被称为巨型沙纹。当水流较弱(15 ~50 cm/s)时(低值对应于细粒泥沙运动)，海底成为沙纹状，沙纹的典型波长为 10 ~50 cm，典型高度为1 cm(一般低于2 cm)；当水流稍微变强(典型的量级为50 cm/s 至1 m/s)时，则形成沙丘。这些形态一般出现在大约1 m以上的水深，在恒定流中其尺寸与水深成正相关，但一般与水流强度无关[152]。沙纹和沙丘可以同时并存，在这种情况下，沙纹将重叠在更大的沙丘之上。沙纹和沙丘形成所要求的流速主要取决于泥沙特征，沉积物为粗砂或含有细粒黏性物质的海底要求较高的流速，因此很少有沙纹形成。沙纹和沙丘的形成还受波浪的影响，强浪(近底水质点速度大)将阻碍沙纹和沙丘的形成[306]。在沙纹和沙丘形成的初期，可以将其看做是在平行于水流方向的垂直平面中的二维构造，其峰脊几乎是直线，且垂直于水流方向。当沙纹和沙丘进一步发育以及水流强度增强时，它们将演变成更为复杂的构造，这时峰脊线变得弯曲，并出现许多折断；波谷也变得高度不规则，出现了一些冲刷坑和尖峰。

表3.1 不同流态中的海底沙丘类底形，原著参考文献[47，91，370]

	沙纹 (Ripples)	巨型沙纹 (Megaripples)	低能沙丘 (Low - energy dunes)	高能沙丘 (High - energy dunes)
间隔/m	0.1 ~0.5	0.5 ~10	6 ~30	>10
高度/cm	1 ~2	3 ~50	10 ~100	>50
几何形状	二维至三维 可变性强	弯曲至三维 波谷内有冲刷坑	平直至弯曲 波谷内冲刷均匀	平直至弯曲
水流速度/(m/s)	0.15 ~0.5	0.7 ~1.5	0.3 ~1	0.7 ~1.5

北海海底沙丘

沙丘和沙纹是水流流过砂质床面所产生的常见特征，可以在河流、河口、潮汐水道以及沿岸海域观察到。沙丘一般出现在最大流速超过 0.5 m/s 的中等潮流地区[218]，例如几乎在北海的整个南部湾(图 3.16)，特别是在最大潮致床底切应力介于 0.5 ~ 2 N/m^2 之间的地区[306]，都有沙丘出现(图 3.17)。北海的南部湾为砂质海底，其中值粒径在南部为 250 ~ 500 μm，在北部为 125 ~ 250 μm。南部湾以北的海底底质颗粒较细，其中值粒径低于125 μm，图 3.18 所示为用多波束声呐获得的一幅北海海底 1 km × 5 km 条带的详细地图。该范围被沙丘覆盖，这只是一个大型沙丘区域的一部分。巨型沙纹重叠在沙丘上，沙丘和巨型沙纹两者的方向和波长在统计学意义上都是很明确的，但沙丘和巨型沙纹的细节构造具有三维特征。

图 3.16　北海南部湾中沙丘的分布(阴影区域)，据原著参考文献[225]。沙丘的出现区域大体上与最大潮致床底切应力介于 0.5 ~ 2 N/m^2 之间的区域相吻合(见图 3.17)。▮ 表示图 3.18 所示海底地图的位置

图 3.17　北海南部湾半日潮引起的最大潮致床底切应力(N/m^2)的分布。据原著参考文献[350]

沙丘的尺度

海底底形是怎样与水流和泥沙特征相联系的呢？许多研究都致力于解释这个问题。然而，测量海底底形谈何容易，因为它们很少是作为独立的二维构造出现的。我们经常遇到的是一些复合构造，沙纹、巨型沙纹以及一些较小的沙丘重叠于较大的沙丘之上。更为困难的是，水流状态常常是变化的。那么何种水流特征应该被认为是有代表性的？几项深入研究得出的结论是，沙丘的波长主要与水深有关，而沙纹则不然。下面的式子是建议的沙丘波长 λ 与水深 h 之间的关系式：

$$\lambda \approx 6h \tag{3.50}$$

然而，其散布范围很大($\lambda \approx (1\sim16)h$)，所以对这一关系式的普适性存有怀疑。例如，北海南部湾中重叠于潮流沙坝上的沙丘在沙坝峰脊附近(水深较小)和坝脚附近(水深较大)的波长相似。此外，这些沙丘的典型波长比式(3.50)中指示的波长大得多，观测得到的波

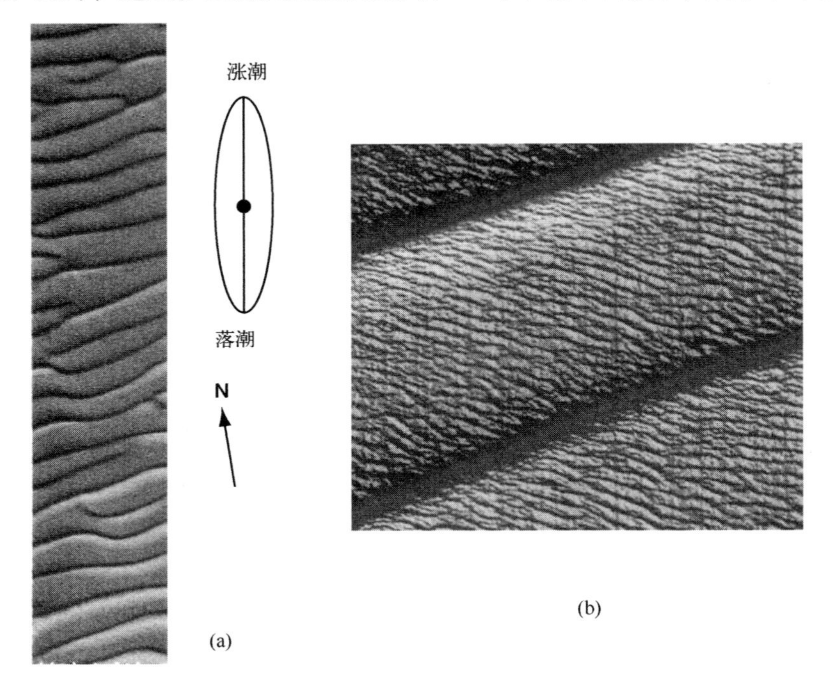

图 3.18　北海的沙丘，波峰为浅色，波谷为深色。左侧图像为 1 km×5 km 的北－南向海底条带(箭头指向北)，距荷兰北部海岸 60 km，水深为 25～30 m（见图 3.16）。潮流椭圆所示为平均大潮涨潮时的潮流情况，潮流几乎是呈直线的。在北海的这一部分最大涨潮流略强于最大落潮流，平均流速(几厘米每秒)也指向北。沙丘平均间隔约 250 m，高度约 5 m。沙丘并不经常呈直线形，常有分岔。波峰呈东－西向延伸，沙丘法线相对于潮流轴向形成了一个小的逆时针旋角。右侧图像为更详细的画面，该图像揭示出巨型沙纹横穿沙丘且巨型沙纹法线相对于潮流轴向形成了一个小的顺时针旋角。在沙丘的波谷，巨型沙纹相对于波谷线形成了一个大于 45°的角。此外，沙丘为不对称型，其波谷(深色部分)在涨潮一侧紧靠波峰(浅色部分)分布。据原著参考文献[467]

长是另一量级：$\lambda \approx (10 \sim 50)\ h$[468]。

通常观测到的沙丘高度 H 的量级是：

$$H \approx h/6 \tag{3.51}$$

式中沙丘高度的散布范围与沙丘波长的散布范围相比是比较小的[152]。

沙丘的迁移方向和迁移速度主要取决于潮流的不对称性和优势流向的强度。实际观测到的沙丘迁移速度范围从每年数米到每年几百米不等，有时可能会更大。在单向或不对称的潮流条件下，沙丘剖面也表现出很强的不对称性，通常是迎流面坡度缓(小于10°)，而背流面坡度陡(10°到几十度)[91]。

沙纹和沙丘的复杂性

为什么沙丘和沙纹的峰脊不是直的？为什么它们的峰脊连线常常相对于水流方向有一个偏角？对于这些问题有几种答案，但是迄今仍有存疑。水槽观察清楚地表明，沙纹的迁移速度沿其峰脊是不同的。这可能是由于在沙纹背流面产生了三维漩涡。然而，沙丘的峰脊也展示出同样的弯曲，见图3.19。这就说明，沿峰脊的迁移速度差是导致三维形态的主要原因。一种说法是，如果假设迁移速度取决于峰脊角度，那么很有可能初始峰脊角度的微小变化将被放大，并最终导致峰脊连线的折断[89]，而沙纹高度的不均匀也会引起迁移速度上的差异[370]；另外一种说法是，迁移速度上的差异是由叠加在沙丘上更小尺度的床面形态产生的[91]。

对于峰脊平均角度的偏斜，已有几种假说。大尺度床面形态与重叠于其上小尺度的床面形态常常具有不同的方向[266,147]，图3.18所示即是一个例子。假如大尺度床面形态不垂直于水流的流动方向，那么近床面的水流就会偏转，从而产生叠加于其上的不同方向的小尺度床面形态[298,199]。例如，现已观察到，在大型线状床面形态之间的沟槽中，水流往往倾向于顺着沟槽的方向流动。另一种说法是，大尺度的床面形态相对于主流向的偏斜是由于涨潮流和落潮流方向不一致。然而现在还不清楚的是，这些假说是否适用于所有观测到峰脊线出现弯曲和偏斜的区域。

3.3.2 反馈机制

海底不稳定性

在潮流作用下，低水位时可以看见海底上的沙纹和沙丘。这些明显又广泛存在的构造令人困惑，长期以来向许多研究者提出了挑战。仅仅是在几十年前，首次依据物理基本原理的解释才问世。尽管对沙纹和沙丘动力机制的复杂性至今尚待阐明，但是对于“床面形态的产生是底床－水流相互作用的结果”这一点目前已达成共识。该过程与沙纹和沙丘的最初形成有关，而它们的最初形成可能始于平整的海底、均匀的水平流动以及刚刚超过泥

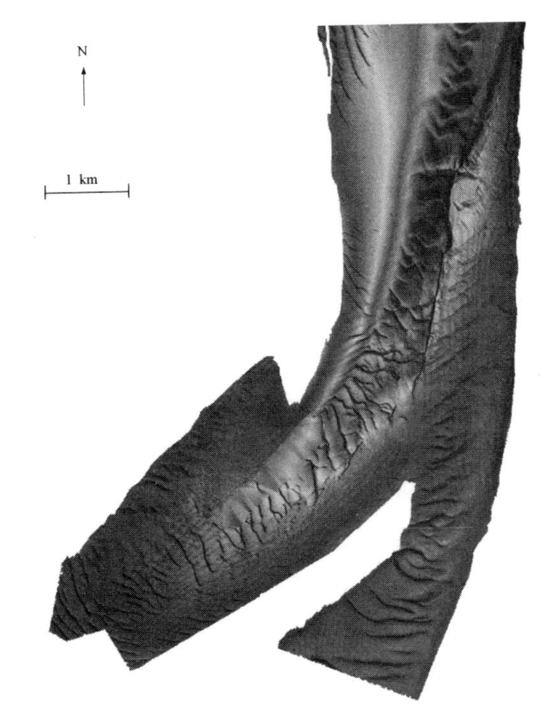

图 3. 19 根据详细测深数据获得的泰瑟尔落潮三角洲中 Schulpengat 水道南部的海底地形。水道在落潮三角洲中的位置见图 3. 49 所示的地形图，其图中坐标为 x 轴 106 ~ 110 km；y 轴 544 ~ 550 km。该水道右侧与北荷兰省海岸交界。主水道(水深 25 m)以落潮流为主，并转向西南，在浅滩处(水深 10 m)终止，该处水流在沙丘作用下辐散。水道底床布满沙丘，沙丘峰脊在水道的北部呈弯曲状、分岔状，甚至舌状。沙丘的平均波长在较深的北部为 150 m，而在南部浅滩区不到 100 m。水道沿海岸向南分岔，该处沙丘波长也是在 150 m 量级，尽管此处深度(10 m)小于主水道。在这两个分岔的水道中几乎都呈现出沙丘南坡陡于北坡的现象，表明了以落潮流为主的特征。海底由中砂组成，但在有些地方表层以下有抗侵蚀的黏土和泥炭层存在

沙输移阀值的水流强度。

垂向流速变化

现在普遍认为，沙纹和沙丘的形成发育主要与垂向流速变化而非水平流速变化有关，后者主要控制沙坝的发育。因此，我们首先就局部海底构造对垂向流速分布的影响进行研究。因为在潮流和稳定单向流的环境中沙丘的成因机制类似，所以我们将首先集中对后者这一简单情况进行讨论。在介绍有关方程之前，我们先针对定性模型进行讨论。我们将把高度很小的沙丘作为原本完全平坦的海底的二维微小扰动(在垂直于水流方向上是均匀的)，并说明这一微小扰动引起的流场迁移是如何导致扰动峰脊处泥沙辐聚的，即由海底与水流之间相互作用产生的正向反馈促进了底部微小扰动的增长。

垂向流速剖面的摩阻滞后

在沙丘成长的初始阶段，近底水流顺海底流动，并且在沙丘的背流面没有水流分离现象出现。我们假定，流过沙丘的水流处于缓流状态，其流速远小于水面扰动的传播速度（小弗劳德数），这是海岸环境中正常的情形；关于急流，将在后面讨论。在缓流情况中，沙丘波峰处的水深小于其波谷处的水深。因此，当水流横穿沙丘时为保持水流通量不变而必然加速。流动加速必须克服惯性，这就需要有额外的压力梯度。这一额外的压力梯度来自水面的局部倾斜，即沙丘波峰处水面稍稍下沉。水面压力梯度使海底附近（在粗糙层及对数层内）的流速梯度增大，到海底则减小至零。近底流速梯度的增大将产生额外的动量耗散（动量传递到了海底），而动量耗散将阻止近底水流加速。因此，近底水流在到达沙丘峰脊之前将减速。不过，距在表面层出现流速梯度和摩阻动量耗散大幅度的增长，还需要一段时间，所以在沙丘峰脊处表层水流仍然呈加速状态。

水位的倾斜在沙丘波峰的背流面将产生相反的压力梯度，这将进一步降低近底层流速。而表层的水流加速将转变为减速，这种情形将很快出现在沙丘波峰背流面后的某一距离，该处流速梯度和摩阻动量耗散已经得到充分的发育。正如图 3.20 所示，海底稳定性最关键的一点是，表层流速在沙丘波峰的背流面达到最大，而近底流速则在沙丘波峰的迎流面达到最大。

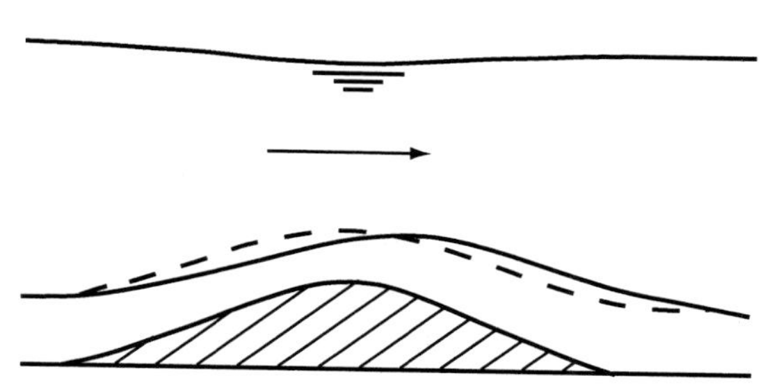

图 3.20　通过沙丘的水流。该图概括性地描绘了两个近底水流的流线。虚线对应于假定不存在摩阻滞后的情形，此时动量平衡在沙丘波峰的迎流和背流面是对称的，其流线也是如此。实线显示出了摩阻滞后的效应。水流并不即时响应摩阻增大的影响，并且在通过沙丘时其垂直和水平加速都发生滞后。在沙丘迎流面侧，惯性作用使水流集中于近底层，而在背流面侧则发生相反的情形。如此一来，近底水流强度在沙丘迎流面要比在背流面强。因此，在沙丘波峰的迎流面近底流速达到最大，而此时在沙丘的波峰处水流已经减速。在沙丘波峰处，泥沙输移能力减小，泥沙发生沉积，所以沙丘波峰将具有增长的趋势

垂向流速剖面内动量的输入与输出

图 3.21 所示的是对沙丘波峰周围流速不对称性的第二种等效解释。我们假设充分发展的沙丘有足够的波长（坡度小且没有水流分离现象）。由于沙丘波峰上的流动加速，水流

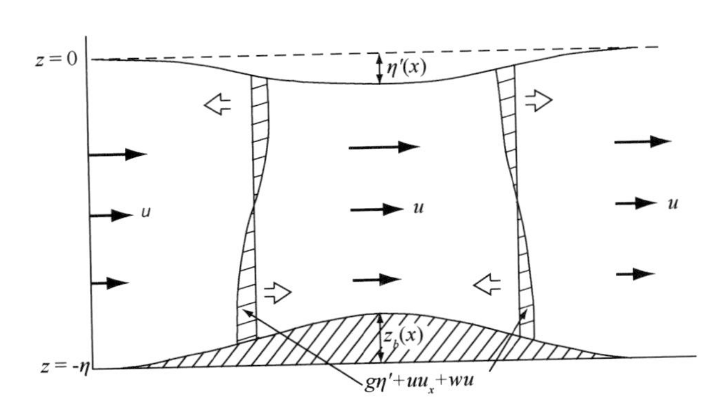

图 3.21　通过沙丘的水流。实箭头表示通过沙丘横断面的水流速度。空箭头表示由阻止波峰上方水流加速的惯性所产生的压力梯度分布，对此可由局部水位的降低予以补偿

必须调整其流速剖面以保持摩阻动量损耗基本一致。从沙丘波峰－波谷的水流加速度，在表层高于底层。波谷波峰与之相反，但是动量平衡仍未达到，波谷－波峰区域仍存在动量的亏损，特别是在表层部分。在整个水柱范围内平均的动量输出通过沙丘波峰处水位微小下降所造成的负水面压力梯度进行平衡。然而，动量输出仍然出现于剖面上部，在剖面下部则出现动量输入。在这一动量输入的驱使下，次级环流朝沙丘峰脊流去，并在沙丘迎流面达到最大值。在沙丘波峰处的近底流速因此而低于该最大值，并开始减速。流过峰脊之后，上述次级近底环流仍朝峰脊的方向运动，因此在沙丘波峰的背流面水流减速增强。

泥沙通量在沙丘波峰的辐聚

如果假设泥沙输移是受近底水流的控制，那么泥沙就会在沙丘的迎流面辐聚，从而在沙丘波峰处沉积，波峰高度就会增长(图 3.22)。因而，垂直于流动方向的线状沙丘形成的初始海底微小扰动将引起促进沙丘生长的水流结构的改变。这里最关键的假设是，水流在水面达到平衡状态要比在近底处需要更多的适应时间(较长的距离)，即表层流动与近底流动相互作用是通过湍流动量扩散，如在没有层化现象的海水内就是这种情况。

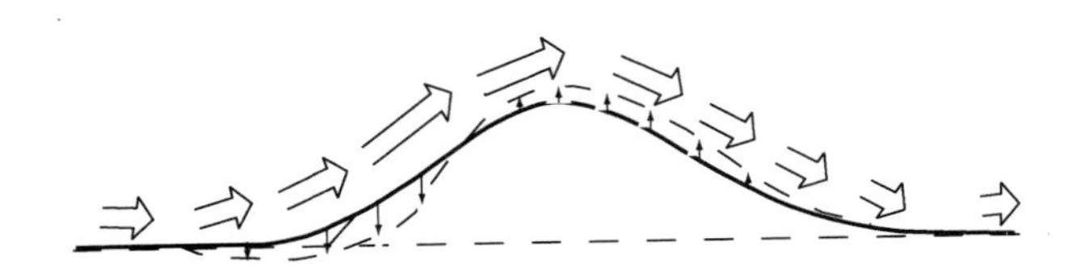

图 3.22　沙丘波峰处的泥沙辐聚以及因此而产生的沙丘增长

小尺度的海底形态

前面有关海底不稳定性的描述适用于表层对新出现的海底微小扰动的响应。在本节中，对“近底流动”这一术语要理解为在表层之下的流动。粗糙层和对数层对海底扰动也有

响应，但不一定是以相同的方式，因为这些流层的湍流特征不同。然而我们预计，在每个流层中，上、下界之间的流动响应同样会出现相位滞后，因此可能发育有与每个流层中流动扰动有关的床面形态。我们将会看到，这些海底形态具有比沙丘小的波长。有些证据证明，它们与沙纹或者巨型沙纹形成有关(见第3.3.4节)。

3.3.3 Engelund 和 Fredsφe 的沙丘成因模型

流动对微小海底起伏的响应

为了对模型背后的假设进行定量分析，下面我们依照 Engelund 和 Fredsφe 设计的模型[138,154]对流动方程特别是流线分布进行研究。我们引入流函数 $\psi(x, z)$，该函数是根据“两流线之间的通量为常数”这一条件定义的。其表达式如下：

$$\int_{z_1}^{z_2} u(x,z)\,\mathrm{d}z = \psi(x, z_2) - \psi(x, z_1), \quad \text{或} \quad \psi_z = u \tag{3.52}$$

我们将继续使用原有的二维沙丘形式，并忽略横向变化。我们假定平坦海底 $z = -h$，受到高度较低、波长为 λ 的沙丘扰动，其表现形式为：

$$\Re\, z_b(x) = \epsilon h \Re \mathrm{e}^{i(kx-\sigma t)} = \epsilon h \mathrm{e}^{\sigma_i^t}\cos(kx - \sigma_r t) \tag{3.53}$$

其中，$\epsilon \ll 1$。该表达式中，$k = 2\pi/\lambda$ 为波数；$\sigma_r/k \equiv \Re\sigma/k$ 为迁移速度；$\sigma_i \equiv \Im\sigma$ 为生长速度，正负均可。

流体方程

假设单位宽度的流量为常数，并且在整个水道范围内保持一致。沙丘波长一般为水深的 2π 倍，很少有大于这一量级的。因此，垂向流速和湍动应力的垂向梯度在运动方程中不能忽略。这些方程(式(D.8))包括：

$$u_x + w_z = 0 \tag{3.54}$$

$$uu_x + wu_z + \frac{1}{\rho}p_x = N(u_{zz} + u_{xx}) \tag{3.55}$$

$$uw_x + ww_z + \frac{1}{\rho}p_z + g = N(w_{zz} + w_{xx}) \tag{3.56}$$

式中，u、v、w 为 x、y、z 方向上的速度分量；p 为压力。第一个方程描述的是质量守恒或流体连续性，在每个微元体中流入量等于流出量。另外两个方程描述的是动量守恒，在每个微元体中动量输入或输出量的余量通过湍流扩散作用进行补偿。涡黏系数 N 取作常数，该假设对于表层来说是合理的，但对于海底附近的对数层而言，则不能很好地描述流场特性。因此将不直接模拟近底水流，而是通过给底部动量耗散施加某种条件来处理。连续性方程(3.54)代入流函数中可得

$$\psi_x = -w$$

通过引入涡度可以在运动方程中消去压力项：

$$\zeta = u_z - w_x = \psi_{xx} + \psi_{zz}$$

以式(3.55)z的偏导数与式(3.56)x的偏导数相减，可得

$$u\zeta_x + w\zeta_z = N(\zeta_{zz} + \zeta_{xx}) \tag{3.57}$$

该方程即为涡度平衡方程，每个微元体中涡度输入或输出的余量与涡度的湍流扩散相平衡。如果用流函数表示，该方程可写成：

$$\psi_z(\psi_{xx} + \psi_{zz})_x - \psi_x(\psi_{xx} + \psi_{zz})_z = N(\psi_{zzzz} + 2\psi_{zzxx} + \psi_{xxxx}) \tag{3.58}$$

在确定边界条件之前，先以水深 h 或未扰动海底的近底流速 u_{0b} 尺度化各变量：$x \to hx$，$z \to hz$，$z_b \to \epsilon h z_b$，$\eta \to h\eta$，$u \to u_{0b}u$，$w \to u_{0b}w$，$\psi \to hu_{0b}\psi$，$N \to hu_{0b}N$，$k \to k/h$。各变量的这种替换使方程(3.58)保持不变。

边界条件

在自由表面和海底，水流必须要满足下列边界条件：

- 自由表面是一条流线：

$2F^2\eta + u^2 + w^2 = 0$（伯努利方程） 且 $z = \eta$ 时，$w = u\eta_x$ (3.59)

其中，$F = \sqrt{gh/u_{0b}^2}$ 为弗劳德数。

- 越过自由表面的动量扩散为零

$$z = \eta \text{ 时}, \quad Nu_z = 0 \tag{3.60}$$

- 海底床面为一条流线：

$$z = -1 + \epsilon z_b \text{ 时}, w = uz_{bx} \tag{3.61}$$

- 床底处的动量扩散 $N\zeta$ 与近底流速的平方 u_b^2 成正比，且与未扰动流区具有相同的摩阻系数 $c_b = N\zeta_0$

$$z = -1 + \epsilon z_b \text{ 时}, \zeta = \zeta_0 u_b^2 \tag{3.62}$$

底部滑移速度

最后一个边界条件未采用 $z = -1$ 时 $u = 0$，因为 $z = -1$ 与海底的实际情形不符。由于模型未能求解近底对数层中的大速度梯度，所以可以假设 $z = -1$ 对应于表层的下界，而近底速度 u_b 则代表该层下界的流速。同样，扰动 z_b 实际上也不代表海底的扰动，而是代表表层下边界的扰动。底部边界条件是必要的，因为它们将流体扰动直接与海底扰动关联起来。可以证实，这组边界条件（式(3.59)至式(3.62)）可自动保证沿水深积分的流体连续性。

微小扰动及其线性化

下面确定流函数的一阶解，其中波数 k 与沙丘扰动 z_b 相当，流函数可表示为：

$$\psi(x,z)=\psi_0(z)+\epsilon\psi_1(x,z)+\epsilon^2\psi_2(x,z)+\cdots,\qquad \psi_1=z_b(x)\chi(z) \tag{3.63}$$

同样，定义 $u_1=\psi_{1z}$，$w_1=-\psi_{1x}$。ψ_0 表示在没有床面扰动时的原始状态，ψ_1 表示由于扰动 $z_b(x)$ 的存在所造成的一阶近似。代入式(3.58)，则得出下列一阶线性微分方程：

$$\psi_{0z}(\psi_{1xx}+\psi_{1zz})_x-\psi_{1x}\psi_{0zzz}=N(\psi_{1zzzz}+2\psi_{1zzxx}+\psi_{1xxxx}) \tag{3.64}$$

代入 $\psi_{0z}=u_0$，$\psi_1=z_b(x)\chi(z)$ 后，得到下式：

$$\chi_{zzzz}-\left(2k^2+\frac{\mathrm{i}k}{N^*}\right)\chi_{zz}+\left[k^4+\frac{\mathrm{i}k}{N^*}(k^2-\beta^2)\right]\chi=0 \tag{3.65}$$

参数 β 和 υ 定义为：

$$\beta^2=-u_{0zz}/u_0,\qquad N^*=N/u_0$$

这些参数均与 z 有关，因此式(3.65)一般没有解析。但是，假设上述参数与 z 的相关性较弱，即表层中流速近于恒定或随水深变化缓慢(β 约为1或者更小)。在后面的推导中，β 和 N^* 将取作常数。

求解线性流动方程

如果我们把式(3.65)看做是一个系数恒定的线性微分方程，则其解的形式为：

$$\chi=c_1\mathrm{e}^{\kappa_1 z}+d_1\mathrm{e}^{-\kappa_1 z}+c_2\mathrm{e}^{\kappa_2 z}+d_2\mathrm{e}^{-\kappa_2 z} \tag{3.66}$$

代入式(3.66)，可得：

$$\kappa_1^2=k^2-\beta^2,\qquad \kappa_2^2=\frac{\mathrm{i}k}{N^*}+k^2+\beta^2$$

由于 $N^*\ll1$，故得出 $|\kappa_2|\gg1$，除非扰动 z_b 的波长很小(远远小于水深)。

常数 c_1 至 d_2 可以通过 ϵ 的一阶边界条件求得。首先从伯努利方程中消去 η，以求出自由表面边界条件 $\eta_1\approx-F^2u_1$。考虑到自由表面也为一条流线，边界条件式(3.59)可写作：

$$z=0\text{ 时，}\qquad \psi_1=F^2\psi_{1z}$$

代入式(3.66)，可得：

$$c_1+d_1+c_2+d_2=F^2[\kappa_1(c_1-d_1)+\kappa_2(c_2-d_2)] \tag{3.67}$$

自由表面处动量扩散为零的边界条件式(3.60)可写作：

$$z=0\text{ 时，}\quad \psi_{1zz}=0$$

即：

$$\kappa_1^2(c_1+d_1)=\kappa_2^2(c_2+d_2)=0 \tag{3.68}$$

考虑到海底处也为一条流线，边界条件式(3.61)可写作：

$$z=-1\text{ 时，}\quad \psi_1=-\mathrm{z_b}(\mathrm{x})$$

即：

$$c_1\mathrm{e}^{-\kappa_1}+d_1\mathrm{e}^{\kappa_1}+c_2\mathrm{e}^{-\kappa_2}+d_2\mathrm{e}^{\kappa_2}=-1 \tag{3.69}$$

沙丘波峰处水流辐聚的原因

为确定底部动量耗散的边界条件式(3.62)，需要计算未受扰动处 $z_{\text{bottom}}=-1+\epsilon z_b$ 的流场。为此，我们利用近底流速的泰勒展开式确定未受扰动床面上方 u_0 和 u_{0z}在 ϵ 中的一阶近似。预计泰勒展开式会迅速收敛，因为在表层下界的流速变化不是很强烈。基于这样的考虑，我们可以写出下式：

$$u_0(z_{\text{bottom}})\approx 1+\epsilon u_{0z}(-1)z_b,\quad u_{0z}(z_{\text{bottom}})\approx u_{0z}(-1)+\epsilon u_{0zz}(-1)z_b$$

边界条件方程(3.62)可写作：

$$z=-1\text{ 时，}\quad \zeta\approx u_{0z}+\epsilon(z_b u_{0zz}+\psi_{1zz}+\psi_{1xx})=\zeta_0 u_b^2\approx u_{0z}[1+\epsilon(z_b u_{0z}+\psi_{1z})]^2 \tag{3.70}$$

由该边界条件可知，流动扰动关键取决于近底区初始流速的垂向变化(u_{0z}，u_{0zz})。初始流速的垂向变化表明地形扰动上游区近底流速 $u_0(z_{\text{bottom}})$以及与之相关的涡动耗散($\propto u_2^0(z_{\text{bottom}})$)的增加。边界条件式(3.62)还指出，在上游，向底的漩涡输送与垂直动量扩散 $N\zeta$ 存在平衡关系。这种平衡是由高阶流速分量 u_1 实现的，其阻碍上游近底流速 $u_0(z_{\text{bottom}})$增大，并增强了速度切应力 ζ。速度切应力 ζ 与向底的动量扩散 $N\zeta$ 在表层底部的增加要强于顶部，而流速变化则是由表层底部持续的动量输出驱动的。因此，流速扰动 u_1 引起了波峰附近区域向下游的流速衰减，并随之导致该区域的泥沙辐聚。

如果在式(3.70)中只保留 ϵ 中的一阶项，代入式(3.66) 后，可得：

$$\begin{aligned}z=-1\text{ 时，}\quad &(\kappa_1^2-k^2)(c_1\mathrm{e}^{-\kappa_1}+d_1\mathrm{e}^{\kappa_1})+(\kappa_2^2-k^2)(c_2\mathrm{e}^{-\kappa_2}+d_2\mathrm{e}^{-\kappa_2})\\&-2u_{0z}[\kappa_1(c_1\mathrm{e}^{-\kappa_1}+d_1\mathrm{e}^{\kappa_1})+\kappa_2(c_2\mathrm{e}^{-\kappa_2}+d_2\mathrm{e}^{-\kappa_2})]\\&=2u_{0z}^2-u_{0zz}\end{aligned} \tag{3.71}$$

表层的流速扰动

由于$|k_2|\gg 1$，可知c_2、d_2 远小于c_1、d_2，结合式(3.67)至式(3.71)容易确定系数c_1、d_1、c_2、d_2。近底处与 $d_2^{\kappa_2}$ 相比，忽略 $c_2^{-\kappa_2}$，可得(尺度化之前)：

$$\begin{aligned}\begin{pmatrix}c_1\\d_1\end{pmatrix}&=\frac{1}{2}\frac{\pm 1+\kappa_1 hF^2}{\sin\kappa_1 h-\kappa_1 hF^2\cosh\kappa_1 h}\\d_2&=-2\frac{\mathrm{i}N}{kh^2u_0}\mathrm{e}^{-\kappa_2 h}\left(r_2+r_1\kappa_1 h\frac{\cosh\kappa_1 h-\kappa_1 hF^2\sinh\kappa_1 h}{\sinh\kappa_1 h-\kappa_1 hF^2\cosh\kappa_1 h}\right)\end{aligned} \tag{3.72}$$

其中，$z=-h$ 时，$r_1=h\dfrac{u_{0z}}{u_0}$，$r_2=h^2\left[\left(\dfrac{u_{0z}}{u_0}\right)^2-\dfrac{1}{2}\left(\dfrac{u_{0zz}}{u_0}+\beta^2\right)\right]$。

近底流速扰动的一阶近似可由下式给出：

$$\begin{aligned}u(z_{\text{bottom}})&=u_{0b}+z_b u_{0z}(-h)+u_1(-h)\\u_1(-h)&=\psi_{1z}(-h)\approx u_{0b}z_b[\kappa_1(c_1\mathrm{e}^{-\kappa_1 h}-d_1\mathrm{e}^{\kappa_1 h})-\kappa_2 d_2\mathrm{e}^{\kappa_2 h}]\end{aligned} \tag{3.73}$$

首先考虑小弗劳德数($\kappa_1 hF^2 \ll 1$)的情况，这是潮流作用下最常见的一种情形。可得近底速度(图3.23)：

$$u(z_{\text{bottom}}) = u_{0b} + u_{\text{nolag}} + u_{\text{lag}}$$
$$u_{\text{nolag}} = z_b[u_{0z}(-h) + u_{0b}\kappa_1 \coth\kappa_1 h]$$
$$u_{\text{lag}} = -2\frac{z_b u_{0b}}{h^2}\sqrt{\frac{N}{ku_0}}\,\mathrm{e}^{-\mathrm{i}\pi/4}(r_2 + r_1\kappa_1 h\coth\kappa_1 h) \tag{3.74}$$

u_{nolag}表明在沙丘的波峰处速度略有增大，这并不会引起流场和沙丘的相对改变，因而对扰动的生成和消散也没有影响。u_{lag}对应于波峰处速度的减小，其在波峰下游1/8波长处达到最大。由此模型预测，流速将在沙丘波峰周围减小。假如泥沙通量对水流减速几乎同时做出响应，则泥沙将在波峰处沉积，沙丘也因此而增长。此种情形与图3.21和图3.20所示之情形相对应。式(3.74)也表示出，如果假设涡黏系数N以hu_{0b}尺度化、波数k^{-1}以h尺度化，u_{lag}的尺度随$u_{0b}z_b/h$而定。

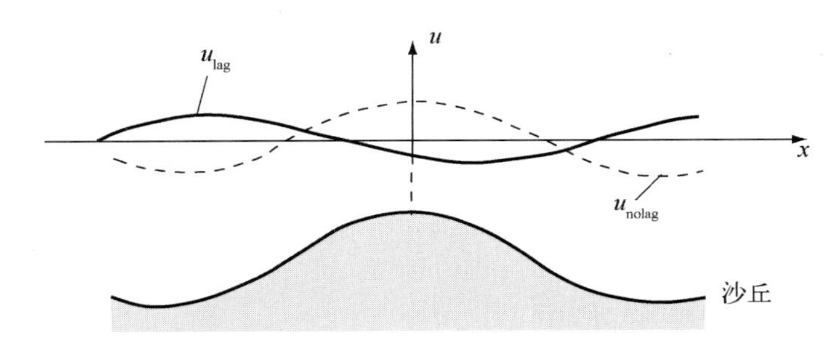

图3.23　沙丘上近底流速的不同分布，u_{lag}是沙丘成长的主要原因

扰动生长速度

利用式(3.74)有可能推导出在海底生长最快的扰动的波长。因此，我们可以利用泥沙输移公式(3.75)求出扰动范围内的推移质输沙率：

$$q_b = \alpha u^n(1 - \gamma z_{bx}) \approx \alpha\gamma u_{0b}^n\left[\frac{n(u_{\text{lag}} + u_{\text{nolag}})_x}{\gamma u_{0b}} - z_{bxx}\right] \tag{3.75}$$

泥沙输移公式中包括了重力引起的顺坡运移，这是阻止沙丘成长的。扰动的生长速度，由式(3.127)给出：

$$\Im\sigma = \Re(z_{bt}/z_b) = -\Re(q_x/z_b) \tag{3.76}$$

代入式(3.74)，可得：

$$\Im\sigma = \alpha\gamma u_{0b}^n\left[\frac{n}{\gamma}\sqrt{\frac{2Nk}{u_0}}(r_2 + r_1 h\sqrt{k^2-\beta^2}\coth h\sqrt{k^2-\beta^2} - h^2k^2)\right] \tag{3.77}$$

为了求解该式，我们引入了常数N^*、β、r_1、r_2和γ，这些常数值可利用描述表层中均匀恒定流的表达式求得(见第3.2.1节)。取δ_l处的表层下界作为未扰动的海底床面，并利用式(3.11)求得 u_0(以 $z-h$ 替代 z)，可得：

$$\beta^2 = -\overline{(u_{0zz}/u_0)} = 6/49(h\delta_l)^{-1}, \qquad N^* = \overline{(N/h\ u_0)} \approx c_D$$

$$当\ z = -h+\delta_l 时, \quad u_{0z}/u_0 = (7\delta_l)^{-1}, \quad u_{0zz}/u_0 = -6(7\delta_l)^{-2}$$

代入式(3.77)，并忽略 δ_l/h 中的高阶项，可得：

$$\Im\sigma = \alpha\gamma u_{0b}^n \frac{h^2}{\delta_l^2}\left(\sqrt{\frac{0.013n^2c_Dhk'}{\delta_l\gamma^2}} - k'^2\right), \quad 其中\ k' = \delta_l k \tag{3.78}$$

生长速率 $\Im\sigma$ 作为波数 k'的函数，如图 3.24 所示。

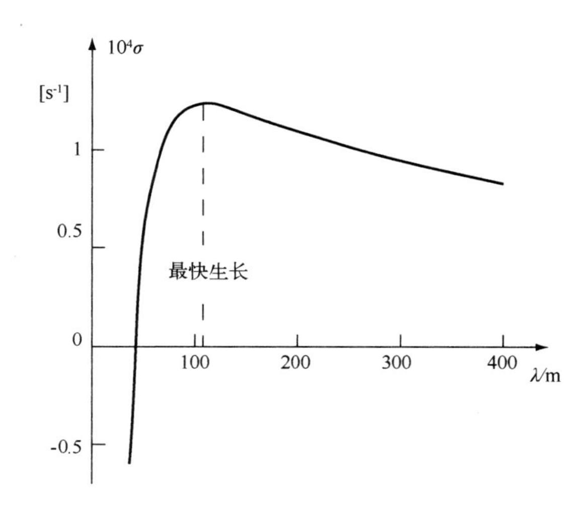

图 3.24　生长速度 $\Im\sigma$ 式(3.78)作为波长 $\lambda = 2\pi\delta_l/k'$的函数的定性表达，其中所用数值分别为：$h=10$ m；$\delta_l=1$ m；$c_D=0.0025$；$\gamma=1$；$n=3$。对于很大的波长而言，生长速度减至零，因为流动与床面扰动间的相位差变得很小；对于很小的波长，生长速度为负，因为重力引起的顺坡运移占主导地位。对应于最大生长率的波长是自然出现的沙丘地貌最有可能的波长

沙丘的波长

对应最大生长速率的沙丘波长可表示为：

$$\lambda = \frac{2\pi\delta_l}{k'} \approx 67\left(\frac{\gamma^2}{n^2c_D}\right)^{1/3}\left(\frac{\delta_l}{h}\right)^{1/3}\delta_l \tag{3.79}$$

生长最快的扰动波长近似与对数层厚度 δ_l 成正比，反映出在沙丘发育与漩涡引起的流速垂向剖面之间存在着一种相互依存的密切关系。这是由于沙纹和沙丘对水流施加了形状阻力。假设涡黏系数 N 与 hu_0 同阶，恒定流的对数层厚度与水深 h 成正比，这也是恒定流中表层的厚度尺度。若顺坡输移参数 $\gamma=1$、摩阻系数 $c_D\approx0.002\ 5$、泥沙输移指数 $n=3$、对数层厚度 $\delta_l\approx0.1h$，那么即可得出模型的波长估算式：

$$\lambda_{\text{mod}} \approx 110\delta_l \approx 11h \tag{3.80}$$

该值稍大于在河流和潮流中观测到的沙丘波长 $\lambda_{\text{obs}} \approx 6h$，但正如前文所述，后者的数据散

布很大。上述模型波长估算式(3.80)也可能具有一定的不确定性，而且对于参数 γ、n、c_D 和 δ_l/h 的精确数值也不是很清楚。图3.24显示出，最大生长波长仅仅略大于重力引起的沙丘衰减的波长范围。这表明，λ_{mod}对参数 γ(重力引起的顺坡输移系数)和 n(泥沙输移指数)是很敏感的。

生长时间尺度

生长的e倍时间尺度 $1/\Im\sigma$ 是从式(3.78)得来的。以 $u_{0b}=0.5$ m/s，$\alpha=10^{-4}$ 作为式(3.34)的泥沙输移参数，可求得生长时间为数小时，该生长速度是发育于平坦海底的沙丘的几倍，然而需要注意的是，该模型只针对沙丘生长的初始阶段，因此以充分发育的沙丘波长作为分析的基础并不十分合适。充分发育的沙丘的构造，也比模型中假设的简单二维构造复杂得多。对波高有限的沙丘生长分析表明，初始线性稳定性分析结果从定性的角度仍然是有效的。在弱非线性条件下预测的生长速率略小于线性条件下的生长速率，并且最大生长波长略为大一些，但对泥沙在重力作用下顺坡输移的敏感性却较低[241]。

迁移速度

迁移速度 $\Re\sigma/k$ 为：

$$\Re\sigma/k=-\Im(z_{bt}/kz_b)=\Im(q_x/z_b) \tag{3.81}$$

u_{nolag}对沙丘迁移的贡献要比 u_{lag}大。将式(3.81)代入式(3.74)可得：

$$\Re\sigma/k=\alpha n u_{0b}^{n-1}u_{\text{nolag}}/z_b \tag{3.82}$$

如果取深度为10 m、近底速度为0.5 m/s，其他参数与前文一致，则得出沙丘向下游迁移的速度约为每天1 m。

潮流作用下的沙丘成因

首先假设潮流的加速和减速都不会对垂向流速剖面产生强烈的影响。这样，我们就可以把落潮流和涨潮流看做是两个流向相反、周期交替的稳定流动。在这两个周期中都会发生沙丘的生长，与没有流向反转的恒定流类似；并且最大生长波长可用与上述相同的表达式(3.79)和式(3.80)确定。在单向流和潮流之间最主要的差别在于沙丘的迁移速度：前者的沙丘迁移比后者要快得多。在对称潮波作用下，潮平均的流速扰动 u_1 在沙丘波峰两侧对称分布。如果将式(3.74)用于涨潮($u_0>0$)和落潮($u_0<0$)期间平均近底流速扰动，那么潮平均后得到：

$$\langle u(z_{\text{bottom}})\rangle=-u_{\text{circ}}\sin kx \tag{3.83}$$

其中，

$$u_{\text{circ}}=\epsilon u_{0b}\sqrt{\frac{2N}{h^2ku_0}}(r_2+r_1\kappa_1 h\coth\kappa_1 h)$$

式(3.83)表明，潮流作用下的平均近底流速分布为一系列指向沙丘波峰的环流(图3.25)。

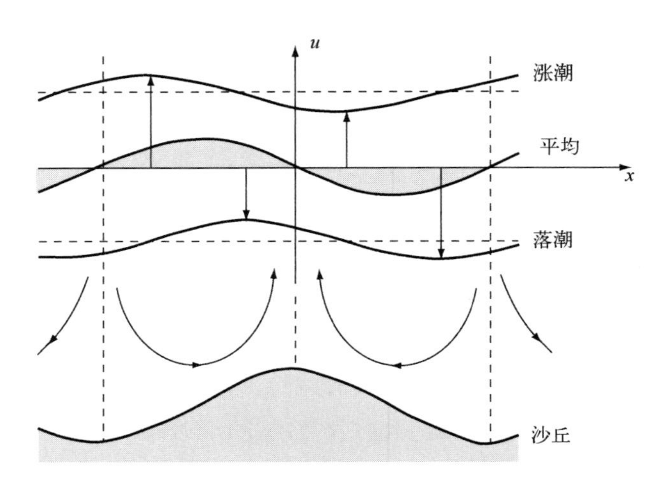

图 3.25 潮汐水道中沙丘上方的近底流速。上部：沙丘流速滞后 u_{lag} 作用下的涨、洛潮流速校正与潮均流速校正；下部：对应的垂向潮均环流分布

然而上面的描述过分简单化了。实际上，潮流的加速和减速对垂向流速剖面具有重要的影响。流速剖面的适应时间 T_u 取决于涡黏系数 N 和水深 h，并可近似为 $T_u \approx h^2/N$。将估算式(3.18)代入 N，则得到 $T_u \approx h^2/c_D\bar{u}$。定义为摩阻适应时间 T_u 与潮流周期 $\omega^{-1} = T/2\pi$ 之比 β，可得 $\beta \equiv T_u\omega = h\omega/c_D\bar{u}$。当 $c_D = 0.0025$、$\bar{u} = 1$ m/s、$h = 20$ m 时，β 值接近 1。因此在潮周期内的大部分时间，切应力的垂向分布将不同于对等的恒定流。潮致切应力的变化影响了与海底扰动上方水流加速和减速有关的空间变化，这一效应在大陆架(深度大，$\beta \geqslant 1$)比在潮汐水道(小到中等深度，$\beta \ll 1$)更为明显。

Engelund - Fredsϕe 类型的模型也可以用公式描述潮流作用下的海底不稳定性，但这样在数学上的处理则比较复杂。对潮流条件下海底不稳定性的数值结果与分析研究均显示出许多与恒定流情形相类似的结果[217,169]：床底扰动上方的流场分布与余流结果一致，其近底流速指向沙丘波峰方向(图 3.25)。最快生长波长与对数层厚度之间呈线性依存关系，其比例常数的量级与式(3.80)中所述的相同。但这种发育良好的沙丘波长与潮程 $L = UT/\pi$(U 为最大潮流速度)、摩阻适应时间与潮流周期之比 β 之间只具有较弱的依赖关系。

现在还没有明确的证据证明潮流中对数边界层厚度 δ_l 与水深 h 成比例。但当水深超过 20 m 时，δ_l 可能与潮流边界层厚度有关(见式(3.10))，在这种情况下，最快生长波长与深度无关。这与潮流环境中的沙丘观测结果可能相一致，对此我们曾在前面讨论过(见原著参考文献[331]中的举例及图 3.19)。

海洋中的沙丘发育还受波浪的影响。强烈的波浪作用往往阻碍沙丘的发育[306]。Fredsϕe 和 Deigaard[157]认为，这是由于悬浮滞后效应的缘故，特别是在潮流速度很高的情况下，这种效应更为重要。

悬移质输运

泥沙输运公式(3.75)包含着隐含的假设，即沙丘的形成依赖于推移质输运。许多观测结果表明，沙丘在细粒泥沙($d=130\ \mu m$)的条件下是不会发育的[4]。对此可以用下述观点来解释，即悬移质对水流强度的响应与推移质相比具有更强的滞后性。虽然近底流速在沙丘波峰的上游达到最大值，但悬移质浓度却在沙丘波峰的下游达到最大，特别是在流速较高的情况下。当水流通过沙丘波峰时，泥沙输移仍然是增强的，沙丘波峰受到侵蚀。因此在细粒泥沙条件下，沙丘的发育是受阻的。不过应该指出的是，根据水槽实验[420]，在泥沙粒径较大的条件下，沙丘高度也会减小。

3.3.4 海底沙纹

海底沙纹的高度和波长

在沙质海岸上，一旦水流强度高于泥沙颗粒的起动条件，就会有沙纹开始形成。非黏性泥沙的临界起动流速为10～20 cm/s，见图3.12。当泥沙颗粒开始运动时，沙纹就会在最初平坦的海底出现。水槽实验表明，沙纹波长 λ 一般不受摩阻流速 u_* 的影响，而主要是取决于海底泥沙的中值粒径 d。两者之间的关系如下：

$$\lambda \approx (500 \sim 1000)d \tag{3.84}$$

水槽实验和野外观测还显示出，沙纹不会出现于沉积物粒径大于1 000 μm（很粗的砂）或小于100～200 μm的海底。在沙纹出现后的短时间内，其形态格局显得很规则：具有几乎平直且垂直于流动方向的峰脊(见图3.26)。观测结果一致表明，波纹波高为10～20 mm，平均约15 mm，并几乎与泥沙粒径无关[370]。当水深小于1 m或流速低于40～50 cm/s时，除海底沙纹以外，不会形成其他海底构造。沙丘出现于更大的深度和更高的流速，并具有比重叠其上的沙纹更大的高度和波长。当流速增大到1 m/s以上时，沙纹消失，海底表层就像“砂席”一样被近底流动拖动，这种状况被称为“片流”。

在海岸环境中，沙纹的形成经常受到波浪作用的影响。波浪改变着沙纹的形状及其生成和衰退的临界点。例如，在塞布尔岛海滩(位于新斯科舍大陆架，水深30 m)进行的野外观测显示，在一次风暴期间形成了如下海底形态序列[278]：①波浪作用下的残余沙纹，会有正常气象条件下形成的虫洞和动物痕迹；②水流作用或中等的波流共同作用下，由推移质运动形成的不规则、弯曲、非对称沙纹；③波浪作用下，由跃移/悬移运动形成的规则、直线或轻微不对称的沙纹；④片流作用下形成的平坦床底；⑤强风暴时期形成的小型沙纹，出现峰脊倒转现象，持续时间较短；⑥风暴衰退时形成大尺度的新月形巨型沙纹。

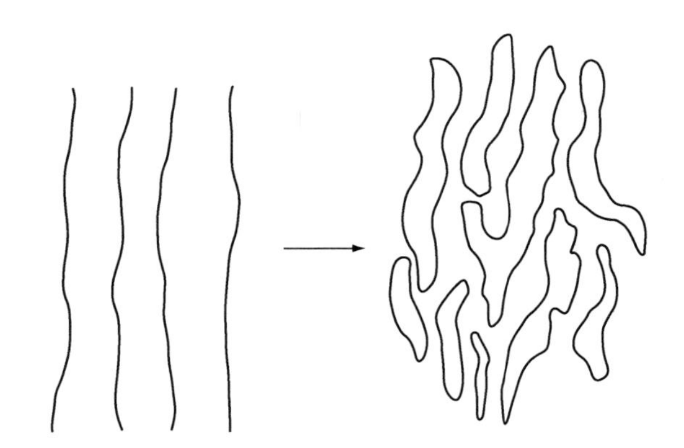

图 3.26 海流作用下形成的沙纹从峰脊平直、稍微弯曲的形态演变为复杂的三维格局

沙纹形成机制

沙纹的形成包含了如下几个过程。当泥沙颗粒开始移动时，首先出现在海底上的将是一个个很小的分散着的“沙堆”，这些“沙堆”通过捕获其他移动着的泥沙颗粒而生长[81]。“沙堆”的随机分布表明，它们起源于漩涡的猝发过程，这与层流条件下无法形成沙纹的观测结果相一致[491,369]。当“沙堆”达到粗糙高度时，它们的间隔变得比较规则，这种最初的规则格局可以成为小沙纹[81]。小沙纹的高度和波长比最终沙纹的高度小得多。实际观测到的小沙纹波长可以用下列关系式表示：

$$\lambda \approx 250d \tag{3.85}$$

随着进一步的生长发育，小沙纹的间隔增大，这可能是由于小沙纹合并的结果。这些微小的海底形态以与其高度成反比的速度迁移，小沙纹高度上的差异将产生不同的迁移速度，并最终导致其合并[369]。最后，具有式(3.84)所示平均波长的沙纹发育形成。有人可能会因此而得出这样的结论：最终的沙纹格局是通过沙纹间的相互作用而产生的，因此不能用初始的线性不稳定性机制对其形成进行充分的表述。

对于沙纹间隔的规则性，有几种假说。但观测结果表明，新的“沙堆”生成于现有“沙堆”的下游。在这些微小“沙堆”的背流面因水流分离而产生漩涡，并导致了对现有“沙堆”下游的侵蚀和随后新“沙堆”的形成，如此便形成海底一连串不规则形态。随后，沙纹便由此而形成[419]。这一过程将沙纹的形成归类于海底强迫作用下的不稳定性，而不是自发的不稳定性。

沙纹的形成是海底固有不稳定性的表现

小沙纹的最初发育也可归因于非强迫的不稳定性，这与沙丘的最初发育相类似。这种假设得到沙纹和沙丘之间其他一些相似性的支持，如初始形态和迁移。沙丘的形成与表层水流对海底动扰的响应有关，而沙纹的形成则可能与近底流动有关。如此便可解释，为什么沙丘尺寸与水深有关，而沙纹尺寸则不然。实际观测显示出，表层的流线是与沙丘相对的，而非沙纹。水流在沙纹峰脊处分离，而沙纹峰脊间的波谷则由背流面漩涡“填充”[370]（图3.27），粗糙层对海底沙纹的存在响应强烈。在 Engelund－Fredsφe 模型中，生长最快的沙丘波长与受扰动流层（表层）的厚度成正相关。相类比，可以假设生长最快的沙纹波长与粗糙层厚度成比例。由于粗糙层厚度 δ_r 与泥沙粒径有关，因此沙纹波长应该与泥沙粒径存在一定的相关关系，如式（3.84），这也与水槽实验结果是一致的。

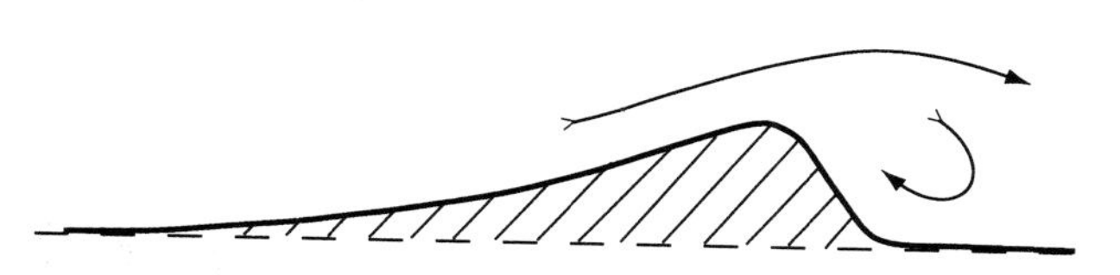

图3.27　沙纹背流面的水流分离及漩涡。表层不对各个沙纹做出响应，因为其流经的各沙纹间的波谷已被涡流填充

近底层的流速扰动

在海水表层的稳定性问题中，可以通过假设未扰动流速几乎不随水深变化来求得简单的解析解。这对于海水表层来说，也许是一种合理的假设，但是对于近底层而言，情况肯定不是这样。在近底层中流速先是呈线性，尔后又呈对数分布。不过可以像 Richards 的模型那样[375]，求得半数值解。Richards 所用的模型与 Engelund－Fredsφe 模型类似，对湍流的描述更为精细，其中包括扩散和耗散过程等。他的这项研究显示，除了存在沙丘不稳定性以外，还存在对应于海底更小形态的次级不稳定性，而这些更小形态的波长与粗糙层的厚度 δ_r 有关。这些小尺度不稳定体的最快生长波长与所观测到的小沙纹的波长（式（3.85））具有良好的一致性[81]。在水深小于 1 m 时，沙丘的不稳定性消失，只有沙纹的不稳定性仍然存在。

沙丘与沙纹的相似性

Richards 所做的分析[375]对沙纹和沙丘是源于类似不稳定性机制的假说给予了支持。这两种海底形态都会引起迎流面和背流面水流分布的不对称。不对称性的主要原因，是沙纹上方水流加速、减速的摩阻滞后，特别是滞后程度随距海底的高度增大。不对称性将在沙纹峰脊处产生流速和泥沙输移梯度，即流场与海底扰动之间存在一个相位差。因此，沙纹将不仅随着水流迁移，而且还将生长或衰败。近底处，水流在沙纹峰脊之前达到其最大值，然后在沙纹峰脊处减速，泥沙输移量也相应减少，从而引起沙纹高度的增加。

充分发育的沙纹和沙丘

沙纹格局随着时间的推移失去了其最初的规则性，峰脊线首先变弯，然后变成舌状(见图3.26)。其达到平衡状态的时间主要依赖于水流强度。如果流速接近于泥沙起动的临界值，则达到平衡的时间尺度就相当长(高达数百小时)[370]。沙纹的突变保持动态平衡，表现为形态上的准循环或无序波动，但是其平均波长和高度则仍然保持大体不变[193]。先前的线性稳定模型描述的只是沙纹形成的最初阶段，沙纹在最初形成之后其坡陡很快增大，从而造成背流面的水流分离和漩涡脱落现象。在沙纹形成的早期阶段，水流分离产生对沙纹生长的正反馈，漩涡的空间连贯性微弱。最初沿沙纹峰脊线均匀分布的漩涡很容易被微小扰动所破坏，从而形成三维漩涡结构，直线型的沙纹峰脊随之受到扰动。充分发育的流致沙纹一般形态较为复杂，包括舌状、尖头状或蜂窝状(图3.28)。其峰脊线与主流向多角度变化，只有峰脊线的平均走向与水流方向垂直(见图3.26)。要理解沙纹的这种行为，还需要建立数值模型描述海底上方水流与湍流的相互作用。对于充分发育的沙纹和沙丘的特征，已经在实验室水槽中进行了广泛的探索研究。对沙纹和沙丘平衡形态主要特征的理论解释，应归功于 Fredsφe 和 Deigaard[157]。

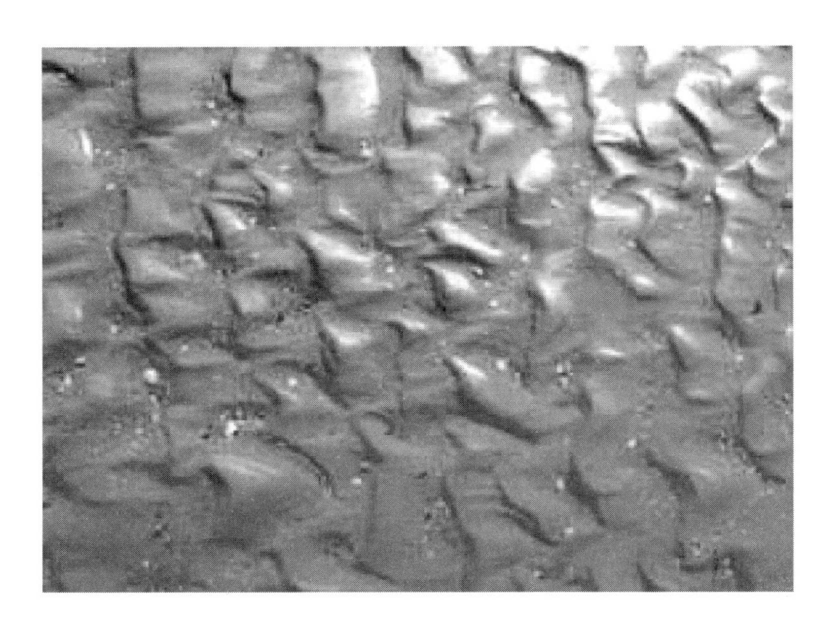

图3.28 离岸流作用下的舌状沙纹(低水位时露出水面)。右侧(迎流面)坡度较缓，左侧(背流面)坡度较陡，表明水流方向自右向左

巨型沙纹

巨型沙纹是介于沙纹和沙丘之间的一种海底形态，其波长约为数米，并与水深无密切关系。巨型沙纹是在与沙纹和沙丘相同的条件下发育形成的，并常常与沙纹和沙丘并存。这说明巨型沙纹的形成机制与沙纹和沙丘的形成机制有关。在沙纹形成时，近底湍流运动的尺度不仅受颗粒大小的影响，而且还受到沙纹背流面尾流的影响。粗糙层的厚度因海底沙纹的存在而大幅度增加，与近底层中摩阻滞后有关的不稳定机制使海底形成波长与粗糙层厚度成正比的微小起伏，因海底沙纹导致的粗糙层厚度增大又将促进波长大于沙纹波长的海底起伏的发育。正如沙丘其波长与水深没有直接关系一样，Richards 认为，以此种方式产生的海底不稳定形态就相当于巨型沙纹。

巨型沙纹在海流作用和波浪作用主导下均可出现[167]。在以波浪作用为主的环境中，浪致沙纹的存在使近底粗糙层厚度增加，该层厚度可由式(3.20)给出。在潮滩破波带(水深0.3~1.8 m)的观测表明，巨型沙纹开始形成时其典型波长为1 m或1 m以下[76]，但几天时间里就成长为具有几米波长的波状起伏，最后达到典型沙丘的尺寸。如此看来，沙丘的形成似乎是由于海底小尺度形态彼此间相互作用与合并的缘故，这与本节前面叙述的线性不稳定机制有根本不同。上述观测还表明，当水流条件发生剧烈变化时，巨型沙纹的形成过程受阻[76]。这说明生长最快的巨型沙纹的波长取决于水流强度，并与沙丘和沙纹不同。

3.3.5 逆行沙丘

急流

在床底以砂为主的水槽中，当水流速度逐渐增大时，底面沙纹首先变得很不规则，并随后消失，底床上层开始像流动着的“砂席”一样被近底水流拖走。当希尔兹数超过 $\theta \approx 0.5$(式(3.35))(对中砂而言，这相当于流速接近1 m/s。)时，将出现片流。当水流速度进一步增大时，“砂席”变得不稳定，并开始在床面上发育逆流移动的小型起伏，即逆行沙丘。在水面也形成了与逆行沙丘相近似的波形，只是水面的波高相对较大，并且逆行沙丘波峰处的水深高于波谷处。这种情况发生在流速近似或超过临界值时，此时的弗劳德数 $F = u/\sqrt{gh}$ 接近或大于1。水面的波伏起伏也是不稳定的，而且可能发生破碎。当其破碎时，床面上的逆行沙丘也随之被破坏，不过将很快又重新出现。临界流和急流对应于较小水深中的较大流速，这样的条件在海岸自然环境中是相当少见的，但有时可以在潮坪和海滩上的冲沟中见到。例如，在破波带的回流区以及在落潮期间的潮沟中都可以观察到逆行沙丘的存在(见图3.29)。

与缓流的差异

缓流和临界流对床底初始扰动的响应是完全不同的。缓流在沙丘峰脊处出现水位下降和加速，与之相反，临界流则出现水体的堆积和减速。原因在于，当流速超过临界值后，水流加速需要增加水面的倾斜程度，即需要向上游方向的水位变化梯度，但这在临界流中是不可能出现的。因此，在临界流中，逆行沙丘的波峰处流速最低，在波谷处流速最高，即流速纵向分布与海底波状起伏大致存在180°的相位差。

图 3.29 退潮时，潮沟中临界流形成的逆行沙丘，水面波动幅度远大于床底。逆行沙丘形成于流化砂中，且高度不稳定。照片由U. Moose 拍摄，并得到了瓦登海联合会(Wadden - Vereniging)的复制许可

悬移质输运

Engelund - Fredsφe 模型描述了床面扰动对流速分布的影响(见式(3.58)至式(3.60))。由于近似 $\sqrt{N/hu_0} \ll 1$，忽略与摩阻有关的流体扰动，可得一阶解：

$$u(z) = u_0\left(1 + \frac{\cosh kz + hkF^2\sinh kz}{\sinh kh - hkF^2\cosh kh}kz_b\right) \tag{3.86}$$

此时弗劳德数的范围是：

$$\sqrt{\tanh(kh)/kh} < F < \sqrt{\coth(kh)/kh}$$

流速的相位正好与床面扰动 z_b 的相位相反。对于推移质，泥沙通量和近底流速具有完全相同的相位，推移质输移恰好在床底扰动的峰脊处达到最少。因此，峰脊既不会增长，也不会侵蚀，床底扰动不可能通过推移质输运而生长。然而当流速较大时，上述对推移质运动的假设存在较大问题，因为这时的流速已强到足以使泥沙颗粒成为悬移质。由于沉积和再悬浮作用需要一段时间，因此在悬移质运动中，输沙率和流速间存在滞后现象。在床底扰动的峰脊处，悬沙通量无法达到最小值，该最小值将在峰脊后一段距离才达到。峰脊处悬沙输移的减小，引起了峰脊的增长(式(3.30))。因此在急流作用下，沉积和再悬浮的滞后现象将引起峰脊处的淤积。在逆行沙丘的迎流面，主要发生悬沙通量的降低，引起淤积；与之相反，背流面主要发生悬沙通量的增大，引起侵蚀：这最终导致床面波动起伏向上游移动。然而，如果泥沙沉积和再悬浮的滞后时间非常长，也有可能导致迎流面的侵蚀量高于背流面，此时逆行沙丘或将向下游移动。

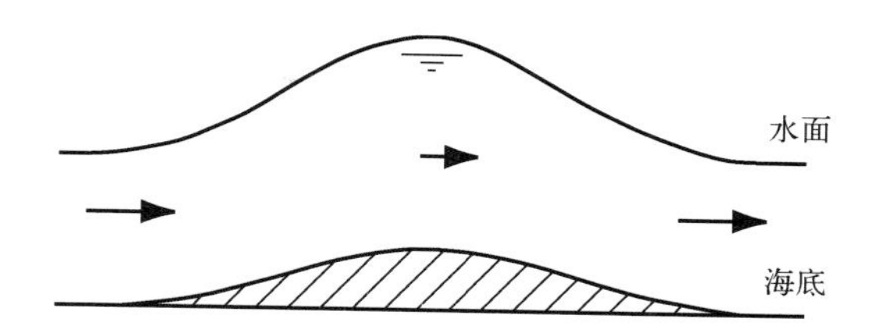

图 3.30　逆行沙丘上方的临界流。峰脊处的水深大于波谷处的水深，流速分布相反

3.3.6　浪致沙纹

在海岸环境中，不仅海流能够产生沙纹，波浪也能够产生沙纹。当波浪轨迹速度不是太高（典型的是在 0.5 m/s 以下）时，即可在细砂至中砂的海底上形成浪致沙纹。通常观察到的浪致沙纹可明显地分为两类[52,278,190,444]：①小沙纹（又称无轨迹沙纹），典型高度为 1 ~ 2 cm，波长范围可由式（3.84）给出；②大沙纹，其典型高度为 5 cm，波长相当于或稍大于波浪近底水质点位置幅值[259]：

$$\lambda \approx (1 \sim 2) U_1/\omega \tag{3.87}$$

式中，U_1 为波浪近底水质点速度幅值；ω 为角频率。与小沙纹相比，大沙纹一般产生于较粗的泥沙颗粒和较高的波浪近底水质点速度。特征介于①和②之间的浪致沙纹有时也可以观察到。与流致沙纹相比，浪致沙纹具有较对称的形状，其峰脊线表现出较大的连续性，且较为规则（图 3.31）。根据实验室实验和野外观测，二维和三维的浪致沙纹都存在。

图 3.31　沙滩上典型的浪致沙纹。沙纹高度和间隔均比流致沙纹大，而且形态也比较规则。浪致沙纹为对称状，峰脊圆滑，这是由于对称的波浪轨迹运动导致的。

与流致沙纹的区别

波浪引起的沙纹至少在以下两个方面不同于水流引起的沙纹。

- 波生流在其湍流特征上与恒定流有很大不同。波生流可以被看成是无摩阻的，除

非是在厚度为下式的近底薄层(斯托克斯层)中:

$$\delta_w \approx \sqrt{2N/\omega} \tag{3.88}$$

式中,N 为广义黏度(在平滑海底,$N = \upsilon$,其中 υ 为运动黏度,见式(3.19))。

- 浪致波纹不发生迁移,或者在波浪不对称的作用下仅仅迁移很小的距离,在沿沙纹脊线的迁移速度上与流致沙纹有很大的差异。这可能是浪致沙纹比流致沙纹对称性好、规则性强的主要原因。

浪致沙纹的形成

浪致沙纹的形成是由与流致沙纹相似的不稳定机制而引起的。波浪近底水质点速度剖面在湍流边界层中不随地形扰动立刻变化,而是在该层顶部出现相对底部的时间滞后,这就导致流速扰动与空间扰动间的相位偏移。就平均波浪周期而言,边界层内的净环流指向沙纹峰脊。从定性的角度看,这与潮流作用下沙丘的形成过程类似(见图 3.25)。对于流致沙纹,这一生长机制与泥沙顺坡输移的相对平衡决定了最快生长沙纹的波长,而该波长主要取决于粗糙层的厚度。对于波生流,如果假设推移质沉降和侵蚀的时间滞后,同沙纹引起的水流加速和减速的时间尺度相比可以被忽略的话[43],最快生长的沙纹波长也通过类似的相对平衡确定。

小型浪致沙纹具有与流致沙纹相近似的高度和波长,中砂至粗砂床面上小型沙纹的波长明显大于细砂至中砂床面上的同类沙纹。这表明,与流致沙纹一样,小型浪致沙纹的尺度与床面糙度决定的近底边界层厚度有关。

当波浪作用较为强烈时,粗糙层的顶部可能存在波浪边界层,其厚度可由式(3.88)给出。波浪边界层中的涡黏系数 N 与边界层厚度 δ_w、水质点速度幅值 U_1 有关,且边界层厚度 δ_w 与水质点位移幅值 $2U_1/\omega$ 成正比,或许可以由此解释为何大型沙纹的典型波长与水质点位移幅值成正比。

砂粒滚动的影响

确定波浪作用下与水质点位移幅值成比例的最快生长沙纹的波长,不必完全依赖于重力作用下的泥沙顺坡输移,还可通过假设泥沙颗粒的连续滚动确定[409]。若沙纹的空间间隔远小于水质点位移幅值,单个波浪周期内泥沙颗粒的往返运动将跨越多个漩涡区;若沙纹的空间间隔增大,泥沙颗粒的运动将被限制在单个漩涡区内。后者的净沉积量大于前者,也意味着更快的沙纹生长速度。因此,沙纹波长的量级更倾向与水质点位移幅值一致。

漩涡的作用

在沙纹初步形成之后,其生长机制将发生改变。沙纹峰脊处发生水流分离现象,在背流面形成大量漩涡,促进泥沙颗粒向峰脊处辐聚,并导致泥沙颗粒向悬移质转变。在恒定流中，泥沙颗粒以推移质的形成运动于缓坡上，陡坡上产生的漩涡可能继续留在峰脊处，也有可能被卷至下一个沙纹。而在波生流中，漩涡可形成于沙纹任一侧，这取决于瞬时的水流方向，当水流方向发生改变时，漩涡将越过沙纹峰脊。因此，浪致沙纹和流致沙纹的泥沙输移过程是完全不同的，二者的相似性仅仅出现在漩涡发育还不成熟的早期。当水质点速度超过临界值(希尔兹数约为1)时，浪致沙纹消失并向片流转变。

3.4 沙 坝

3.4.1 定性描述

沙纹和沙丘都属于小到中等尺度的海底构造，还有更大的床面形态，即沙坝。在前面床底-水流相互作用的分析中未曾涉及到沙坝。沙坝的大尺度形态说明其动力学特征更有可能与流速的水平分布而非垂向分布有关。本节将利用与之前类似的思路对这一假定进行检验。

沙坝分类

沙坝可分为下列不同类型。

- 潮脊，也称做潮流沙坝：长度数十千米，宽度数千米，高度数十米。峰脊线几乎呈直线，并相对于主流向有较小的逆时针夹角。潮脊迁移十分缓慢，其剖面为不对称型，陡坡位于背流面。泥沙粒径在波峰处最大，波谷处最小。潮脊出现在潮流较强的开阔陆架上，有时也形成在粗砾层之上。在宽阔的海湾中，各种以涨、落潮为主的水道经常被狭长的沙坝分隔开，这些沙坝类似于离岸潮脊，可能形成于类似的地貌动力过程[299]。
- 连滨沙脊：其尺度与潮脊相当，但高度通常略低。此类沙脊沿海岸迁移，其峰脊线常与岸线有一定的夹角，向海一侧的坡度大于向陆一侧，泥沙粒径在波谷处最大，在向海一侧最小。连滨沙脊出现于内陆架上，在破波带以外。
- 落潮三角洲：由沙洲和水道构成的系统，位于潮汐水道临海一侧，其大小和形态主要与潮汐水道及其附近的潮流强度有关，但波浪作用下的沿岸输沙也有重要作用。
- 沙嘴沙坝：长达几千米，常形成于海岬附近或坡度较陡的海岸上。

强迫或自发作用下的海底形态

上述最后两类沙坝的形状和尺度直接与局部海岸特征有关，在这些方面，它们与前两类沙坝不同，可被看做是强迫作用下的海底形态。前两类与局部地形没有关联的沙坝是典型的自发形态，显著特征是其长度远大于其宽度。所以，有时称其为线状沙坝或线状沙脊(图3.32)。本节将研究这些沙脊在内陆架和中陆架的大尺度自发不稳定机制。

关于落潮三角洲的某些方面，将在潮流 - 地貌相互作用一章中进行讨论。除了沙洲以外，海底还有其他一些大尺度构造，如孤立的丘岗或沟槽等，这类构造均与过去的地质事件有关，例如冰蚀或地壳运动等。对此将不予考虑。

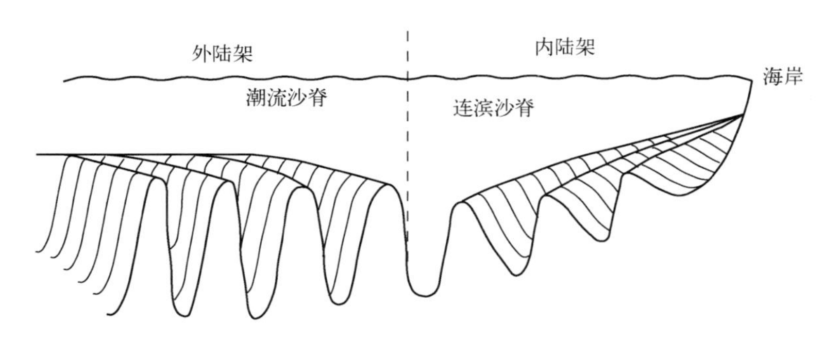

图 3.32 内、外大陆架横断面示意图。其中包括连滨沙脊和潮脊，垂直比例相对于水平比例放大了多倍。连滨沙脊坐落于坡度较缓的内陆架上，其峰脊线在沿岸方向上向海弯曲。潮脊位于外陆架上，并相对于主潮流存在逆时针夹角

动态平衡

上述的线状沙坝可在许多大陆架上找到，例如在北海南部（见图 3.33）。这类沙坝均满足下列条件：

- 形态基本规则；
- 沉积物类型与相邻陆架类似；
- 分布于动力沉积区，水流强度较大，床面有沙纹和沙丘覆盖。

这些特征可被认为是沙坝与现有水动力和泥沙输移条件处于动态平衡的标志。

野外观测

对沙脊的首次野外调查是由 T. Off 于 20 世纪 60 年代初期进行的[336]。自那时以来，已经进行了许多调查研究，从而揭示出沙脊是砂质陆架海中一种常见的特征。许多研究团队在多地进行了沙洲的野外观测，尤其是在北美洲[430,174]和南美洲[149,343]的大西洋内陆架，北海内陆架和中陆架[212,267,11]，以及黄海[285,286]等地。在这些陆架的深水区也观察到了类似沙坝的存在，但由于海流引起的泥沙输移较弱，沙脊形态难以保留[33,174]，例如在北海北部，这些残留的沙脊现已处于退化阶段，尽管仍有证据表明也有活跃的沙纹和沙丘形成。在中国东海进行的多道地震勘察已经揭示出在全新世沉积层中有大量的沙脊存在[34]。

沙坝是残留的，还是现代的

沙坝可能在海平面上升的最早阶段就已经发育形成，但是目前关于其成因仍存在不确

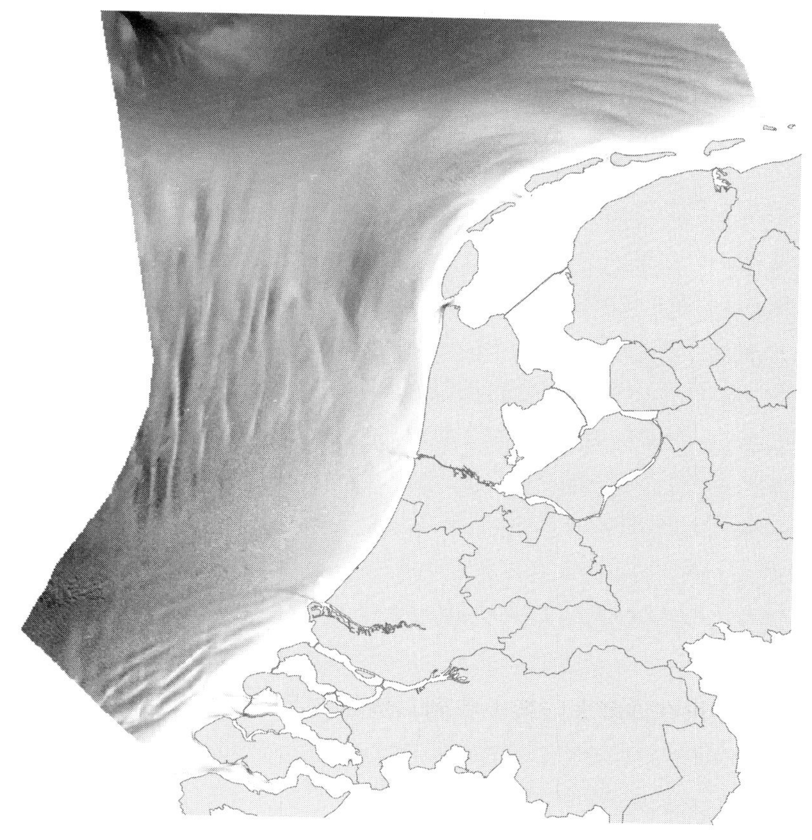

图 3.33　北海荷兰段(南部湾)的水深地形图，根据详细的海底水深测量资料绘制

深色区域水深大，浅色区域水深小。水深范围 10 m(近岸)到 40 m(离岸)。北海海盆以约每世纪 1 cm 的平均速度一直下沉了几百万年[504]，表层沉积物多为中砂。整个地形显示出东西向不对称，荷兰沿海水深小于英国沿海。泥沙成分具有南北梯度变化：南部为中砂，北部为细砂。在南部湾中部可见大型沙脊，其长度为 25 ~ 100 km，宽度为 5 ~ 10 km，高度为 5 ~ 25 m。沙脊方向大致为南北向，峰脊相对于主潮流轴有较小逆时针夹角。靠近海岸，可观察到类似大小的沙脊，其方向相反，并指向海岸，这些沙脊被称为连滨沙脊。南部湾南部的大部分区域由沙丘覆盖，沙丘方向大体与主潮流轴垂直。与潮脊比较，沙丘的高度相近，但波长却小得多(大约数百米)(见图 3.18)

定性。沙坝的最初形成可能与全新世海侵期间对沿岸残留沉积物的改造有关，这些沉积物已在现今沙坝获取的岩芯中发现[212]。然而，现今沙坝的方向常常与古岸线不相符。远离现今海岸线的沙坝的演变已经与初始阶段无关。下面我们将对此观点做进一步探讨。我们将会看到，沙坝的形成发育可以用地貌动力反馈来解释，不需要任何残留构造触发沙坝的最初形成过程。这并不排除沙坝的确形成于残留沉积物，只是想说明，同样的沙坝也可以从平坦的海底上发育形成，而且成熟沙坝的形态并不一定要与原有海底构造具有因果关系。

3.4.2 潮流沙脊

海底不稳定性

潮脊是陆架海上的大型构造，单个潮脊可以含有多达数十亿立方米的沙粒。有人可能想知道，海底的这些大型构造是由哪些力量塑造出来的。目前还没有地质事件能对它们在外陆架上的出现给出可信的解释。但是你能相信如此巨大的构造能够在没有特殊外力的影响下自发形成于平坦的海底上吗？J. Huthnance 就是第一个提出这样一个大胆假说的人[227]，第一个为潮脊形成的海底不稳定机制提供了理论支撑的人。关于其动力成因的一个重要线索，是观察到潮脊总是与主流向成某个角度[212,430,149,343,345,331,478,66]。这意味着涨、落潮流一定是横跨潮脊，因而在潮脊的上游和下游两翼上产生了不同的水流状态。上、下游水流的不对称性对底面形态的重要性已经通过沙纹和沙丘的形成进行了说明。对潮脊而言，不对称性的表现方式有所不同，但起作用的还是同样的因素，即动量守恒及底面摩阻。潮脊引起的流速扰动因其空间尺度很大而受到地球自转的影响，由于这一原因，与潮脊和主流向间的夹角相对应的流速扰动并不是对称的。下面我们首先给出潮脊形成过程的定性描述，然后对 Zimmerman[510] 和 Huthnance[227] 提出的两种数学方法进行讨论。

潮脊上的水流特征

先以一个未受扰动、与潮流成某一夹角的浅水沙脊为例，观察流体微团横过沙脊的路径。可见，涨落潮几乎没有区别；相对于水流方向而言，沙脊的生长过程是对称的。流体微团的路径，如图 3.34 所示。实际上，图中有两条路径，虚线所示为忽略了摩阻滞后的情况。在该情况下，流线主要取决于下列 3 个因素。

- 横穿沙脊的流体连续性。由于沙脊峰脊处的水深小于其波谷处的水深，所以穿越沙脊的流速分量在迎流面增大，而在背流面减小。

- 底摩阻力矩。在流体横穿沙脊时，其平行沙脊的速度分量将因底摩阻的增大而减小。由于沙脊的倾斜，在主流向断面内流体将不会同步减速，而是流体最靠近沙脊的那一部分首先减速。如此一来，水流将向沙脊峰线旋转。

- 地球自转。在迎流面，水柱被压缩，因此而使位势涡度(地球自转所致)增大。涡度守恒将迫使流体反向旋转，在北半球这一反向旋转为顺时针方向(反气旋)。如果沙脊是按气旋方向相对于水流方向转动的话，那么流体将朝沙脊法线方向旋转；在相反的情况下，流体将向法线反方向旋转。

图 3.34 所示沙脊相对于主流向有一个逆时针夹角。图中虚线表示流线适用于没有惯性滞后作用的情况，该假定流线相对于峰脊是完美对称的。

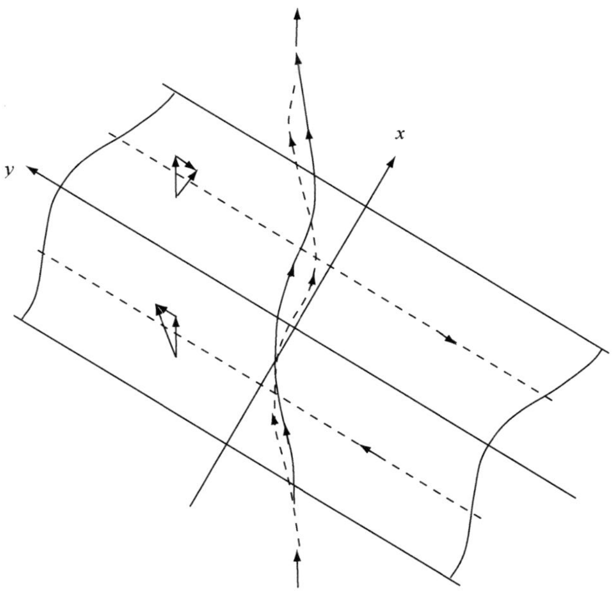

图3.34 横过沙脊的流线图，该沙脊相对于主流向存在逆时针夹角。虚线对应没有惯性滞后作用的流线；实线表示受到惯性滞后影响的流线。在沙脊上游一侧，滞后作用存在沿 y 轴正方向的速度分量；而在沙脊下游一侧，滞后作用存在沿 y 轴负方向的速度分量

反馈机制

由于惯性的缘故，平行沙脊的动量分量对底摩阻力矩和地球自转的适应将发生滞后。如图3.34中实线所示，流线向沙脊法线方向弯曲，并产生一定的空间滞后，因此这条流线相对于峰脊是不对称的。真实流线相对于无惯性流线发生偏移，而偏移的方向在横穿峰脊前后是不同的：在横越峰脊之前，是沿平行沙脊下游方向偏移；在横越峰脊之后，则是沿平行沙脊上游方向偏移。这些偏移表明在沙脊周围存在次级环流，而次级环流正是由底摩阻力矩和涡度守恒引起的流速扰动造成的。沙脊上游一侧的水流强度大于沙脊下游一侧，这是因为该次级环流对沙脊上、下游流体扰动所起的作用是不对称的(图3.34)。因此，水流带向峰脊处的泥沙要比带离峰脊处的泥沙多，我们预计沙脊的高度将会增长。

海底不稳定性

正如Smith首次假设的那样[414]，潮脊周围净环流的存在是其生长和保持的基本条件，在潮流沙脊进行的海洋调查也证实了净环流的存在[380,212,307,213]。从理论上讲，沙脊环流早在沙脊生长的初始阶段就已经形成。这意味着海底是不稳定的，假如水平尺度能够使水流对扰动的响应主要取决于底摩阻力矩和动量守恒，则幅度再小的扰动也可以继续生长。下面各节将介绍水流对沙脊扰动响应的数学描述。

3.4.3 Zimmerman 的沙脊形成定性模型

位涡守恒

在前面的定性描述中没有考虑流速的垂直分布，其在流速扰动下沙脊生长的反馈过程中并不起关键性的作用。因此，在数值分析中，以垂向平均的质量和动量守恒为出发点，并通过涡度守恒代替动量守恒(方程(A.5))消去压力梯度项。上述简化后，可得垂向平均的位涡$(\zeta+f)/H$守恒方程(方程(A.19))：

$$\frac{\partial}{\partial t}\left(\frac{\zeta+f}{H}\right)+\vec{u}\,\vec{\nabla}\left(\frac{\zeta+f}{H}\right)=-\frac{r}{H}\zeta+\left(\vec{u}\times\vec{\nabla}\,\frac{r}{H}\right)\vec{e_z} \tag{3.89}$$

其中，$\vec{u}(\bar{u},\bar{v})$为垂向平均流速向量；$\zeta=\bar{v}_x-\bar{u}_y$为涡度；$f$为科氏参数，$\vec{e_z}$垂向单位向量。在该方程中利用了二次底摩阻公式的线性形式$\vec{\tau_b}=\rho r\vec{u}$，其中$r$是线性摩阻系数，其量纲为[m/s]。式(3.89)右侧第二项表明，位势涡度是由底摩阻梯度产生的，当水流以某个角度横穿等深线时就会发生这种情况，并最终导致水流向垂直等深线的方向偏转；右侧第一项表示底摩阻引起的涡度耗散；左侧第二项表示潮汐平流引起的位势涡度的局部变化。

潮均位涡守恒

式(3.89)表明，底摩阻引起的涡度耗散在涨、落潮期间方向相反，即涡度方向相反，而平流项方向相同。因此，在潮均条件下，平衡方程中只有平流项导致了净涡度。潮均平衡方程实质上说明了潮脊的净涡度来自于平流。下面将介绍：净涡度的产生相当于潮脊附近平均环流的形成。

沙脊环流

沙脊环流可通过对等深线内区域的动量平衡方程(见方程(A.16))垂向平均得到：

$$\vec{u_t}+(\vec{u}\cdot\vec{\nabla})\vec{u}+f\vec{e_z}\times\vec{u}+\frac{1}{\rho}\vec{\nabla}p-(N\vec{u_z})_z=0 \tag{3.90}$$

沿等深线的环流$C(t)$可表示为：

$$C(t)=\oint\vec{u}(t)\,\mathrm{d}\vec{l}=\iint_{\Sigma}\zeta\,\mathrm{d}x\,\mathrm{d}y \tag{3.91}$$

式中，Σ为等深线内闭合区域，上式由高斯定律可得。为了对动量平衡方程进行积分，引入下式：

$$(\vec{u}\cdot\vec{\nabla})\vec{u}=(\vec{\nabla}\times\vec{u})\times\vec{u}+\frac{1}{2}\vec{\nabla}\cdot\vec{u}^2 \tag{3.92}$$

可得：

$$\frac{\partial C}{\partial t}=-\oint(\zeta+f)(\vec{u}\times\mathrm{d}\vec{l})\cdot\vec{e_z}-\frac{r}{H}C \tag{3.93}$$

假设潮差远小于水深，在潮周期内对上式积分，可得：

$$\langle C\rangle = \oint\langle\vec{u}(t)\rangle\cdot\mathrm{d}\vec{l} = -\frac{h}{r}\oint\langle\zeta\bar{u}_{\perp}\rangle\mathrm{d}l \tag{3.94}$$

$\bar{u}_{\perp}$为垂直于等深线（向外为正）的潮流分量，令 Σ 为平均海底面之上的潮脊区域。由于 $\zeta u_{\perp}$ 的符号在涨、落潮期间都保持沿等深线不变，因此由式(3.94)，潮背周围将由涡度对流产生一个净环流(图3.35)，环流强度取决于一个潮周期内的涡度对流量。

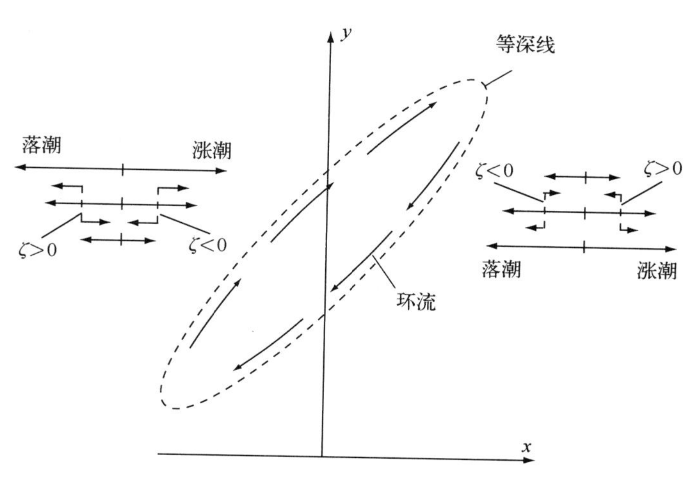

图3.35　潮汐涡度平衡方程和净环流的形成。由于沙脊摩阻和峰脊倾斜，沙脊两侧的水流侧向剪切。相应的涡度在峰脊两侧方向相反，涨、落潮期间方向也发生反转。垂直于峰脊的流速分量与涡度的乘积永远为正值(沿等深线向外为正)

沙脊倾斜

底摩阻产生的涡度变化方向取决于峰脊与主流向的夹角。峰脊相对主流向为逆时针夹角时，净环流方向为顺时针；反之，当底摩阻效应强于自转效应时，净环流方向为逆时针。这一过程可见图3.36。除净环流外，沿等深线形成了一个四分日潮周期的海流。但是，该高次谐波分量对沙脊生长的贡献远小于净环流。

朝向峰脊的泥沙输移

正如已经提及的，潮脊周围的次级环流产生泥沙净输移的空间变化，这对沙脊的生长具有重要的意义。可以用下列简化的泥沙输移公式表述，其中未考虑重力效应：

$$\vec{q}(x,y,t) = \alpha|\vec{u}|^2\vec{u} \tag{3.95}$$

令$\langle q\rangle$为垂直于峰脊(x方向)的输沙率，主潮流(u_{M_2}，v_{M_2})为半日潮流且涨、落潮对称。潮流与沙脊的相互作用形成了环流分量 v_{M_0} 和四分日潮分量 v_{M_4}。假设潮脊高度相对水深较小，则次级环流分量相比于主潮流也较小。一阶流速扰动下垂直于峰脊方向的泥沙输移

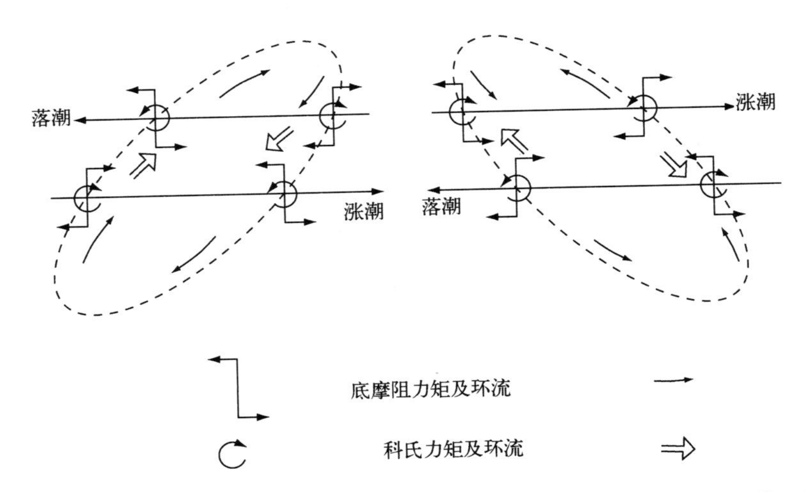

图 3.36 考虑地球自转时潮脊周围净环流的基本形成机制[511]。虚线表示潮脊等深线，长箭头表示涨潮流或落潮流。底摩阻力矩如图 3.35 中所示，并以相同的方式产生。旋转箭头表示科氏力矩。对于相对主流向存在逆时针夹角的沙脊，底摩阻力矩和科氏力矩方向相同；对于相对主流向存在顺时针夹角的沙脊，底摩阻力矩和科氏力矩方向相反。对于前者，地球自转引起的环流使摩阻引起的环流增强；后者反之。野外观察的潮脊相对于主流为逆时针夹角，然而其倾角有时相当小

公式可写为：

$$\langle q \rangle = 2\alpha \langle u_{M_2} \cdot v_{M_2} \cdot (v_{M_0} + v_{M_4}) \rangle \tag{3.96}$$

该式表明，仅当主流向与峰脊夹角不为 0 或 π/2 时，才可产生非零的垂直于峰脊方向的泥沙输移。迎流面 v_{M_0} 与 v_{M_2} 方向一致，指向下游方向；背流面则相反。涨、落潮期间皆如此。因此从式(3.96)可知，净泥沙输移永远朝向峰脊。沉积物将会在峰脊沉降，并导致峰脊高度的增长。这意味着在相对主流向存在夹角的地形构造和潮汐引起的泥沙输运间存在正反馈，这种海底扰动将作为海底不稳定性而持续地自然生长。

流速的对称性

沙脊与沙丘形成机制的根本区别在于沙脊两侧流速的对称性。就沙脊而言，其生长过程并不是泥沙单纯地向峰脊辐聚，而是由于顺坡、逆坡泥沙输移在涨落潮期间的不对称性产生的。其原因是，沙脊迎流面的总水流强度(初始流速与净环流的矢量和)大于背流面。

重力的影响

前面的叙述表明，类例沙脊的任何水平尺度(指在垂向平均水动力模型有效的范围内)的扰动都将会被增强，并因此而在海底上发育生长。然而，其增强的程度对各种不同的沙脊尺度而言则并不相同。从式(3.89)和式(3.94)可以看出，强烈的涡度变化和净环流对

应小尺度的海底构造。小尺度的海底构造坡度较陡，由于重力的缘故，泥沙顺坡输移更加强烈，这一点对推移质和悬移质都适用。因此小尺度构造将不如大尺度构造容易生长，其高度将维持在较低范围。

地球自转的影响

流经大尺度沙脊的水流因位涡守恒而受到地球自转的影响。当水流接近沙脊时，水深减小，位涡守恒作用下水流顺时针偏转（北半球向右）。如果峰脊相对于主流向（或是落潮流，或是涨潮流）存在逆时针夹角，那么水流也会因底摩阻而顺时针偏转：摩阻作用和地球自转效应相叠加。但是，如果峰脊相对于主流向夹角为顺时针，则位涡守恒和底摩阻力矩相互抵消，结果只有较小的相对涡度产生。因此，当峰脊相对主流向夹角为逆时针时，产生的净环流更加强烈（见图3.36）。这样便可解释为什么在北半球观察到的沙脊普遍偏向左（相对于主流向）[430,148,345]，而在南半球看到的沙脊绝大多数都偏向右（相对于主流向）[343]。

3.4.4 Huthnance 的沙脊形成解析模型

水流对小型海底起伏的响应

J. Huthnance 首次对前人的定性结果进行了解析推导[227]，其水流－床底相互作用模型包括了下面即将叙述的几个基本步骤。在该模型中，平坦海底初始水深为 h_0，假设海底扰动为类似沙脊的波状起伏 $z_b(x, t)$，x 方向波长为 $\lambda = 2\pi/k$，y 方向波高 $\hat{z_b}$ 均匀分布，可得：

$$\Re z_b(x, t) = \hat{z_b} e^{\sigma_i t} \cos(kx - \sigma_r t) = \hat{z_b} \Re e^{i(kx - \sigma t)} \tag{3.97}$$

$\sigma_r/k = \Re\sigma/k$ 为床底扰动的迁移速度，$\sigma_i = \Im\sigma$ 为生长速度（正或负）。初始垂向平均流速 $\vec{u}_0 = (u_0, v_0) = U(\sin\theta, \cos\theta)$ 与 y 向峰脊夹角为 θ（见图3.37）。海底地形和水动力场在 y 方向上均匀分布，因此可分别确定 x 和 y 方向的流体连续性方程：

$$(h_0 - z_b) u = h_0 u_0 = h_0 U \sin\theta \tag{3.98}$$

平行峰脊方向（y 方向上）的动量方程：

$$v_1 + u v_x + v v_y + f u + g\eta_y + c_D \frac{\sqrt{u^2 + v^2}}{h_0 - z_b} v = 0 \tag{3.99}$$

初始条件满足：

$$v_{0t} + f u_0 + g\eta_{0y} + c_D \frac{U v_0}{h_0} = 0 \tag{3.100}$$

其中，$U = \sqrt{u_0^2 + v_0^2}$

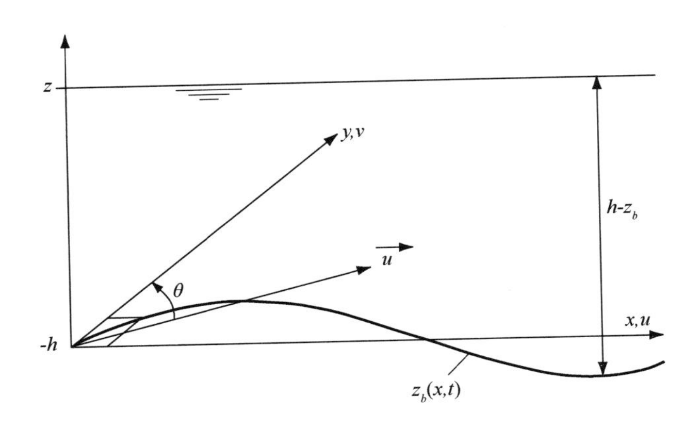

图 3.37　斜穿沙脊的水流方向与各符号含义

恒定流的微小扰动

首先考虑以恒定流代替潮流的简化条件，$u_0 v_0$ 为定值且 $\vec{u}_t = 0$。令微小摄动 $\epsilon = \hat{z}_b / h_0$，床面扰动引起的流速扰动 $\vec{u}_1 = (u_1, v_1)$ 与 ϵU 为同一量级。连续性方程(3.98)中的流速扰动可表示为：

$$u_1 = \frac{z_b}{h_0} U \sin\theta \tag{3.101}$$

垂直于沙脊方向上的流速扰动 u_1 与床面扰动 z_b 相位相同，这意味着在垂直于沙脊的方向上不存在上、下游水流的不对称性，与定性分析结果一致。以微小摄动 ϵ 表示的平行峰脊方向(y 方向)动量方程为：

$$u_0 v_{1x} + f u_1 + \frac{c_D}{h_0}\left[U v_0 \frac{z_b}{h_0} + U v_1 + v_0 (u_1 \sin\theta + v_1 \cos\theta) \right] = 0 \tag{3.102}$$

该方程的线性特征表明，沿峰脊方向的流速扰动可写作：

$$v_1 = -\chi \frac{z_b}{h_0} U = -|\chi| \frac{z_b}{h_0} U \mathrm{e}^{-\mathrm{i}\phi} \tag{3.103}$$

其中，χ是以 x 和 t 为自变量的多元函数，尚无法确定其表达形式；ϕ 为速度分量 v_1 相对于床面扰动 z_b 的滞后相位。若 $\phi = 0$，沙脊两侧沿峰脊方向的流速扰动是对称的，则在峰脊处将不会出现泥沙输移梯度，也就不会出现侵蚀或淤积现象；若 $\phi = \pi/2$，则沙脊两侧沿峰脊方向的流速扰动不对称性最为强烈，且在上、下游的方向相反，因此将导致沙脊周围环流产生。如前所述，该环流将导致峰脊处泥沙输移的不对称，并控制沙脊的增长或衰退。

水流适应长度

将式(3.101)、式(3.103)代入式(3.102)中可得关于 $\chi(x, t)$的方程：

$$\chi[\mathrm{i}kl\sin\theta+(1+\cos^2\theta)]-\frac{fl}{U}\sin\theta-\cos\theta(1+\sin^2\theta)=0 \tag{3.104}$$

长度 l 为：

$$l=h/c_D \tag{3.105}$$

将式(3.104)代入式(3.103)中可得沿峰脊方向的流速扰动：

$$v_1=-\frac{\cos\theta(1+\sin^2\theta+p\tan\theta)}{1+\cos^2\theta}U\frac{z_b}{h_0}\cos\phi \mathrm{e}^{-\mathrm{i}\phi} \tag{3.106}$$

其中，

$$p=\frac{fl}{U},\quad \tan\phi=\frac{kl\sin\theta}{1+\cos^2\theta} \tag{3.107}$$

流速扰动主要取决于适应长度 l，由动量方程(3.99)中的惯性项(第三项)和摩阻项(最后一项)可知长度 l 对应于水流因沙脊摩阻作用产生的空间相位滞后。如前所述，正是这一空间滞后导致了峰脊两侧的水流不对称。当滞后相位 $\phi=\pi/2$ 时，环流最为强烈，由式(3.107)可知，此时床面扰动的波长趋于零。

泥沙通量的辐聚

然而，现实中不会出现极小波长沙脊的生长，因为其坡度过大。通过在泥沙输移公式中考虑重力对床面稳定性的影响(式(3.37))，可知：

$$\vec{q}_b=\alpha|\vec{u}|^{n-1}(\vec{u}-\gamma|\bar{u}_\perp|\vec{\nabla}z_b),\qquad \bar{u}_\perp=\vec{u}\cdot\vec{\nabla}z_b/|\vec{\nabla}z_b| \tag{3.108}$$

为了简化起见，在上式中未考虑泥沙启动的临界流速 u_{cr}，因为大量的泥沙输移主要与更强的流速 $|u|\gg u_{cr}$ 有关。$\vec{u}_1$ 由式(3.101)、式(3.106)给出，将 $\vec{u}=\vec{u}_0+\vec{u}_1$ 代入可求得式(3.108)。沙脊的生长还与下式所示的泥沙输移梯度有关：

$$z_{bt}+\vec{\nabla}q_b=0 \tag{3.109}$$

由于 y 方向不存在泥沙输移梯度，因此沙脊的生长速度仅考虑 x 方向的泥沙通量即可：

$$\Im\sigma=\Re[z_{bt}/z_b]=-\Re[\vec{\nabla}q_b/z_b] \tag{3.110}$$

取一阶近似，可得：

$$\vec{\nabla}\cdot q_b=\alpha U^{n-1}[(\cos^2\theta+n\sin^2\theta)u_{1x}+(n-1)\sin\theta\cos\theta v_{1x}-\gamma U|\sin\theta|z_{bxx}] \tag{3.111}$$

代入式(3.101)、式(3.106)、式(3.107)可得：

$$\Im\sigma=\alpha\gamma U^n\frac{(1+\cos^2\theta)^2}{l^2|\sin\theta|}(\xi\sin^2\phi-\tan^2\phi) \tag{3.112}$$

其中，$\xi=\dfrac{n-1}{\gamma c_D}\left(\dfrac{\cos\theta}{1+\cos^2\theta}\right)^2|\sin\theta|(1+\sin^2\theta+p\tan\theta)$

由于 $c_D\ll1$ 且 $\xi\gg1$，所以除非 ϕ 接近 $\pi/2$，沙脊生长速度将保持正值。由式(3.107)可知，仅有波长极小的沙脊生长才受泥沙输移公式中重力项的限制。

沙脊生长速度

可以发现沙脊达到最大生长速度时，有 $\Im\sigma_{\phi}=0$ 时，即：

$$\tan^2\phi = \xi^{1/2} - 1 \tag{3.113}$$

可得：

$$\Im\sigma = \alpha U^{n}\frac{\gamma}{l^2}\left(\sqrt{\frac{n-1}{\gamma c_D}}\cos\theta\sqrt{1+\sin^2\theta+p\tan\theta} - \frac{1+\cos^2\theta}{\sqrt{|\sin\theta|}}\right)^2 \tag{3.114}$$

因为 $p>0$，故 θ 为正值时生长速度大于 θ 为负值时（图 3.38）。这意味着当峰脊与主流向存在逆时针夹角时，沙脊具有更快的生长速度。显然这证实了我们的观测结果，由 $\Im\sigma_{\theta}=0$ 可确定沙脊生长速度最快的夹角 $\theta(\theta>0)$：

$$\sin^{9/2}\theta = p\sin^{3/2}\theta\frac{1-2\sin^2\theta}{4\cos\theta} + \sqrt{\frac{\gamma c_D}{4(n-1)}}\cos\theta\left(1+\frac{3}{2}\sin^2\theta\right)\sqrt{1+\sin^2\theta+p\tan\theta}$$

由于 $\gamma c_D/(n-1)\ll 1$，因此当 $f=0$ 时：

$$\sin\theta \approx \left[\frac{\gamma c_D}{4(n-1)}\right]^{1/9}$$

此时，对应于最快生长速度的沙脊倾角 θ 只取决于摩阻系数 c_D 和底坡系数 γ。不过，这些参数的敏感性较弱。

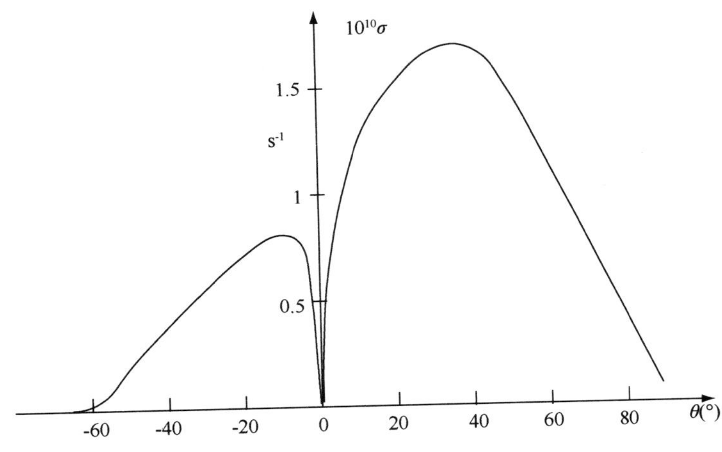

图 3.38 生长速度为沙脊与主流向倾角的函数，图中所示为 $p=1$（北半球）、摩阻系数 $c_D=0.003$、泥沙输移参数 $n=4$ 和 $\gamma=1$ 的情况。水深（$h=20$ m）和流速（$U=0.5$ m/s）只对曲线尺度有影响。由式（3.113）可知，任意倾角 θ 都可确定具有最大生长速度的特定波长，因此生长速度保持正值。倾角 θ 为正值，表示峰脊相对主流向存在逆时针夹角，此时的生长速度高于 θ 为负值时

沙脊倾角

令泥沙输移公式中 $n=4$、$\gamma=1$，摩阻系数 $c_D=0.003$，可得倾角 $\theta\approx 25°$。令 $f=0$，再

代入式(3.113)中可得床面扰动 z_b 引起的 y 方向流速扰动针对 v_1 的相位滞后 $\phi=73°$，这已经比较接近理论上的最大不对称程度($\phi=90°$)。在峰脊处 v_1 为负值，表明流体具有向峰脊法线方向偏转的趋势。在50°N处，$f\approx10^{-4}$，令 $p=1$、$h=20$ m、$U=0.67$ m/s，可得稍大的倾角 $\theta\approx35°$。

沙脊波长

沙脊的波长 λ 可由式(3.107)、式(3.113)给出：

$$\lambda=2\pi/k=\frac{\sin\theta}{(1+\cos^2\theta)\sqrt{\xi^{1/2}-1}}\frac{2\pi h}{c_D} \tag{3.115}$$

若 $p=0$，$\theta=30°$，可得 $\lambda\approx0.5h/c_D\approx150h_0$；若 $p=1$，波长稍有增加，$\lambda\approx180h_0$。因此当水深 $h=20$ m时，模型预测初始的沙脊波长约为3～4 km。由式(3.112)可知，若沙脊波长在生长速度最快的波长基础上继续增加(ϕ 值减小)，沙脊仍将保持生长，且生长速度将趋于零；反之(ϕ 值增大)，沙脊将迅速趋于衰退。因此，波长高于式(3.115)的沙脊仍可继续生长，自然界中也会存在该类沙脊。

充分生长的沙脊

上述分析仅仅适用于沙脊发育的初始阶段。野外观测表明，充分生长的沙脊波高可以占据相当大的水深。沙脊生长的时间尺度 $1/\Im\sigma$ 可以根据式(3.114)求得。在前面的例子中，$p=1$，$h=20$ m，$c_D=0.003$，最大潮流速度1 m/s，泥沙输移参数 $\alpha=10^{-4}$(见式(3.34))，据此求得的e倍生长时间尺度为千年量级。这与根据实测沙脊泥沙输移量估算出来的时间尺度相接近[478]。不过，需要注意下面两点：第一，从平坦海底形成成熟沙脊的时间尺度远大于上述千年量级，这表明一些先前形成的海底扰动，如海侵初期的沿岸残余沙坝等，作为沙脊的内核对其生长有重要作用，Houbolt[212]也曾发现沙脊岩芯中存在残余沉积物；第二，在线性分析中被忽略的高阶项，在沙脊的生长过程中将产生强烈影响，并可能有助于促进与初始阶段最快生长波长不一致的沙脊生长，发育完全的与初始生长阶段的沙脊波长相接近甚至可以被认为是巧合。此外，波浪作用、沙脊曲率和潮汐椭圆[216]的影响也应考虑在内。

与实际观测的对比

在北海南部湾，沙脊出现于30 m等深线附近(见图3.39)，并与主流向呈20°～30°的逆时针夹角。按照Huthnance的模型，对应于最大初始生长速度的波长约为5 km；而实际观测得到的波长比5 km稍大一点，但与该预测值相当接近。

潮流

前述分析基于单向水流，对潮流而言，可通过时间的函数描述流速：

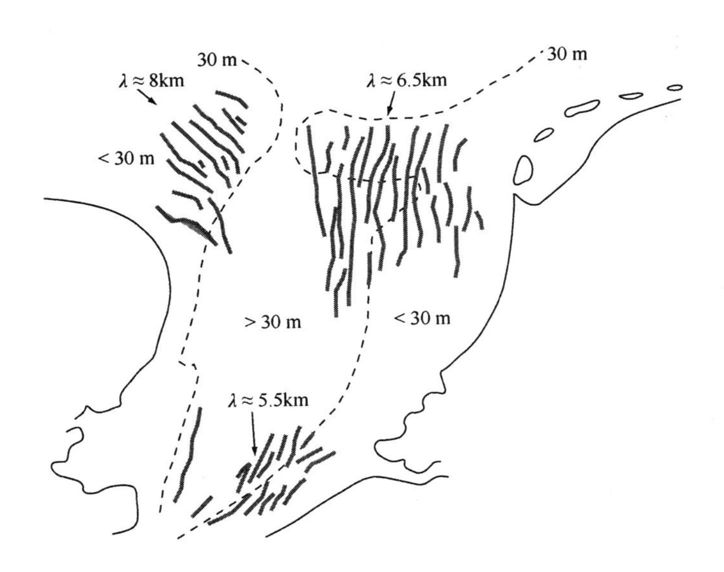

图 3. 39　北海南部湾的沙脊。虚线为 30 m 等深线。沙脊典型高度为 10 m，但有些达到 30 m，其相对于主流向存在 20°～30°的逆时针夹角。波长 λ 为各集中分布区域沙脊间距的平均值。沙脊并未覆盖整个南部湾，而且它们的位置与海底粒径分布、潮流强度或波浪作用等没有任何关系

$$\vec{u} = (u_0 I(t),\ v_0 I(t))$$

其中，$I(t)=\cos\omega t$。推导过程类似，但式(3. 104)应改写为：

$$\frac{1}{U}X_t + \chi[ikl I\sin\theta + |I|(1+\cos^2\theta)] - \frac{fl}{U}I\sin\theta - I|I|\cos\theta(1+\sin^2\theta) = 0 \tag{3.116}$$

上式仅在少数特殊情况下才可求得解析解，如以矩形波表示流速：

当 $0<t<T/2$ 时，$I=1$；　当 $T/2<t<T$ 时，$I=-1$

除在式(3. 112)中 ξ 需进行系数修正外，其他与恒定流类似。修正系数接近于 1，特别在当波长远小于潮程，即 $h/c_D \ll UT/\pi$ 时。最终可得，当达到足够的水流强度后($U>1$ m/s)，潮流与恒定流作用下的沙脊波长均与水深呈线性关系，且比例系数大致相同。

波浪的影响

在大浪期间，发育充分的沙脊将会退化，可能大约有 20% 的沙脊会消失[267]，而在常浪期间，沙脊又重新恢复。这些观测结果表明，波浪在控制沙脊尺寸方面起着重要的作用。当然，波浪引起的泥沙悬浮不仅仅只对沙脊生长产生负面影响，强浪还将使潮流引起的泥沙输移量大幅度增加[478]。这说明在只考虑潮流的情况下，无论是在沙脊的形成阶段还是退化阶段，对波浪作用的动力学特征都尚不清晰。

3.4.5 连滨沙脊

产生

从图3.33可以看出，北海的海底是呈波状起伏的。在其内陆架上，无论是远海，还是近岸处，都有大型沙脊存在。类似的近岸沙脊在北海沿岸以及其他陆架区也都可以观察到，例如在北美洲[430,431]和南美洲[149,343]的大西洋沿岸以及黄海和东海沿岸[286]等。近岸沙脊尺度与远海沙脊尺度相似，波长几千米到十几千米，波高数十米，并在内陆架从滨面开始沿离岸方向延伸，其所处水深为10~30 m，坡度稍大于内陆架。不过，它们与远海沙脊的明显差异在于：近岸沙脊相对于主流向通常不具有逆时针夹角，且总以10°~50°向岸弯曲，并一直延伸到滨面。因此，称之为连滨沙脊。

海底坡度的不稳定性

尽管潮流沙脊和连滨沙脊有明显的相似性，但其形成机制完全不同。潮流、底摩阻以及重力引发的泥沙顺坡输移等与潮流沙脊形成密切相关，但对于连滨沙脊而言，这些都只起到很小的作用。与其他大多数海底构造相反，底摩阻梯度引起的流动滞后并非是形成连滨沙脊的主要不稳定性因素。在内陆架上，海底不稳定性与平均横向坡度有关。海底坡度将引起床面扰动两侧的水流不对称现象，并形成垂直于扰动峰脊方向的泥沙输移梯度，其原理可见图3.40。该机制的定性描述将随后给出。

反馈机制

假设存在恒定的沿岸流，且海岸位于右侧，当海底沙脊与流向存在夹角时，会导致水流的偏转。底摩阻力矩会使水流趋向与峰脊垂直的方向，即使不考虑底摩阻效应，流体连续性和涡度守恒也会形成类似的结果。流体连续性要求迎流面流速增加，当在上游方向沙脊朝向外海时，水流将向海偏转(见图3.40)；反之水流将向陆偏转。前者水流偏向深水区，在越过峰脊时流速减小(特别是在沿峰脊方向)，这将使输沙率降低并引起峰脊处的泥沙沉积；反之，后者将引起峰脊处的泥沙侵蚀。因此，对倾斜海底而言，沙脊仅在上游方向朝向外海是不稳定的。

单向风生流

若初始沙脊向涨潮流的来向倾斜，涨潮流在经过峰脊时将朝外海方向偏转，所以在涨潮期间沙脊将会生长；而落潮流在经过同一沙脊时将向陆地方向偏转，所以在落潮期间沙脊将会衰退。因此连滨沙脊在对称潮流条件下是不会发育的，只有在存在沿岸优势流向时才能形成。由于主风向为西南风，因此荷兰沿岸向北的沿岸流占优，由此可以解释为什么

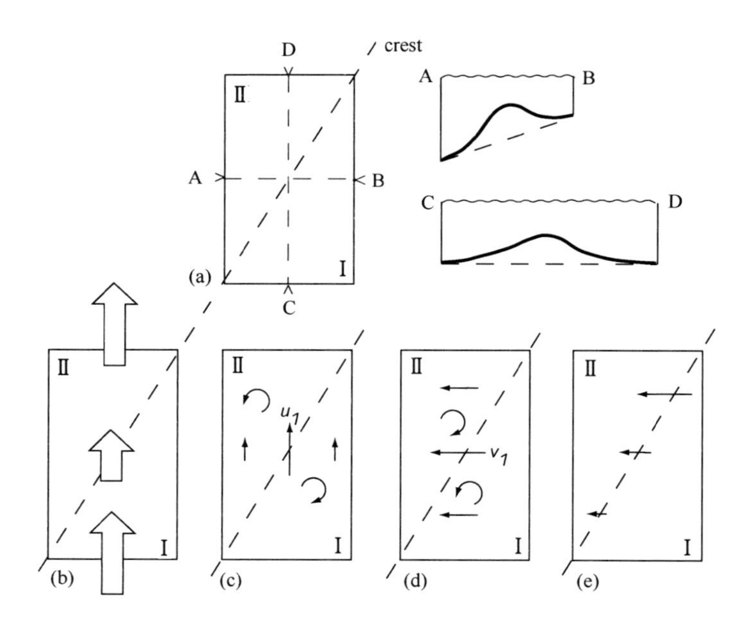

图 3.40　连滨沙脊的形成发育是沿岸流作用下倾斜海底固有不稳定性的表现，以峰脊周围长方形区域(a)内的情况来说明。将该区域分为两半：右下侧为迎流面部分Ⅰ，左上侧为背流面部分Ⅱ。该区域的右边界与岸线平行(x 方向)，若不考虑沙脊，水深从右向左(y 方向)线性增大。初始沿岸流由底部流入，从顶部流出(b)；如果水流强度没有因沙脊而改变，沙脊上方的流量(空箭头)将小于流入和流出该区域的流量，通过增加沿岸速度分量 u_1 可以保证流体的连续性(c)。但是由于连续性的限制 $u_{1y} \neq 0$，因此，沿岸流速扰动对应着峰脊两侧涡度的变化，且峰脊两侧涡度方向相反；如果不考虑摩阻作用，则上述涡度变化不会出现。峰脊处的流体连续性还可通过离岸速度分量 v_1 表示(d)。涡度守恒要求有 $v_{1x} = u_{1y}$，且由于海底坡度的影响可得 $u_1 < v_1$。峰脊处离岸方向的流量在近岸浅水区和远海深水区应一致，因此在离岸方向速度分量 v_1 减小，并最终导致峰脊处泥沙通量的辐聚(e)。峰脊处将发生泥沙沉积，带来沙脊的生长

沿荷兰海岸发育了众多南—西向延伸的连滨沙脊(见图 3.41)，如前述不稳定性机制所预测的一样。据此也可以预计，在主要由强风(来自适宜的方向)造成沿岸泥沙输移的海岸，连滨沙脊最为发育。此类海岸十分常见，如北美洲和南美洲的大西洋海岸等，在这些区域，连滨沙脊频繁可见，且发育良好。沿北海海岸，潮流作用强于美洲大西洋海岸(见图 3.42)，因此北海海岸的连滨沙脊特征不显著(高度低，而且有时缺失)。荷兰海岸连滨沙脊的地层学研究表明，该区域不仅存在风暴沉积，而且也存在潮流沉积[310]，潮流作用可能会引起连滨沙脊的增长，即使沙脊相对流向的倾斜方向与地球自转作用下的优势方向不一致(见图 3.38)。

图3.41 荷兰沿岸的连滨沙脊。这些沙脊出现在强风导致的净泥沙输移量高于潮汐作用的区域，见图3.42

图3.42 北海南部湾及潮流引起的泥沙净输移量高于风暴作用的区域(以阴影表示)[459]。荷兰大部分的北海沿岸和瓦登海沿岸，强风对泥沙净输移的作用高于潮汐

泥沙分布

如前所述，连滨沙脊的发育是沿内陆架斜坡的单向水流所产生的结果，这不仅是沙脊生长的原因，而且也是沙脊迁移的原因。实际观测到的沙脊迁移速度为每年几米(一般在每年10 m以下)。沙脊的背流面陡于迎流面，这是海底地貌迁移的常见特征。观测结果还表明，在背流面的泥沙粒径比在迎流面的泥沙要细[432]，这与风生流引起的沙脊迁移相一

致。在风暴作用期间，特别是当水流加速时，细粒泥沙被从海底上卷扬起来，从而使沙脊迎流面泥沙颗粒变粗。但在沙脊的背流面上水流强烈减速，一部分先前悬浮的泥沙将会沉降下来。由于这一部分悬沙中细粒物质相对多于粗粒物质，所以沙脊背流面(朝向外海)上的泥沙颗粒要比迎流面上的泥沙颗粒细。

初始形成

内陆架斜坡的不稳定性并不是形成连滨沙脊的唯一原因，其他现象也同样起作用。连滨沙脊通常出现于全新世海侵过程中接受大量河流来沙或更新世侵蚀物的地区，这些地区可能发育了一些没有随海平面上升的海岸沙坝，而这些沙坝在内陆架上的残留体很可能就是目前连滨沙脊的原形[212,27]。另外还有迹象表明，连滨沙脊与原有的潮汐水道有关，侵蚀海岸的废弃落潮三角洲有可能为这类沙脊的形成提供了泥沙来源[305]。这些假说并不一定与内陆架斜坡不稳定机制相矛盾。残留的海底构造可能起到了海底初始扰动的作用，通过上述不稳定机制，这些初始扰动就被改造成了连滨沙脊。如果没有这种地貌动力反馈过程，残留的海底形态可能已经不存在了。

3.4.6 Trowbridge 的连滨沙脊模型

水流对海底微小起伏的响应

第一个描述连滨沙脊形成过程的海底不稳定性模型是由 J. H. Trowbridge 提出来的[446]。我们将用与之前类似的方法来说明，连滨沙脊可以由倾斜海底在均匀、无摩阻的恒定沿岸流作用下的不稳定机制形成。该模型已被大大地简化，因此与真实情况相差甚远，其中许多影响沙脊形成的动力过程都未予考虑，主要目的仅仅是为了清楚地阐述倾斜海底上沙脊形成过程的显著特征。对于几项为了简化而做的假设，例如忽略底摩阻等，Trowbridge[446]和 Calvete[63]已给出了合理的解释。有关符号的定义，如图 3.43 所示，其中 x 轴为沿岸方向，y 轴为离岸方向。令沿岸方向初始流速 u_0 均匀分布，床面扰动 z_b 为正弦曲线，可表示为：

$$\Re z_b(x, y, t) = \epsilon h_0 \Re e^{i(kx\sin\theta + ky\cos\theta - \sigma t)} \tag{3.117}$$

其中，k 为波数；θ 为峰脊与 x 轴之间的夹角。演变过程取决于复数 σ，$\Re\sigma/k$ 为迁移速度，$\Im\sigma$ 为生长指数或衰退指数。下面，将以微小摄动 ϵ 为常数的初始沙脊为例($\epsilon \ll 1$)。

下凹型平衡剖面

假设：水深 h 只取决于横坐标 y，并且可以用指数函数表示：

$$h(y) = h_0 e^{(\beta y/h_0)} \tag{3.118}$$

该式所表示的是上凸型水深剖面，但在现实中波浪作用下平衡剖面常常为下凹型。如果滨

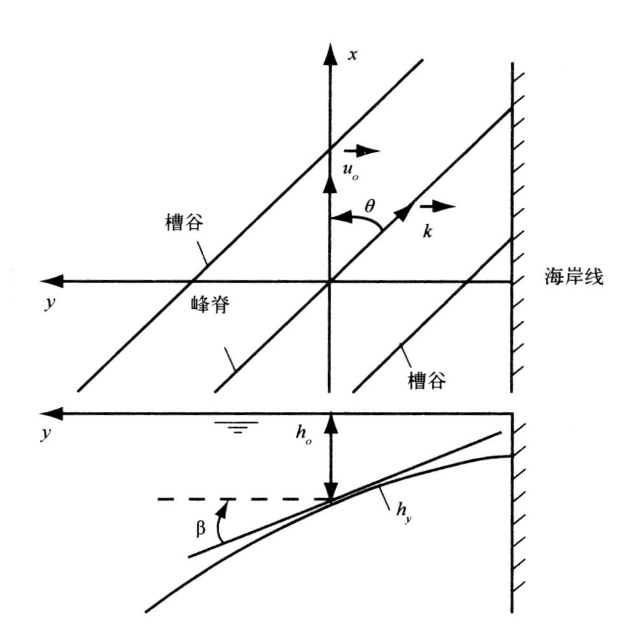

图3.43　各符号与坐标轴的示意图，沙脊与沿岸流存在一定倾斜角度。上图为平面图，下图为横向剖面

面宽度 h_0/β 远大于波长 $\lambda=2\pi/k$，可以把 $h(y)$ 看做局部水深呈线性增长的合理近似。假定横向剖面（式(3.118)）处于平衡状态，并且维持这一平衡的各种过程与初始沙脊（式(3.117)）造成的水流扰动无关，这种假设对于内陆架斜坡而言或许是合理的，但是对于水道边坡来说可能并非如此。水道中不存在连滨沙脊，而是被命名为交错沙坝或点状沙坝。然而，正如下一节即将讨论的那样，这类沙坝被认为是由完全不同类型的水流－地貌相互作用产生的。

无摩阻的流体扰动

流速 $\vec{u}$ 的一阶近似为：

$$\vec{u}=(u_0+\epsilon u_1,\ \epsilon v_1) \tag{3.119}$$

其中 u_0 表示初始的沿岸流速；$\epsilon\, u_1$ 为沙脊引起的流速扰动。假设中忽略了底摩阻和地球自转，因此动量方程中不包括涡度变化项，再结合初始流速 u_0 均匀分布，可得：

$$\zeta=v_{1x}-u_{1y}=0 \tag{3.120}$$

上式可通过势函数 ψ 求解，定义：

$$\psi_x=u_1,\qquad \psi_y=v_1 \tag{3.121}$$

连续性方程为：

$$\vec{\nabla}\cdot(D\vec{u})=\vec{u}\cdot\vec{\nabla}D+D\vec{\nabla}\cdot\vec{u}=0,\qquad D=h-z_b \tag{3.122}$$

其一阶近似为：

$$h(u_{1x}+v_{1y})+h_y v_1=u_0 z_{bx}/\epsilon$$

代入式(3.121)可得:

$$\psi_{xx}+\psi_{yy}+\frac{\beta}{h_0}\psi_y=\mathrm{i}ku_0\frac{z_b}{\epsilon h_0}\sin\theta\mathrm{e}^{-\beta y/h_0} \tag{3.123}$$

其解的形式为 $\psi=\chi z_b\mathrm{e}^{-\beta y/h_0}$，复数$\chi$代入式(3.123)可得:

$$\psi=-u_0\frac{z_b}{\epsilon}\sin\theta\frac{\beta\cos\theta+\mathrm{i}kh_0}{(kh_0)^2+\beta^2\cos^2\theta}\mathrm{e}^{-\beta y/h_0} \tag{3.124}$$

沿峰脊的速度扰动 $v_{//沙脊}=-u_1\cos\theta+v_1\sin\theta$，利用式(3.121)可得:

$$v_{//沙脊}\propto z_b\mathrm{e}^{\mathrm{i}\phi},\qquad \tan\phi=\frac{kh_0\beta(1+\cos^2\theta-\cos\theta\sin\theta)}{k^2h_0^2(\sin\theta-\cos\theta)+\beta^2\cos\theta} \tag{3.125}$$

对于大的沙脊波长(k 小)，相位 ϕ 总为正值，说明沿峰脊的流速扰动指向外海，并在峰脊处达到最大。

泥沙通量的辐聚

根据下式来分析由泥沙通量梯度产生的侵蚀－沉积模式:

$$z_{bt}+\vec{\nabla}\cdot\vec{q}=0 \tag{3.126}$$

其中，海底孔隙度包含在泥沙通量 $\vec{q}$ 中。根据式(3.117)可得，扰动的生长速度 $\Im\sigma$(正或负)为:

$$\Im\sigma=\Re(z_{bt}/z_b)=-\Re(\vec{\nabla}\cdot\vec{q}/z_b) \tag{3.127}$$

泥沙通量可由式(3.32)求得:

$$\vec{q}=C\vec{u} \tag{3.128}$$

其中，C 和 $\vec{u}$ 分别为近底层的体积含沙量(悬沙浓度除以泥沙密度)和平均流速，近底层的泥沙通量占据整个水体的绝大部分。上述推导中忽略了重力作用下的泥沙顺坡输移。

波浪引起的泥沙悬浮

鉴于连滨沙脊几乎都分布于强风作用下的内陆架，可以假设其形成于风暴过程，此时近底悬沙浓度更多地取决于波浪掀沙过程，而非平均流速 u_0。波高和水质点速度依赖于水深，因此推测体积含沙量 C 也是水深的函数，即 $C=C(h)$。海底波状起伏也通过水深变化影响悬沙浓度，但在沙脊形成的初始阶段，这种影响为高阶项，可以忽略。

生长速度

利用式(3.122)可以将泥沙通量梯度简化为:

$$\vec{\nabla}\cdot C\vec{u}=D\vec{u}\cdot\vec{\nabla}(C/D) \tag{3.129}$$

其一阶近似为:

$$\vec{\nabla}\cdot C\vec{u}=u_0Cz_{bx}/h+\epsilon hv_1(C/h)_y=u_0Cz_{bx}/h-\epsilon\psi_y(C-hC_h)h_y/h \tag{3.130}$$

代入式(3.127)、式(3.128)、式(3.124)，可得生长速度：

$$\Im\sigma = \beta \frac{u_0}{h_0^2}\cos\theta\sin\theta \frac{(kh_0)^2 + \beta^2}{(kh_0)^2 + \beta^2\cos^2\theta}(C - h_0 C_h) \quad (3.131)$$

在离岸距离 y 为 $h(y) = h_0$ 时，由于波浪扰动强度随水深增大而减小，偏导数 $C_h = \partial C/\partial h$ 为负值，因此 $C - h_0 C_h$ 始终为正值，并近似于破波线的体积含沙量；当 $\theta > 0$ 时，即峰脊线在上游方向朝向外海时，沙脊将持续生长。这与前述定性分析结果一致。综上所述，受沿岸流和波浪影响的倾斜海底具有不稳定性。

沙脊倾角

令式(3.131)关于 θ 的偏导数为零，可得具有最快生长速度的倾角 θ：

$$\cos\theta = [2 + (\beta/kh_0)^2]^{-1/2} \quad (3.132)$$

当沙脊波长接近或小于内陆架宽度($k \approx \beta/h_0$)时，$\theta \approx 45°$；若波长远大于内陆架宽度，则倾角 θ 也将增大。

生长及迁移速度

从式(3.131)可以推导出初始连滨沙脊 e 倍生长速度的预测值。在风暴条件(波高 4 m，周期 10 s)下，体积含沙量 $C \approx 10^{-4}$ m[418]。假设该条件每年平均出现 20 d，且该条件下体积含沙量 C 与水深的平方成反比，$u_0 \approx 0.5$ m/s，水深 $h_0 = 15$ m，坡度 $\beta = 10^{-3}$，沙脊波长与内陆架宽度相当：沙脊生长时间尺度 $1/\Im\sigma$ 为千年量级，沙脊迁移速度 $C_{\mathrm{ridge}} = \Re\sigma/k \approx \Im(u_0 C z_{bx}/z_b kh) \approx u_0 C\sin\theta/h$ 约为每年 5 m。按照该模型计算，连滨沙脊是一种演化非常缓慢的构造；从实际观测结果来看，也是如此。

沙脊波长

从式(3.131)可以看出，连滨沙脊生长速度随波数 k 的增加而减小，即：无限大波长的初始扰动生长速度最快。但观测结果表明，连滨沙脊的波长是有限的，其量级与内陆架宽度相当(5 ~ 10 km)。上述简化模型无法准确描述最快生长波长，主要是由于上凸型剖面(式(3.118))的限制。虽然上凸型剖面并不符合事实，但可以通过线性方程简化模型。对于小波长的沙脊而言，只有局部水深有意义，上凸型剖面或下凹型剖面都不会造成太大差异；然而对于那些相当于内陆架宽度的大波长沙脊来说，剖面选择则是至关重要的。当离岸流速度衰减幅度最大时，初始扰动具有最快生长速度。在上凸型剖面中水深沿离岸方向不断增加，由于沿岸流的向海偏转程度随波长增大，因此波长越大，离岸流速度衰减越为剧烈。在现实中，倾斜内陆架的宽度是有限的，离岸流的减速过程仅限于这一有限的宽度内，因此具有最快生长速度的沙脊所对应的波长应与内陆架的宽度相当[63]。考虑了底摩阻和地球自转效应的有限振幅模型，给出了连滨沙脊波长，生长、迁移速度以及最终高度的预测值，其结果与实际观测相符[64]。此项分析还表明，有限振幅对沙脊波长及其迁移速度的影响并不强烈。这些结果进一步支持了假说：连滨沙脊的形成依赖于风生流作用下倾斜海底的自发不稳定性。

3.5 水道沙坝及弯曲水道

3.5.1 横向有界流动

地貌特征

潮汐水道、潮汐海湾、河口以及河流等都是横向有界流动系统的例子。如果底床存在可侵蚀沉积物，有界流动和无界流动中都可以形成不同的床面形态，横向有界流动系统中的床面形态甚至比海洋中的丰富。小型床面形态的产生，如沙纹和沙丘等，基本不受横向流动限制，因为它们的动力学特征实际上与垂向流速分布有关；但大型床面形态则与水平流速分布有关。因此可以预测，横向流动限制在此起着重要的作用，在本节将会看到，情况的确如此。在横向流动过程中形成的大尺度床面形态被称为“沙坝”，沙坝的形态与海底沙脊不同，所以它们的形成机制也不同。潮汐海湾及河流中的大多数沙坝可能是由自发不稳定性形成的，不过它们的进一步发育将会因强加于水流的地形约束而大受影响。这些地形约束又因地而异，因而，在横向有界流动中观察到的沙坝整体形态不如海洋中的沙脊形态规则，有时甚至难以确定发育完全的沙坝的最初产生机理。但与海洋中的情形类似，大、小海底底形彼此共存，而且沙纹、巨型沙纹常常重叠于沙丘之上，并坐落在更大的沙坝上。与海底底形相关的水流和泥沙输移相互作用，增大了因此而形成的复合构造的复杂性。

交错沙坝

潮汐水道中可区分出 3 类沙坝。第一种为“交错沙坝”(见图 3.44)。这类沙坝与水道岸堤连接，如果其峰脊达到低水位以上，则与潮滩相似。交错沙坝一般位于水道凹岸，其发育过程与弯道形成过程密切相关。交错沙坝以相互交错的方式坐落于水道两侧，从而形成了一系列弯道。各沙坝的间隔(即波长 λ)通常与水道宽度 b 有关，其经验关系如下：

$$\lambda = 6b \tag{3.133}$$

该式对观测到的沙坝间隔估算合理，不过其散布范围很大($\lambda/b = 2 \sim 10$)[91]，其他一些表达式还包括了水深 h 或者潮程 L。交错沙坝只有在水道的宽－深比足够大(大于 10)时[72]才能观测到。

河流与潮汐海湾中交错沙坝的相似性

如果水道曲率较大，交错沙坝的宽度(横向尺寸)可能大于其长度(纵向尺寸)，则交

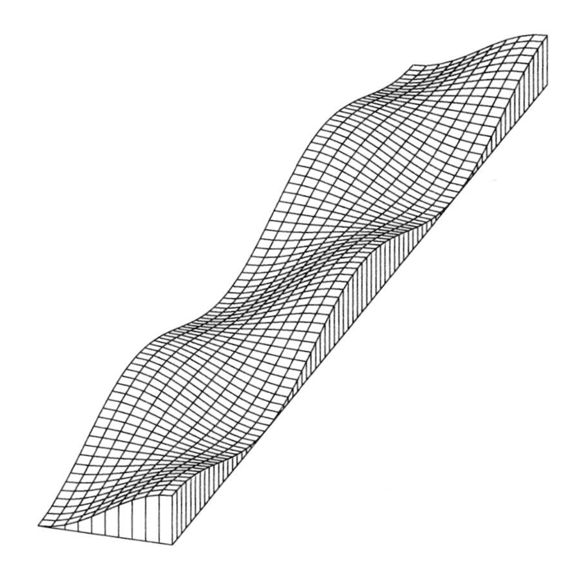

图3.44　平直水道中的交错沙坝，$z_b(x, y) \propto \cos(\pi y/b)\cos(kx)$。水流在沙坝之间蜿蜒前进，沙坝对岸水深最大，沙坝中心水深最小

错沙坝就会与横向环流一同出现。类似的构造可见于河流中，它们因具有突出的背流面而被称为“点状沙坝”。比较潮汐和河流环境中的交错沙坝和弯曲水道，可以发现它们具有很明显的相似之处[22]，这说明交错沙坝与弯曲水道在两种环境中的基本形成机制是相同的，同时也说明了潮流的往复性并不是关键因素。河流和潮汐海湾中沙坝的区别主要在于迁移速度：河流中的沙坝向下游迁移，而潮汐海湾中的沙坝几乎不发生迁移。

辫状沙坝

在潮汐海湾，涨潮流穿过潮间带的沙坝，并集中在终止于潮滩上的水道中。有时这些水道把整个或部分沙坝完全与岸堤分隔开，这可以被看做是向第二类沙坝转变的过渡地貌。第二类沙坝由分隔不同水道的许多沙坝组成(见图3.45)，被称为“多排沙坝”或“辫状沙坝”等，与在辫状河中观察到的沙坝相类似。当水道的宽深比足够大(大于100)时[502]，就会出现辫状水道。该比值增大时，沙坝的排数增多。在潮流较强的区域，例如在潮汐水道附近，沙坝多呈窄长形，并形成一些被水流冲开的坝链。这些窄长的沙坝将涨、落潮流为主的水道分隔开，并与主流向存在较小的夹角，说明潮脊形成机制(见第3.4.2节)对这些沙坝的形成和维持同样起作用[299]。对沙坝位置及其堤岸式形态的另外一种解释是，这些沙坝是通过在涨、落潮水道交汇带的泥沙辐聚而形成的。

三角洲

潮汐水道一般终止于浅滩，在这里水道加宽，水流扩展，流速减慢，泥沙沉积。这些沉积体被称为“三角洲”。它们具有典型的舌状形态，而舌状体则代表沉积地带。涨潮三角

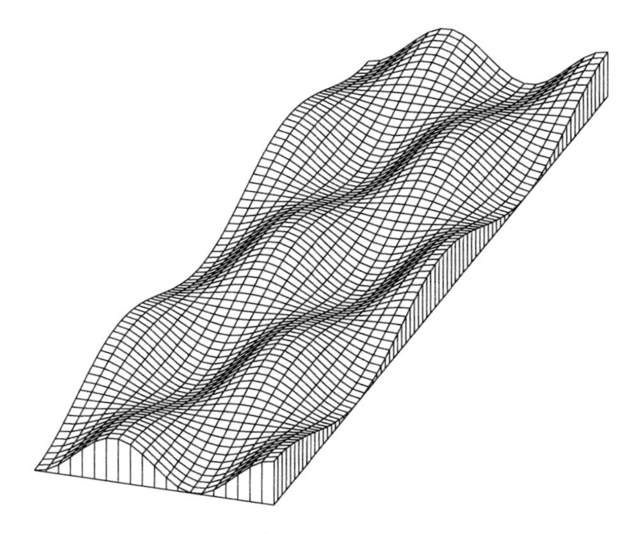

图 3.45 平直水道中多排沙坝示意图，$z_b(x, y) \propto \cos(3\pi y/b)\cos(kx)$

洲位于潮汐海湾之内，而落潮三角洲则位于潮汐水道的向海一侧。与交错沙坝和多排沙坝的韵律格局不同，三角洲呈孤立构造，而且其形态与潮汐海湾整体地形明显有关。这些三角洲的发育影响局部，甚至整个潮汐海湾中的潮流分布，因此，它们的形成发育与海湾中整个沉积－侵蚀格局相互作用，从而产生水道和沙坝的迁移。这种相互的反馈过程将产生永久性的具有长期准循环特征的地貌演变，以数十年乃至上百年为周期的地貌循环已在许多潮汐三角洲中得到证实[133,425]。

3.5.2 沙坝的形成

平直水道床面的稳定性

目前普遍认可的是，沙坝的形成是包括弯曲水道在内的大尺度水道地貌发育的原因。将在本节对这一假说进行验证，为此我们将针对下列问题展开讨论。

- 何种机制打破了平直水道的对称性？
- 何种类型的韵律构造在何种条件下可以通过水道底床的不稳定性而生长？
- 何种动力平衡决定着生长最快的扰动波长？

本节所用方法基于线性稳定性分析，与前面各节类似。文献中已多次提及该方面的研究，其中包括对床面－水流相互作用的不同机制和表达公式的验证[62,342,155,256,42,399,394]。本节我们将局限于一个很简单的模型，该模型仅仅适用于有限范围的水流条件，但却清楚地阐明了交错沙坝的基本动力特征。

交错沙坝的初始扰动

假设直线水道底床平坦，且水流均匀稳定，流向不变。对均匀水道施加极小振幅的长波扰动，相当于在水道一侧交替出现浅滩(沙坝)，而在浅滩对侧出现深槽，深槽处水深和流量都高于浅滩。在浅滩的迎流面，水流偏向对侧深槽；在背流面，则过程相反。水流的偏转使泥沙从迎流面被携带至背流面，导致浅滩－深槽格局向下游迁移，见图3.46。

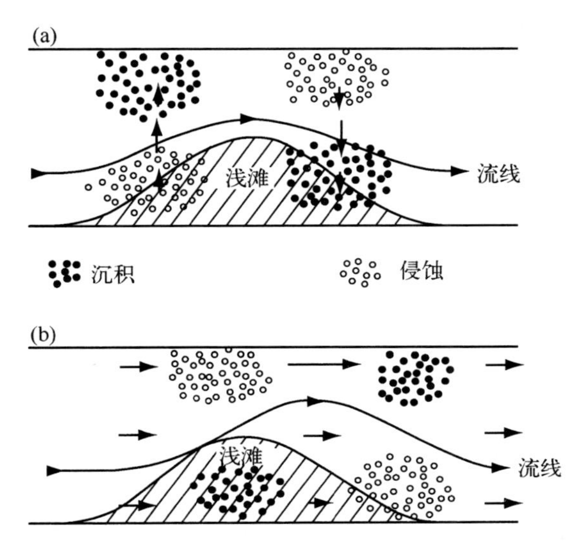

图3.46　交错沙坝发育示意图。(a)和(b)所示为水道平面图，水道局部底床有小幅度扰动，在右侧形成浅滩。水流为稳定的单向流，两图中的实线代表流线。(a)图中未考虑浅滩摩阻效应引起的水流加速/减速，流线间距与水深大致成反比。水流在迎流面偏离浅滩，而在背流面偏向浅滩，这导致了迎流面的侵蚀和背流面的淤积，因此浅滩会向下游迁移。浅滩两侧的流线对称分布，峰脊处将不会发生横向的泥沙净输移。(b)图考虑了浅滩带来的摩阻效应，摩阻滞后效应下浅滩上方的流速减小，但是最小值并不出现在峰脊正上方，而是出现在背流面。由于流线整体向下游偏移，因此浅滩两侧流线不对称。峰脊周围纵向流速减慢，且横向流速相对较小，随之导致泥沙淤积和峰脊生长

反馈机制

不过上述过程并不全面。由于摩阻作用，流速在浅滩上方减小，而在深槽上方增大。但是，摩阻的变化会因惯性作用而被抵消，流速变化也将滞后于水深变化。因此，最小流速出现的位置并不在峰脊处，而是在背流面。峰脊处的水流仍在减速，这意味着泥沙通量辐聚和泥沙沉积。泥沙在峰脊处的沉积将导致浅滩的生长，而浅滩的生长将导致峰脊处流速继续减小，从而进一步促进了浅滩的生长。在水道的另一侧则发生侵蚀增强的自发反馈过程，最大流速不是出现在浅滩的对岸，而是在其下游，因此，深槽将发生侵蚀。摩阻和惯性效应共同促进了水道床面扰动(一侧为浅滩，另一侧为深槽)的初始生长(图3.46)。当交错沙坝的高度增大时，水流将开始在浅滩周围弯曲，从而产生一系列离心力，并引发指向浅滩的次级环流，促进潮滩和弯曲水道的发育。

摩阻适应长度

上面的描述似乎表明，任何波长的初始扰动都能够生长。如果真是这样，那么为什么潮汐海湾中只出现一定波长的水道弯曲？浅水中交错沙坝波长仅有几千米，而深水中可达到几十千米。在初始阶段，水道底床并非平坦的，而是包含大量不规则起伏。这些不规则起伏是随机的，并占据了较大的波长范围。在上述反馈机制下，不规则起伏由于流速扰动将持续生长。然而，其生长速度并非完全一致，最快生长速度仅发生在那些峰脊处流速衰减最为剧烈的波状起伏。这样的波状起伏占据优势，并最终成长为主要的交错沙坝。峰脊处的水流减速是由于惯性作用导致的滞后效应，初始扰动的波长越小，滞后效应就越明显。乍看起来，这意味着小尺度的扰动将生长得更快。但是初始扰动又要有足够的尺度，以适应坡面上摩阻效应引起的流速变化。因此摩阻适应长度应在惯性（动量方程中 uu_x 项）和摩阻效应（$c_D u^2/h$ 项）中维持平衡，即：

$$\lambda = \pi h/c_D \approx 1000h \tag{3.134}$$

预测上述波长 λ 的扰动将具有最快的生长速度。

3.5.3 交错沙坝生长模型

水流对交错底面起伏的响应

下面将详细研究交错沙坝的形成过程，并说明前述讨论中的假设。假设宽度 b、水深 h_0 的平直水道有 $b \gg h_0$，其纵向平均流速 u_0 恒定。当水道底床受到纵向微小扰动时，流速 (u, v) 也将有所变化。底床扰动在水道两侧符号相反（见图 3.44），可以复数记为：

$$\Re z_b = \epsilon h_0 \cos(\pi y/b)\ \Re e^{[i(kx-\sigma t)]} \tag{3.135}$$

其中，$\epsilon \ll 1$，生长速度为 $\Im\sigma$，迁移速度为 $\Re\sigma/k$。水深 $D(x, y, t) = h_0 + \eta'(x, y, t) - z_b(x, y, t)$。垂向平均动量方程为：

$$uu_x + vu_y + g\eta_x + c_D \frac{u\sqrt{u^2+v^2}}{D} = 0,$$

$$uv_x + vv_y + g\eta_y + c_D \frac{v\sqrt{u^2+v^2}}{D} = 0$$

连续性方程为：

$$(uD)_x + (vD)_y = 0$$

令变量与初始条件尺度相同：

$$u \to u_0 u,\ v \to u_0 v,\ \eta \to h_0 \eta,\ D \to h_0 D,\ z_b \to \epsilon h_0 z_b,\ x \to h_0 x/c_D,\quad y \to by$$

x 方向的空间尺度由式（3.134）确定，x 和 y 方向的空间尺度还需保证水流参数及其梯度数量级的一致性，可得：

$$uu_x + Gvu_y + F^{-2}\eta_x + \frac{u\sqrt{u^2+v^2}}{D} = 0 \tag{3.136}$$

$$uv_x + Gvv_y + F^{-2}G\eta_y + \frac{v\sqrt{u^2+v^2}}{D} = 0 \tag{3.137}$$

$$(uD)_x + G(vD)_y = 0 \tag{3.138}$$

其中，

$$F^2 = u_0^2/gh_0,\quad G = h_0/bc_D \tag{3.139}$$

微小扰动及其线性化

流速 u、v 以及自由表面坡度 η_x 都分别含有微小扰动 u'、v' 和 η_x'，并可表示为 ϵ 的幂级数：

$$u' = \epsilon u_1 + \epsilon^2 u_2 + \cdots,\quad v' = \epsilon v_1 + \epsilon^2 v_2 + \cdots,\quad \eta_x' = \epsilon\eta_1 + \epsilon^2\eta_2 + \cdots$$

暂不考虑摩阻系数 c_D 与水深、流速的相关关系，且只考虑 ϵ 的一阶项，可得：

$$u_{1x} + F^{-2}\eta_{1x} + 2u_1 + z_b = 0 \tag{3.140}$$

$$v_{1x} + F^{-2}G\eta_{1y} + v_1 = 0 \tag{3.141}$$

$$-z_{bx} + u_{1x} + Gv_{1y} = 0 \tag{3.142}$$

尺度分析

摩阻项中仅考虑了底床扰动 z_b 的作用，而忽略了自由表面波动 η_1，这种近似相当于假定弗洛德数 F 较小。泥沙输移量的变化主要取决于 u_1，若忽略式(3.140)中的压力梯度项 $F^{-2}\eta_{1x}$，则 u_1 可根据该式直接推导而来。直观上，这种假设是合理的，因为水道两侧的自由水面坡度相互抵消，即 $\eta_{1x}\approx 0$；在后两个方程中，也可通过估计纵向压力梯度项$g\eta_{1x}$的量级得到类似的定量表达。由式(3.142)可以估计 v_1 的量级，并得到 $O[v_1] = G^{-1}O[z_b]$。式(3.141)的第一项在沙坝斜坡上某处有符号变化($|v_1|$达到最大值)，而第二、第三项符号不变，因此后两项为同阶无穷小，有 $O[\eta_1] = F^2G^{-2}O[z_b]$。由假设条件 $O[F^{-2}\eta_{1x}] \ll O[z_b]$可得：

$$G^2 \ll 1\text{，或者 } b^2 \ll h_0^2/{c_D}^2 \tag{3.143}$$

取 $c_D\approx 0.003$，对于宽度不太大(如 $b/h_0\leqslant 100$)的水道而言，式(3.140)中的压力梯度项可以忽略不计。

水面坡度的离心效应

下节将利用同样的方程分析发育完全的弯曲水道，横向水面坡度 η_{1y} 主要是由式(3.141)中的离心项 v_{1x}而引起的。深槽(凹岸)水位上升，浅滩(凸岸)水位下降。这意味着朝向浅滩的水流要经历两个相反的过程：一是由浅滩处水位倾斜而引起的加速；二是由于底摩阻而引起的减速。在较短的弯曲水道中，加速项占优；如果沙坝波长较大，则减速项占优。下面我们假定，摩阻引起的流速衰减比水面坡度离心力引起的加速作用强得多。

相位滞后

在初始状态下，床面起伏 z_b 引起的流速扰动 u' 为：

$$u' = -\chi\frac{u_0}{h_0}z_b = -|\chi|\frac{u_0}{h_0}z_b e^{-i\phi} \tag{3.144}$$

其中，ϕ 为流速扰动 u' 与底床 z_b的空间相位滞后。代入式(3.140)可得：

$$\cos\phi = 2|\chi|, \qquad k = \frac{2c_D}{h_0}\tan\phi \tag{3.145}$$

最大摩阻滞后对应于 $\phi = \pi/2$，此时沙坝的空间尺度 k^{-1}为零，即：波长最小的初始扰动具有最快的生长速度。然而尺度分析对于远小于 h_0/c_D 的波长是无效的，这样的沙坝坡度很陡，沙坝生长将会受到重力效应的强烈阻碍。因此，当摩阻滞后很长但又不超过 $\pi/2$ 时，可能对应着交错状床面扰动生长最快的情况。如 $\phi \approx \pi/4$ 时，代入式(3.145)，得到的波长与式(3.134)的预测值基本相当。

考虑重力作用的泥沙输移

重力作用对床面扰动生长速度的影响可以根据如下泥沙输移公式估算：

$$\vec{q}_b = \alpha|\vec{u}|^{n-1}(\vec{u} - \gamma|\vec{u}|\vec{\nabla}z_b) \tag{3.146}$$

γ 表示重力引起的泥沙顺坡输移。基于地貌演变主要发生在 $|u| \gg u_{cr}$ 期间的假设，未考虑泥沙起动的临界速度 u_{cr}，推移质输沙率的一阶近似为：

$$\vec{\nabla}\cdot\vec{q}_b = \alpha u_0^n[nu'_x/u_0 + v'_y/u_0 - \gamma(z_{bxx} + z_{byy})] \tag{3.147}$$

将式(3.142)代入 v'_y，式(3.135)代入 z_{bxx}、z_{byy}可得：

$$\vec{\nabla}\cdot\vec{q}_b = \alpha u_0^n\left[ik\left((n-1)\frac{u'}{u_0} + \frac{z_b}{h_0}\right) + \gamma z_b(k^2 + (\pi/b)^2)\right] \tag{3.148}$$

泥沙通量的辐聚

床面扰动的生长可以根据下列泥沙平衡方程得出：

$$z_{bt} + \vec{\nabla}\cdot\vec{q}_b = 0 \tag{3.149}$$

由上式可知，水道分段中泥沙通量的源、汇差异意味着床面高度变化，式中未考虑处于次要地位的孔隙度。代入式(3.135)，可从式(3.149)得到床面扰动与时间的函数关系，特别是迁移速度 $\Re\sigma/k$ 和生长速度 $\Im\sigma$：

$$\Re\sigma/k = \Im\frac{\vec{\nabla}\cdot\vec{q}_b}{kz_b} = \alpha u_0^n\left[(n-1)\Re\frac{u'}{u_0 z_b} + \frac{1}{h_0}\right],$$

$$\Im\sigma = -\Re\frac{\vec{\nabla}\cdot\vec{q}_b}{z_b} = \alpha u_0^n\left[(n-1)k\Im\frac{u'}{u_0 z_b} - \gamma\left(k^2 + (\pi/b)^2\right)\right] \tag{3.150}$$

代入式(3.144)、式(3.145)可得：

$$\Re\sigma/k = \alpha\frac{u_0^n}{h_0}\left[1 - \frac{n-1}{2}\cos^2\phi\right] \tag{3.151}$$

$$\Im\sigma = \alpha\ u_0^n\frac{c_D}{h_0^2}\left[(n-1)\sin^2\phi - 4\gamma c_D\tan^2\phi - \gamma\frac{\pi^2}{c_D}\left(\frac{h_0}{b}\right)^2\right] \tag{3.152}$$

波长

沙坝的最快生长速度对应于：

$$\cos^2\phi = 2\sqrt{\gamma\ c_D/(n-1)} \tag{3.153}$$

或沙坝波长(见式(3.145))：

$$\lambda = \frac{2\pi}{k} \approx 2\pi\left[\frac{\gamma\ c_D}{4(n-1)}\right]^{1/4}\frac{h}{c_D} \tag{3.154}$$

代入常值：$\gamma = 1$，$n = 4$，$c_D = 0.003$，可得最快生长波长的预测值：

$$\lambda = 0.8h/c_D \approx 270h \tag{3.155}$$

图3.47所示为沙坝生长速度与波长 λ 的关系，对于波长较小的初始扰动而言，其生长速度急剧减小，但波长较大时则不然。这表明在天然水流中间隔大于 $270h_0$ 的沙坝出现频率更高。

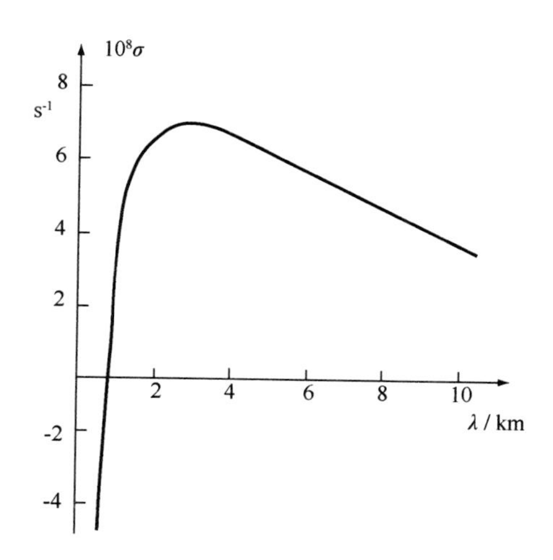

图3.47　沙坝生长速度 $\Im\sigma$ 与波长 λ 的关系，假设初始水深 $h_0 = 10$ m，$u_0 = 1$ m/s，$\alpha = 10^{-4}$，$\gamma = 1$，$n = 4$，$c_D = 0.003$，具有最快生长波长的初始扰动首先增长。增大波长，扰动也将持续增长；减小波长，在重力导致的泥沙顺坡输移下，扰动发展受到抑制

生长速度和迁移速度

将式(3.153)代入式(3.151)，即可得到扰动的最大生长速度：

$$\Im\sigma = \alpha u_0^n \frac{c_D}{h_0^2}\left[(n-1)+2\sqrt{(n-1)\gamma c_D}-\gamma\frac{\pi^2}{c_D}\left(\frac{h_0}{b}\right)^2\right] \tag{3.156}$$

代入 γ、n、c_D 的估计值，可得：

$$b/h_0 > \sqrt{\frac{\gamma\pi^2}{(n-1)c_D}} \approx 33 \tag{3.157}$$

这是沙坝持续生长的必要条件，因此交错沙坝不会出现在狭窄水道中。由于 $\cos^2\phi \ll 1$，迁移速度 $\Re\sigma/k$(式(3.151))恒为正值，若 $u_0 = 1$ m/s、$h_0 = 10$ m、$\alpha = 10^{-4}$(式(3.34))，沙坝向下游的迁移速度约为每天 1 m，e 倍生长时间尺度约为半年。

水道宽度的影响

只有在深宽比不超过 100 时，才可忽略动量方程(3.140)中的自由表面坡度变化。当水道宽度增加时，水面坡度的作用已十分重要，并抵消浅滩摩阻效应导致的水流减速。若要维持浅滩的存在以及浅滩处的水流减速，则需要增大沙坝的波长；但是，波长过大又无法在浅滩峰脊产生足够强度的摩阻滞后和泥沙辐聚。因此，式(3.155)只适用于宽深比较小的情况，当宽深比或摩阻系数较大时，其预测值偏小。Parker[342] 以类似的推导方法，考虑了自由表面的坡度变化，得到了最快生长波长(忽略重力引起的泥沙顺坡输移)：

$$\lambda \propto \sqrt{F/G}\; h_0/c_D \tag{3.158}$$

其中，F 和 G 的定义已在式(3.139)给出，比例常数约为 4。当取 $F = 0.1$、$b/h_0 = 140$、$c_D = 0.003$ 时，由该式得出的波长与式(3.155)所得出的波长相当。

与观测数据的比对

如果假设弯道间隔是沙坝间隔的良好指示标志(这一点将在第 3.5.4 节讨论)，那么目前所能够得到的有关交错沙坝波长的数据主要是来自河流。比较实测弯道长度[396] 与式(3.155)和式(3.158)的预测值可以明显看出，观测值高达预测值的 3 ~ 7 倍，且观测值数据散布较大(超过 10 倍)。两式相比，式(3.158)要好于式(3.155)[228]。图 3.48 所示为荷兰潮汐海湾中潮滩凸岸的间隔。可以看出，实测值同样超过式(3.155)和式(3.158)预测值的 3 ~ 7 倍，而式(3.134)则吻合良好。图 3.48(b)表明，最佳拟合公式可能包括 $\sqrt{F/G}\; h_0/c_D$ 的平方项。

交错沙坝生长的数值分析结果表明，实际观测与线性稳定性分析中最快生长波长的不一致性，可以用沙坝地貌动力机制中有限振幅的高阶不稳定性解释。对此将在后面进行讨论。

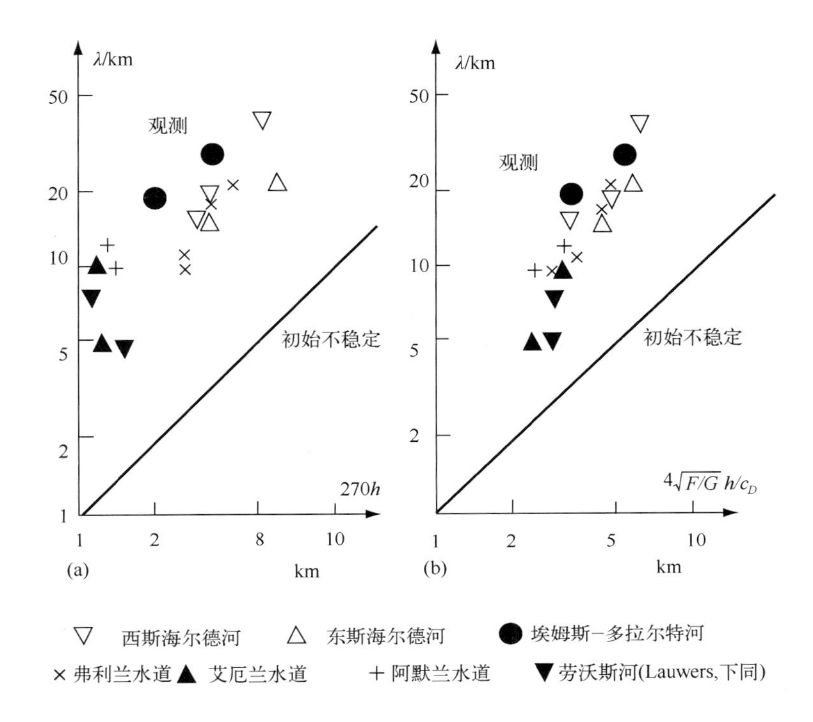

图 3.48　荷兰潮汐海湾中实测弯道长度 λ，其值相当于相邻反向凸岸间距的 2 倍。水道宽深比均超过100，瓦登海区域甚至达到 500。(a)图对应式(3.155)；(b)图对应式(3.158)，观测值高于预测值 3 ~ 7 倍。(a)图对数据趋势的描述强于(b)图，但(b)图数据散布较小，这表明 $\sqrt{F/G}\,h_0$ 可能更好地指示了弯道长度

潮流往复运动的影响

潮汐环境与河流有很多不同，例如，潮间带、密度流、波浪等。在此，我们只讨论潮流往复性下的差异，如潮流强度越大泥沙颗粒越细等。

在前面的简单模型中未考虑沙坝的形成过程与水流方向的关系。如果流向的变化在整个横断面内同时发生，那么沙坝的形成过程不会受到影响。然而，大多数潮汐海湾中的流向都不是在整个横断面内同时变化的。浅滩处的动量摩阻耗散高于深槽，因此浅滩处对潮位变化的响应更加迅速，深槽则受到惯性作用下时间滞后的影响。河口地区浅滩与深槽间水流反向的时间间隔约为 1h，但是在沙坝形成的初始阶段远小于该值。

河流与潮流的最大区别在于沙坝的迁移。如果落潮流和涨潮流的强度相近，那么在潮汐环境下将不会出现沙坝的迁移。

以悬移质替代推移质

在潮汐海湾中，由于流速大、泥沙粒径小，泥沙主要是作为悬移质输移的。由于泥沙

的沉降和悬浮滞后作用，泥沙输移梯度相对流速梯度存在空间滞后。如果这种空间滞后可以达到沙坝波长的很大一部分，那么泥沙通量的最大值将出现在沙坝迎流面的更上游处，沙坝的生长速度也将因此而增大。对此，Fredsφe 所做的数值分析给予了证实[155]。他曾就悬移质与推移质比例对交错沙坝形成的影响进行了研究。结果表明，在单独依靠推移质不能形成沙坝的情形中，如果把悬移质考虑进去，沙坝可能会生长。

沉降－悬浮滞后

悬移质下泥沙输移方程(3.148)和方程(3.149)可以用式(3.49)代替：

$$z_{bt} = \frac{1}{T_{s,e}}(C - C_{eq}(u)) \tag{3.159}$$

其中，C 为悬移质浓度；C_{eq}为流速为 u 时的平衡浓度。式(3.159)假定，悬移质通过指数函数趋于平衡浓度，沉降过程中时间间隔 $T_{s,e} = T_s$，悬浮过程中 $T_{s,e} = T_e$；该式忽略了泥沙横向扩散与重力作用下的顺坡输移，令 $C_{eq} = \alpha|\vec{u}|^{n-1}$，可得：

$$C_{eq} = C_0 + C'_{eq}, \quad C_0 = \alpha u_0^{n-1}, \quad C'_{eq} = \alpha(n-1)u_0^{n-2}u' \tag{3.160}$$

假设在峰脊周围泥沙沉降作用强于再悬浮作用，且令平衡时间 $T_{s,e} = T_s$。该时间与泥沙沉速成反比，而与发生大量泥沙悬浮的水柱高度成正比。如果同时假设 T_s 远小于潮汐周期，$l = u_0 T_s$ 远小于沙坝波长($kl \ll 1$)，那么从式(3.39)就可以得出悬移质浓度 C 相对于平衡浓度 $C = C_0 + C'_{eq}\,e^{-ikl}$ 的空间滞后距离 l(C_0 为常量，初始状态没有相位滞后)。代入式(3.159)、式(3.160)可得沙坝的生长速度：

$$\Im\sigma = \Re\frac{z_{bt}}{z_b} = \Re\frac{C'_{eq}(e^{-ikl} - 1)}{T_s z_b} = \alpha u_0^{n-1}(n-1)k\left(\Im\frac{u'}{z_b} - \frac{kl}{2}\Re\frac{u'}{z_b}\right) \tag{3.161}$$

再代入式(3.144)、式(3.145)，可得：

$$\Im\sigma = \alpha u_0^n \frac{c_D}{h_0^2}(n-1)\sin^2\phi(1 + lc_D/h_0) \tag{3.162}$$

如果没有沉降/悬浮滞后，该式除最后一项外将与式(3.150)完全相同。如果假定时间滞后近似为 $T_s \approx h_0/w_s$，那么式(3.162)中的最后一项将改写为 $1 + c_D u_0/w_s$。因此，只有在泥沙沉速 w_s 近似或不超过 $c_D u_0$ 时，沉降/悬浮滞后才会大大增强交错沙坝的生长。令 $u_0 \approx 1$ m/s、$c_D = 0.003$，只有粒径小于 100 μm 的泥沙颗粒才会受到滞后效应的影响。

多水道系统

在宽阔河口或潮汐海湾，水道中也有可能存在二排，甚至三排沙坝，并划分出两条或者多条水道(见图3.45)。这些多排沙坝是通过与单排交错沙坝相类似的不稳定机制产生的：在迎流面，水流因摩阻效应减速，由于惯性作用，最小流速不在峰脊，而是其下游出现。因此沙坝峰脊处产生的泥沙辐聚导致了初始扰动的生长，多排沙坝的坡度也比单排交错沙坝要陡。如果水道的宽深比不是很大(小于100)，则重力引起的泥沙顺坡输移将阻止多排沙坝的生长；如果宽深比远大于100，除了交错沙坝以外，多排沙坝也将生长发育[342,200]，而且两种沙坝的最快生长波长大体相同[394]。

辫状沙坝与交错沙坝的相似性

适用于交错沙坝的简单模型可以很容易地扩展到辫状沙坝，以下式代替式(3.135)可得：

$$z_b = \epsilon h_0 \cos(m\pi y/b) e^{[i(kx-\sigma t)]} \tag{3.163}$$

其中，$m=3$ 用于两水道系统，$m=5$ 用于三水道系统。对于辫状沙坝，采用相同的假设，以 b/m 替代 b，可得到相同的表达式(3.151)，对最快生长波长式(3.154)结果也一致。然而，该结论只可用于定性分析，因为辫状沙坝导致的自由表面坡度变化式(3.140)中的 η_{1x} 及式(3.141)中的 η_{1y} 是不可以忽略的。

初始沙坝形成后发生的变化

随着交错沙坝和辫状沙坝的生长，最初沿直线前进的潮流受到越来越多的扰动。当潮流因沙坝而大大偏离其原方向时，离心力(特别是式(3.136)中的 Gvu_y 项)开始起作用。该项是二阶的，因此不适用于线性稳定性分析。离心力打乱了落、涨潮流的对称性，并产生了额外的滞后效应，影响着初始交错沙坝的侵蚀/沉积过程。狭长潮汐海湾中交错沙坝生长的有限振幅数值模型表明，当沙坝高度增大时，其分布格局发生显著变化[200]。充分生长的沙坝波长约为初期的4倍，这与前述实测值和线性稳定性分析的预测值之间的差异相当吻合。

涨、落潮流将沿不同的流线流动，因此沙坝也将不再与涨、落潮流呈线状排列。弯曲水流的空间速度分布与直线水流相比也大不相同，泥沙分布规律也是如此，将在第3.5.4节进行较详细的论述。

狭长型河口沙坝

以涨、落潮为主的水道常常被一些狭长的沙坝分离开，这些沙坝有时被称为水道边缘沙坝，图3.49所示即为这类沙坝的例子。这些沙坝峰脊通常相对于主流向存在较小夹角，因此可能与潮脊生长机制相似[299]。横越沙坝的潮流与沿峰脊的环流共同造成了涨、落潮期间沙坝峰脊处的泥沙辐聚(见图3.36)。在开放陆架上，潮脊波长为数千米时生长速度最快；而狭长型河口沙坝的波长小得多，这可能是因为水流受到地形限制的缘故。另外一种推测是，狭长型河口的沙坝是从辫状沙坝发育而成的。辫状沙坝和潮脊的形成过程是根本不同的，但是也有可能共同作用于这类沙坝的生长。

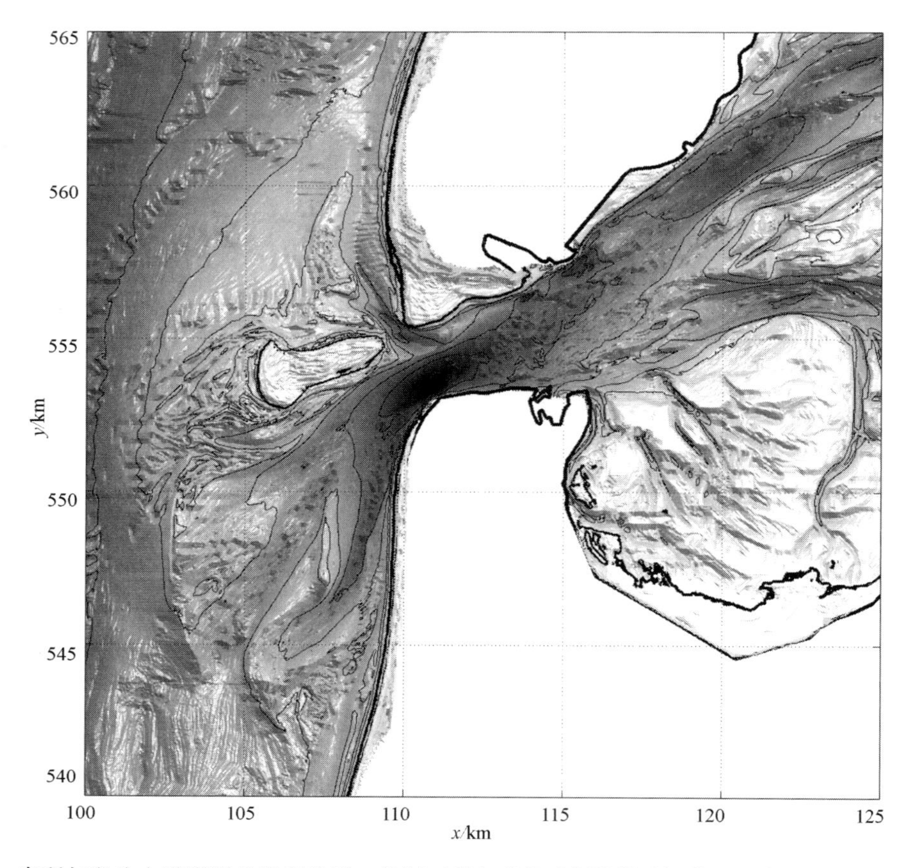

图 3.49　泰瑟尔潮汐水道附近的海底地形，绘制于详细的海底测深资料（荷兰国家水运局调查部，2002 年）。水深随颜色变暗而增大，口门处水深最大，达到 40 m。x 和 y 轴对应于巴黎坐标系。位于 Noorder-haaks 浅滩有一个大型落潮三角洲（$x=106\sim109$，$y=553\sim555$），在平均高水位时仍有一部分露出水面。除靠近北荷兰省海岸（$x=110$，$y=540\sim552$）和泰瑟尔海岸（$x=110$，$y=557\sim560$）的区域外，该落潮三角洲以落潮流为主。在口门处，平均最大落潮流速约为 1.5 m/s。除大型潮间浅滩以外，还有一些从潮汐水道向两侧延伸的狭长构造。狭长的落潮三角洲沙坝（$x=108$，$y=547\sim550$）和涨潮三角洲沙坝（$x=116\sim122$，$y=554\sim561$）均与主河道纵轴线间存在较小的逆时针夹角

3.5.4　弯曲水道

潮滩与交错沙坝的相似性

交错沙坝的最初发育促进了弯道的形成，弯道中的水流远比沙坝开始形成时直线水道中的水流复杂得多。弯道水流具有三维特征，且水质点呈螺旋运动。潮汐海湾中，水流在潮滩上蜿蜒前进，形成大量弯道。沿水道纵轴实测的潮滩弯道波长与深、宽近似的河流中的交错沙坝波长相近，可以认为这是一种巧合，也可以认为潮滩与交错沙坝之间存在相似的物理关系。

潮汐海湾的地貌形态

潮汐海湾包括弯曲水道系统及位于弯道内侧或水道向岸一侧的潮滩(见图 4.4、图 3.52)。水道沿涨潮方向穿越潮滩时，常常发生分岔，分岔点通常位于弯道或涨潮方向的下游。水道中涨潮流、落潮流占优势的两部分，通常被沙坝或浅滩分隔。弯道凹岸处，涨潮方向的下游涨潮流占优，落潮方向的下游落潮流占优势，如图 3.52 所示。涨、落潮占优的两部分在相邻弯道中点附近汇合，并形成浅滩。这两部分通常不呈线状排列，而是彼此分开。水道中的浅滩沙坝通常阻碍航运，需要定期清淤以维持水深。

弯道处的水流特征

潮汐海湾的许多地貌特征可以通过弯曲水道中的水流特征定性分析，图 3.50 粗略地给出了弯道处的断面图和平面图。由该图可见，弯道处的水流十分复杂，特别是其瞬变性。然而，如果假设弯道长度足以满足水流对摩阻作用的适应过程(流速与水道纵轴 x 无关)，情况就简单多了。假定，弯道凸岸水深小于凹岸、流速低于凹岸，且纵向速度分量线性增加，则柱坐标下纵向动量方程为(纵轴为 $x = R\theta$，横轴为 y)：

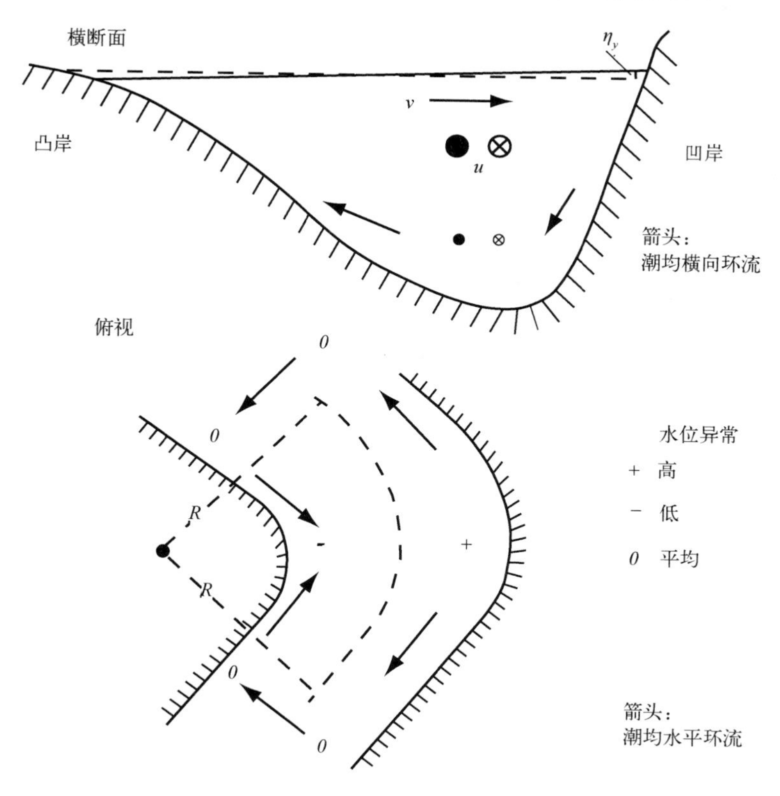

图 3.50　弯道环流概略图

$$-\frac{u^2}{R}+fu+\frac{1}{\rho}p_y-(Nv_z)_z=0 \tag{3.164}$$

其中，u 为纵向流速；v 为横向流速；$R=u/u_y$ 为水道半径；z 为垂向坐标（底面 $z=-h$，水面 $z=\eta$）。上式第一项为离心加速度，第二项为科氏加速度，第三项为压力梯度，最后一项为涡黏系数引起的动量扩散。横向压力梯度与横向水位变化 η_y 和层化状况下的横向密度差 ρ_y（等密度层倾斜）有关。

横向环流

由式(3.164)可知，纵向流速 $u(y, z)$ 的垂向不均匀分布意味着离心加速度与科氏加速度的垂向不均匀分布，因此产生横向环流 $v(y, z)$。科氏加速度在涨、落潮过程中符号相反，保持潮均为零，而离心加速度一直存在。密度差在动量平衡中起重要作用，可以影响纵向流速的垂向分布、涡黏系数 N 的大小和垂向分布以及横向压力梯度 p_y 的大小和垂向分布。如果存在较强的层化现象，那么离心加速度的垂向分布可以通过横向等密度面倾斜获得补偿，这样横向环流的发展将会受到抑制。假如层化现象较弱，横向环流则会因涡动扩散的阻尼作用而增强。令 $z^*=z/h$，并假定：

- 无层化现象（即 $p_y=g\rho\eta_y$）；
- 涡黏系数 N 恒定；
- 纵向流速垂向线性分布（$u(z)=u_s(1+z^*)$）；
- 采用无滑移边界条件（$v(z^*=-1)=0$，$v_z(z^*=0)=0$）。

将动力方程在垂向二次积分，可得横向环流（见图 3.51）为：

$$v(z)=\frac{h^2u_s}{24N}\left[-\frac{u_s}{5R}(10z^{*4}+40z^{*3}+33z^{*2}-3)+\frac{f}{2}(8z^{*3}+9z^{*2}-1)\right] \tag{3.165}$$

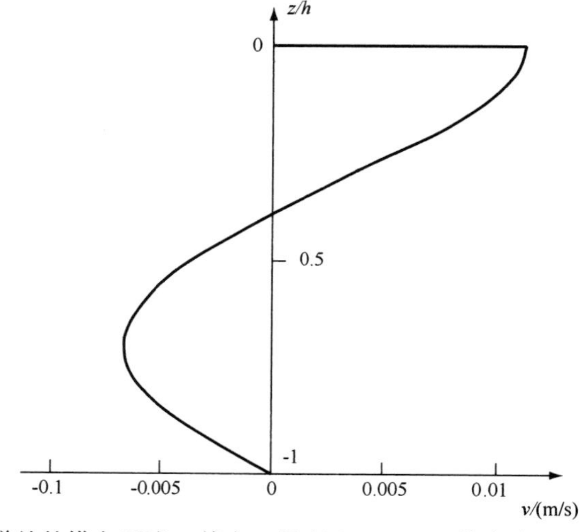

图 3.51 弯道处的横向环流。其中：深度 $h=10$ m；纵向表面流速 $u_s=1$ m/s；半径 $R=5\ 000$ m；科氏参数 $f=10^{-4}$/s；涡黏系数 $N=c_D h\bar{u}=0.002\ 5\ hu_s$

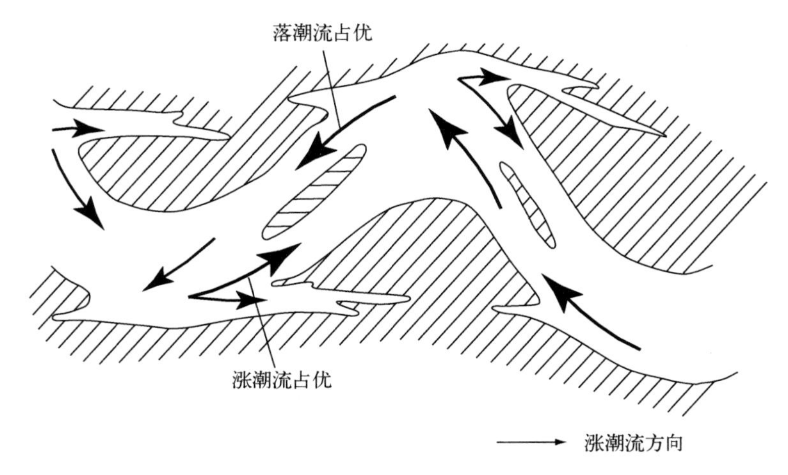

图3.52　弯曲水道系统中的涨、落潮优势水道和潮滩

螺旋流

在底层，离心力太小以致不能平衡自由表面压力梯度，因此横向流速分量指向凸岸，同时导致向凸岸的泥沙输移。如此一来，水道凹岸将遭受侵蚀，而凸岸将会发生淤积。而在表层，横向流速分量则指向水道凹岸。由于横向环流的缘故，弯道处的潮流将具有螺旋流的特征。在北半球，若水道沿主流向向右侧弯曲（涨、落潮弯曲方向相反）则科氏力的作用将使横向环流增强。在宽阔的潮汐海湾中，由于地球自转，涨、落潮流都会集中于其右岸。就整个断面而言，存在离心力和横向自由表面压力梯度间的平衡，由式(3.164)和式(3.165)可得：

$$\eta_y = \frac{9}{20}\frac{u_s^2}{gR} - \frac{5}{8}\frac{fu_s}{g} \tag{3.166}$$

弯道涡旋

弯道处凹岸水位高于凸岸水位，横向的水位倾斜也会造成纵向的自由表面梯度。在弯道曲率最大的位置，水位高度在凹岸达到最大值，在凸岸达到最小值，如图3.50所示。相应的纵向压力梯度 $\rho g\eta_x$ 和惯性压力梯度 ρuu_x（源于弯道处水深、摩阻变化下的流速变化）共同作用，形成了水平环流，使水流沿凹岸辐散、沿凸岸辐聚。该水平环流被称做弯道环流，并叠加于主潮流之上，导致涨、落潮流的不对称。水流集中于弯道曲率最大处的下游，因此涨、落潮流不沿同一曲线，最终导致明显的涨、落潮水道。与横向环流类似，岬角环流也形成了泥沙自凹岸向凸岸的净输移。离心加速度使涨、落潮流从向岸或离岸的方向流向浅滩，携带的泥沙促进了浅滩生长。由于涨潮期间水位上升，因此涨潮流对浅滩生长的作用更大一些。

涨、落潮水道的分离

潮均泥沙输移在涨潮水道中沿涨潮方向，在落潮水道中则沿落潮方向。而在涨、落潮水道的交汇处泥沙辐聚，导致了使涨、落潮水道分离的浅滩的发育，同时也解释了涨、落潮水道“彼此避让”的原因。在有些区域，涨、落潮水道被窄长的线状沙坝分隔。也有证据表明，泥沙辐聚是造成这些线状沙坝形成发育的主要原因[336]。

潮滩的形成发育

水道弯曲引发了垂向环流和水平环流，并对泥沙自凹岸向凸岸的输移起到了重要作用。潮流就是这样塑造了潮滩，这一过程的强度与潮流强度有关。从荷兰东斯海尔德河河口的地貌调查可以看出，地貌对长期的潮差变化响应强烈。潮流强度大时，潮滩生长，水道加深；潮流强度弱时，潮滩退化，水道淤积，见第4章的图4.9和图4.10。还有许多其他证据表明，潮流是潮滩发育的主要原因。例如，大潮时的泥沙沉积层比小潮时厚得多[257]。因此，潮汐海湾中地形起伏的增大或减小是由潮流强度的增大或减小而定的。

从交错沙坝到弯曲水道

在大多数天然河流中，交错沙坝出现在弯道凸岸，这说明交错沙坝与弯曲水道的形成有密切联系。在上一节，交错沙坝的形成被解释为水流对床面交错扰动的正反馈。然而，水道两岸被限制为直线，从而阻止了真正的弯道发育。因此有人可能会问：如果允许水道两岸以淤积的形式迁移，会发生什么？对这个问题，有几位作者已经进行了研究，特别是Ikeda，Parker以及Sawai等[228]。他们设计了一个垂向平均的简化模型，并在模型中添加了岸滩侵蚀公式。利用线性稳定性分析预测岸滩上波动的稳定性以及最快生长波长，该模型的反馈机制与交错沙坝的生长机制不同，水流为适应水道弯曲而产生的惯性滞后起到了关键性的作用。最大流速出现在凹岸中心的下游，最小流速出现在凸岸中心的下游。因此，凹岸中心水流加速引起侵蚀，凸岸中心水流减速引起淤积，岸滩扰动将保持增长，最快生长波长预测为：

$$\lambda \approx 4h/c_D \tag{3.167}$$

该波长约为式(3.155)的4倍，与实际观测结果十分相符。Kitikandis和Kennedy曾对横向环流水道弯曲进行了研究，并得到了与上述相似的结果[256]。

上述结果表明形成交错沙坝的反馈机制(流体因纵向、横向摩阻作用产生的惯性滞后)与控制水道弯曲的反馈机制(流体因水道曲率产生的惯性滞后)是不一致的。在两岸稳固的宽阔水道中，交错沙坝的出现可能促进了水道的弯曲(图3.53)。在此之后，水道弯曲将成为主要过程，并控制着水道的纵向尺度。河道中，凹岸的交错沙坝将演变为点状沙坝；潮汐环境中，则将演变为潮滩。

弯曲水道的发育

潮汐海湾中弯曲水道的发育是一个连续过程。如果有可以生长的空间，弯曲水道则呈

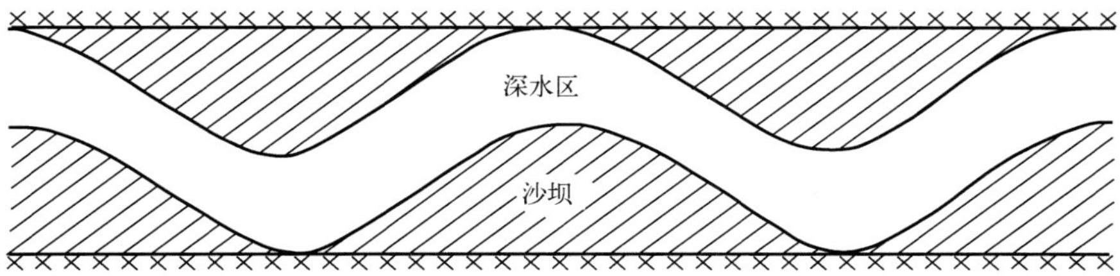

图 3.53 弯曲水道可以看做具有一连串交错沙坝的直线水道

生长趋势。在其生长过程中，水道长度增加，能量的摩阻耗散变得更加重要。沿弯道的水位差增大，潮流将从凸岸浅滩流过，但与此同时主水道的流量减少。于是穿过浅滩的支流开始发育，并与主水道分离，最终导致主水道淤塞，甚至废弃(见第 2 章的图 2.21 和图 2.22)。这一过程是本书第 2 章所讨论的两水道系统不稳定性的又一说明。起初直穿潮滩的新水道又将逐渐弯曲，并如此反复。从这个意义上讲，潮流主导下的地貌演变将一直持续下去。

落潮三角洲的地貌循环

地貌循环演变是海岸系统中一种常见的现象，特别是在不同的反馈过程竞争时，如障壁海岸的落潮三角洲[413,188,232]。水道-浅滩的地貌形态永远都是变动的，这是因为有两种不同的过程相互竞争：一是水道的淤塞，这是由于波浪引起的沙嘴生长和沙坝迁移所致；二是水道的冲刷和弯曲，这是由于涨、落潮流所致。这种竞争导致了多潮汐水道和单潮汐水道两种地貌形态间的循环演变，图 3.54 描述了这两种潮汐水道交替发展的典型情况。小型潮汐水道的循环周期为 5a 左右，大型潮汐水道可达 100a 左右。如果在一次地貌循环之后地貌形态没有发生显著变化，可以认为系统处于动态平衡中。

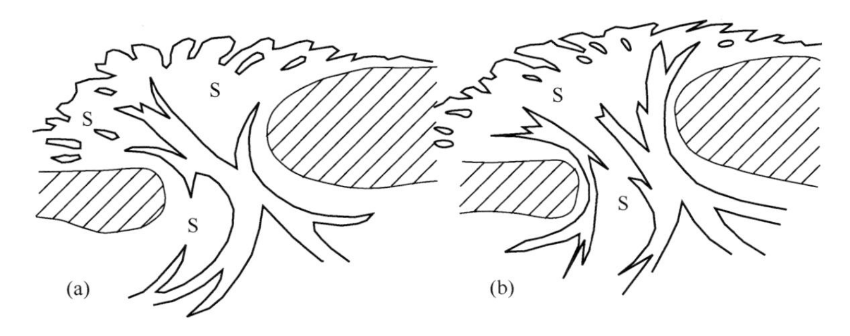

图 3.54 地貌循环是障壁海岸潮汐水道中的常见现象(顶部为外海，底部为海湾)。潮汐水道系统一般中央为落潮水道，边缘为涨潮水道。涨潮水道分别位于口门的上游(低水位后潮流从左侧流入)和下游(高水位前后潮流从右侧流入)，浅滩位置用大写字母 S 表示。(a)在上游，波浪引起的岬角将上游的边缘涨潮水道推向口门中央；而在下游，波浪造成的沙坝向岸迁移堵塞了下游边缘的涨潮水道。(b)边缘涨潮水道通过上游岬角的破坏和上、下游浅滩的连接得以恢复。如此导致了图中所示两种极端情形间的地貌循环

被忽视的重要过程

实际的水道弯曲和潮滩发育过程远比图 3.54 描述的过程复杂得多。例如，一些简单模型都忽略了波浪及对湿地发育起重要作用的生物过程。诚然，从上述对海流 - 地貌相互作用的理想描述所得出的空间尺度和时间尺度与实际观测结果吻合良好(表 3.2)。这种一致性导致人们认为理想化的模型反映了地貌形成的主要动力学特征。然而，一般来说这是一种误解，发育完全的地貌动力平衡与初期形成的平衡是不同的。不过，必须肯定简化模型有助于理解海流 - 地貌相互作用下地貌是如何演变发育的。

3.6 海底扰动是否会持续生长

本节主要总结海岸地貌对人为扰动的响应。许多不同类型的海底形态可以通过海流 - 地形相互作用而产生(表 3.2)，不过表 3.2 所介绍的内容并不很全面。读者可能会认为对几乎所有类型的扰动而言，海底都是不稳定的。在一定程度上，的确如此，海底扰动与由此而产生的流速扰动在许多空间尺度上存在正反馈。然而，最常见的对海底扰动的响应是退化，即原始状态的回归。如果海底局部抬升，最常见的流场反馈是局部流速增大，由此造成对该抬升区域的冲刷；如果海底局部凹陷，那么最常见的流场反馈则是局部流速减小，其结果是在该凹坑中的泥沙沉积(见图 3.55)。

表 3.2 具有自发不稳定性海底形态的特征长度(来自本章的线性稳定性分析与实地观测) c_D 为摩阻系数

海底形态	尺度参数	长度尺度关系式(由稳定性分析得出)	长度尺度关系式(由实际观测得出)
流致沙纹	泥沙直径 d 粗糙高度 δ_r	$200 \sim 4000\ d$ $2 \sim 30\ \delta_r$	$250 \sim 1000\ d$
巨型沙纹	粗糙高度 δ_r		$50 \sim 500\ \delta_r$
沙丘	水深 h	$11\ h$	$1 \sim 16h$
交错沙坝/潮滩	水深 h	$0.8\ h/c_D$	$3 \sim 7\ h/c_D$
	水道宽度 b		$3 \sim 9$ b
	h，b，流速 u	$4(ub\sqrt{h}/c_D\sqrt{g})^{1/2}$	$16(ub\sqrt{h}/c_D\sqrt{g})^{1/2}$
弯曲水道	水深 h 宽度 b	$4\ h/c_D$	 $3 \sim 9\ b$
潮流沙脊	水深 h	$0.5 \sim 0.6\ h/c_D$	$0.5 \sim 1.5\ h/c_D$
连滨沙脊	内陆架宽度 b	b	b

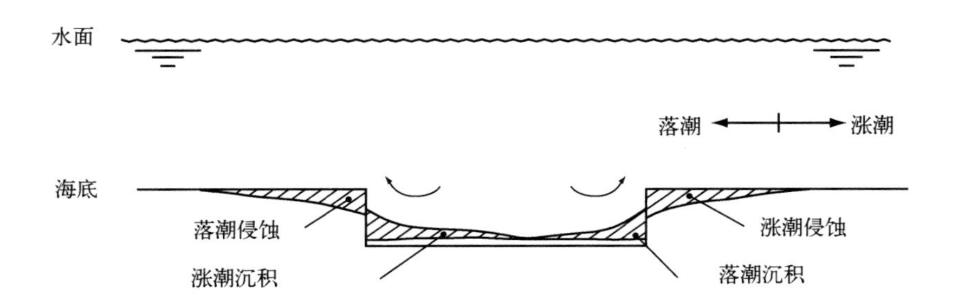

图3.55 局部海底扰动的退化。凹坑由扩散过程填充，该过程涉及到侵蚀和沉降滞后以及局部地貌形态的消失

对上述明显的矛盾所做出的解释是，海底很少处于不稳定的平衡状态。海底的不稳定状态出现于已有海底形态突然消失的极端事件之后不久，或外部条件发生突变之后不久。例如，涨、落潮过程中，潮滩的外部条件变化十分强烈；破波带之后，淹没于水中的平坦海底对小尺度扰动而言则是不稳定的，因此导致了沙纹的形成。然而，与扰动生长的时间尺度相比，海底的这种不稳定状态持续时间较短。

最常见的情况是海底形态接近于平衡或者正朝着平衡状态演变。完全(动态)平衡状态是很少达到的，因为外部条件的变动快于达到平衡状态的时间尺度。在较小的空间尺度，适应的时间尺度很短；而在较大的空间尺度，外部条件变化缓慢(如海平面上升的时间尺度)。所以在这两种情况下，海底形态都能最接近于平衡状态。如果海岸系统处于平衡状态，小尺度扰动(尺度小于平衡状态的特征尺度)将会消失，否则，系统将不会朝着原有平衡状态演变；如果正朝着平衡状态演变，小尺度扰动也会消失，或者并入正在继续进行的演变过程中。有时小尺度扰动能够使这种演变加速，但一般来说这需要相当多的扰动数量。例如，有人就想到利用人为干预的办法来加大两水道间的不平衡性(见第2章的第2.5节)。

促使海底不稳定形态向稳定平衡状态的演变是不需要人为干预的，因为即使再小的扰动也足以触发这种演变，而且在自然界就存在这样的触发机制。因此有人认为，海底形态的微小变化实际上将很少产生正反馈，且被放大为系统的自然响应。

上述结论并不适用于如下干预：即结构性改变海岸系统面对的外部条件。坚固的工程设施就属于这类干预，例如，荷兰对潮汐海湾的(部分)封闭导致了邻近海岸带中沙堤的形成和沙嘴的生长；英国为在主航道中汇集水流而修建的导流堤导致了次级航道的淤积(见第4章第4.6.3节)。工程干预可能在理论上使外部条件超过新地貌格局形成的临界值。不过，通过外部条件导致的强烈自然变化，大多数临界值都已确定，因此那些引起地貌形态演变的工程干预更多的是个例，而非普遍现象。

第4章　潮流 - 地形相互作用

4.1　摘　要

本章讨论的是潮汐水道的地貌动力学机制。在本书专业术语中，潮汐水道包括了潟湖、河口以及感潮河段。本章把潮汐水道系统分为两类：一类是海岸沙坝决口后发育形成的障壁型；另一类是河谷淹没后发育形成的河流型。潮汐水道的地貌形态非常复杂，不过野外数据分析表明，存在几种用简单经验公式即可较好描述的粗略形态特征。这些公式主要依赖于潮汐特征，但是对于河流型与障壁型潮汐水道还要分别考虑河流、波浪的作用。在讨论基本的潮流 - 地貌相互作用之前，我们首先对潮汐水道的地貌形态作一般性描述并给出障壁型、河流型潮汐水道典型几何特征的示意图，比较经验公式和观测结果的吻合程度，得出了关键的临界水流强度概念。然后我们半定性地讨论浅水中的潮汐传播特征，并在附录B中给出完整公式的推导。此外根据野外观测资料，对少数典型潮汐海湾的研究结果进行图示说明和进一步的详细阐述。这些研究成果是讨论上述两类潮汐水道的地貌动力平衡的出发点。由此，我们得出了几个有关平衡地貌形态的公式，并据此对多条潮汐水道系统进行分析，为潮汐水道应对人为干预和海平面上升提供了研究线索。在本章结尾，还探讨了潮汐海湾中细粒泥沙的作用及其输移机制。

4.2　潮汐水道概况

4.2.1　成因及演变

分布

沿全球海岸线都有深深侵入内陆的潮汐水道存在，它们使海岸线大大延长。多数潮汐水道见于一些较大的海岸平原，例如美洲大西洋海岸、欧洲西北海岸、非洲东南海岸、亚洲东南海岸以及西伯利亚北部海岸等[45]（见图4.1）。在具有显著地形起伏的海岸区域也有潮汐水道发育，但相对较少[405]。平缓的海岸平原周边，潮流与沉积过程相互作用，形成了独特的地貌特征，是本章研究的重点。高陡海岸中的潮汐水道，地貌形态受到地壳运动或冰川过程的制约。

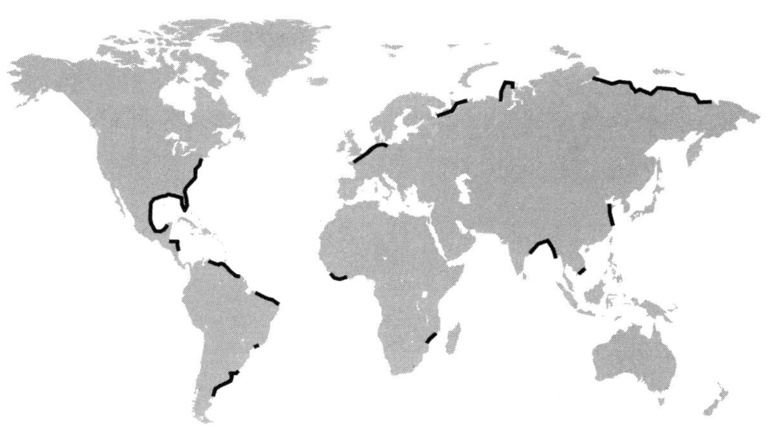

图 4.1　大陆平原海岸分布着全球多数的大型潮汐水道，据原著参考文献[45]。多数的大型海岸平原正在受到地面沉降的影响[36]

海平面上升

潮汐 – 地貌相互作用产生的海底形态覆盖了整个水深范围，例如潮滩具有较大的高程，因此仅仅间断性地被淹没，潮间带对潮汐海湾动力地貌的依赖也表明其对海平面上升具有很高的敏感性。大多数现有的潮汐海湾都是近代的地质构造，它们的发育和大约 5000 年前开始的海平面上升速率减小有关(图 4.2)。在较浅的内陆沿岸区域中潮流对泥沙淤积起控制作用，潮汐海湾特有的形态特征从那时起就已经开始发育。潮汐海湾的稳定性足以

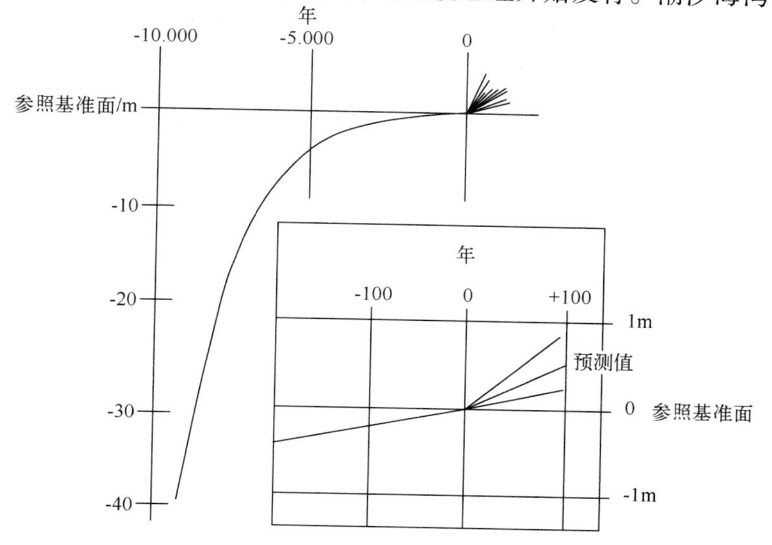

图 4.2　根据地质重建得到的北半球温带沿岸过去 10 000 年的海平面变化曲线以及 IPCC 预测的 21 世纪海平面变化曲线[484]

与海平面上升过程保持一致，并足以使其保存至今。在美国大西洋墨西哥湾沿岸的潟湖以及荷兰瓦登海沿岸的潮汐海湾中，对长期平均沉积作用进行了观测，结果表明这些地区的泥沙沉积速率与海平面上升速率基本相当[362,325,293]。然而其中也有例外，泥沙供给情况是最主要的限制因素。

海洋泥沙的供给

强烈的潮流能够促进海洋泥沙的输入，从而增加泥沙总量。在南北海和瓦登海，海岸带是邻近潮汐水道最主要的泥沙来源[28]。这些水道是全新世海侵期间在浪成障壁沙坝后方的海岸平原中发育起来的，我们称之为“障壁型潮汐水道”，其主要是由潮流和波浪作用输运的海洋来沙发育形成的。沿荷兰海岸，许多障壁型潮汐水道由于在7000BP至3500BP期间泥沙沉积速率超过海平面上升速率而消失，尽管那时的海平面上升速率高于今天。

河流泥沙的供给

在全新世海侵期间，由于河谷的淹没形成了一些潮汐水道。我们称之为“河流型潮汐水道”或“河口”，河流入海携带的细粒陆源物质是这些潮汐水道的主要泥沙来源。河流冲淡水也是造成河口环流的主要原因，其中沿海底向陆的分量，连同潮流一起，使河流来沙被局限在海湾内并逐渐淤积。上述过程使上游水道横断面变窄，从而产生了许多河口特有的漏斗状形态。当河流泥沙输入量较大但又不超过潮流输运能力时，漏斗形态呈发育趋势；否则，河口将被淤满，泥沙的向海输移将产生陆上河流三角洲，潮汐的作用范围被迫外移，像黄河、育空河、马哈坎河等均为此例。其他具有较高含沙量的河流河口呈漏斗状，如亚马孙河、弗莱河、恒河－雅鲁藏布江以及胡格利河等(图4.3)。

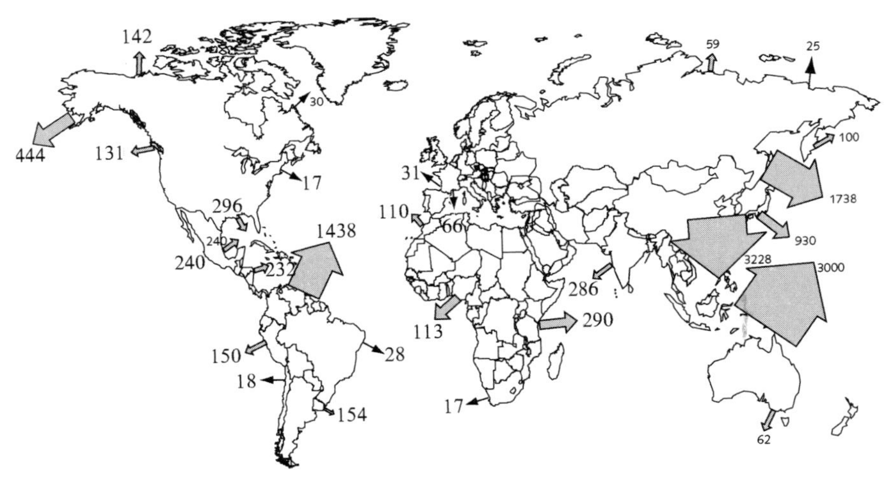

图4.3 世界主要河流的年均输沙量(10^9 kg/a)。在较大的陆地平原，河流输沙量相对较小，但东－南亚洲平原和南美洲大西洋平原例外。据原著参考文献[26]重绘

生物化学过程

潮汐水道的淤积并不仅仅归因于海洋和河流泥沙的供给，生物化学过程也起到了重要的作用[349]。如果不是由于地球化学过程和微生物的稳定作用，细粒沉积物将很容易被海流和波浪冲走。生物膜、藻席及阳光照射都能使泥沙抵抗表面应力的能力大大增强[8]。生物活动可以促进大颗粒的集合体形成，尤其是在夏季，不仅粗粒集合体更容易形成，而且海水的黏滞性也因水温的增高而减小，泥沙沉积因此增强。但与此同时，由于生物扰动对泥沙的改造，侵蚀作用也增强[9]。除此之外，潮滩上覆盖的植被会增强泥沙的稳定性，泥沙因此不被侵蚀[320]。一旦裸露的潮滩被植物覆盖，床面就会迅速增长，并一直持续到高水位。高水位过后，床面淤积速度减小，并直到盐沼水位接近最高天文潮的平衡水位为止[436]。该阶段，盐沼不再作为涨潮的蓄水区。盐沼的发育使这些区域避免了潮流的影响，但却以与围海造地类似的方式影响着潮流的水动力特征。

潮汐水道的演变

潮汐水道的淤积是分几个明显的阶段进行的，针对荷兰海岸带潮汐水道的淤积过程，建立了如下顺序[460,31]。在海水侵入地势较低的海岸平原之后，海洋和河流来沙最初被潮流改造成水道和潮滩；在生物化学过程的作用下，潮滩转变成湿地，泥沙因此更易沉积，床面逐渐抬升至高水位之上，潮流量减小；波浪引起的沉积作用增强，潮流量进一步减小；河流影响增强，使潟湖增大的部分转变成为长有茁壮植被的淡水湿地；湿地植被继续生长，成为泥炭沼泽，并在垂直和水平方向上扩展，潮汐影响进一步减小，最后海湾因沿岸输沙而封闭。但实际上，这一过程还需要与海平面上升相竞争，所以潮汐水道并不会总是被淤满。例如，瓦登海沿岸的几个潮汐海湾至少几千年来一直没有发生很大变化。本章后续将会介绍，潮流－地形相互作用主要是通过控制对海平面上升的响应，而影响潮汐水道的稳定性。

4.2.2　障壁型潮汐水道

障壁型潮汐水道作为一种典型的沙质地貌，是在海平面上升过程中，由于海侵和风暴的作用，在海岸沙坝决口后方的海岸平原中发育形成的，如瓦登海、东斯海尔德河口、Baie d'Arcachon 以及沿葡萄牙阿尔维加海岸、美国大西洋海岸、澳大利亚和新西兰海岸的一些较小的潮汐水道。这些水道中的大部分泥沙来自附近的沙质海岸，入海河流的宽度与潟湖相比较小，河流来沙与海洋来沙相比也较少。图 4.4 给出的是位于瓦登海和北海南部湾的障壁型潮汐水道地貌概况。

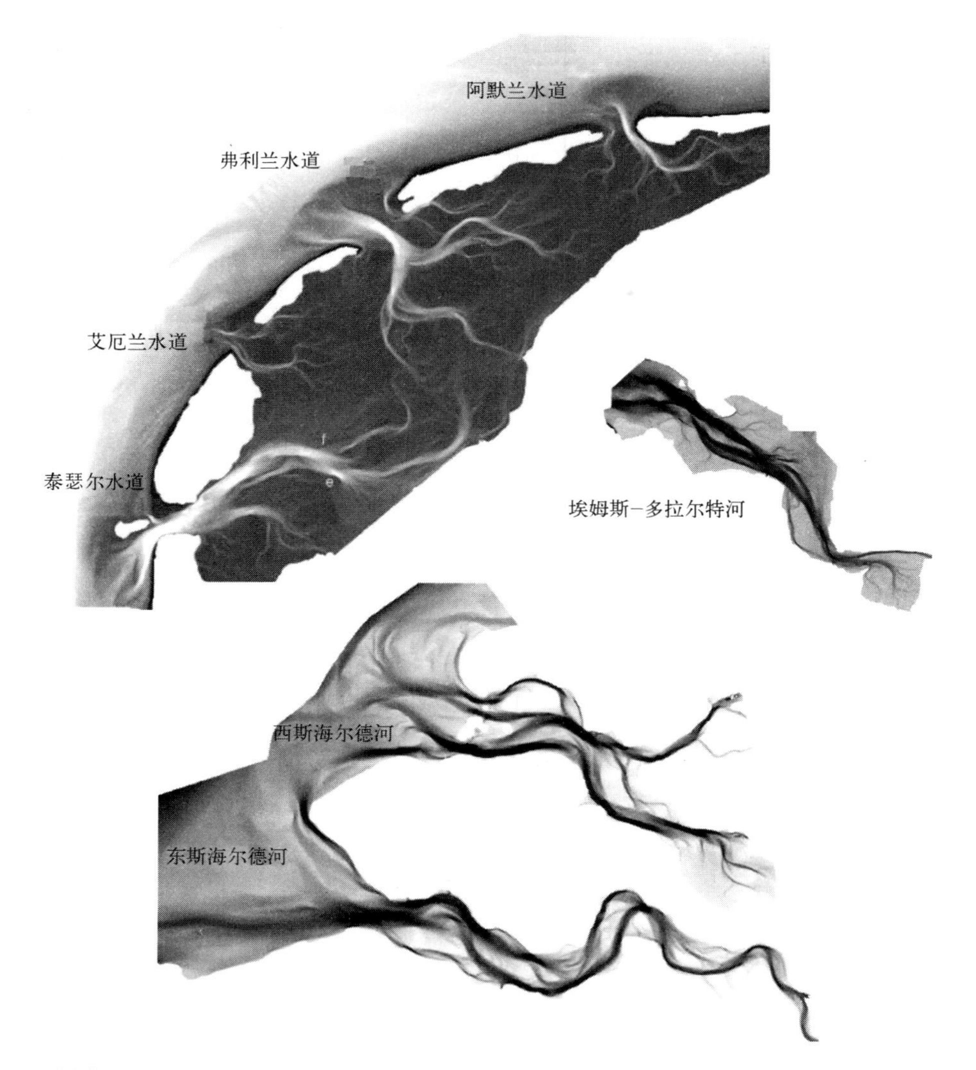

图 4.4　沿荷兰海岸的潮汐水道。水道长度（km）和潮差（m，颜色越暗值越大）均在括号内标明。西斯海尔德河（河口部分 90 km，潮差 4.5 m）和东斯海尔德河（长 40 km，潮差 3.5 m，）为莱茵 – 马斯 – 斯海尔德三角洲的一部分；泰瑟尔水道（长 45 km，潮差 3 m），艾厄兰水道（长 15 km，潮差 3 m），弗利兰水道（长 351 m，潮差 3 m），阿默兰水道（长 25 km，潮差 3 m）及埃姆斯 – 多拉尔特河（长 35 km，潮差 3.5 m）位于瓦登海。东斯海尔德河受 1985 年建于水道入口附近的风暴潮闸和 1987 年建于河口东侧的拦海大坝影响强烈，泰瑟尔水道是先前须德海的主要入口，须德海曾于 1930 年进行过开闸放水。西斯海尔德河与埃姆斯 – 多拉尔特河的主航道为了保证航行安全始终在不停地疏浚

潮汐水道的地貌特征

沙质海岸潮汐水道的几种特征已经在海流-地形相互作用一章中描述过，潮流在宽阔平坦的水道床面上产生了不同空间尺度的不稳定体，如沙纹、巨型沙纹、沙丘、沙坝、沙脊等。其中一些可以演变为水道尺度的大型构造，如交错的浅滩-深槽可能发展为弯曲水道或辫状水道系统。流经弯曲水道的潮流促进了涨、落潮水道的发育，而这些水道又被一些浅滩和窄长沙坝分隔开，水道末端的水流辐聚和泥沙输移对涨、落潮三角洲的形成起到了主要作用。水道凹岸的岸滩坡度陡于凸岸，水道岔口位于凹岸，潮滩则位于凸岸。沿向岸方向，水道宽度变窄，深度减小，不过其深度变化不如宽度变化强烈，弯道的长度也随水深变浅而减小。从图4.4可以识别出许多大尺度形态特有的地貌特征。

潮滩

强烈的潮流将阻止细颗粒泥沙在水道床面上的淤积，因此它们通常沉积在潮滩上，例如瓦登海水道边缘的波浪掩蔽区和潮汐水道的分界线附近。障壁岛的向海侧，以沙质而非淤泥质为主，这是因为在夏季常浪条件下沉积的细颗粒泥沙到冬天又被潮流和波浪卷起而成再悬浮状态；相比之下，在向岸侧，淤泥质潮滩占据了潮间带的大部分，特别是当盐生植物大量生长时，增强的泥沙捕集能力将促进其横向扩展[196]。潮滩的动力机制在很大程度上取决于生物化学过程，但潮汐和波浪作用也不可或缺。其总体形态特征似乎主要与潮差有关[126]，占优势的涨潮流也促进了潮滩的泥沙供应[354]。此外，潮汐还对潮滩能够生长的最大高度起决定性作用，并决定着不同部分暴露于波浪作用下的持续时间。有几项研究表明，潮滩的水深剖面与床底切应力均匀分布的要求相一致，这是为了使净泥沙输移梯度减至最小[508,163]。在潮差较小而波浪作用较强的情况，潮滩深度剖面呈典型的下凹型，为了使波浪引起的床底切应力梯度减至最小，在开敞式海岸就可以见到与此类似的剖面(见第5章第5.5节)，泥沙粒径将随水深变浅而减小[508]。相反，当潮差较大而波浪作用较弱时，潮滩水深剖面呈典型的上凸形，为了使潮流最大床底切应力梯度减至最小，泥沙粒径将随水深变浅而增大[163]。在瓦登海，这两种情况都存在[508]。还有其他一些因素影响着潮滩剖面的发展，例如岸线弯曲等[163]，对波浪作用较强的敏感性也将导致潮滩沉积和侵蚀具有强烈的季节性变化。

落潮三角洲

波浪引起的沿岸泥沙输移可以将泥沙携带至水道口门，这可能为水道带来外部泥沙补给，但也有可能引起水道宽度的减小，有时甚至导致其封闭[457]。水道的实际宽度是沿岸泥沙输移和通过水道的潮流之间动态平衡的结果[170]：如果沿岸输沙强，水道宽度就小；反之，宽度则大。水道的横断面积 A_C 主要与进潮量 P 有关，波浪引起的泥沙输入对其影响程度较小。当有较强的潮流和波浪存在时，潮汐水道的动力机制是很复杂的，在水道外侧，常有三角洲浅滩，即落潮三角洲形成。落潮三角洲起到了促使波浪破碎的作用，其迁移对波浪引发的沿岸输沙方向起到了重要作用[47]。通常这不是一个连续过程，但却参与了口门处水道和浅滩的循环迁移。对于一些较大的潮汐水道系统而言，循环周期可能需要数十年到上百年时间[334,402,413,232]，具体参见第3章第3.5.4节。潮汐水道的形态可能有很大差别，尤其要视潮差以及波浪引起的泥沙输移的强度和方向而定[403]。但无论如何，落潮三角洲的总体特征似乎是直接与进潮量 P 有关。Walton 和 Adams 曾对美国太平洋、大西洋和墨西哥湾沿岸潮汐水道系统的进潮量与落潮三角洲泥沙体积进行过对比[480]，并在此基础上建立了下列经验公式，进潮量 P 和泥沙体积 V 几乎呈线性关系：

$$V = c_e P^{n_e} \tag{4.1}$$

其中，c_e 为主要与波浪作用有关的常数；n_e 平均值为1.23的指数。在佛罗里达沿岸沙质潟湖的落潮三角洲也发现了类似的关系[357]，该项研究显示出，常量 c_e 和指数 n_e 具有相当大的散布范围，但它们的平均值分别为 $c_e = 0.2$（国际单位制）和 $n_e = 1$。

4.2.3 河流型潮汐水道

河流型潮汐水道在海水进入现存河谷之前就已经开始发育了，通常被淹没的河谷经过先前的冲刷作用已经切入了相当耐侵蚀的古老沉积物，因此现有地形对潮汐侵入后的地貌演变有重要的限制。底床沉积物绝大部分由粉砂和黏土组成，尤其是在内河口区，而粗粒沉积物如砂和砾石等则在外河口区占优势。世界上许多大型河口都属于这种潮汐水道系统，例如泰晤士河、亨伯河、塞文河、塞纳河、吉伦特河、易北河、威悉河、特拉华河、圣劳伦斯河、胡格利河、奥德河以及弗莱河等河口。“河口”一词经常被用于这类潮汐水道，但是该术语通常是指由海向陆，从海水向淡水渐变的过渡带，或是指这种过渡引起的密度梯度对水体运动产生影响的区域。“河流型潮汐水道”一词则指的是地貌特征，其仅仅与淡水和海水之间的密度梯度部分有关。当主要强调地貌时，多使用“河流型潮汐水道”，而不使用比较常见的“河口”一词。

沉积作用与最大浑浊带

绝大部分输入河流型潮汐水道的泥沙为河流成因，这些泥沙大部分为细粒的黏土和粉砂，有几种强有力的机制使细粒的河流沉积保留在河口内。一般而言，涨、落潮流强度不同，水道的潮流分量是不对称的，通常表现为涨潮流强于落潮流，因此潮流有助于形成向上游的泥沙净输移。淡水的流入沿河口产生密度梯度，该密度梯度驱动着底层指向上游的环流。这两种机制在海水入侵的边界地带（径流量较小时，甚至在其上游）导致泥沙淤积。在该区域浊度达到最大，并且在水道床面可能发育有浮泥层，尤其是在小潮期间（塞文河和吉伦特河是记录很好的范例[5,254,83]）。最大浑浊带随潮流和河流流量的变化而在河口上、下移动（见图4.5），构成了一个可移动的沉积物富集区。与砂不同，细粒土不能发育成持久的床底形态。河口中大多数稳定的床底形态都是由来自水道周围的砂构成，这些砂体可以

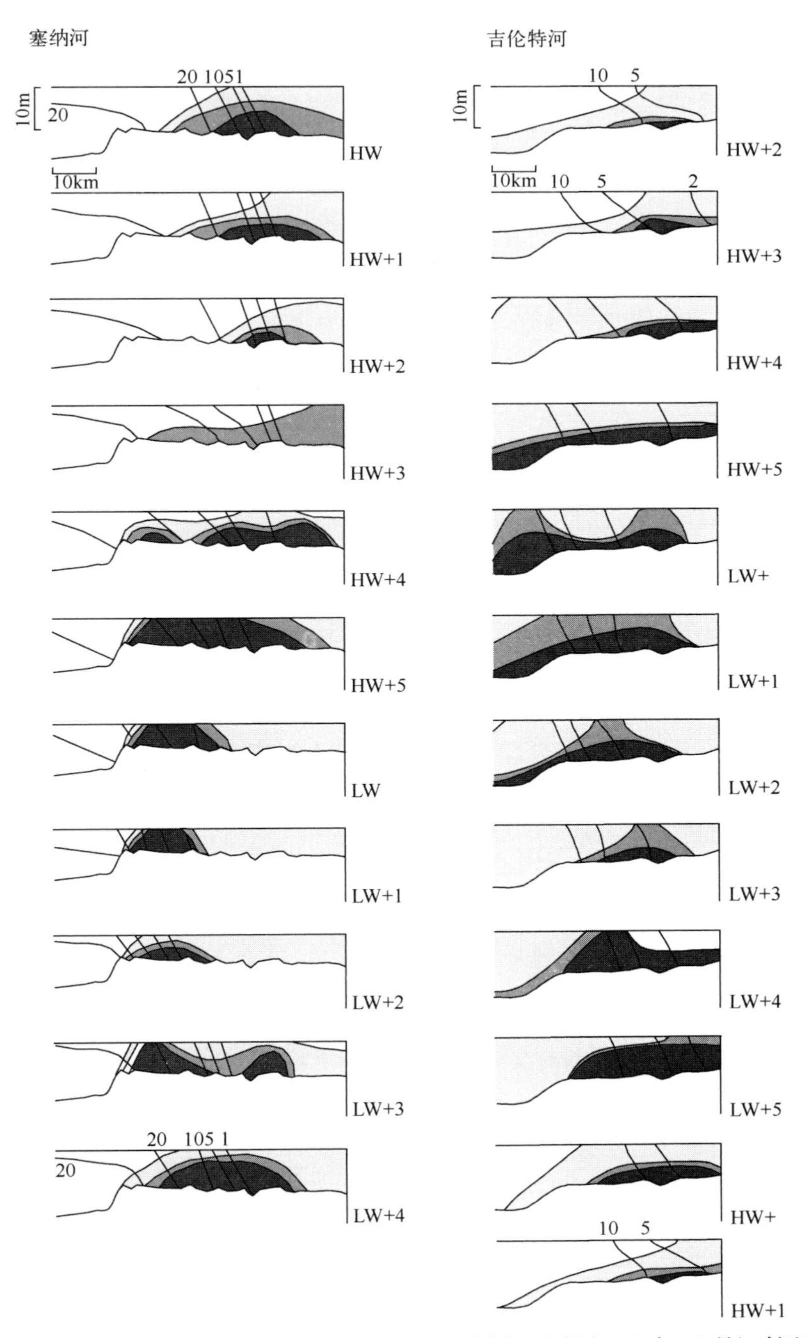

图 4.5　左图：塞纳河口的纵断面，显示了在大潮和河流低径流量(1978 年 10 月)时河口最大浑浊带的演变。图中数字表示勒阿弗尔港高潮或低潮后的时间(小时)。海水入侵用盐度 20、10、5、1 等值线表示，根据原著参考文献[18]重绘。右图：吉伦特河口南水道的纵断面，显示了在大潮和河流高径流量(1974 年 5 月)时河口最大浑浊带的演变。海水入侵用盐度 10、5、2 等值线表示，经 Elsevier 许可根据原著参考文献[5]重绘。最大浑浊带在高、低潮前不久最为发育，如涨急、落急附近。最大浑浊带自海水入侵的界限向上游扩展

发育成覆盖于河口淤泥质海底之上的沙坝[90]，在其成熟阶段，可能会有淤泥覆盖、植被发育，甚至成长为岛屿(例如在阿伦河及奥德河口区[195])。淤泥主要沿水道两岸沉积，近岸处潮流施加的切应力低于水道轴线。沿水道两岸的淤泥沉积使水道变窄，形成漏斗状形态[247]，并且由于盐沼或红树林的发育而使抗侵蚀性增强。在狭窄的潮汐水道中，水道两岸可能会变得很陡。澳大利亚北部的强潮河流金河就是一个典型的例子，其水深为10 m，而平均宽－深比则为20[497]。在许多地区，沿水道两岸的潮滩都已被圈围开垦。由于淤泥固结和抗冲底质阻碍了水道冲刷，水道变窄使潮流速度增大，此外，与径流有关的下游流速也会增大。在高径流量期间，部分汇集于最大浑浊带的细粒泥沙可能会被冲出河口，而强大的潮流可以通过悬沙的扩散作用防止水道淤塞。

4.2.4 障壁型与河流型潮汐水道的对比

形态特征

障壁型与河流型潮汐水道的形态特征大为不同(见图4.7)，主要表现为海面宽度 b_S、水道宽度 b_C 及水道深度 D 沿水道的变化。海面宽度 b_S 是指在海面测量的水道宽度，而水道宽度 b_C 和水道深度 D 则是相对水道的矩形断面而言。潮波传播的总体特征不必通过详细的三维流场模型即可建立起来，简略模型将水道断面分为水流输送区和储存区两部分，通过一定的边界条件即可求出解析解。输送区流向与水道轴线一致，流速量级一致；储存区流速持续减小，水体主要表现为横向流动，具体可见附录 B 及图 B.2。横断面中的水流输送区被定义为水道，并以 D 为该水道的代表深度；其宽度 b_C 定义为水道横断面积 A_C 与代表深度 D 的比值(图4.6)；此时潮流速度 u 定义为流量 Q 与水道横断面积 A_C 的比例。另一描述水道地貌特征的量为传播深度 D_S，其定义为 $D_S = A_C/b_S = Db_C/b_S$，之所以称其为传播深度是因为潮流传播速度 c 与该特征量具有很强的依赖关系。变量 D、D_S、b_S 以及 b_C 均与潮汐相位有关，若以潮均值 h 和 h_s 来分别替代 D 和 D_S，就能够得出潮流方程的简单解析解。

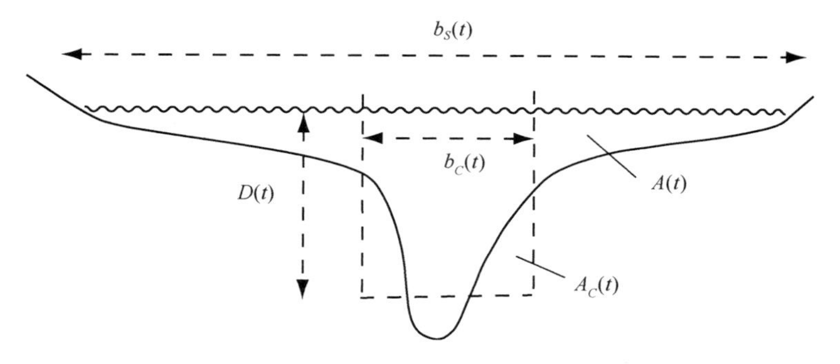

图4.6 水道横断面简化为矩形水流输送区和水流储存区的示意图，相关数值与潮汐相位相关。

障壁型潮汐水道的典型地貌特征

典型的障壁型潮汐水道的横断面积 A_C 沿向岸方向递减，而海面宽度 b_S 变化不明显（图4.7）。水道顶端，潮滩占横断面的比例逐渐增大。此类潮汐水道在陆地边界处将产生很强的潮波反射。

河流型潮汐水道的典型地貌特征

典型河流型潮汐水道为漏斗状，海面宽度 b_S 沿向岸方向急剧减小，水道横断面积 A_C 也以大体相同的速度减小（图4.7）。然而，水道深度向岸减小却不明显，传播深度 h_S 的变化也是如此。在理想模型中，与海面宽度的向岸衰减梯度 $|b_{Sx}/b_S|$ 相比，可以忽略传播深度的向岸衰减梯度 $|h_{Sx}/h_S|$。水道沿向岸方向收缩，大大减小了潮波能量向上游的传播，所以此类潮汐水道不会出现强烈的潮波反射。

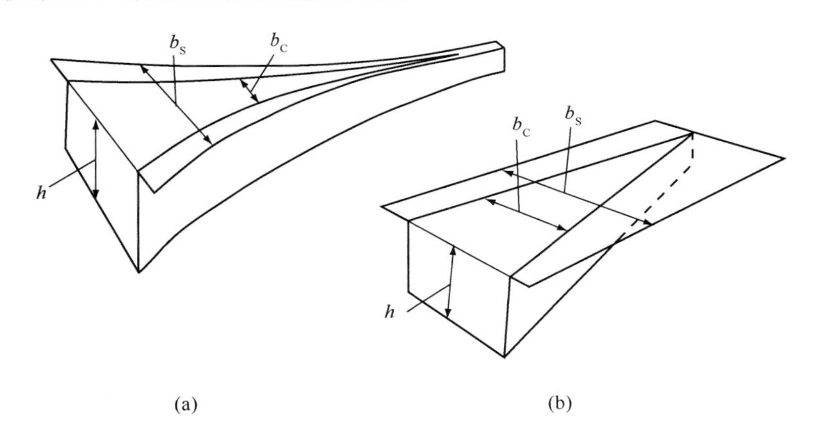

图4.7　河流型(a)和障壁型(b)潮汐水道的典型几何形态示意图。前者以水道宽度和海面宽度向岸收缩为特征，后者仅水道宽度变化存在这一过程

4.2.5　其他潮汐水道类型

前面对障壁型和河流型潮汐水道的描述是对真实情况非常粗略的简化。实际上由于各种原因，绝大多数水道大大不同于这些描述，其中地形限制和人为干预最为主要。许多水道都同时具有上述两种特征。一般来说，外部类似于障壁型，而内部类似于淹没河谷，西斯海尔德河及威悉河口区就是这样的典型例子。内部主要受河流的影响，形态一般为漏斗状，并发育有良好的最大浑浊带；而外部为沙质，发育有蜿蜒的涨、落潮水道和潮滩。泰晤士河及易北河河口的外部也具有障壁型的特征。其他具备混合形态特征的潮汐水道还有塔霍河（Tagus）及默西河，这些水道的地貌特征受到了口门地形限制的强烈影响。科伯奎德湾（Cobequid Bay）和特拉华湾是典型的漏斗状淹没河谷，但也展示出

了障壁型潮汐水道的许多特征。

与海平面上升不同步的潮汐水道系统

还有一类潮汐水道的地貌特征与上述障壁型、河流型都不同，其泥沙淤积与海平面上升不同步，原因在于没有充足的泥沙供给。在美国大西洋海岸，特别是帕姆利科湾(Pamlico Sound)和切萨皮克湾(Chesapeake Bay)[322]，有几个较大的潮汐水道就属于这种情况。这类水道的内部区域没有显著的水道和潮滩发育，除口门附近以外，其他区域潮流作用很弱，在近岸浅水区域波浪作用占主导。因此可以认为，无论泥沙供给充分与否，若河口内部潮流较弱，潮流作用引起的泥沙输移都不会产生强烈的沉积反馈。

4.2.6 临界水流强度

水道平衡断面

根据潮汐水道的成因、底质、主导水动力条件、泥沙供给以及气象条件等，可以预计到潮汐水道的几何形态大不相同。尽管有明显的多样性，但某些几何形态特征是大多数潮汐水道所共有的，如水道横断面积 A_C 与进潮量 P 的相关关系。这是 O'Brien 根据经验首先建立起来的[330]，并得到了普遍认同：

$$A_C = C_A P^{n_A} \tag{4.2}$$

其中，P 为平均大潮进潮量；常量 C_A 和 n_A 可以通过式(4.2)与不同潮汐水道的 A_C 和 P 进行拟合而求得。根据美国沿岸 162 组水道数据进行的一项研究表明，n_A 的范围为 0.84 ~ 1.1[237]。该式应该被看做是长期观测的平均结果，而非水道横断面积的短期变化。式(4.2)也可以写作进潮量与水道处最大潮流速度 U 的关系，这同样是整个水道横断面范围内的平均结果。假定水道中为正弦潮波，则可得：

$$A_C = \omega P/(2U) \tag{4.3}$$

将该式与式(4.2)联立，可得：

$$U = \frac{\omega}{2C_A} P^{n_A - 1} \tag{4.4}$$

C_A 和 n_A 并非在所有沉积海岸环境中都相同，因为它们受到年均沿岸输沙量、涨落潮不对称性、河流径流量等多种因素的影响[168]。其他研究也表明，防波堤或岬角等对参数 C_A 也会产生很大的影响[237,219]。不过，当 $n_A = 1$、$C_A = \omega/2$ 时，许多水道与式(4.2)吻合良好，表明这些水道大潮时的平均最大潮流速度 U 应该在 1 m/s 左右量级(整个水道横断面内的平均结果)。

临界切应力

从几项研究来看，横断面积与进潮量之间的关系不仅适用于口门，也适用于内部水道[73,60,245]。Friedrichs[162]曾对大潮时的最大潮流速度 U 与引起水道床面冲刷的临界切应力进行了对比，并对上述关系进行了解释。在此基础上，他对下述经验平衡关系进行了研究：

$$U \propto h^{-1/6} Q_m^{1-n} \tag{4.5}$$

其中，Q_m 为流速峰值时的流量，$Q_m = A_C U$；因子 $h^{-1/6}$ 来自式(3.16)中被假设与 $h^{-1/3}$ 成比例的摩阻系数 c_D。与实际观测结果对比可以发现，平均而言系数 n 接近1；在涨潮流占优势的河口，n 略大于1；在落潮流占优势的河口，n 略小于1。由于 Q_m 向上游方向不断减小，涨潮流占优($n > 1$)主要与平衡流速沿向岸方向不断增大有关。Friedrichs提出，这是由潮流不对称性而引起的向上游的泥沙净输移所致，并将促进最大浑浊带的产生和水道横断面的收缩。但是，水道将不会因此而被淤塞，水道的收缩将使潮流引起的切应力上升到平衡临界值以上，导致水道床面遭受冲刷，泥沙又因此悬浮、扩散。

水道收缩

横断面平均的最大落/涨潮流速 U 在整个水道中的一致性，与水道横断面的收缩速度有关。水道横断面的收缩速度可以通过假定理想情况下 U 为常量求得，由此得出的流速值可以与现有潮汐水道横断面的收缩速度进行对比，从而为确定最大潮流速度的不变性提供了一个方法。对于正弦潮波，其进潮量的向陆衰减梯度由 $-(2/\omega)\mathrm{d}Q_m/\mathrm{d}x$ 给出，其中：Q_m 为最大流量，$Q_m = A_C U$；$\omega = 2\pi/T$ 为潮流角频率，假定潮位在水道中是同步变化的，这与潮汐水道长度(或快速收缩区域的收缩长度)远小于四分之一潮汐波长是一致的。质量守恒意味着进潮量向岸方向的减少等于水道每单位长度所储存的潮水体积 $2ab_S$，其中 a 为潮差，b_S 为水道的平均表面宽度。令 $h_S = A_C/b_S = hb_C/b_S$ 为潮均水道深度和传播深度，并假定 h、$h_S \gg a$ 以及整个海湾中的最大潮流速度 U 为常数，可得：

$$\mathrm{d}Q_m/\mathrm{d}x = h_S U \mathrm{d}b_S/\mathrm{d}x + b_S U \mathrm{d}h_S/\mathrm{d}x = -\omega b_S a \tag{4.6}$$

下面，我们将从该表达式推导出河流型、障壁型以及宽深比一致的3种理想潮汐水道的长度尺度(或横断面收缩速度的倒数)和几何特征。

宽－深比减小的河流型潮汐水道

河流型潮汐水道的几何特征形态为漏斗状，其横断面积由于海面宽度 b_S 和水道宽度 b_C 的减小而朝上游方向减小。水深 h 虽然也有减小，但是速度较慢，$|\mathrm{d}b_S/\mathrm{d}x|/b_S$ 明显比 $|\mathrm{d}h_S/\mathrm{d}x|/h_S$ 大得多。作为一阶近似，可先不考虑式(4.6)右边的第二项，则海面宽度 b_S 应遵循方程：

$$\frac{1}{b_S}\frac{\mathrm{d}b_S}{\mathrm{d}x} = -\frac{a\omega}{h_S U} \tag{4.7}$$

该微分方程的解为：

$$b_S(x) = b_S(0)e^{-x/L_b} \tag{4.8}$$

其中，$L_b = -b_S/b_{Sx}$是海面宽度的收缩长度，其长度尺度为：

$$L_b^{(0)} = \frac{h_S U}{a\omega} = U\left(\omega \frac{a}{h} \frac{b_S}{b_C}\right)^{-1} \tag{4.9}$$

若将 h_S 沿向岸方向的减小考虑进去，可以得到更好的近似值 $L_b^{(1)}$ 。将式(4.8)和式(4.9)代入式(4.6)，可得：

$$L_b^{(1)} = L_b^{(0)}\left(1 + L_b^{(0)} \frac{h_{Sx}}{h_S}\right)^{-1} \tag{4.10}$$

宽－深比为常量的河流型潮汐水道

对于水道横断面为三角形和宽－深比为常量的河流型潮汐水道，Prandle 假设潮差为常量(与 x 坐标无关)，推导出了一个近似表达式[359]。对于受摩阻作用的潮流，潮流速度幅值可表示为：

$$U \approx 0.024\, c_D^{-1/2}\, a^{1/2} h^{1/4} \approx 0.5\, a^{1/2} h^{1/4} \tag{4.11}$$

其中，h 为横断面的平均水深(水道最大深度的一半)；摩阻系数 $c_D = 0.0025$。根据该表达式，潮流速度幅值在向陆方向上随水深变浅而略有减小。由 $h(0) = -\int_0^{L_h}(\mathrm{d}h/\mathrm{d}x)\mathrm{d}x$ 定义的水道长度 L_h 为[359]：

$$L_h \approx 5.610^3 a^{1/2} h(0)^{1/4} \approx 1.6 \frac{h(0)U(0)}{a\omega} \tag{4.12}$$

该表达式与式(4.9)类似，但 L_h 大于 $L_b^{(0)}$ ，这与考虑了 h_S 向陆减小的高阶近似式(4.10)一致。

障壁型潮汐水道

沿向陆方向，障壁型潮汐水道的海面宽度基本保持不变，但其水道横断面积 A_C 呈线性减小，即：

$$A_C(x) = A_C(0)(1 - x/L_A) \tag{4.13}$$

其中，$L_A = -A_C/A_{Cx}$ 近似地等于水道长度。b_S 的恒定性表明 h_S 随 A_C 而变：$h_S(x) = h_S(0)(1 - x/L_A)$。在式(4.6)中代入式(4.13)，同时假设 U 为常量，可得：

$$L_A^{(0)} = \frac{h_S(0)U(0)}{a\omega}, \qquad L_A^{(1)} = L_A^{(0)}\left(1 + L_A^{(0)} \frac{b_{Sx}}{b_S}\right)^{-1} \tag{4.14}$$

显然，$L_b^{(0)}$ 和 $L_A^{(0)}$ 的表达式实质上是相同的。

与实际观测结果的比较

图 4.8 所示为现有潮汐水道(见表 4.2)收缩长度 L_b、L_A 的实际观测结果与利用下式求得的长度尺度的对比图：

$$l = hb_S^- U_c / ab_S^+ \omega \tag{4.15}$$

其中，$U_c = 1$ m/s，b_S^+ 和 b_S^- 分别表示高水位和低水位时的海面宽度。在此我们用 l 代替了估算式(4.10)和式(4.14)，这样可以更为方便地利用现有数据(见表 4.2)。大型的潮汐水道不能较好地满足水道长度(或收缩长度)远小于四分之一潮波波长，特别是在哈得孙河和芬迪湾。通过对比可以发现，实际观测长度 L_b 和 L_A 有时与 l 比较接近，并且一般具有相同的数量级。下面就 l 与估算式(4.10)和式(4.14)之间的关系进行讨论。

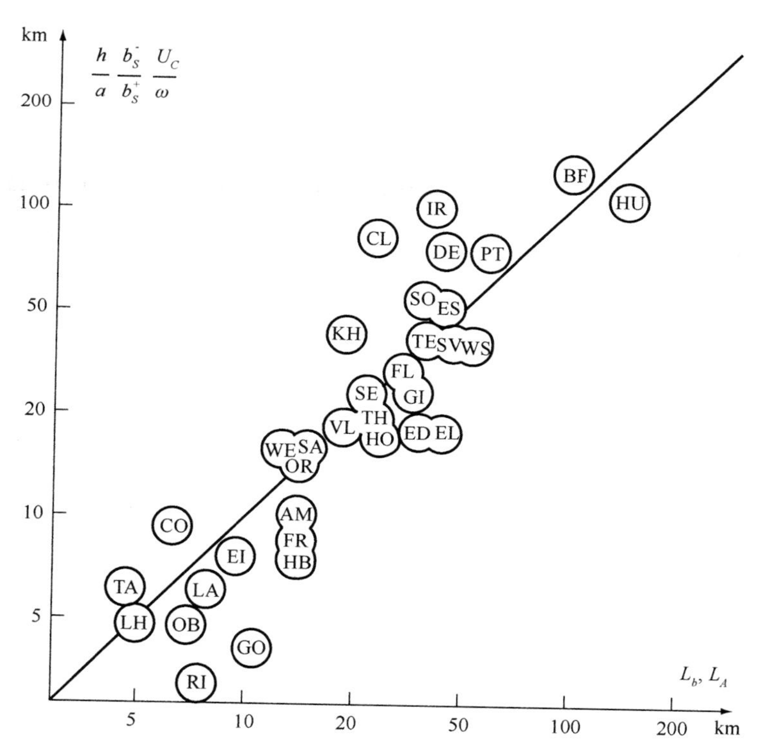

图 4.8　实际观测的河流型、障壁型潮汐水道收缩长度 L_b、L_A 与估算值 $l = hb_S^- U_c / ab_S^+ \omega$ 的对比。在满足下列条件时估算效果较好(实线)：①整个水道的最大潮流速度为 1 m/s 左右且为常量；②水道宽度可较好地用低水位时的海面宽度表示；③河流型潮汐水道传播深度为常量，障壁型潮汐水道海面宽度一致。把这些条件考虑进去即可得出如下的结论：实际观测长度与假设整个水道最大潮流速度不变时的估算结果相一致

（1）水道宽度 b_C 普遍小于低水位时海面的总宽度 b_S^-。就此而言，l 相比 L_b 和 L_A 偏大。

（2）按断面平均的最大潮流速度 U 并不总是接近 1 m/s。在有些水道，如塔玛河、康威河及波拖马克河中，U 值较小。其 l/L_b 值也较其他水道高，因此 l 相比 L_b 和 L_A 偏大。还有一些水道中，U 值大于 1 m/s，如泰晤士河、亨伯河、塞文河、塞纳河、吉伦特河、哥伦比亚河、奥德河、胡格利河以及弗莱河等。

（3）在较小的潮汐水道，传播深度和海面宽度都向岸减小，如里布尔河河口、Gomso 湾以及亨伯河等。在这种情况下 l 值则偏低，因为 $L_b^{(1)}$ 和 $L_A^{(1)}$ 明显大于 $L_b^{(0)}$ 和 $L_b^{(0)}$。对于大型潮汐水道，$|db_S/dx|/b_S$ 和 $|dh_S/dx|/h_S$ 值较大，因此在式(4.10)和式(4.14)两式中也可以将其忽略。

（4）用于计算 l 的平均传播深度 h_S 小于水道入口处的传播深度 $h_S(x=0)$。对于小型的河流型潮汐水道而言，h_S 与 $h_S(x=0)$ 的差值较小；但对于一些较小的障壁型潮汐水道来说，该差值将增大水道收缩长度。

水道收缩长度

上述 4 项分析表明：若对最大潮流速度进行校正，则大型潮汐水道的估算值 l 高于 L_b 和 L_A，但考虑到水道宽度实际上小于低水位水面宽度，l 值又有所降低；相反，对最大潮流速度的校正会使小型潮汐水道的 l 值低于 L_b 和 L_A，但考虑到沿向陆方向水面宽度、传播深度的减小，以及对 $h_S(0)/h_S$ 的修正，l 值又有所增加。由(1)至(4)4 项分析可得，式(4.10)和式(4.14)可以很好地表示各类潮汐水道收缩长度 L_b 和 L_A 的变化，观测值与假定水道中最大潮流速度保持不变下的估算值具有一致性。

潮滩的淤积与侵蚀

足够强的潮流不仅引起了水道床面泥沙输移，也是潮滩发育的先决条件，东斯海尔德水道中潮滩的发育已经清楚地说明了这一点。该水道位于荷兰西南部，规模较大，潮差中等，潮汐动力学特征及地貌演变将在第 4.4.4 节叙述。在两个相继长达几十年的周期中，潮流强度先是增大 10%，而后又减小 30%。第一次干预使潮流影响区域增加，从而增大进潮量，潮流增强；其后观察到潮滩面积大幅度增加，水道深度也相应增大(见图 4.9)。发生在此后大约 20 年的第二次干预使潮差减小(由于风暴潮闸)，潮流影响区域也相应减小(由于拦海大坝)；此次干预造成潮流强度减小，潮滩面积和水道深度也相应减小[294](见图 4.10)，潮滩侵蚀主要归咎于波浪作用，被侵蚀的泥沙在潮下带水道两岸沉积。在第一次干预之前，东斯海尔德水道在自然条件下已经持续演变了很多年，因此我们认为，水道的地貌形态已接近于平衡状态。对于观察到的地貌变化，可以解释为是对进潮量和潮流强度先增后减的外部干预所做出的响应。

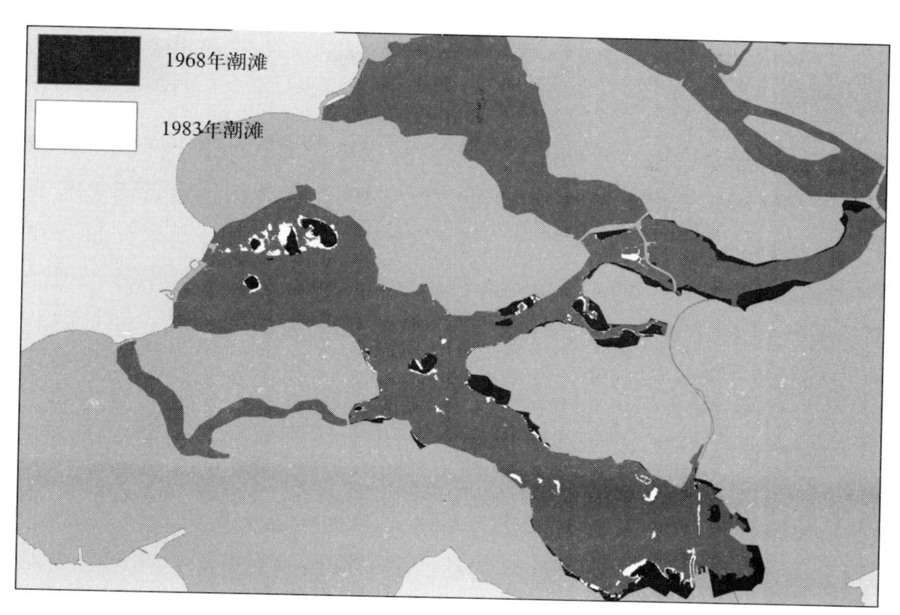

图 4.9　1968 年（黑色部分）和 1983 年（黑白部分）东斯海尔德水道中潮滩面积的对比，据原著参考文献[103]。1965 年东斯海尔德水道的进潮量因东斯海尔德水道与格雷弗林根间拦海大坝的建造而增大 10%；到 1983 年，潮滩面积与 1968 年相比出现大幅度增加，大部分泥沙来源于水道的冲刷

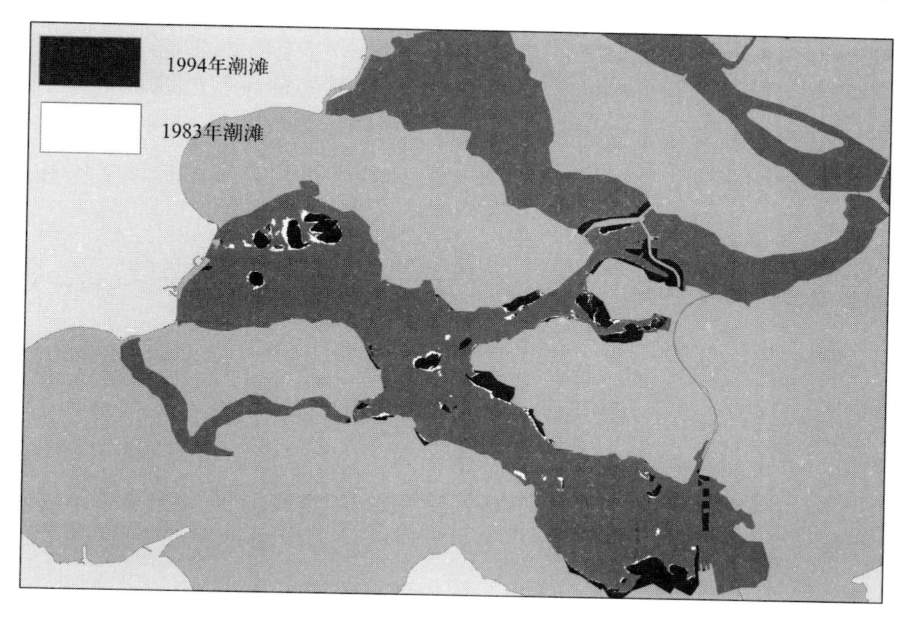

图 4.10　1994 年（黑色部分）和 1983 年（黑白部分）东斯海尔德水道中潮滩的对比，据原著参考文献[103]。1985 年，进潮口处风暴潮闸和向陆侧拦海大坝的建造导致进潮量减少 30%；1994 年，潮滩面积与 1983 年相比大幅度减少，大部分泥沙沉积于低水位线以下的水道中

地貌动力平衡

上述观测结果清楚地说明，当潮流达到临界强度以上时，泥沙将从水道向潮滩输移，这将使水道深度和横断面积增大而降低潮流强度；相反，当潮流强度低于该临界值时，潮滩的沉积 - 侵蚀平衡将向净侵蚀偏移，水道的横断面积也将减小，而这一过程往往使潮流强度增大，使潮间带的沉积 - 侵蚀平衡因此得以恢复。显然，潮滩在潮汐水道的地貌动力方面起到了关键性的作用，其充当了将潮流调节到临界强度的缓冲区。一旦潮流达到该临界强度，潮滩的沉积 - 侵蚀作用便处于平衡状态。

潮汐 - 波浪的竞争

许多其他观测资料证实，在潮滩淤积与侵蚀之间存在着一种敏感的平衡。一般来说，潮滩生长于平静的气候条件下，即使此时的悬沙浓度远小于有波浪作用时。潮滩的生长在很大程度上依赖于水道来沙，在落潮流速高于涨潮流速的区域，也能观测到潮滩的生长[377]。大潮期间，潮滩沉积速率持续高于小浅潮，表明了潮流对潮滩生长的积极作用[257,488]。大多数床面高程的显著变化都出现在水区域，特别是岸线附近[488]，说明潮滩的生长更多地是与大潮期间潮流输运能力的增强有关，而非被淹没的深度和持续时间。潮滩生长期间的实测深度剖面呈上凸型[255]，这是一典型的潮流主导下的平衡剖面[508,163]；而潮滩侵蚀期间的实测深度剖面则显示为下凹型，这是一种典型的波浪主导下的平衡剖面[508]。潮滩侵蚀与波浪作用增强的时期相吻合，说明波浪对潮滩泥沙悬浮的影响要比对水道强得多[272,236,377]。因此，潮滩平衡状态主要是潮流淤积与波浪侵蚀之间相互作用的结果[362,258]。

临界水流强度

可以认为，潮滩生长和侵蚀达到平衡时的潮流临界强度与潮滩上的侵蚀作用和潮滩沉积物的抗侵蚀能力有关。障壁型潮汐水道中，潮滩主要由砂组成，侵蚀主要由波浪所造成。这类水道中最大潮流速度的典型量级为 1 m/s，这似乎是潮滩生长和侵蚀达到平衡的潮流临界强度，而水道的侵蚀和淤积是维持该最大潮流速度最主要的地貌动力反馈形式。

河流型潮汐水道中的潮滩主要由占比不同的已经固结的黏性土组成，这些沉积物通常因有植被覆盖而更加稳定。此外，水道床面抗冲能力较强，不会有强烈的地貌动力反馈机制来维持给定的临界潮流速度，从表 4. 1 和表 4. 2 的数据可以看出，该类潮汐水道的最大潮流速度通常大幅偏离 1 m/s，实际观测的最大流速也散布较大。

表4.1　潮汐水道系统的地貌参数(除哥伦比亚河(混合全日潮)以外，其他均为半日潮)

缩写	地区	潮汐水道	L_c/km	h/m	a/h	b_S^+/b_S^-	L_b, L_A/km
WS	斯海尔德三角洲，瓦登海	西斯海尔德水道	160	15.0	0.135	1.4	50
ES		东斯海尔德水道	45	15.0	0.1	1.6	40
TE		泰瑟尔水道	45	4.7	0.17	1.2	35
EI		艾厄兰水道	15	3.0	0.31	3.0	10
VL		弗利兰水道	35	3.9	0.24	1.7	20
AM		阿默兰水道	25	3.75	0.3	2.4	15
FR		弗里斯水道	20	4.25	0.27	3.0	15
LA		劳沃斯河	20	3.3	0.32	3.6	8
ED		埃姆斯－多拉尔特河	42	6.4	0.22	1.8	35
OB		Otzumer Balje	10	3.6	0.39	4.0	7
EL		易北河	180	10.0	0.2	2.0	40
WE		威悉河		8.0	0.22	2.0	13
TH	英国	泰晤士河	95	8.5	0.24	1.4	25
LH		兰斯通港	6	4.0	0.38	3.9	5
HB		亨伯河	120	7.0	0.46	2.0	15
TA		塔玛河	31	5.0	0.63	2.0	4.7
SV		塞文河	150	15.0	0.2		41
FT		Fleet	12.5	0.7	0.81	5.3	
RI		里布尔河	28	7.0	0.4	6.0	8
CO	威尔士	康维河	22	3.0	0.8		6.3
GI	法国	吉伦特河	160	9.0	0.28		30
SE		塞纳河	160	11.0	0.32		25
PR	美国大西洋海岸	普赖斯河	7.1	3.3	0.21	5.5	
MM		Murrells Main Creek	8	1.9	0.39	2.5	
MO		Murrells Oaks Creek	4.7	1.4	0.55	8.0	
LR		Little River	10	2.0	0.29	3.0	
MA		马纳斯宽河	9.2	1.5	0.4	1.2	
WA		沃彻普里格	10	3.6	0.15	3.5	
NA		Nauset	8.2	2.0	0.39	1.5	
SB		Swash Bay	6.4	2.5	0.23	2.3	
SH		Stony Brook Harbor	5.2	1.7	0.5	1.6	
FG		Fort George	8	2.6	0.28	1.6	
CH		Chatham	14	2.4	0.44	1.56	
SR		Shark	4.4	1.9	0.32	1.67	
NO		North	6.5	2.6	0.28	2.5	
SA		萨提拉河	50	6.0	0.22	2.0	14
HU		哈得孙河	245	9.2	0.075		140
PT		波拖马克河	184	6.0	0.11		54
DE		特拉华河	215	5.8	0.11		40
BF	加拿大大西洋海岸	芬迪湾	190	50.0	0.06		100
SL		圣劳伦斯河	330	7.0	0.36		

续表 4.1

缩写	地 区	潮汐水道	L_c/km	h/m	a/h	b_S^+/b_S^-	L_b，L_A/km
CL	美国太平洋海岸	哥伦比亚河	240	10.0	0.2		50
OR	澳大利亚	奥德河	65	5.0	0.5		15
LC		Louisa Creek	6.6	2.0	0.78	5.0	
GO	韩国	Gomso	15.0	6.0	0.37	5.0	11
HO	印度	胡格利河	72	5.9	0.35		25
IR	缅甸	伊洛瓦底江	124	12.4	0.08		35
KH	伊拉克	Khor	90	6.7	0.19		21
SO	越南	Soirap	95	7.9	0.165		34
FL	新几内亚	弗莱河	150	7.0	0.25	1.2	30

表 4.2　潮汐水道系统的地貌参数

（B 为障壁型潮汐盆地，R 为河流型，V（河谷）表示基岩的限制）

缩写	潮汐水道	U/(m/s)	Q_R/(m^3/s)	类型	参考文献
WS	西斯海尔德水道	1.0	100	B/R	[121]
ES	东斯海尔德水道	1.0	50	B	
TE	泰瑟尔水道	1.0	250	B	
EI	艾厄兰水道	1.0	0	B	
VL	弗利兰水道	1.0	0	B	
AM	阿默兰水道	1.0	0	B	
FR	弗里斯水道	1.0	0	B	
LA	劳沃斯河	1.0	0	B	
ED	埃姆斯－多拉尔特河	1.0	140	B	
OB	Otzumer Balje	1.0	0	B	[132]
EL	易北河	1.0	700	B/R	[395]，[268]
WE	威悉河	1.0	324	B/R	[378，176]
TH	泰晤士河	1.0	70	R/V	[332，308，161]
LH	兰斯通港	0.5	45	V	[168]
HB	亨伯河	1.5	230	R	[244，353]
TA	塔玛河	0.6	34	R/V	[450，452，176，164]
SV	塞文河	1.5	100	R/V	[448，449，194，483，268]
FT	Fleet	0.3		V	[381，160]
RI	里布尔河	1.0	44	R/B	[463]
CO	康维河	0.6		R/V	[487，447，268]
GI	吉伦特河	1.5	725	R/V	[5，6，69]
SE	塞纳河	1.5	380	R/V	[18，55]

续表4.2

缩写	潮汐水道	$U/(\mathrm{m/s})$	$Q_R/(\mathrm{m^3/s})$	类型	参考文献
PR	普赖斯河			B/R	[159]
MM	Murrells Main Creek			B/R	
MO	Murrells Oaks Creek			B/R	[158]
LR	Little River	0.8		B/R	
MA	马纳斯宽河			B/R	
WA	沃彻普里格			B/R	[159]
NA	Nauset	0.5		B/V	[324]
SB	Swash Bay			B	[160]
SH	Stony Brook Harbor	1.0		B/V	
FG	Fort George			B/R	
CH	Chatham			B/R	
SR	Shark River			B/R	
NO	North Inlet			B	
SA	萨提拉河	0.8	70	R	[41]
HU	哈得孙河	1.0	400	R/V	[220, 268, 51]
PT	波拖马克河	0.8	336	R	[136]
DE	特拉华河	1.0	333	R	[159]
BF	芬迪湾		100	R	[206]
SL	圣劳伦斯河		8500	R	[268]
CL	哥伦比亚河	1.5	7300	R/V	[191, 238]
OR	奥德河	1.5	163	R/V	[497]
LC	Louisa Creek	1.0	0	V	[275]
GO	Gomso			B/V	[71]
HO	胡格利河	1.5	1850	R	[308, 268]
IR	伊洛瓦底江		13500	R	[497]
KH	Khor			R	
SO	Soirap			R	
FL	弗莱河	1.5	6000	R	[195, 494]

在此应该指出的是，潮汐水道大尺度的地貌动力平衡不仅取决于横向的泥沙再分布，而且还取决于沿水道方向(纵向)的泥沙输移。涨-落潮的不对称性对障壁型潮汐水道的纵向泥沙输移起着支配作用；而对于河流型潮汐水道而言，径流量和涨-落潮的不对称性具有几乎同等的重要性。详见后文。

4.3 潮 汐

4.3.1 潮汐的产生

月球和太阳

岸线处海面高度每日的周期性升降是引潮力最直观的表现。在古希腊时人们就认识到，潮汐是以某种方式与太阳和月球相关联的，但当时对这种关系却不能做出解释。牛顿将潮汐作用解释为万有引力的结果。月球和太阳的引潮力是极其微小的，大约相当于地球引力的5×10^{-7}。但月球和太阳的引力却能够使水位提升数米，使潮流速度超过1 m/s。至少在大陆架，如此强烈的潮流的动量耗散要比引潮力大得多，这也是为什么在封闭的浅水海域或湖泊中没有大规模潮汐运动的主要原因。

大洋内部的共振

潮汐产生于大洋内部，潮流速度较小，且水深较大导致动量扩散小于引潮力。大洋共振在这之中起到了重要的作用：如果引潮力的频率接近于大洋内部自由振动的频率，潮差将会增大。如果潮汐水道的尺寸与潮波波长相当，也会发生共振。大洋潮波向大陆架传播的过程中，陆架上的潮差有时可能会由于局部共振以及潮流能量的辐聚而进一步增大。因此，出现于许多陆架海的大规模潮汐运动并不是由引潮力直接产生的，而是大洋的共振以及局部地形共振的结果。西北欧洲陆架[351]和中国东海陆架[251]的潮汐数值模型表明，引潮力对共振半日潮的影响最多不超过1%。

半日周期

月球和太阳对地球水体所施加的引力不足以解释潮汐运动。潮汐的形成产生于两个相反作用力在地球表面上的不平衡：地月、日地引力以及与这些天体运动有关的离心力。实际上，只有这两个力合力的正切分量才是有效的，该分量指向赤道。由于地球自转，万有引力和离心力每日在任一位置恰有两个时刻互相抵消，所以潮汐主周期大体上约为半日。

全日潮及大-小潮循环

月亮的引潮力大约是太阳的2倍，且太阳和月亮的轨道与赤道平面不一致(轨道平面与赤道平面的夹角称为赤纬)，所以在半日潮中出现日不等现象。日不等现象在与全日潮周期共振的大洋中最强，从而导致在半日潮波的节点区域形成全日潮。由于月球公转周期大约为30 d，所以地月轴线以及日地轴线每15 d重合一次(朔望)，小潮和大潮因此每15

d 循环一次。朔望为大潮(只有很短的时间滞后)，上弦、下弦为小潮。实际上，15 d 的周期恰好正对应半日太阴分潮(M_2)与半日太阳分潮(S_2)的频率差，正是这两个分量的叠加产生了潮差上大-小潮变化。

其他分潮

由于万有引力的周期性，在大洋中产生了数个具有单周期的潮波，其周期与地球、月球和太阳之间相对运动的周期相同。一般而言，半日太阴分潮(M_2，周期≈12.4 h)所占比重最大；其次为太阴太阳合成全日分潮(K_1，周期≈24 h)，该分量与月球和太阳轨道相对于赤道平面的赤纬有关。其他主要分潮包括全日太阴分潮(O_1，周期≈26 h)以及半日太阳分潮(S_2，周期≈12 h；全日太阳分潮 P_1，周期≈24 h)。此外，还有其他一些量级较小、频率较低的分潮，这些分潮与月地轨道的周期性有关，例如周期 18.6 a 的月球轨迹偏角。高频潮波是由于潮汐传播的非线性而造成的，这些分量的周期是多个基本天文分潮周期的叠加，它们多形成于局部区域，并与潮波变形或潮汐不对称性有关，在潮流-地貌相互作用中起到了关键性的作用(图 4.11)。

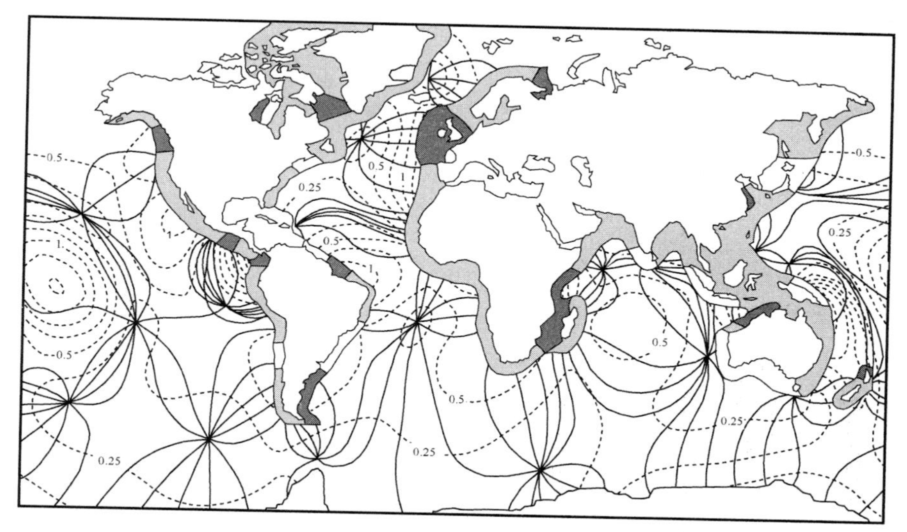

图 4.11 半日太阳分潮 M_2 的同潮时线(实线，间隔 30°)和等振幅线(虚线，间隔 0.25 m)。大陆架上的潮汐振幅 a 的 3 个等段：弱潮(白色，$a<1$ m)，中潮(浅灰色，1 m $<a<$ 2 m)，强潮(深灰色，$a>2$ m)。据原著参考文献[26]

4.3.2 潮波传播

在引潮力产生的周期性振荡由大洋向较浅的大洋边缘传播的过程中，大部分潮波可以被看做是一个波长极大的波浪，但其只在大洋中呈正弦变化。在近岸陆架海域，潮波变形，涨、落潮变得不对称，甚至发生潮波的破碎(见第 2 章第 2.2 节钱塘江的例子)。潮汐不对称性的产生，可以通过研究高潮和低潮(针对固定观测点而言)时的传播速度来理解，正是传播速度间的差异造成了潮波的变形。本节将以半定性的方式对潮波的传播过程进行分析，其数学表达已在附录B中给出。

我们首先讨论无摩阻矩形水道中的潮波传播，这种情况并不代表实际的潮汐水道。因为水道处的潮流是受到摩阻作用强烈影响的，而且水道横断面也并非矩形，与潮汐相位有关，这是我们要讨论的第二种情况。除此，我们还要讨论第三种情况，即潮波在显著收缩的水道中的传播。定性分析可以清楚地阐明上述3种情况中潮波传播的差异。

无摩阻的潮波传播

在大洋中，潮波的传播几乎是不受摩阻影响的。无摩阻的潮波传播就相当于局部海面离开其平衡状态的情况，这里所说的平衡是指潮波传播过程中势能、动能相互转化又无能量损耗。潮波在一维空间的传播可以用下列波动方程来描述：

$$\eta_{tt} = c^2 \eta_{xx} \tag{4.16}$$

其中，$\eta(x, t)$为海面相对平衡位置的距离；c为波速(潮波的传播速度)。我们将利用x，y，z，t分别表示对式中变量的微分，如$\eta_{tt} \equiv \partial^2\eta/\partial t^2$等。

潮波表面坡度对水流的加速

潮波表面坡度可以使整个水柱中水流加速。该坡度的大小取决于潮汐相位、振幅a以及波长$L=2\pi/k$，其中k为波数(图4.12)。在平潮($u=0$)前后，该坡度在约$\omega^{-1}=T/2\pi$的时期内可近似为ak，T为周期，ω为角频率。因此，最大流速可由$U=gak/\omega$给出，$g=9.8\ \mathrm{m/s^2}$为重力加速度，比值$\omega/k=L/T$等于波速c。潮流的最大流速U与波速c具有如下关系：

$$U=ga/c \tag{4.17}$$

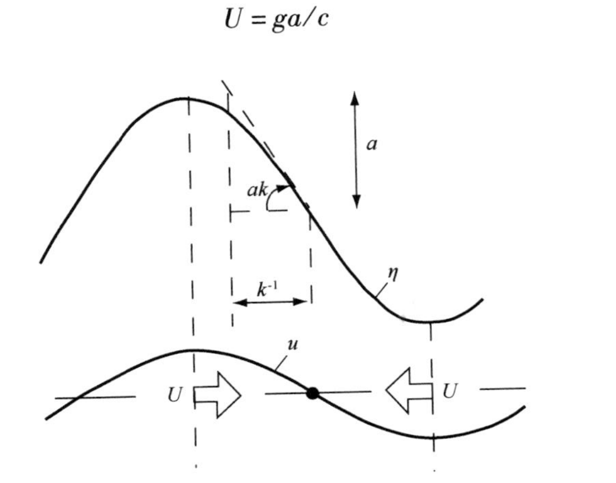

图4.12 潮流在波峰前的加速。在无摩阻作用下，潮流由负向正的加速度取决于波峰前的坡度ak

波峰的前进

波峰以速度 c 向前推进，代表单位时间内波峰向前推进的距离。相应的，波峰前进需要每单位时间内有大约 $2ca$ 的海水流向峰前(图 4. 13)。当波峰处的流速为 U 时，波谷处的流速方向相反、大小相等。这样，在单位时间内流向峰前的水量大约为 $2Uh$，其中 h 为水深。根据等式 $2ac = 2Uh$ 可得，最大潮流速度 U 与波速 c 之间的关系为：

$$hU = ac \tag{4.18}$$

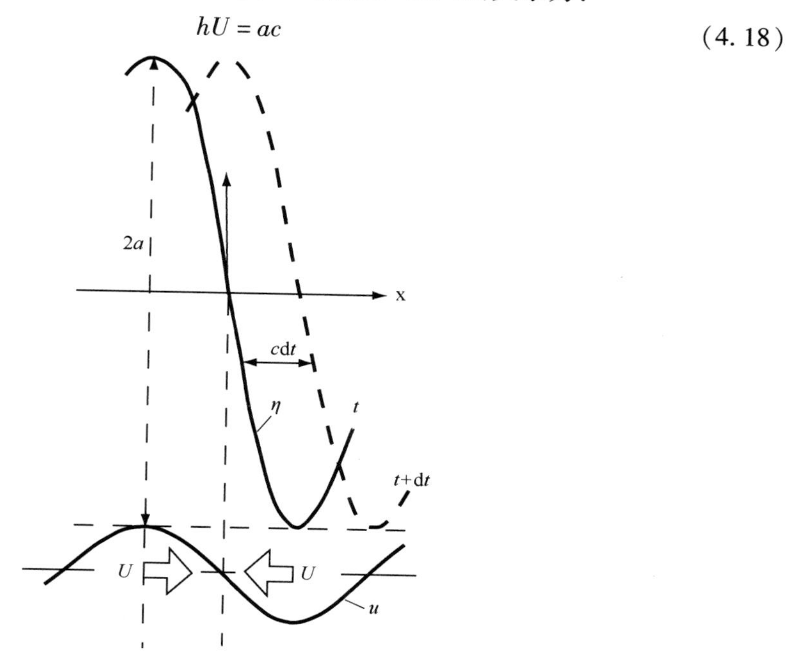

图 4. 13　波峰前的水流辐聚及相应的潮波传播。实线表示 t 时刻，虚线表示 $t + \mathrm{d}t$ 时刻

潮波的传播速度

比较式(4. 17)和式(4. 18)，所得如下波速表达式：

$$c = \sqrt{gh} \tag{4.19}$$

若是无摩阻作用的情况，潮波速度则与潮汐振幅无关。在水深超过 1 000 m 的大洋中，波速及波长都很大。对于半日潮而言，大洋潮波波长的量级可达 10 000 km，相当于大西洋宽度的 2 倍，因此，大洋中的半日潮接近于共振。

摩阻作用下的潮波传播

在无摩阻时，前进波振幅 a 在传播期间不发生变化，并且与 x 无关。但在有摩阻时，振幅在传播过程中是减小的，a 是随 x 而减小的函数(假设沿 x 正向传播)。图 4. 14 所示为

两个连续时间间隔 t 和 $t+\mathrm{d}t$ 的波形。可以看到，如果摩阻作用强烈的话，振幅在一个波长 L 的距离就几乎完全消失殆尽。当底摩阻引起的平均动量耗散比惯性加速度大得多时，就会出现这种情况，即：

$$\langle |\tau_b/h| \rangle \gg \langle |\rho\, u_t| \rangle \tag{4.20}$$

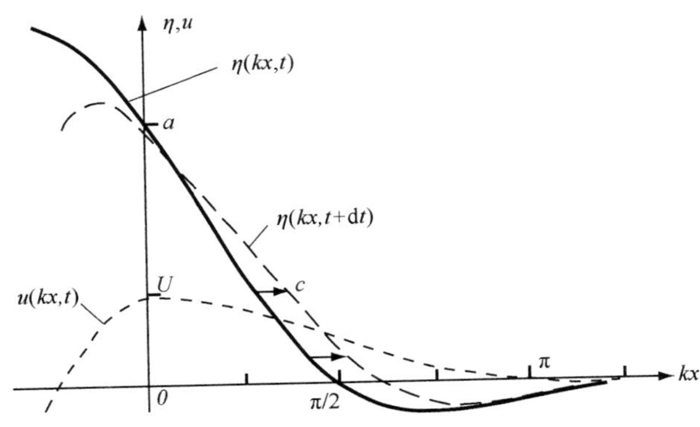

图 4.14　有摩阻作用时的潮波传播。实线为时刻 t，波形为空间相位 kx 的函数；虚线为时刻 $t+\mathrm{d}t$ 的波形；点线为时刻 t，流速为 kx 的函数。时刻 t 对应于高潮位 ($x=0$)。有摩阻作用时，最大潮流速度取决于波峰处较大的 ak 值

假定摩阻作用是线性的，即 $\tau_b=\rho ru$，r 为线性化的摩阻系数，则式(4.20)的条件等价于：

$$\beta \equiv h\omega/r \ll 1 \tag{4.21}$$

那么当压力梯度 p_x 达到最大时，最大潮流速度 U(等价于最强的摩阻动量耗散 $\tau_b^{\max}=\rho rU$)就会出现。从图 4.14 可以估算出 $p_b^{\max}\sim\rho gka$，其中 a 为 $x=0$ 时的振幅，$k=2\pi/L=\omega/c$ 为波数。根据近似式 $\tau_b^{\max}/h\approx p_b^{\max}$，可得 U 与 c 的关系：

$$U\sim gkha/r=\beta\, ga/c \tag{4.22}$$

由图 4.14 可得，在 $\mathrm{d}t$ 内间隔 $0<kx<\pi$ 的水流辐聚体积约为 $hU\mathrm{d}t$，使波峰在振幅 a 的量级下向前推移了 $c\mathrm{d}t$ 的距离。由此得出了 U 和 c 之间的第二个关系式：

$$U\sim ac/h \tag{4.23}$$

合并式(4.22)和式(4.23)，可得波速 c 的表达式：

$$c\sim\sqrt{\beta gh} \tag{4.24}$$

按附录 B.5 中公式推导，可得较精确的波速 c 公式：

$$c\approx\sqrt{2\beta gh}\approx h\left(\frac{2g\omega}{ac_D}\right)^{1/3} \tag{4.25}$$

最后一项近似式适用于非线性摩阻作用 $\tau_b=\rho c_D u^2$，并可通过在式(4.22)和式(4.24)中代入 $\beta=h\omega/c_D U$ 求得。该公式表明，对于受摩阻作用的潮流，其波速取决于振幅。

比较式(4.19)和式(4.25)可知，由于式(4.21)所示的条件限制，受摩阻影响的流速小于未受摩阻影响的情况，该式还表明，只有 $T\gg2\pi h/r$ 的长周期波动才受摩阻的影响。

潮波就属于这一范围，但对于许多其他的波动现象(如风浪)，摩阻的影响可以忽略不计。

还应该指出的是，在摩阻作用下，潮流速度的变化并非与水位一致，最大流速出现在表面坡度最陡而非水位最高的时候。最陡的表面坡度出现于高水位到达之前，因此流速的相位相对于无摩阻作用的情况超前。数学推导(见附录 B. 5 节)表明，相位的超前量为 π/4 弧度。该值小于 π/2，在于潮波与坐标 x 并不是正弦函数关系，而造成这种现象的主要原因是阻尼作用(见图 4. 14)。

扩散作用

单位时间内潮位的变化 η_t 与辐散的水量 hu_x 成正比。在摩阻作用占优势($\beta \ll 1$)的情况，流速 u 与水面坡度 η_x 成正比。所以，潮位的变化与二阶导数 η_{xx} 成正比，潮波的传播可以用下列扩散方程来描述：

$$\eta_t = \xi \, \Xi \, \eta_{xx} \tag{4.26}$$

其中，Ξ为扩散系数，推导过程可见附录 B，

$$\Xi = c^2/2\omega = \beta gh/\omega = gh^2/r \tag{4.27}$$

潮波传播的扩散特征表明，潮波在传播过程中其振幅是持续减小的，而衰减速率与$\Xi^{1/2}$成反比。扩散系数小(摩阻系数 r 大)，对应潮波衰减迅速。式(4. 26)已清楚地阐明，有摩阻作用和无摩阻作用(见式(4. 16))的两种情况中，潮波的传播具有根本不同的特性。

非矩形断面水道中的潮波传播

在前面各节中，没有考虑潮流与传播宽度间的依赖关系，因此所得结果的有效性仅适用于具有矩形断面且宽度不变的潮汐水道。实际上，潮汐水道的宽度是随潮汐相位，特别是潮汐水位而变化的，而且可以比水道最深部分的宽度大得多。在高水位前的某个时刻，水流分布于整个潮滩范围；而在低水位前的某个时刻，水流被限于水道最深的部分。因此，在水道宽度 b_C 和水面宽度 b_S 之间必须加以明确的区分：前者代表的是沿水道的深部流动，而后者代表的是整个潮汐水道。尽管这些量都是随潮汐相位而变的，但为了简化起见，还是假定可以通过其潮均值进行近似计算(见图 4. 6)。这样，无摩阻的质量守恒方程式(4. 18)可变为：

$$b_C \, hU = b_S ac \tag{4.28}$$

有摩阻作用时，也可做类似修正。要使方程保持和以前相同的形式，只需引入定义的传播深度 h_S 即可：

$$h_S = b_C \, h/b_S \tag{4.29}$$

用于非矩形断面水道中潮波传播的表达式与矩形断面的基本类似，只是将水深 h 替换为传播深度 h_S。对于无摩阻作用的潮波，潮波传播速度可由下式给出：

$$c = \sqrt{gh_S} \tag{4.30}$$

而对于有摩阻作用的潮波，则由下式给出：

$$c=\sqrt{2\beta gh_S}=\left(\frac{2ghh_S^2\omega}{ac_D}\right)^{1/3} \tag{4.31}$$

上式中第一个等式为线性摩阻($\beta = h\omega/r$)，第二个等式为二次摩阻。在具有宽阔潮滩的潮汐水道中，水道宽度远小于水面宽度，即 $b_C \ll b_S$，因此 $h_S \ll h$。比较式 (4.19)、式(4.30)与式(4.25)、式(4.31)可得，当潮滩面积增大时，潮波传播速度减小，潮波在水道中的推进也因向潮滩分流而减慢。

快速收缩的水道

到现在为止我们一直假定水道的几何形态沿潮波传播方向是一致的，因此潮波的传播主要与流速纵向变化产生的水流辐聚、辐散有关。但是如果水道的几何形态不是均匀的，辐聚、辐散同样可以因水道深度和宽度的变化而产生。下面我们将讨论水道宽度快速收缩而其深度却大体不变的情况，并将其作为河流型潮汐水道的简略示例。波峰的向前推进相当于潮流量 Q 的辐聚，假定潮流量的变化主要是由于水道横断面的收缩所致，如图 4.15 所示。当垂向流量变化最大时，即介于高、低潮中间时，辐聚值一定最大。在该示例中，流速最大时水流辐聚最强烈，所以潮流速度先于水位提前 1/4 周期或 $\pi/2$ 弧度，在波峰和波谷处减至零。这意味着在波峰和波谷处水道的收缩并没有造成水流的辐聚、辐散，同时也表明潮波将不会因水道的收缩而衰减或增强。在 ω^{-1}的时间间隔内，波锋向前推进的距离为 $\omega^{-1}c=k^{-1}$，因此而置换的水量为 $ab_S\omega^{-1}c$，由 $h\Delta b_C\omega^{-1}U$ 的水道体积变化提供，Δb_C 为 k^{-1}距离内水道宽度的减小量。显然这两个值是相等的，由此得出 $U=ab_S\,c/h\Delta b_C$。假设沿水道的宽度可以用下列指数方程表达：

$$b_C(x)=b_C(x)\mathrm{e}^{-x/L_b},\qquad b_S(x)=b_S(0)\mathrm{e}^{-x/L_b} \tag{4.32}$$

其中，L_b 为水道收缩长度。如此得到 $\Delta b_C=b_C/kL_b$，潮流最大速度则等于：

$$U=a\omega L_b/h_S \tag{4.33}$$

其中，$hb_C/b_S=h_S$ 为常量。如果考虑摩阻作用，最大潮流速度 U 可由式(4.22)得出，将两式合并得出潮波传播速度的表达式：

$$c=ghh_S/rL_b \tag{4.34}$$

在急剧收缩且受摩阻制约的水道中潮波传播特征如下：同驻波一样，潮流速度和水位之间的相位差等于 $\pi/2$；潮波以与线性摩阻系数成反比的速度传播；即使是受摩阻作用，振幅并不减小，而是沿水道为常量。潮波传播的特征强烈地依赖于水道的几何形态，在急剧收缩且又受摩阻制约的水道中，潮波的传播结合了驻波及无摩阻作用下潮波传播的一些特征。

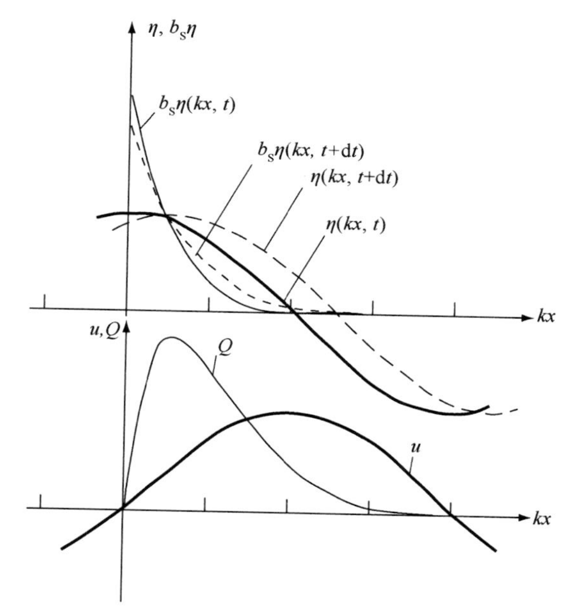

图 4.15　较长的、强烈收缩的水道中时间 t（实线）和 $t+dt$（虚线）处的潮波 η 是空间相位 kx 的函数。时间 t 对应于高水位（HW）和进潮口 $x=0$ 处的平潮期（HSW）。潮波 η 为空间相位 kx 的函数，分别以实线表示 t 时刻、虚线表示 $t+dt$ 时刻狭长、急剧收缩的水道中的波形。t 时刻，$x=0$ 处为高水位，且对应于流速反向的临界点，沿向陆方向，海水体积 $b_S\eta$ 急剧减小，流速超前水位 1/4 周期。潮流量 Q 的纵向分布主要受水道收缩控制，波峰的向前推进与水流辐聚 $\partial Q/\partial x$ 有关，水流辐聚也导致了峰前海水体积的增加。波峰的前进（涨潮）带来了向陆的涨潮流，波谷的前进（落潮）带来了向海的落潮流

4.3.3　潮汐的不对称性

潮汐不对称性的作用

潮汐的不对称性对于水道内大规模的泥沙净输移起着基础性的作用。这种由潮汐引起的泥沙净输移对水道的地貌平衡，以及外部条件变化下的地貌响应具有重要影响。潮汐的不对称性取决于潮波的传播特征，而潮波的传播特征又取决于水道的地貌形态（如前一节所示）。因此，潮汐不对称性与水道地貌形态之间存在着相互依存的关系。本节将对这种相互依存关系进行讨论，并作详细推导。后面将利用相关表达式来分析水道的稳定性，同时推导出地貌平衡的条件。

涨落潮持续时间不对称性

前面几节推导的潮波速度都是线性化的潮波方程的解（见附录 B.3 节）。非线性与线性方程之间的差别主要在于，后者忽略了随潮汐变化的水道深度 D 和传播深度 D_S。关于

这些参量随潮汐的变化对潮波传播的影响，将在附录 B.5 节进行讨论，讨论中假设：D 和 D_S 随潮汐的变化远远小于潮均值 h 和 h_S。结果表明，通过求解分别针对高水位和低水位附近短时间内的潮波方程，即可相当好地获得近似非线性方程的解，在此过程中，高、低水位时的 D 与 D_S 均取常数。为此，我们针对高、低水位的情况分别进行取值。高水位时：

$$h = D^+, \qquad h_S = D_S^+ \tag{4.35}$$

低水位时：

$$h = D^-, \qquad h_S = D_S^- \tag{4.36}$$

通过在前文得出的平均波速表达式(4.30)、式(4.31)和式(4.34)中代入式(4.35)、式(4.36)，便可求得高、低水位时的潮波传播速度。若已知外海边界处的高、低水位时间，即可根据高水位时的传播速度 c^+ 和低水位时的传播速度 c^- 得出水道内的高水位时间($t^+(x)$)和低水位的时间($t^-(x)$)(图 4.16)：

$$t^+(x) = t^+(0) + x/c^+, \qquad t^-(x) = t^-(0) + x/c^- \tag{4.37}$$

其中，x 是到水道口门。如果在该边界处潮汐是对称的，即高低水位时间是相等的($|t^+(0) - t^-(0)| = T/2$)，则水道内与外海的涨、落潮周期差就可以由下式给出：

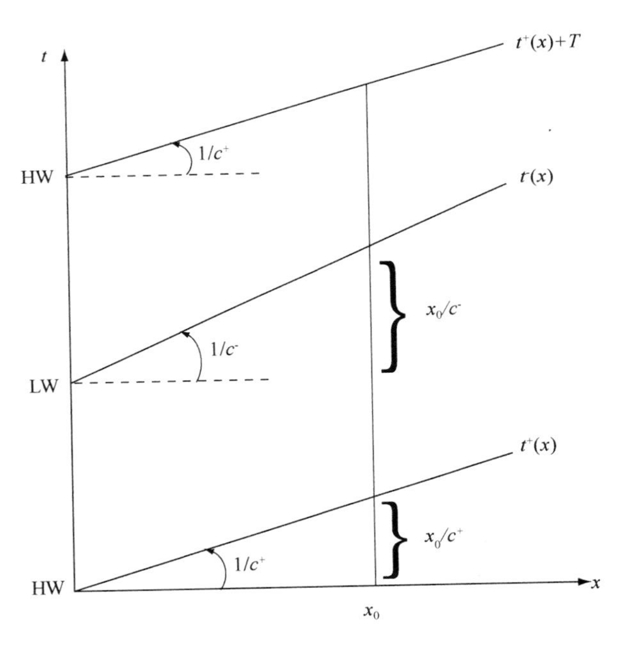

图 4.16 潮汐水道中高、低水位时的潮波传播特征。图中假设波速在整个水道内为常量，但在高水位(c^+)和低水位(c^-)时不同。在示例中，高水位时的传播速度大于低水位，所以水道内的涨潮时间短于落潮时间。相应的潮波曲线绘于图 4.17

$$\Delta_{FR} = 2(t^-(x) - t^+(x)) - T = 2x(1/c^- - 1/c^+) \tag{4.38}$$

如果高水位时的传播速度 c^+ 高于低水位时的传播速度 c^-，那么水道内的涨潮时间则短于落潮时间(图4.17)。潮波在潮汐水道中传播时变成了不对称的。由附录B.6节可得，落、涨潮的时间差可以由下列类似的公式给出：

$$\Delta_{EF}=2[t_S^-(x)-t_S^+(x)]-T\propto 1/c^- -1/c^+ \tag{4.39}$$

其中，t_S^+ 为由涨潮转至落潮的相位；t_S^- 为由落潮转至涨潮的相位。式(4.39)对于几何形态变化较弱和长度较短的水道适用性较好，但在急剧收缩且受摩阻制约的潮汐水道，平潮时间与高低水位的时间大体一致，这类水道中落、涨潮持续的时间差应按下式计算：

$$\Delta_{EF}=\Delta_{FR}=2x(1/c^- -1/c^+) \tag{4.40}$$

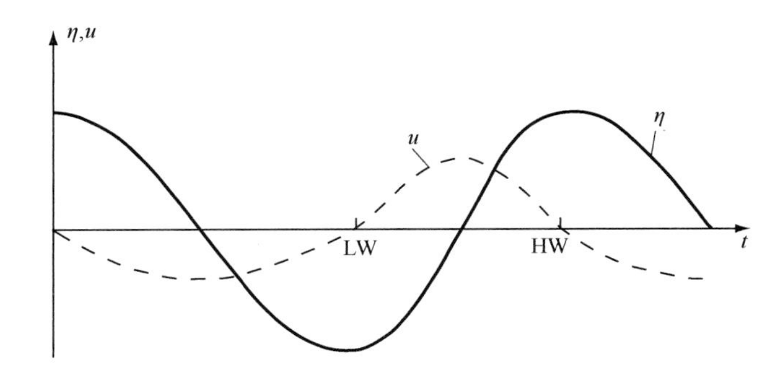

图4.17 实线表示不对称的潮波形状，其涨潮比落潮的持续时间短(见图4.16)，潮位值通过在高水位和低水位内插得出。虚线表示相应的流速曲线，假设相对于潮位(HW与高潮位一致，而LW与低潮位一致)的相位差为π/2。涨潮持续时间短于落潮时间，最大涨潮流速因此而大于最大落潮流速

最大涨、落潮流量的不对称

当不考虑河流径流时，平均而言涨潮流量一定等于落潮流量。因此，如果涨潮时间较短的话，平均涨潮流速一定高于落潮流速；反之，如果落潮时间短于涨潮时间，平均落潮流速一定高于涨潮流速(图4.17)。假如涨、落潮曲线近似为正弦形，涨潮流量和落潮流量相等的前提条件是涨潮峰值流量 Q^+ 与落潮峰值流量 Q^- 之比近似地等于落潮时间与涨潮时间之比。根据式(4.39)，落潮时间与涨潮时间之比可由 $(T+\Delta_{EF})/(T-\Delta_{EF})=Q^+/Q^-$ 式给出，涨、落潮峰值流量之差则可以由下式给出：

$$Q^+-Q^-\approx\frac{2\Delta_{EF}}{T}Q_m \tag{4.41}$$

其中，$Q_m=(Q^++Q^-)/2$ 为平均峰值流量。因此，在高水位传播速度快于低水位的潮汐水道中，最大涨潮流量超过了最大落潮流量；反之亦然。对于那些急剧收缩且又受摩阻影响的潮汐水道，我们可利用式(4.40)得出：

$$Q^{+}-Q^{-}\approx\frac{2Q_{m}}{T}\left[\Delta_{FR}^{\text{inlet}}+2x\left(\frac{1}{c^{-}}-\frac{1}{c^{+}}\right)\right] \tag{4.42}$$

其中，$\Delta_{FR}^{\text{inlet}}$为水道入口门($x=0$)外海潮波的涨落潮时间之差。

斯托克斯漂流

如果潮流速度与潮位间存在接近 $\pi/2$ 弧度的相位差，则类似式(4.41)的适用于涨潮峰值速度 U^{+} 和落潮峰值速度 U^{-} 之差的表达式为：

$$U^{+}-U^{-}\approx\frac{2\Delta_{EF}}{T}U \tag{4.43}$$

该式适用于急剧收缩且又受摩阻影响的潮汐水道。对于那些收缩较弱的潮汐水道，需要校正潮流速度与水道横断面积随潮汐变化的协方差的影响，即斯托克斯漂流 Q_S，由下式给出：

$$Q_{S}=\int_{0}^{T}D(t)\,b_{C}(t)\,u(t)\,\mathrm{d}t \tag{4.44}$$

由于潮流速度 $u(t)$ 与潮位 $\eta(t)$ 之间的相位差介于 0 和 $\pi/2$ 之间，斯托克斯漂流指向内陆方向。质量守恒要求落潮流速相对于涨潮流速有所增加，以补偿斯托克斯漂流。因此还有一项需要引入式(4.43)，这一项将在附录方程(B.72)中给出。

涨－落潮的不对称性及水道形态

根据波速表达式(4.31)和式(4.34)可得：

$$c^{+}-c^{-}\propto D^{+}D_{S}^{+}-D^{-}D_{S}^{-}=D^{+2}b_{C}^{+}/b_{S}^{+}-D^{-2}b_{C}^{-}/b_{S}^{-} \tag{4.45}$$

假设$|D^{+}-D^{-}|\ll D^{+}+D^{-}$且$|D_{S}^{+}-D_{S}^{-}|\ll D_{S}^{+}+D_{S}^{-}$，通过该式便可将潮流的不对称性直接与潮汐水道的几何特征联系起来，相关的几何特征主要包括高、低潮时的水道深度和传播深度。对于那些不具有大面积潮间带的潮汐水道，高潮较低潮时的水深大(即 $D^{+}>D^{-}$)、水道宽度也大(即 $b_{C}^{+}>b_{C}^{-}$)，这意味着涨潮时间短于落潮时间；而对于那些具有大面积潮间带的潮汐水道，高潮较低潮时的海面宽度大，即 $b_{S}^{+}>b_{S}^{-}$，这意味着涨潮时间长于落潮时间。在前者中，最大涨潮流速超过了最大落潮流速；而后者中，落潮流将占主要地位。

平潮的不对称性

流速的不对称性不仅只产生于潮波的传播，高平潮(HSW)和低平潮(LSW)持续时间上的不对称性也直接与局部水道的几何形状有关。正如稍后所述，这种不对称性特别关系到潮汐水道中细粒泥沙的净输移。平潮的不对称性可以通过建立水道向陆侧的潮流量与纳潮量之间的关系来表达，即：

$$Q(x,t) = A_C(x, t)u(x, t) = \int_x^l b_S(x',t)\eta_t(x',t)\mathrm{d}x' \tag{4.46}$$

其中，η_t 为单位时间内潮位的变化。假定潮汐水道范围内，高潮位、低潮位几乎一致，如水道长度 l(或收缩长度 L_b，针对急剧收缩的情况)远小于潮波波长时。如果水道宽度为常数或呈指数收缩，则式(4.46)等价于：

$$u(x, t) \propto b_S(x, t)\eta_t(t)/A_C(x, t) = \eta_t(t)/D_S(x, t) \tag{4.47}$$

由该式可知，最大潮流速度出现在 b_S 值较大，即潮滩刚刚被完全淹没之后。在地势低洼的潮滩，最大潮流速度出现于接近 LW 时；而在地势较高的潮滩，最大潮流速度出现于接近 HW 时。许多观测结果都证明了这一点，如原著参考文献[40]所报道的在萨提拉河(Satilla，下同)的观测结果。

在本节假定的小型水道中，$\eta(t)$ 与 $u(t)$ 有 $\pi/2$ 弧度的相位差，这意味着在高平潮和低平潮时，$\eta_t \approx 0$。通过对式(4.47)进行微分，则得到高、低平潮时的潮流速度变化之比：

$$\frac{|u_t|_{\mathrm{HSW}}}{|u_t|_{\mathrm{LSW}}} \approx \frac{D_S^-}{D_S^+}\frac{|\eta_{tt}|_{\mathrm{HSW}}}{|\eta_{tt}|_{\mathrm{LSW}}} \tag{4.48}$$

若外海潮汐对称的话，上式右边的最后一个因子等于1。式(4.48)表明，在宽阔潮滩和水道较深($D_S^+ < D_S^-$)的情况下，高平潮时的流速变化要比低平潮时快，而高水位时的平潮时间则比低水位短；在狭窄潮滩和水道较浅($D_S^+ > D_S^-$)的情况下，则结果相反。单位面积的泥沙沉积速率，在前者中低平潮大于高平潮，后者反之。

外海潮汐的影响

潮汐水道中的潮汐不对称性受外海潮汐不对称性的影响。在外海中的涨潮快于落潮导致邻近潮汐水道中涨潮流速高于落潮流速，较慢的涨潮过程则具有相反的效应。狭长水道中，外海潮汐的不对称性可以通过水道形态的影响而被抵消；但在小型水道中，外海潮汐不对称性的影响则胜于水道自身产生的不对称性。如果外海中高潮持续时间长，则对应较长的平潮时间，反之亦然；低潮与高潮的情况也类似。潮波沿海岸的变形将影响邻近潮汐水道中涨－落潮流的不对称性，进而影响泥沙的净输移以及水道的地貌发育。图4.18所示为荷兰海岸线及沿岸潮汐水道中的潮汐曲线。由该图可以明显看出，外海潮波在各相邻水道内的形状通常大同小异。那么，为什么外海潮汐具有不对称性？对这一问题将在附录中进行讨论(见附录C.2节)。

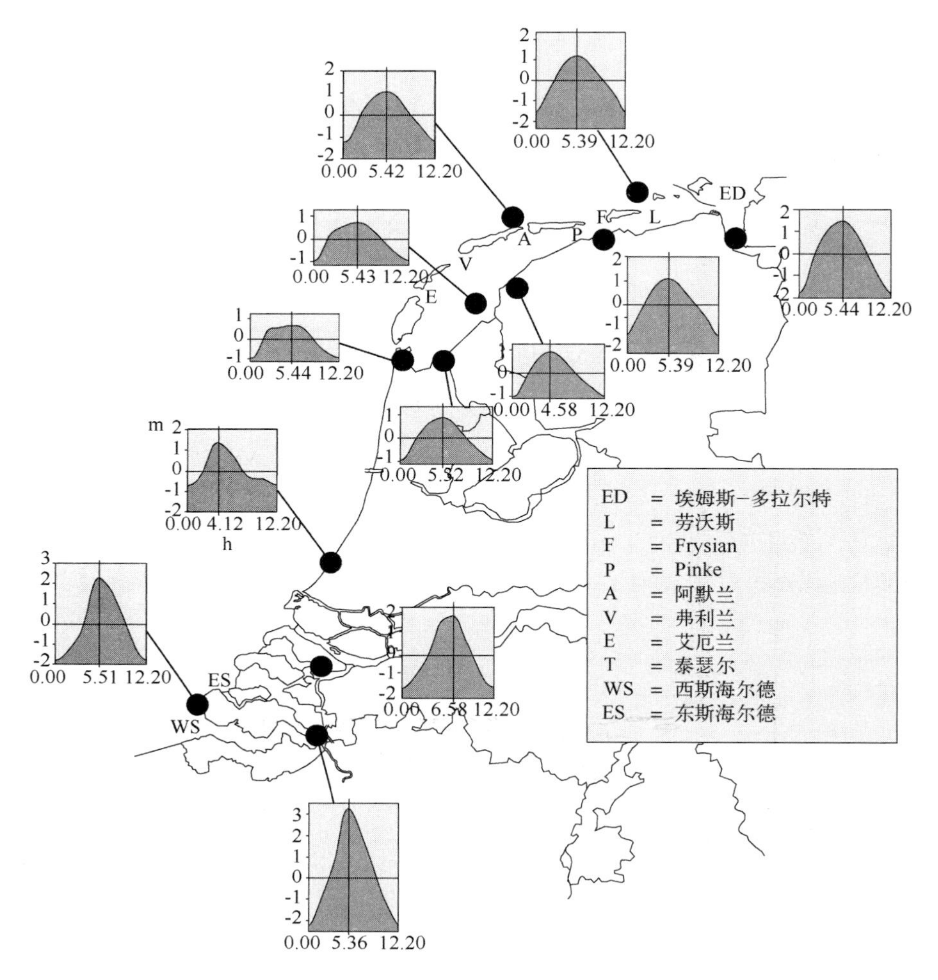

图 4.18 荷兰海岸线及沿岸潮汐水道。10 年来平均大潮过程线给出了不同海岸及水道的潮差和潮汐不对称性，在大部分潮汐水道中，至少部分地延续了外海潮汐的不对称性

4.4 典型水道中的潮波传播

本节将根据野外观测详细分析几个潮汐水道中的潮波传播过程，所选的水道是前面讨论过的不同类型的典型例子。其中，塞纳河口是一个强潮漏斗状河流型水道；东斯海尔德河口是一个中潮障壁型水道；西斯海尔德河口是一个径流量较小的中/大潮漏斗状河流型水道；莱茵河口是一个径流量较大而宽度几乎一致的小潮河流型水道。将比较这些水道中的潮波传播特征与前一节讨论的理想化潮波传播模型的异同，并据此着重说明水道几何形态对潮波传播，特别是对潮汐不对称性的影响。

4.4.1 塞纳河口

地理与地貌

塞纳河口是由于海水侵入塞纳河谷而发育形成的，故属于河流型潮汐水道。在过去的几个世纪里，为了提高航行能力，人们进行了一些重大的改造工作。图4.19所示为塞纳河口原来的形态以及20世纪60年代最后一次人为干预以后至今的河口形态。原来的河口是具有宽阔潮滩的蜿蜒水道系统，后来新的出口航道已被疏浚，并维持大潮低水位水深7 m以上。该水道已被限制在导流坝以内，大部分潮滩也已被围垦。1834年潮间带面积为130 km^2，至今潮间带的面积已经减少到了30 km^2，而且高潮时河口断面面积也从20 000 m^2余减少到了5 500 m^2。著名的涌潮（见图2.2）由于水道入口处浅滩的移除而不再发育。目前的塞纳河口呈漏斗状，其宽度在25 km长度（几乎等同收缩长度$L_b \approx 25$ km）内呈指数减小，上游宽度几乎不变。

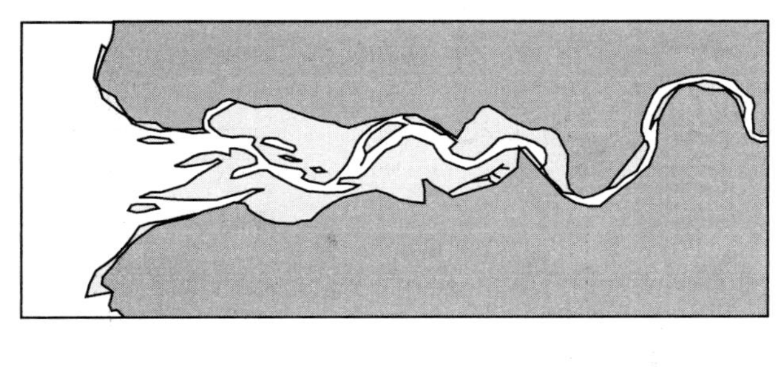

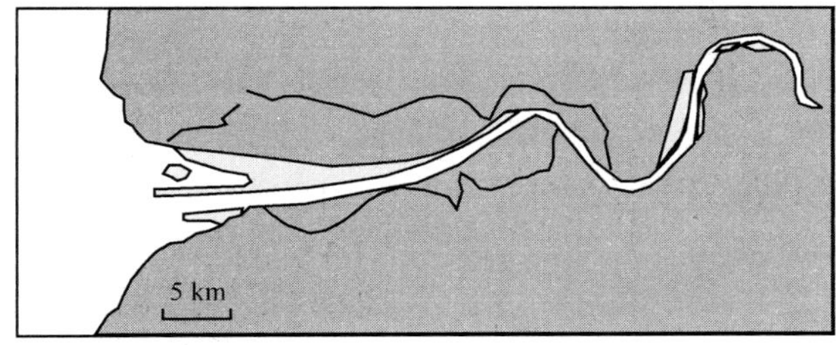

图4.19　19世纪初期以及今天的塞纳河河口，浅灰色表示潮间带。大部分潮滩已被围垦，水道也受到了导流坝的限制

潮流量和径流量

塞纳河口的潮差在大潮时可达7 m，潮汐可传播至上游160 km的Poses，在那里残余的潮波受到堰坝反射。图4.20所示为19世纪时大、小潮的潮位曲线；图4.21为现在大潮时潮位和表面流速的过程线。潮差在河口处达到最大，向陆减小，并且潮差的衰减发生在均匀河段；大潮时潮差衰减强于小潮。海水有可能在塞纳河口重建之前就已侵入上游

70 km[18]。目前，在径流量约为400 m^3/s 时，海水入侵距离达25 km，河口内部分区域可以达到良好混合状态；在径流量较低时，海水入侵界限会再向内陆延伸大约10 km；每年都有几个月的径流量超过1 000 m^3/s(峰值流量超过2 000 m^3/s)，此时在每个落潮周期结束时河口内几乎没有海水存在。

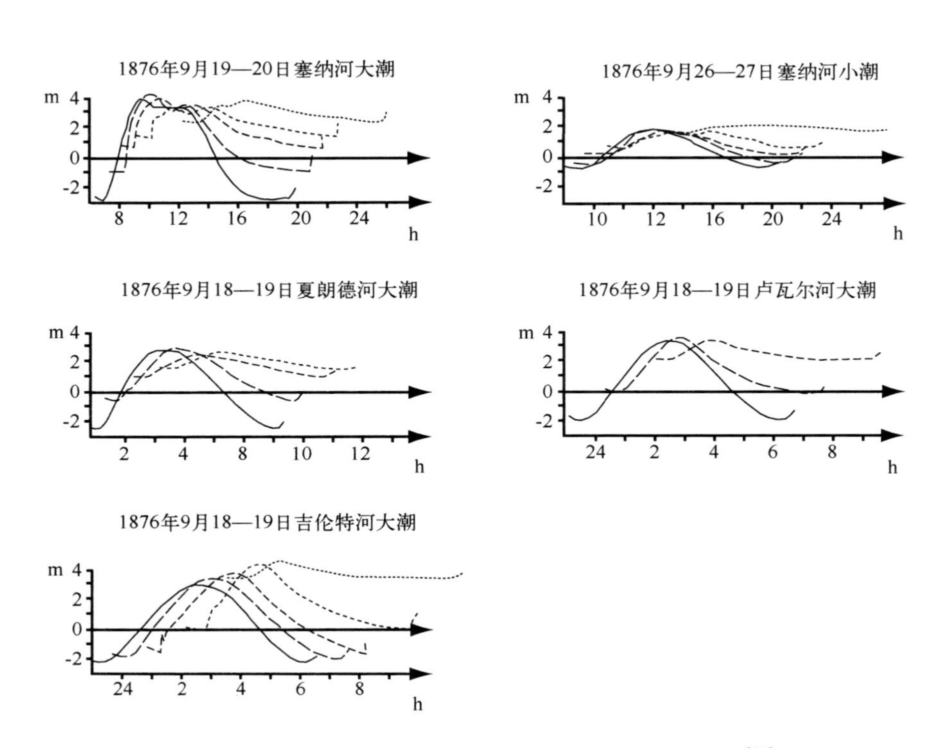

图4.20 在19世纪的大型疏浚工程之前，法国几条河流观测的潮位曲线[84]，在潮波向上游传播期间，潮汐不对称性发育。在塞纳河及吉伦特河，大潮时高水位超过低水位，造成涌潮。图中各曲线表示沿河不同站位的潮位过程，括号内表示距口门的距离(km)及线型。塞纳河：翁弗勒尔(0，实线)、杰罗姆港(24，长虚线)、科德必(Caudebec，下同)(46，中虚线)、迪克莱尔(78，短虚线)、埃尔伯夫(136，点线)；夏朗德河：Embouchure(0，实线)、Carillon(32，长虚线)、Taillebourg(56，中虚线)、La Baine(80，短虚线)；Loire：St. Nazaire(0，实线)、Cordemais(24，长虚线)、南特(Nantes)(56，中虚线)；吉伦特河：Pointe de Grave(0，实线)、La Marechale(38，长虚线)、Becd'Ambes(72，中虚线)、Portets(116，短虚线)、朗贡(142，点线)

潮汐的不对称性

即使在河口，涨潮时间也大大短于落潮，特别是在大潮期间。在初始状态，当潮波沿向陆方向传播时其峰前变得较陡，大潮时在距河口约40 km处发育成涌潮；在现今情况下，潮波峰前变陡的情况已经不复存在，因此已没有明显的涌潮发育形成。若平均径流量较低，在距河口100 km处，最大涨潮流速就已超过最大落潮流速。此时几乎在任何位置，

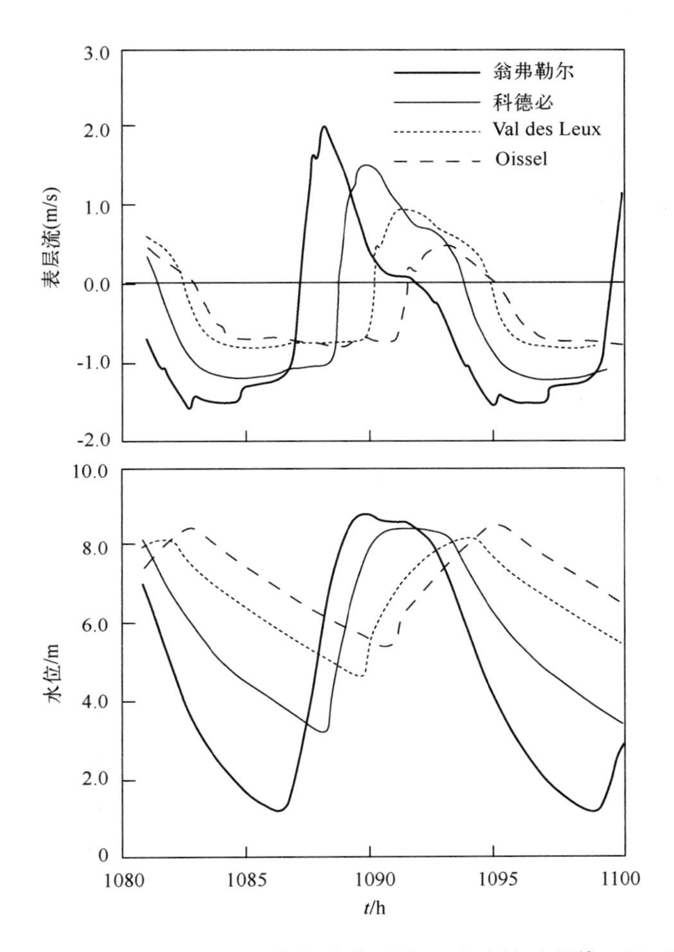

图4.21 塞纳河各站同步测得的大潮期间水位及表面流速的过程线。经 Elsevier 允许，根据文献[55]重绘。无论径流量如何，涨潮峰值速度总是大于落潮峰值速度。涨潮峰值速度与涨潮最大水面坡度一致，落潮流相位与落潮过程一致。验潮站距河口距离：翁弗勒尔，0 km；科德必，46 km；Val des Leux，90 km；Oissel，135 km

低潮相位都与落潮流转向涨潮流的节点相一致(即低平潮，LSW)；而高潮相位则移至涨潮流转向落潮流的节点前约1个小时(即高平潮，HSW)。潮流由落潮向涨潮的转变迅速，这显然与水位坡度有关；而由涨潮向落潮的转变则与落潮的开始时刻有关。由于落潮时水位的空间梯度小于涨潮，所以由涨潮向落潮的转变较慢，水位曲线也滞后于速度曲线大约2个小时(即涨、落潮流速峰值与高、低潮位之间的相位差)，接近于相位滞后 $T/8$，对于受摩阻制约的均匀水道而言，这是预料之中的(图4.21)。涨潮峰值流速与涨潮时最大水面坡度相一致，落潮流相位与落潮过程一致。驻波或急剧收缩水道中受摩阻作用的潮波，都会出现这种情况。在河流上游，堰坝的反射可以产生驻波；而在河口，潮波将受到几何形态强烈收缩的影响。

潮波传播

由图4.21可以看出，当水位达到最高点时，河口的涨潮流速开始减小，但高水位仍会保持一段时间，而且在其下降之前会第二次形成峰值。在第一次水位峰值时，摩阻作用强烈，潮波传播速度较低；在第二次水位峰值时，摩阻作用减小，潮波传播速度变快。因此，当潮波向陆传播时，高潮过程线的形状发生改变：第一次水位峰值减弱，在达到高潮之前水面坡度减小，上游潮位过程线出现一个与平潮一致的较短的水位峰值。由潮位过程线可以看出，在河口的漏斗状部分高潮传播速度为13 m/s，而低潮传播速度则低得多，大约为7 m/s。对于无摩阻作用的潮波($c^{\pm} = \sqrt{gD^{\pm}}$)，预计高、低潮传播速度分别为12 m/s和9 m/s；对于强收缩水道($c^{\pm} = g(D^{\pm})^2/rL_b$)中受摩阻作用的潮波，理论传播速度分别为17 m/s和6 m/s。若$r = 0.003$，则在弱收缩水道($c^{\pm} = D^{\pm}\sqrt{2g\omega/r}$)中的潮波，理论速度分别为13 m/s和8 m/s，显然与塞纳河口区一致性最好。

泥沙沉积

悬沙纵向分布的特征为最大浑浊带的存在(见图4.5)，最大浑浊带与盐水入侵边界相接近，以类似于盐侵前缘的方式随潮流在河口来回移动。塞纳河口及其外侧的底质均以淤泥质为主，砂多分布于水道谷底。大量泥沙淤积于河口外侧及北部相邻水道的潮滩上，其中大部分细颗粒物为陆源碎屑(黏土矿物)，洪水期随河水向下游输移[122]。在风暴潮期间，由于局部波浪作用，潮滩受到强烈的侵蚀。观测结果表明，被侵蚀的泥沙量与整个最大浑浊带的泥沙量相当。在风暴潮作用下，高度浑浊的水体通过横向环流在河口及其外侧扩散。当风暴潮过后状况恢复正常时，在潮滩上将发生泥沙的再沉积，与洪峰过后类似[273]。

泥沙输移

在大潮时同样会发生泥沙的再悬浮，而且垂向平均悬沙浓度可达1 kg/m^3[18]。泥沙年净输移量是由大潮和径流条件所决定的。在塞纳河口，大潮时涨潮的床底切应力远高于落潮。数值模型表明，这主要是由于潮汐的不对称性，盐度差异所引起河口环流影响较小[55]。在平均径流量较低的情况下，更多的泥沙悬浮和输移是由涨潮流而非落潮流所致。此外，高平潮(HSW)时的泥沙沉降周期长于低平潮(LSW)。河口最大浑浊带就是该向岸泥沙净输移的结果。泥沙向海的输移主要发生在河流洪水期(径流量大于1 000 m^3/s)[273]。

正如所提到的，在低径流量时期，整个感潮河段的涨潮峰值流速高于落潮。据此可以解释为何在上游距入海口100 km的鲁昂港区内，会出现海洋成因的泥沙沉积[182]。

4.4.2　西斯海尔德河口

地理与地貌

位于荷兰南部的西斯海尔德河口是一个朝向北海南部湾的中/强潮河口(见图 4.4)。海水入侵距离长达 80 km，潮波一直向斯海尔德河的上游传播，直到距入海口 160 km 的根特(Gent)的导流坝。西斯海尔德河口位于一个很大的海岸平原内，其中也发育了其他一些潮汐水道，特别是比西斯海尔德河口小的东斯海尔德河口。在全新世海侵期间，海岸障壁沙坝形成了受掩蔽的潟湖环境，其中沉积了大量的海洋来沙和黏土[33]；后来河水的淹没使潟湖转变成为泥炭沼泽；由于在罗马时代(2 000 BP)的排水和开垦，这些沼泽下沉，由此创造了海水重新淹没的条件。当前的河口是由于中世纪早期和晚期的风暴潮以及为了军事目的而在堤坝上开凿的缺口形成的，在公元 1600 年其范围达到最大(图 4.22)。伴随着水道面积的增大，进潮量也大幅度增加，同时潮流变得越来越强，以致表面大部分泥炭层被侵蚀。此外，水道的加深使下层砂质底床受到冲刷，抗侵蚀的泥炭层也只有在个别区域才能保留下来。17 世纪，西斯海尔德河成为去往安特卫普的主航线，在此之前，大部分船只往往经东斯海尔德河航行。后来，西斯海尔德水道面积大幅度减小，其原因在于泥沙沉积和土地开垦。最近的土地开垦活动在 20 世纪 50 年代开始，形成了目前水道的地貌格局。在此之前的潮间带面积为 $3.4\times10^{7}\ \mathrm{m}^{2}$，而如今留下的面积仅约有 $9\times10^{6}\ \mathrm{m}^{2}$[461]，水道的总面积也减少了 40% 以上，进潮量却仅仅减少了 13%，这主要是因为潮差大幅度增加的缘故。在 20 世纪，去往安特卫普的航道多次加深，至今仍在不断地疏浚，以保持其在平均低水位时水深高于 14 m。

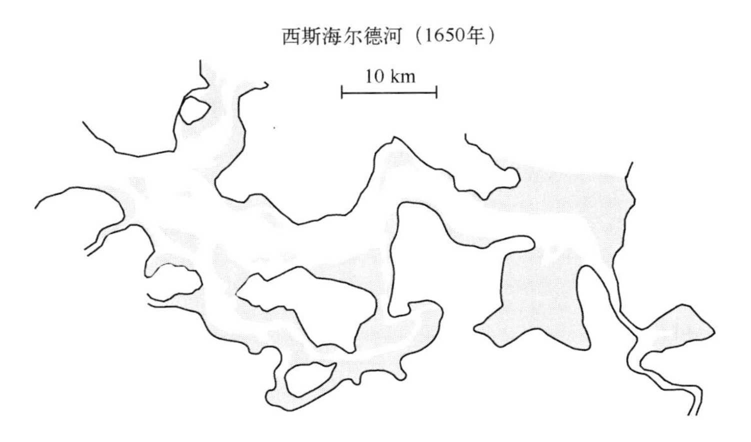

图 4.22　17 世纪时的西斯海尔德河口。阴影部分为潮滩，潮间带面积早先为 $3.4\times10^{7}\ \mathrm{m}^{2}$，而现在只留下约 $9\times10^{6}\ \mathrm{m}^{2}$[461]

河口区的总体形态呈收缩状，河口处宽 5 ~ 6 km，到比利时—荷兰边界(距离 80 km)减小至约 1 km。图 4.23 所示为该河口的特征地貌参数，收缩长度 L_b 约为 50 km，与潮波波数的倒数 $1/k = L/2\pi$ 相当。潮滩约占河口面积的 1/3，其中大部分是无植被覆盖的砂质沉积；细粒泥沙主要分布在外河口的盐沼中。呈蜿蜒状和辫状发育的水道系统分布于外河口，并由堤坝加以防护，河口区几乎到处都有涨、落潮水道发育。

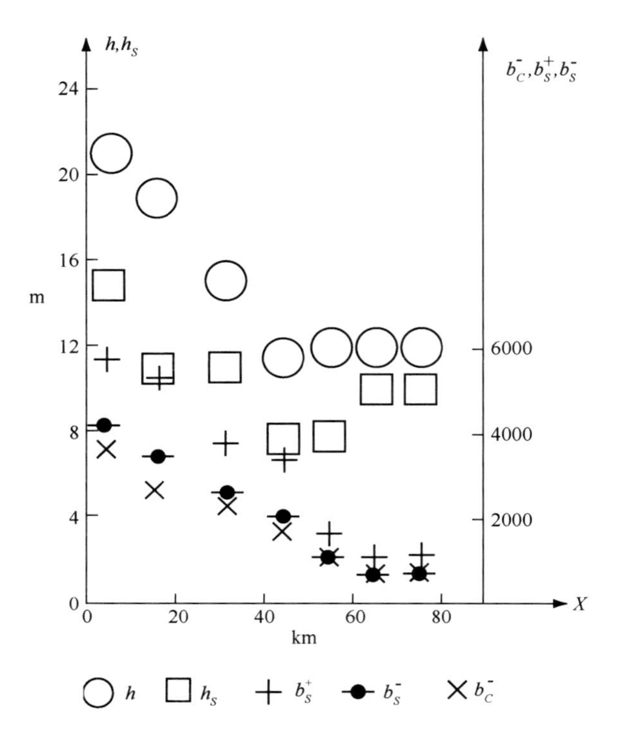

图 4.23 西斯海尔德河口的水深地形参数。水道平均水深 h 自入海口处减小，但上游几乎保持不变；平均传播深度 h_S 沿水道无强烈变化；低潮时水道宽度 b_C^-、高潮时海面宽度 b_S^+ 以及低潮时海面宽度 b_S^- 都从口门开始向上游减小

潮流量和径流量

该海域为半日潮波，几乎呈对称状，日不等现象不明显，大 - 小潮变化中等。潮差在入海口处约为 4 m(大潮 4.5 m，小潮 3 m)；在收缩的河口内，安特卫普附近潮差增大到 5 m，再向上游则逐渐减小，到根特(Gent)减小至 1.5 m(见图 4.24)。在西斯海尔德河口的鼎盛期(1600 年前后)，潮差较小，当时在安特卫普最大潮差可达 4 m。斯海尔德河径流量较小，约为 100 m^3/s。海水入侵的边界位于安特卫普附近，径流量较高时位于比利时—荷兰边界附近。河口区的水体混合良好，由密度差异引发的河口环流较小，典型流速不到0.1 m/s。

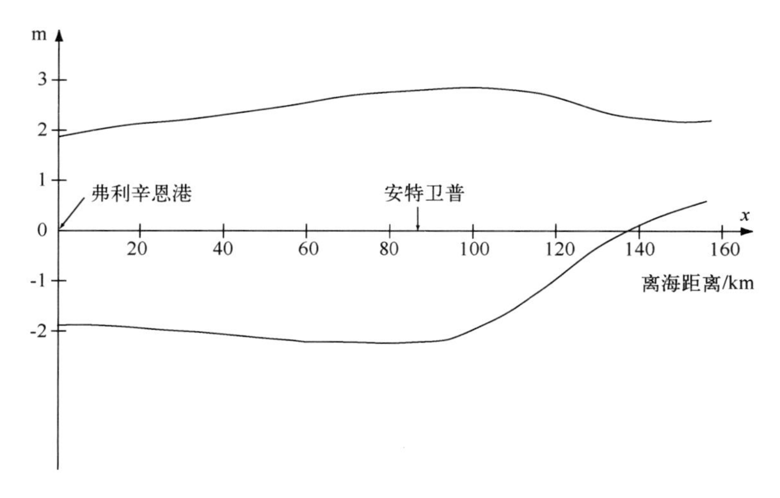

图4.24　沿西斯海尔德河口及斯海尔德河，最高潮位和最低潮位的纵向分布特征

潮波增强

首先，我们研究水道收缩对河口断面内潮差增大的影响(图4.24)。附录式(B.86)给出了收缩而不反射水道中的潮波阻尼系数μ:

$$\mu \approx \omega^2 L_b [c^{-2} - c_0^{-2}], \qquad c_0^2 = gh_S \tag{4.49}$$

以$h_S=10$ m代替平均传播深度(表4.3)，从图4.26估算平均波速$c=10$ m/s，从而得到$\mu\approx0$。尽管h_S和c的值有10%的误差，但无法由水道收缩解释潮差从入海口的4 m放大到上游($\approx$80 km)的5 m。这说明潮差的增加是由在上游的部分反射所产生的，上游80 km处附近迅速加快的高潮传播速度对此给予了支持(见图4.26)。

表4.3　西斯海尔德河(WS)和东斯海尔德河(ES)的水深地形参数

参数	WS 高潮/m	WS 低潮/m	ES 高潮/m	ES 低潮/m
b_S	3 500	2 500	5 250	3 250
b_C	2 200	1 900	2 750	2 500
D	17.0	13.0	16.5	13.5
D_S	10.5	10.0	8.6	10.4

潮汐的不对称性

图4.25所示为入海口处(A站)和大约上游50 km处(B站)的水位和流量过程线。可以看到，潮汐的不对称性在入海口就已经出现，而且涨潮过程在高潮之前几个小时就十分强烈，因此涨潮流的峰值流量比落潮流高出约30%。A、B两站的高、低潮相位均领先于

高、低平潮之后的流向反转约 1 个小时。在断面范围内，流向反转是不同步的：海底与水面的时间差不超过 10 min(低平潮时)，但水道两岸与主水道轴线的时间滞后可达 1 个小时。由于流速和水位具有小于 $\pi/2$ 的相位差，所以向海的净流速分量对斯托克斯漂流给予了补偿。虽然涨、落潮流的平均峰值流速由于对斯托克斯漂流的补偿而具有相同的量级，但是在断面内涨、落潮水道之间却出现了很大差异。潮位与潮流量之间的相位差大于受摩阻作用的潮波，其原因一部分归咎于河口形态的收缩，另一部分归咎于潮波的反射。

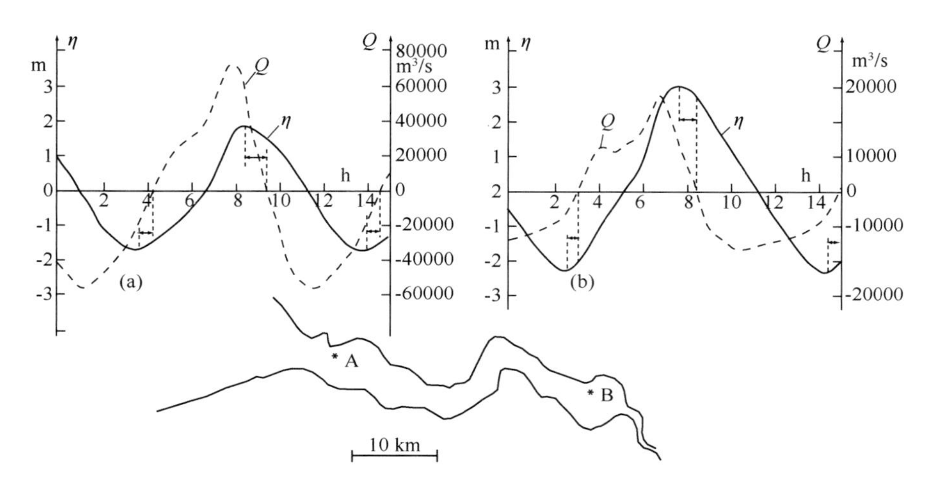

图 4.25　西斯海尔德河口的潮位和流量过程线(荷兰国家水运局调查部)。(a)A 站(口门)，(b)B 站(50 km 之外的上游)。涨潮峰值流量超过落潮峰值流量，整个水道中高、低潮与对应平潮的时间滞后约为 1 个小时

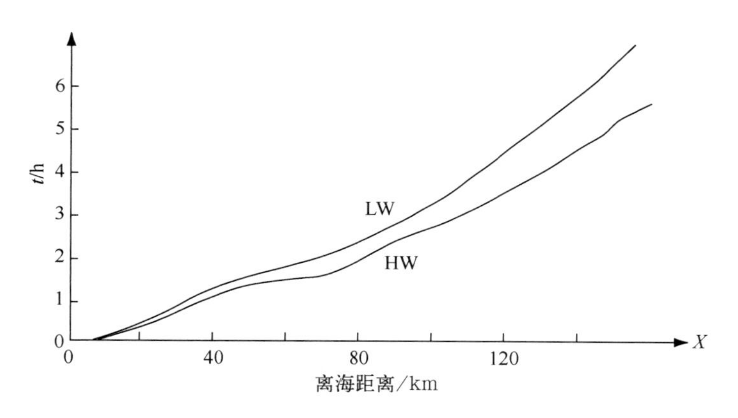

图 4.26　沿西斯海尔德河口和斯海尔德河的高、低潮传播，高潮传播速度明显快于低潮

潮波传播

在过去的几个世纪期间，潮波传播速度已经有了很大的提高。17 世纪时，高、低水位从弗利辛恩(Vlissingen)到安特卫普的时间是 5 个小时左右；1900 年，该段时间减少到大约 2.5 个小时；到目前，则需要大约 2 个小时。传播时间的快速减小与水道深度的增加和潮间带面积的减小相对应，在整个水道中，高潮传播快于低潮(见图 4.26)，外河口(前 80 km)高潮的平均传播速度 $c^+=11.5$ m/s，低潮的平均传播速度 $c^-=9$ m/s，该区域具有多水道系统和大片的潮滩。20 世纪期间，高、低潮传播速度之间的这种差异几乎保持不变，实际观测到的传播速度要低于驻波假设下的预测，与前进波比较接近。然而，利用无摩阻前进波的速度公式 $c^{\pm}=(gD_S^{\pm})^{1/2}$ 对高、低潮传播速度的计算结果却相同，均为 $c\approx$ 10 m/s(见表 4.3)。急剧收缩水道中受摩阻作用的速度公式 $c^{\pm}=gD^{\pm}D_S^{\pm}/r^{\pm}L_b$ 的计算结果与观测($c^+=11.7$ m/s，$c^-=8.5$ m/s)相接近，计算中摩阻系数取 $r^{\pm}=r=0.003$，$D^{\pm}$ 和 $D_S^{\pm}$ 取表 4.3 中的数值。

在内河口(60～100 km)，潮波传播速度低于外河口，高潮为 9.5 m/s，低潮为 7.4 m/s。该部分的形态更接近于河流型潮汐水道，为具有收缩宽度和最大浑浊带的单水道系统。急剧收缩水道中，考虑摩阻作用的水流模型对低潮传播速度的预测相当不错，但对高潮传播速度的预测值却偏高。可见，不论是前进波速度公式 $c^{\pm}=(gD_S^{\pm})^{1/2}$，还是缓慢收缩水道中受摩阻作用的速度公式 $c^{\pm}=(2g\omega D^{\pm}D_S^{\pm}/r^{\pm})^{1/2}$，都对高、低潮传播速度预测过高(见表 4.4)。

泥沙输移

自从 14—16 世纪西斯海尔德河口拓展以来，其形态发生了重大改变。大量泥沙已被移出水道，并在较浅的潮下带和潮间带出现快速沉积(3 cm/a)[461]。20 世纪水道仍在继续加深，对水道的疏浚可能是主要原因。从 1930 年至 1990 年，潮下泥沙总量增大了约 7×10^7 m^3；与此同时，西斯海尔德河口的纳潮量因沉积作用减少了 6×10^7 m^3，因围海造地减少了 6×10^7 m^3。纳潮量的减少由于潮差增大和海平面上升而得到补偿，补偿量分别为 3.5×10^7 m^3 和 10^7 m^3。在高处长有植被的沼泽区虽然增多，但其面积则因侵蚀作用而减小。对水道的疏浚主要集中在涨、落潮水道的汇合处，因为该处有浅滩存在(见图 4.44)，被疏浚的泥沙大部分堆积在河口区的一些次级涨潮水道和水道两岸。河口的泥沙冲淤接近平衡，其中净沉积量介于每年 1×10^6～2×10^6 m^3 之间，可与海平面上升保持同步。以悬移质运动的大部分泥沙都是来自海洋的细粒沉积物(中值粒径小于 100 μm)，在河口段的浓度小于 0.1 kg/m^3。由图 4.27 可以看出，水道中细粒海洋泥沙的百分含量是至口门距离的函数。最大浑浊带见于海洋与河流的过渡带，位于比利时—荷兰边界线和泰姆瑟(Temse，安特卫普上游 20 km)之间，该处平均悬沙浓度介于 0.1～0.2 kg/m^3 之间，并且大部分泥沙为河流成因[436]。泥沙大量沉积在沼泽区内，沼泽植被对该过程起到了很大的促进作用。

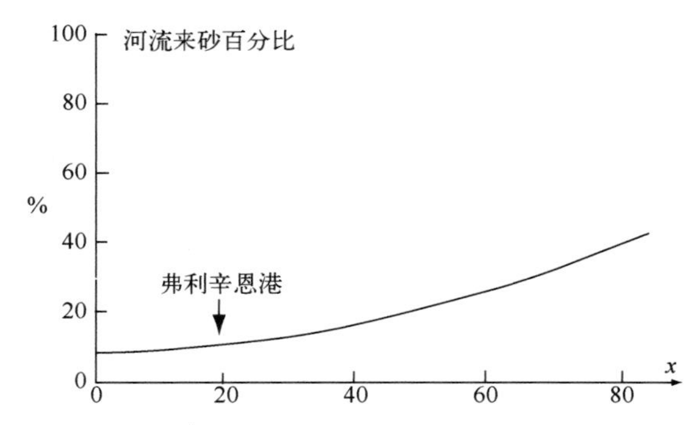

图 4.27　西斯海尔德外侧河口的细粒有机质沉积物主要为海洋成因，数据是以碳同位素分析为基础建立的。据原著参考文献[389，470]

4.4.3　鹿特丹水道与莱茵河

地理与地貌

莱茵河经几条支流后进入北海南部湾（见第 2 章图 2.16），现在其主要径流在大部分时间只流经鹿特丹水道。这条水道的外部是 19 世纪末挖掘的一条长 15 km 的人工运河，在 20 世纪期间被加深加宽了多倍。目前水道的宽度（600 m）及横断面积（6 000 m^2）直到距入海口 30 km 处的鹿特丹几乎保持不变；在 30 ~ 50 km 之间，其宽度和横断面积几乎呈线性减小到 300 m 和 2 000 m^2。莱茵河的第二条主要支流为哈灵水道，但这条支流已于 1970 年被筑坝拦截，当径流量超过平均值（2 200 m^3/s）时，超量的莱茵河水将通过哈灵水坝的闸门排入大海。潮波主要通过鹿特丹水道进入莱茵河，并向河流上游传播进入莱茵河的两条主要支流：瓦尔河和莱克 - 下莱茵河。由于摩阻作用的影响，潮波入侵长度被限制于距入海口 80 km 处。莱克 - 下莱茵河在距入海口 50 km 处汇入鹿特丹水道，其宽度和深度几乎保持不变，平均水深为 5 ~ 7 m，与莱茵河一样都可以被粗略地描述为均匀一致的潮汐水道。与水道深部相比，潮间带面积较小，上游河段的沿岸地区在径流量较高时往往被河水淹没。水道床面主要由中砂组成。

潮流量与径流量

入海口处的平均潮差为 1.75 m（大潮 1.9 m，小潮 1.5 m），向上游至莱克 - 下莱茵河的哈格斯坦（Hagestein）水坝（距海 75 km），潮差减至零。通过鹿特丹水道的平均径流量为 1 750 m^3/s，年最小和最大径流量分别为 500 m^3/s 和 4 000 m^3/s 左右；莱克河的径流量平均为 500 m^3/s。海水入侵边界一般位于距入海口 20 km 处的鹿特丹附近，河流和河口中的悬浮泥沙浓度相当低，约为0.05 kg/m³，但在海水入侵边界附近，悬沙浓度达到最大(约0.1 kg/m³)。在鹿特丹水道中，涨潮流速峰值为1.5 m/s左右，落潮流速峰值为2 m/s左右。涨潮流和落潮流的垂向流速分布呈明显的不对称：涨潮期间，中层流速最高；落潮期间，最高流速出现在表层，近底水流微弱。由于这种不对称性，河口内发育有良好的河口环流(图4.28)。

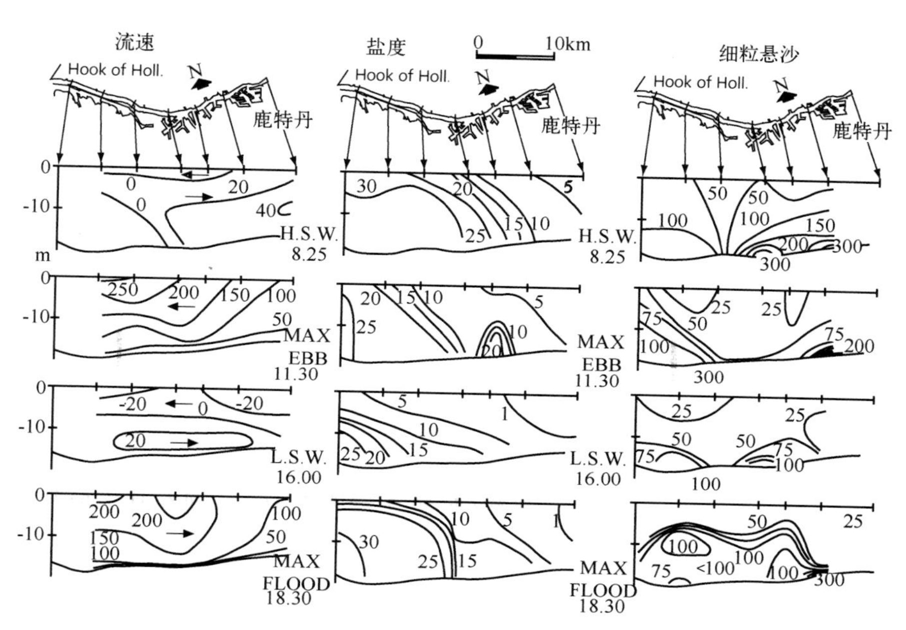

图4.28 一个潮周期中鹿特丹水道潮流速度(cm/s)、盐度(ppt)以及悬沙浓度(mg/L)的纵向分布特征(根据荷兰国家水运局调查部1967年9月9日的观测资料)。河口环流发育良好，表层附近以向海为主，而底层则以向陆为主。落潮期间盐度层化比涨潮期间强烈；高水位时悬沙浓度最高，但与其他河口区相比，仍然相当低；涨急、落急时刻在海水入侵边界附近，可以观察到有局部最大浑浊带存在

潮汐的不对称性

图4.29所示为潮汐及河流条件下多年平均的实测水位与流量过程线。由该图可以看出，在河道中潮流受到强烈的阻碍。潮汐的不对称性是在潮波向上游传播期间产生的，表现为涨潮历时缩短，落潮历时增长，潮流量也沿上游方向减小。在外河口以潮流作用为主，再进一步向陆则以河流作用为主。潮位曲线滞后于潮流量曲线，平均滞后相位约1.5 h，表明潮波传播受到了摩阻作用的制约。前文我们已经认识到，在均匀一致的水道中受摩阻作用的潮波传播具有类似现象。平均水位在上游的增高与河床坡度类似，而水面倾斜产生的水流加速则被垂向动量输送所平衡[115]。

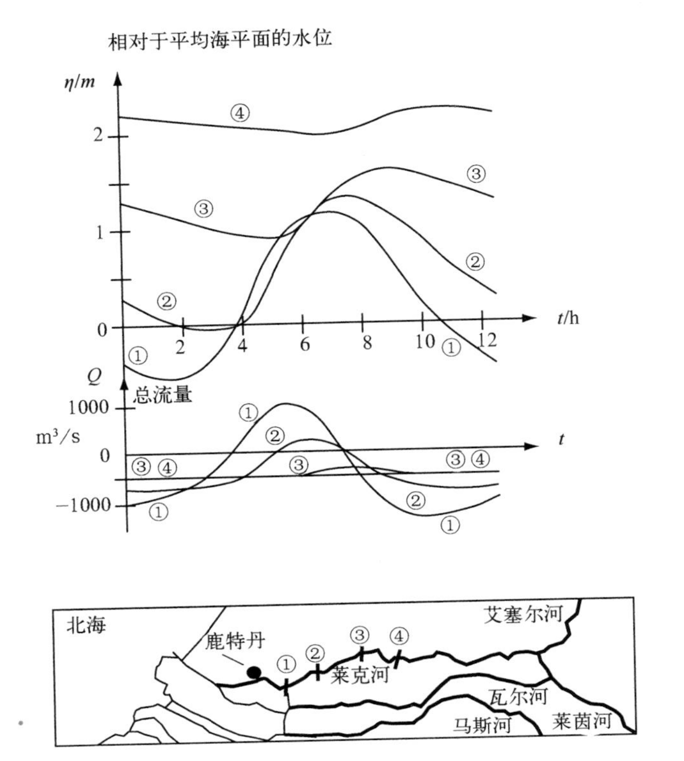

图 4.29　沿莱克河观测的水位与流量过程线(根据原著参考文献[115]重绘)

潮波传播

在莱克河中高潮传播快于低潮，相对于河流平均径流量，高潮传播速度$c^+ \approx 7$ m/s，低潮传播速度 $c^- \approx 4.5$ m/s。对于无摩阻作用的潮波传播，已知 $c^{\pm} = \sqrt{gD^{\pm}}$，可得高潮($D^+ = 7$ m)传播速度 $c^+ = 8.4$ m/s，低潮($D^- = 5.5$ m)传播速度 $c^- = 7.4$ m/s，远高于观测值。不过，与受摩阻作用的传播速度 $c^{\pm} = D^{\pm}\sqrt{2g\omega/r^{\pm}}$ 相比，则有较好的一致性。若 $r^{\pm} = r = 0.003$ m/s，则得出 $c^+ = 6.7$ m/s，$c^- = 5.3$ m/s。有人可能会提出异议：低潮传播的摩阻系数应该高于高水位。因为高水位时，潮流与河流是反向的；而低水位时，两者则是同向的。在此区域，层化现象并不重要，因为海水侵入到河流上游的范围有限。若要使低水位时观测值与计算值吻合良好，则应取 $r^- = 0.004$ m/s。

泥沙输移

莱茵河三角洲的形态在很大程度上是人工塑造的，原始的入海口已被水坝封闭，而现在的入海口，即鹿特丹水道，则是新近开辟的。水道宽度和深度在下游河段的许多地方都已经发生变动，并已经强烈地影响了现阶段的地貌动力平衡。19 世纪末、20 世纪初的首次干预促发了朝着恢复原始状况发展的地貌动力响应，但需要强有力的疏浚工程才能建立接近地貌动力平衡的条件，这种情况曾在 1950 年前后实现过[192]。经验表明，要使三角洲中以潮流作用为主的部分恢复到接近地貌动力平衡的状态，则需要保证涨、落潮流速为 0. 55 m/s(水道断面及潮汐周期内的平均值)[116]，相当于断面平均的大潮最大涨、落潮流速均为 1 m/s。然而现在还不清楚的是，这是否也适用于以河流作用为主的河段的长期地貌动力平衡，因为考虑到莱茵河的现代河流沉积过程，地貌动力的适应过程较为缓慢。

4. 4. 4　东斯海尔德河口

地貌与地理

东斯海尔德河口位于西斯海尔德河口的正北面，是一个典型的障壁型潮汐水道，其形成条件与西斯海尔德河口类似，而且两者具有类似的沉积构造和沉积物组成。但河口与西斯海尔德河口相比，宽度较大，目前长 45 km，且包含有两个较大的涨潮三角洲，两个涨潮三角洲的向岸部分在 20 世纪 80 年代已被筑坝封闭。在 8 km 宽的入海口内建有风暴潮闸，从而允许潮波侵入水道内部，风暴潮闸只有在风暴潮极大时才被封闭(图 4. 30)。东斯海尔德河口具有蜿蜒的多水道系统，并在 20 世纪一直是稳定的，其中各水道由较大的潮间浅滩分隔开(见图 4. 4)。在河口中未见有收缩形态，图 4. 31 所示为三角洲南部分支中特征水道和潮滩的尺寸，水道的平均深度与西斯海尔德河口相近，但河口外侧较深、内侧较浅。潮滩面积高于西斯海尔德河口，约占总面积的一半。潮滩为砂质，细粒泥沙(粒径 <50 μm)在河口边界的盐沼中含量最高，但仍然普遍偏低。水道底质在入海口处主要为中砂，其余部分则为细至中砂。

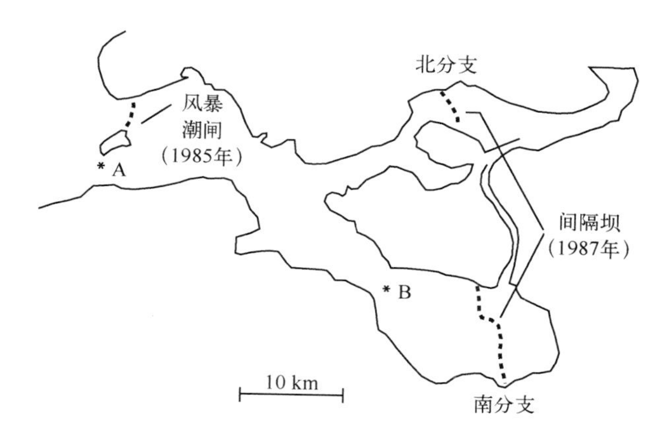

图 4. 30　东斯海尔德河口示意图。入海口处的风暴潮闸是于 1985 年完成的，1987 年拦海大坝的建造使该河口的纳潮量进一步减小

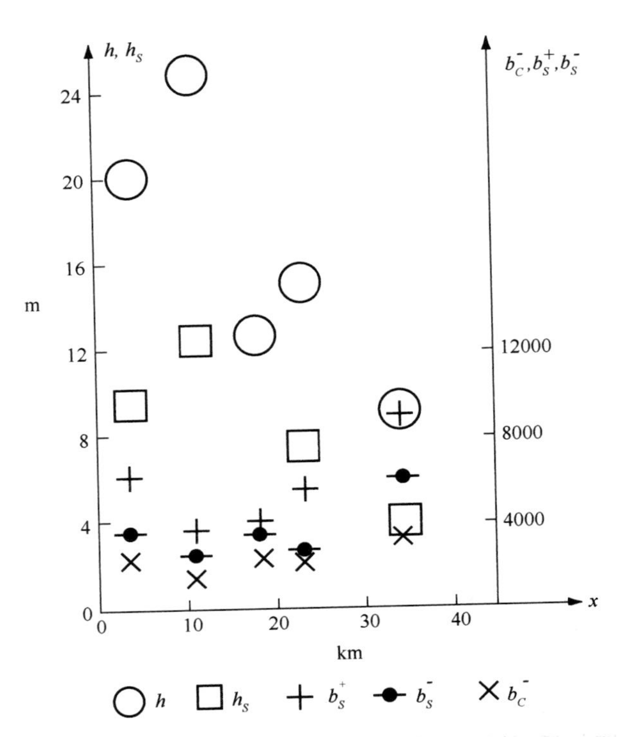

图 4.31 沿东斯海尔德河口的水深地形参数。水道平均深度 h 和平均传播深度 h_S 均向陆减小；在低潮时，水道宽度（b_C^-）大体不变；高、低潮的水面宽度 b_C^+、b_C^- 均向上游略有增大

潮流量及径流量

虽然口门处的潮位曲线与西斯海尔德河口相似，但潮差较小，约为 3 m，（大潮潮差 3.3 m，小潮潮差 2.3 m），沿向陆方向潮差增大，在上游可达 4 m。淡水径流量较小，1985 年前为 50 m^3/s，现在为 10 m^3/s。河口主体部分的盐度几乎与海水盐度一致。

潮汐的不对称性

图 4.32 所示为 1985 年以前口门以及由此向陆 30 km 处的潮位和流速过程线。可见，涨、落潮的持续时间是相近的。在内河口，涨、落潮的峰值流量也是相近的，同时流速和水位的相位差几乎为 $\pi/2$ 弧度。东斯海尔德河口的几何形态导致了陆地边界处的潮波反射，因此内河口表现为驻波。在口门处，情况则大不相同，如图 4.32 所示，流速－水位相位差大约比四分之一潮周期短 1 个小时，表明斯托克斯漂流在起作用。平均而言，在口门的落潮峰值流速高于涨潮峰值流速。落潮在口门处的主导地位与口门被部分封闭之前的泥沙净输出和落潮三角洲的生长相一致[103]。

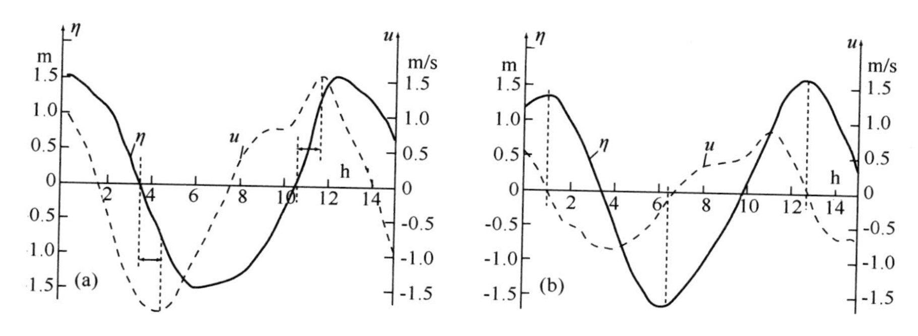

图 4.32　1985 年以前东斯海尔德河口 A 站（入海口）和 B 站（向上游 30 km 处）的潮位与流速过程线（见图 4.30）。口门处，在水位与流速之间存在约为 1 个小时的时间滞后，呈部分驻波的特征。在内河口则不存在时间滞后，完全呈驻波特征。该数据为荷兰国家水运局调查部所测

潮波传播

图 4.33 所示为 1985 年之前及入海口被部分被封闭之后，在口门和内河口的同步潮位过程线。1985 年之前，高潮在河口内的传播要比低潮快，前者 30 ~ 60 min，后者 40 ~ 60 min。高潮传播时间具有较高的不确定性，这可能与高潮前后潮汐曲线较为平整有关。高潮穿过河口的时间近似地等于在口门处高潮与高平潮的时间滞后，低潮的传播时间也近似地等于在口门处低潮与低平潮的时间滞后，正如附录 B.6 节中所示，这与对均匀水道中受到阻尼作用的反射潮波的理论传播过程相一致。以下为穿越河口的高、低水位传播时间 $t_{\mathrm{HW}}(x)$ 和 $t_{\mathrm{LW}}(x)$ 的推导式：

$$t_{\mathrm{HW}}(x) - t_{\mathrm{HW}}(0) \approx \frac{r}{2g}\frac{1}{D^{+}\ D_{S}^{+}}\left[l^{2} - (x-l)^{2}\right]$$

$$t_{\mathrm{LW}}(x) - t_{\mathrm{LW}}(0) \approx \frac{r}{2g}\frac{1}{D^{-}\ D_{S}^{-}}\left[l^{2} - (x-l)^{2}\right] \tag{4.50}$$

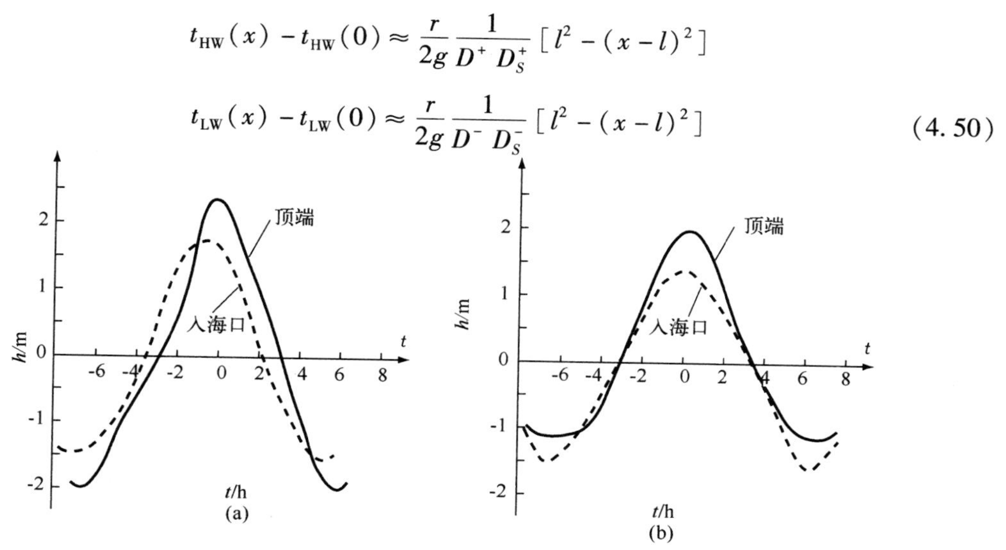

图 4.33　东斯海尔德河口口门与内河口平均大潮的同步潮位过程线，其中(a)为 1985 年之前，(b)为当今（口门被部分封闭）。潮波传播时间从 1985 年之前的 30 ~ 60 min 减小到目前的 10 min 左右，主要是由于河口中动量耗散大幅减少的缘故

在上式中带入东斯海尔德河口的水深地形参数(见表4.3)，并令摩阻系数 $r=0.003$，则得到高、低潮在河口内($x=l$)的传播时间均为37 min。

在目前的情况下，即在涨潮三角洲被部分封闭和筑坝之后，河口内的流速已经减小了30%以上，从而也使能量耗散和潮波阻尼大大减小。现在，几乎整个河口中的潮波都具有驻波特征。由图4.33可以看出，在口门和内河口潮位的相位差已经变得很小(10～15 min)。线性摩阻系数也相应减小，可以通过附录B中的式(B.64)进行估算，由此得出在口门的摩阻系数 $r=0.001$，而非 $r=0.003$，说明摩阻系数的减小大大强于潮流速度的减小。可能的解释为沙纹和相关拖曳力的缺失，因为底层水流强度和细粒泥沙的沉积都不够强烈。

入海口部分封闭之前的泥沙输移

在1965年至1985年纳潮量增大期间，泥沙是从东斯海尔德河口向外输送的。实测结果表明，那时砂和细粒土(粒径 <50 μm)每年均为向海的净输移[437]，这与河口中较低的悬沙浓度($<0.05\ kg/m^3$)以及潮滩中较低的淤泥含量相吻合。潮汐水道一般是细粒泥沙的沉降地，但之前的东斯海尔德河口则是一个例外。有人已经提出，平潮的不对称性是造成细粒泥沙向海输移的主要原因[119]。与涨潮相比，落潮对细粒泥沙的承载能力较高，这可能是由于从落潮向涨潮的转向时间比从涨潮向落潮长所致(见图4.32)，从而使低平潮时的泥沙沉积量高于高平潮时。

入海口部分封闭之后的泥沙输移

如前所述，由于1985年风暴潮闸以及涨潮三角洲面积的减小，入海口被部分封闭，使东斯海尔德河口的进潮量减少了30%。不仅如此，在外河口，潮流强度也因此而减小到原来的70%，内河口的潮流强度甚至更小。总体来看，河口的悬沙浓度仍然低于过去，由涨潮流带入河口的大部分细粒泥沙沉积在水道内，而中、粗砂则沉积在风暴潮闸外海侧较深的冲蚀坑中，这些冲蚀坑阻止了海洋来沙向河口的输入。

潮滩的沉积与侵蚀

在莱茵河－马斯－斯海尔德河三角洲中修建的拦海大坝已把东斯海尔德河口与其他海湾及水道分隔开，这使东斯海尔德河口的进潮量增加了10%，并持续了大约20年。进潮量的接连变化对河口中的水道－浅滩地貌产生了很大的影响，在进潮量增加期间，地形起伏增大，水道加深，潮滩高度和范围增大(见图4.9)。在目前进潮量减小的情况下，正在发生着相反的过程，潮滩正在遭受侵蚀，而水道正在淤积(见图4.10)。这些观测结果阐明了河口地貌和潮汐不对称性对潮流变化的敏感性。

4.4.5 讨论

通过对比4个河口的潮波传播过程，得出如下结论。

- 由口门向陆，潮差增大，但鹿特丹水道例外，该处潮波不发生反射，水道断面也不收缩。在其他河口，潮差的增大与河口宽度的收缩、潮波在陆地边界的反射相吻合。在河道宽度几乎保持不变的上游段，潮差减小。

- 在以砂质潮滩和蜿蜒的涨、落潮水道为特征的河口中，潮流速度峰值约 1 m/s。在具有强河口环流（如鹿特丹水道）或发育有良好的最大浑浊带（如塞纳河口）的河口，潮流速度峰值可超过 1 m/s。

- 流速和水位的相位差小于 $\pi/2$ 弧度。在急剧收缩的塞纳河口，高、低潮与相应平潮的时间差 Δ_S 只有大约半个小时，而西斯海尔德河口约为 1 个小时。东斯海尔德河口中，Δ_S 在内河口减小至零，潮波在该处发生反射。在口门处，平潮相位滞后大约为 1 小时，特别是在莱茵河口，Δ_S 接近 $\pi/4$，说明潮波发生扩散。

- 由口门向陆，涨潮过程加快，而落潮则减慢。不过，东斯海尔德河口例外，其高、低潮传播速度几乎相同，且具有最大的潮滩面积。在塞纳河河口和西斯海尔德河口，口门处涨潮就已经快于落潮；西斯海尔德河口门的涨、潮落时间差 Δ_{FR} 约为半个小时，而塞纳河口门的 Δ_{FR} 则为 3 个小时以上。

- 潮波速度大大低于无摩阻的情况。实际观测到的高、低潮传播速度接近于受摩阻作用的情况，其他缓慢收缩河口受摩阻作用的传播速度也与预测结果吻合良好（表 4.4）。然而，没有一种理想化的潮波模型能够对高、低潮传播速度作出可信的估算，因为河口的几何形态被过度简化，部分不相符的区域可由高阶非线性作用引起的潮波变形解释。此外，数据质量也是一个问题，因为观测一般是为其他目的而进行的。

表 4.4 实际观测的高、低潮传播速度 c^+、c^- 与理想潮波模型之间的对比，其中包括无摩擦作用、弱收缩水道中受摩阻作用以及强收缩水道中受摩阻作用这 3 种情况。对于河流型潮汐水道，假定潮波传播深度 D_S 等于水道深度 D。斯海尔德指的是西斯海尔德河口内侧和斯海尔德感潮河段（60～100 km）。实际观测的高、低潮传播速度包括高、低潮时的潮流和河流流速，高潮时一般指向上游，低潮时则指向下游（即反向）。经流速校正后，高潮传播速度将略为变小，而低潮传播速度将升高 0.5～1 m/s。尽管有几处不符，但是对弱收缩水道中受摩阻作用的情况而言，预测值与实测值一致

进潮口	实际观测值		$\sqrt{gD}$		$D\ \sqrt{2g\omega/r}$		gD^2/rL_b		原著参考文献
	c^+	c^-	c^+	c^-	c^+	c^-	c^+	c^-	
斯海尔德	9.5	7.4	11.7	9.9	13.4	9.6	12.8	6.5	
Elbe	7.5	6.0	10.8	8.9	11.5	7.7	11.8	5.2	[104]
Weser	9.5	4.3	9.8	7.8	9.3	6.0	23.9	9.8	[104]
Gironde	8.5	5.0	10.6	8.0	11.0	6.2	9.6	3.1	[84]
塞纳河	13.0	7.0	11.7	8.9	13.4	7.7	17.1	5.6	[55]
Hooghly	13.0	6.1	8.8	6.1	7.6	3.9	8.3	1.9	[308]
莱茵河/莱克河	7.0	4.0	8.4	7.4	6.7	5.3			

- 高、低潮传播速度的差异分别与高、低潮下假设的不同潮波模型一致，模型的选择取决于高、低潮时的地形。
- 涨潮的主导地位与涨潮时间的减少相一致，而落潮的主导地位则主要与斯托克斯漂流有关(以东斯海尔德河口为例)。鹿特丹水道中的落潮主导地位与河流有关。
- 泥沙的净输入与涨潮占优相一致，而泥沙的净输出则与落潮占优相一致。

4.5 河流型潮汐水道的地貌平衡

何为平衡

如果水道各处的潮均泥沙净通量相等，且与潮汐作用边界上游的泥沙通量相等，则称该水道处于地貌动力平衡状态。这样的一种条件究竟能否满足呢？对于河流中的潮波以及河流的形态而言，这又意味着什么呢？为此，我们首先需要定义所谓的平衡。潮汐时间尺度的平衡未必是年际、年代际或百年尺度的平衡；同样，局部的平衡未必与整个水道中的平衡相同。正是因为存在这些复杂因素，所以我们将把讨论局限于平衡存在的一些必要条件，至于这些条件是否足够充分，将留待以后讨论。地貌动力平衡要求形成泥沙净通量梯度的各种过程彼此间要保持均衡，潮流就是造成泥沙净通量梯度的因素之一，因为潮流对泥沙通量的贡献在河流上游已不复存在。我们将把主要精力集中于如下问题：沿水道各处由潮流引起的泥沙净通量梯度是在怎样的条件下消失的。

4.5.1 净泥沙输移

与水流强度有关的含沙量

要研究该问题，必须作出几项假设，其中最重要的一些假设均与水流含沙量有关。假设携沙量与瞬时的垂向平均水流强度有关，而忽略沿水道的泥沙成分及抗侵蚀性的变化；假设水流强度与含沙量之间为四次幂的关系(见第3章式(3.44))，尽管利用流速的较低次幂可能会获得更好的泥沙输移公式，但四次幂公式中明确包括了泥沙运动的临界切应力(见第3章式(3.38))。四次幂定律在某种程度上类似泥沙运动的临界值，而且形式简单，也避免了引入一些额外参数，其结果在定性上与一些更为复杂的泥沙输移公式相似。还有一个关键的假设是，忽略水流强度与含沙量的时间滞后效应，考虑到潮汐周期的持续时间，这一假设是可以接受的。另外一个有争议的假设是：在有层化现象的河口中，不考虑潮流速度剖面形状上的变化。

如果采用这些简化，则潮均泥沙通量可以由下式给出：

$$\langle q \rangle \propto \int_{b_C} \langle u^5 \rangle \mathrm{d}y \tag{4.51}$$

括号表示潮平均，即：

$$\langle q \rangle = \frac{1}{T}\int_0^T q(t)\mathrm{d}t$$

此处 q 是在整个横断面上积分得到的总泥沙通量。

潮流引起的泥沙输移分量

将式(4.51)表示为总流量 $Q \equiv Db_C u = -Q_R + Q_T$ 的函数，其中 Q_R 为径流量，$Q_T = b_C(h+\eta)u_T$ 为潮流量($\langle Q_T \rangle = 0$)，b_C 为水道宽度，$D = h + \eta$ 为瞬时的平均水道深度。假设没有支流存在，则 Q_R 沿河口为常量。如果在潮流作用上界 $Q_T = 0$，则河流泥沙输入可由下式给出：

$$\langle q \rangle \propto -Q_R^5/h_R^5 b_R^4 \tag{4.52}$$

其中，h_R 和 b_R 分别为上游河流宽度和深度。在潮流作用下界，则有：

$$\langle q \rangle \propto \frac{1}{b_C^4}\left\langle\left(\frac{-Q_R+Q_T}{h+\eta}\right)^5\right\rangle \approx \frac{1}{h^5 b_C^4}\left\langle(-Q_R+Q_T)^5\left(1-\frac{\eta}{h}^5\right)\right\rangle \tag{4.53}$$

为了得出这些表达式，假设 b_C 在潮汐周期内仅有轻微变化，且 $|\eta| \ll h$。流速的高次幂意味着所得结果强烈地依赖于涨、落潮流速之差，而该流速差部分归咎于径流量 Q_R，部分归咎于潮汐的不对称性。潮汐的不对称性用下列假设的潮流过程线表示：

$$Q_T = Q_m \cos\omega t + Q_a \cos 2\omega t, \quad Q_m = \frac{Q_T^+ + Q_T^-}{2}, \quad Q_a = \frac{Q_T^+ - Q_T^-}{2} \tag{4.54}$$

其中，Q_T^+ 和 Q_T^- 分别为涨、落潮的峰值流量，$Q_m = hb_C U$。式(4.53)将用来求解 $Q_R \ll Q_m$ 的下游河段，对于断面面积向上游急剧收缩的水道而言，其主河段也呈 $Q_R \ll Q_m$。假设 $|Q_a| \ll Q_m$，并只保留与一些小量如 Q_R/Q_m、Q_a/Q_m、η/h 等的一阶项，得出下式：

$$\langle q \rangle \propto \frac{1}{h^5 b_C^4}\left[-5Q_R\langle Q_T^4 \rangle + \langle Q_T^5 \rangle - 5\left(\frac{Q_T^5 \eta}{h}\right)\right] \tag{4.55}$$

潮流不对称性与斯托克斯分量

上述式(4.55)右边的各项代表下面讨论的不同输移过程：

- 右边第一项可以通过下式近似为：

$$-\frac{5}{h^5 b_C^4} Q_R \langle Q_T^4 \rangle = \frac{15}{8h} Q_R U^4 \tag{4.56}$$

其中，U 为潮流速度幅值，代表潮流对河流泥沙通量的贡献。泥沙向下游的输移由于落潮流和河流的合并而大幅度增强，我们称该项为河流引起的不对称通量项，在缺少潮流不对称性时该项会造成向海泥沙通量的增加。

- 右边第二项：

$$\frac{\langle Q_T^5 \rangle}{h^5 b_C^4} = \frac{5}{4h} U^4 Q_a \tag{4.57}$$

代表潮流不对称性的贡献。我们称该项为潮流引起的不对称通量项，如果涨潮的持续时间短于落潮，其方向指向上游。涨潮峰值流量 Q_T^+ 与落潮峰值流量 Q_T^- 之差 $2Q_a$ 可以通过式(4.42)与高、低潮传播速度联系起来。如果以式(4.25)表示传播速度，则得出：

$$\frac{\langle Q_T^5 \rangle}{h^5 b_C^4} = \frac{5 b_C U^5}{2T} \left(\Delta_{FR}^{\text{inlet}} + \frac{2x}{c^-} - \frac{2x}{c^+} \right) = \frac{5 b_C U^5}{2T} \left(\Delta_{FR}^{\text{inlet}} + \frac{4ax}{h^2} \sqrt{\frac{r}{2g\omega}} \right) \tag{4.58}$$

其中，$\Delta_{FR}^{\text{inlet}}$ 为口门处($x=0$)涨、落潮持续时间之差。它对潮流引起的不对称通量的贡献非常重要，因为许多河口区潮流的不对称性在口门处就已经存在。在一些漏斗状河口，入海口的宽度 b_C 可以很大，这样式(4.58)的贡献与右边第一项 $-5Q_R \langle Q_T^4 \rangle / h^5 b_C^4$ 相比就占优势地位。这将意味着在入海口处存在向陆泥沙净通量，然而该净通量可能被式(4.55)的最后一项抵消。

- 最后一项，$-5\langle Q_T^5 \eta \rangle / h^6 b_C^4$，代表向海的泥沙输移，即斯托克斯漂流的作用。该项与高、低潮和相应平潮间的相位滞后 φ 密切相关。潮位和相位滞后由下式给出：

$$\eta(t) = a \sin(\omega t + \phi), \qquad \varphi = 2\pi \Delta_S / T \tag{4.59}$$

与 Q_m 相比，忽略 Q_a，可得出斯托克斯漂流的贡献：

$$-\frac{5\langle Q_T^5 \eta \rangle}{h^6 b_C^4} \approx \frac{25a}{16h} b_C U^5 \sin\varphi \tag{4.60}$$

在许多野外观测资料中，虽然相位滞后 φ 较小可近似为 $\sin\varphi \approx \varphi$，但还是足以决定该项与上一项(4.58)的大小关系。由于水道宽度的线性变化，这两项在入海口有最大值，并向上游减小。从地貌平衡的角度而言，这两项应该近似相等，相当于：

$$\Delta_{FR}^{\text{inlet}} = \frac{5\pi a}{4h} \Delta_S \tag{4.61}$$

表4.5列出了几条潮门水道口汐处潮流引起的不对称分量(等式左边)和斯托克斯漂流分量(等式右边)之间的对比结果(根据文献数据)。由该表是不容易得出结论的，因为所引用的数据并不是为此目的而做的记录，同时并不清楚这些数据是否具有代表性，尤其是对于平潮的滞后时间 Δ_S。在各口门之间存在着较大的差异，有些口门(如塞文河及奥德河)缺少潮流不对称性，而在另外一些口门(如塞纳河)，则具有较强的潮流不对称性。平潮滞后时间在0小时(塞文河及奥德河)至一个多小时(哥伦比亚河)之间不等，但总的趋势似乎是在潮流不对称性和斯托克斯漂流之间达到一种近似平衡。

表 4.5　在几个口门处实际观测的 Δ_{FR}（涨、落潮的持续时间之差）及 Δ_S（相对于相应高、低潮的平均平潮滞后时间）。Δ_{FR} 的差异至少是半个小时，因为它与各个潮汐周期都不相同的潮位过程线密切相关。涨、落潮的定义也具有不确定性，例如当潮位过程线中存在两个最大或最小值时。Δ_S 的误差也很大（±1 h），特别是在出现层化的河口区，这是因为在断面内潮流转向的时间不同所致。相对潮差 a/h 适用于河口的收缩（不一定与表 4.2 中 a/h 的平均值相等）。第一列和最后一列给出了因水位和流速共同变化（斯托克斯分量）而引起的向海泥沙通量与因潮流不对称性而产生的向陆泥沙通量的相对大小。在大多数情况下，口门处两者大致相同；但是在塞纳河与鹿特丹水道，潮流不对称性的贡献较大；而在哥伦比亚河，斯托克斯漂流的贡献较大

入海口	Δ_{FR}/h	Δ_S/h	a/h	$5\pi\alpha\Delta_S/4h$/h	原著参考文献
西斯海尔德河	0.4	1.0	0.1	0.4	[379]
泰晤士河	0.4	0.5	0.25	0.5	[308]
塞文河	0.0	0.0	0.15	0.0	[448]
塞纳河	3.0	0.7	0.32	0.9	[55]
哥伦比亚河	0.0	1.2	0.13	0.6	[191]
奥德河	0.0	0.0	0.25	0.0	[497]
胡格利河	0.5	0.6	0.25	0.6	[308]
鹿特丹水道	1.0	1.5	0.085	0.5	[379]
东斯海尔德河	0.33	0.8	0.1	0.3	[379]
弗利兰水道	1.0	1.0	0.24	0.9	[379]

河流引起的不对称性与潮流引起的不对称性

在漏斗状河口，潮流速度幅值 U 一般较高。因此，河流引起的不对称通量 $-5Q_R\langle Q_T^4\rangle$ 及潮流引起的不对称通量 $\langle Q_T^5\rangle$ 对该段的总泥沙输移都具有很大的贡献，除河流引起的泥沙输移 Q_R^5 外，其他作用均从入海口向上游减小。河流和潮流引起的不对称通量都大大强于感潮河段上游的河流泥沙通量，然而平衡条件要求这两项大体一致。由式(4.56)和式(4.57)，平衡状态相当于：

$$Q_R = 2Q_a/3 = (Q_T^+ - Q_T^-)/3 \tag{4.62}$$

如果涨潮峰值流量 $Q^+ = -Q_R + Q_T^+$ 与落潮峰值流量 $Q^- = Q_R + Q_T^-$ 之差等于河流流量 Q_R，即可实现平衡。根据对潮流占优的莱茵河下游河段进行疏浚时获得的经验，当 $Q^+ \approx Q^-$ 时，平衡即可实现。考虑到潮流量远大于径流量，这与式(4.62)并没有很大的差别。潮流量的不对称 Q_a 可以按照式(4.58)与水道地形联系起来，则平衡关系可以表示为：

$$Q_R = xb_C\frac{16aU}{3hT}\sqrt{\frac{r}{2g\omega}} \tag{4.63}$$

对理想化的河流型潮汐水道，宽度 b_C 是呈指数减小的函数，即 $b_C \propto e^{(-x/L_b)}$，深度 h 假设为常量。在急剧收缩且受摩阻影响的水道中，潮波振幅 a 和潮流速度幅值 U 也都假设为常量。在这些假设条件下，只有在变量 xb_C 近似为常数的局部地区才能满足式(4.63)所示的平衡，即 $x=L_b$ 的区域，平衡式为：

$$Q_R = L_b b_C(L_b)\frac{16aU}{3hT}\sqrt{\frac{r}{2g\omega}} \tag{4.64}$$

前文已经表明，在许多水道 L_b 可以用式(4.9)很好地近似求得，因此将其代入式(4.64)可得：

$$b_C^{\text{equil}} = \frac{3\pi e}{8}\sqrt{\frac{2g\omega}{r}}\frac{Q_R}{U^2} \approx 3.2\frac{Q_R}{U^2} \tag{4.65}$$

该式中，假设 $r=c_D U_c \approx 0.003$，$b_C^{\text{equil}} = \mathrm{e} b_C(L_b)$ 为入海口的宽度($\mathrm{e}=2.72$)。

4.5.2 平衡地貌

为什么平衡宽度取决于径流量

式(4.65)表明口门宽度主要取决于河流径流量。然而，与径流量相关的河流流速一般比潮流速度小一个数量级。广泛被接受的证据表明，水道横断面积主要取决于进潮量(见第4.2.6节)。那么水道宽度为什么取决于径流量？这与决定式(4.65)的因素有关。首先，河流对下游泥沙输移的影响因潮流而增大，因为它造成了涨、落潮之间的不对称性。在至口门一定距离处，河流引起的涨－落潮不对称性对向下游的泥沙输移作用最强，此时唯一的平衡则由与潮汐不对称性有关的涨－落潮不对称性所提供，而潮汐不对称性是由不同的高、低潮传播速度所造成的。这两种相反的作用都强烈地取决于潮波特征。然而，当这两种作用达到平衡时，潮流的影响力将下降，径流量成为主导。这种情况一般发生在水道上游，水道宽度的倒数 $1/b_C$ 几乎与距离 x 成正比。在潮汐水道中，也有其他控制不同泥沙输移方向的主要作用，特别是斯托克斯漂流和外海潮波的不对称。然而，这些作用的平衡对水道宽度并没有什么影响，确定水道宽度的条件是在上游，并由近乎呈指数的收缩速率决定着下游宽度。根据图4.8，该收缩速率主要取决于潮波特征，而几乎与径流量无关。所有这些因素综合在一起解释了为什么式(4.65)显示出水道宽度与径流量有关。

入海口宽度是现有潮汐水道平衡的指标

预测的平衡宽度与野外资料有实际关联吗？如果有，能表明现有水道达到地貌平衡的程度吗？为了回答这一问题，我们把预测的平衡宽度与多条河流的实测口门宽度进行了比较，可见表4.6，这些数据均来自表4.2中的原著参考文献。入海口的位置是特定的，因为外河口常与河流型潮汐水道的特征不相符。有些河口具有抗侵蚀底质(如哥伦比亚河、吉伦特河、哈得孙河、奥德河、塞文河、塔玛河等)；而有些河口更接近于障壁型水道(如易北河、亨伯河、威悉河、西斯海尔德河、泰晤士河等)，这部分的外河口并没有包括在内。此外，假设潮流速度的不对称性在入海口处发育不明显，或者是被斯托克斯漂流抵消。这样，利用表4.2中的数据对表4.6所列的口门平衡宽度 b_C^{equil} 进行了估算，其中所用的数据是在大潮条件下获得的。众所周知，大潮的潮流速度远高于小潮，而且大部分泥沙输移多发生在大潮期间。断面平均流速 U 是根据已发表的数据估算的，但应当指出，文献中能够代表每个河口平均大潮条件的可靠数据是很少的。为了保持一致性，各处均使用了平均径流量，但平均径流量可能无法代表长期的泥沙输移，所以较高的流量值可能会更适合，最具代表性的流量值取决于流量的统计特征。

表4.6 入海口位置及其宽度

代称	河流名称	入海口位置	b_C/m
WS	西斯海尔德河	巴思(Bath)	1000
EL	易北河	库克斯港	5000
WE	威悉河	不来梅港-10 km	5000
TH	泰晤士河	Mucking	800
HB	亨伯河	格里姆斯比	2500
TA	塔玛河	Weir-20 km	1000
SV	塞文河	巴里	20000
GI	吉伦特河	Pointe de Grave+20 km	6000
SE	塞纳河	翁弗勒尔	1500
HU	哈得孙河	扬克斯	900
PT	波拖马克河	切萨皮克	5000
DE	特拉华河	特拉华湾	15000
SA	萨提拉河	—	1700
CL	哥伦比亚河	Sand Island	2500
OR	奥德河	Pantin	3000
HO	胡格利河	Saugar	10000
FL	弗莱河	Tirere	22000

平衡条件

图4.34给出了计算得到的口门平衡宽度与实测宽度的比较，可以得出如下几点结论。

- 对于大多数水道而言，口门的实测宽度大于对应平均径流量的计算值。然而，哈得孙河与哥伦比亚河的口门宽度则小得很多，这两条河流即便在径流量低于平均值时，也有大量泥沙入海。一般来说，潮汐引起的不对称性所造成的向陆泥沙输移要大于河流引起的不对称性所产生的向海泥沙输移，而上述两个河口则例外。
- 在许多口门，如果取平均径流量(实线)的2~5倍作为代表径流量，那么计算得出的入海口平衡宽度与其实测宽度大体相当，其中平均径流量的5倍是温带地区雨季河流最

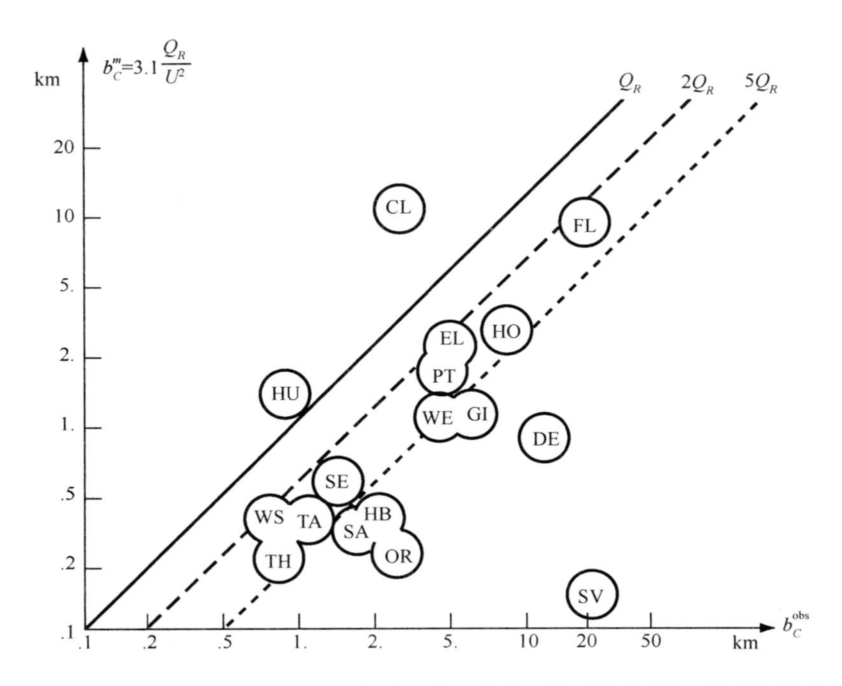

图 4.34　不同代表流量 Q_R 下，河流型潮汐水道入海口的实测宽度与根据地貌平衡关系式(4.65)预测值的对比。有关各河流名称的缩写见表 4.6。对于大多数入海口而言，如果代表平衡泥沙输移的径流量取平均径流量 Q_R(实线)的 2～5 倍时，计算值与实测值一致

大年径流量的代表值。对于这些口门来说，如果假设平衡条件是大于平均值的径流量，其宽度则与地貌动力平衡条件相一致。在长期处于地貌平衡的情况下，河流及海洋来沙在河口中的沉积量只能达到与海平面上升保持同步。地貌平衡条件的一致性并不意味着所有河口实际上都与海平面上升保持平衡，有可能来自河流及海洋的泥沙供给量都太小。波拖马克河口就是这样的例子。根据模型预测，该河口只出现较弱的潮流不对称，并且河流含沙量很小[322]。

◆ 由式(4.65)，少数口门远未达到平衡状态，口门宽度比平衡宽度大得多。在这些口门，即使在径流量很高时，海洋来沙也远多于河流向海的泥沙输移。塞文河口及特拉华河口就是这种情况；奥德河口及外侧亨伯河口也是如此，只是程度较小而已。在塞文河及特拉华河入海口，河流及海洋泥沙的输入都很小[322,483]，因此不足以形成平衡状态。对塞文河沉积历史的研究也指出，该处没有地貌动力平衡出现[194]。

◆ 有几个口门只有在径流量远大于平均值时才有河流沉积物的向海输移，如吉伦特河、亨伯河以及奥德河。在这些入海口，细粒悬沙浓度高，最大浑浊带发育好，而且部分河流来沙可能保留下来。吉伦特河口虽然接近于平衡状态[69]，但大部分河流来沙仍然在河口内沉积[5]，尽管河流泥沙输入较高。亨伯河口主要是海洋来沙[244]，这说明亨伯河口目前仍然处于淤积阶段；奥德河的流量具有极大的可变性，其整个年径流量几乎出现在 3 个月的期间内[497]，因此峰值径流量比平均值高一个数量级，峰值泥沙通量也

同样如此。

4.5.3 影响泥沙输移的其他现象

然而，有些方面需要得到更多的重视。上述结论所依据的模型是经过了极大简化的，并且忽略了下述几个重要过程。

河口环流

对河口环流的影响一直没有涉及。河口环流是由与海水入侵相关的水平密度梯度所产生的(见第4.7.2节)。在径流量高(代表地貌平衡)时，海水几乎可以全部被冲出河口，这种情况将阻止河口环流的发育，塞纳河[18]、威悉河[176]、易北河[395]及哥伦比亚河[215]等就是这样。其他河口，甚至在径流量高时也存在发育良好的河口环流，而且与环流有关的余流流速可能会超过河流流速本身，尤其是在较深的河段。这就使环流强烈的河口模型的可靠性受到了质疑。河口环流至少有两个方面需要考虑：①潮均向陆的底流及涨潮期间远大于落潮期间的床底切应力，例如哈得孙河[51]、吉伦特河[5]以及塔玛河等[452]；②明显的密度分层使低水位时潮波传播经受的底部摩阻减小，进而使潮波的不对称性降低，尤其在落潮过程。据此可以解释为什么在多个河口中实际观测的高、低潮传播速度差小于根据相同摩阻系数所预测的结果(见表4.4)。过程①和过程②对泥沙净通量具有相反的作用，如果两者作用相当的话，涨潮和落潮的床底切应力在有、无河口环流时并无太大差异，这与忽略密度层化现象的概化模型仍能较好模拟河口区的潮波传播是一致的。在上述情况下，有、无密度差异时，向陆的净泥沙通量都具有相同的数量级。数值模型计算表明，尽管未考虑河口环流，塞纳河口的最大浑浊带通过潮汐的不对称性仍然可以相当好的重现。

浮泥

在最大浑浊带发育良好的河口，海底上会形成一层浮泥。例如在吉伦特河口[5]，其延伸于距入海口30～80 km的地带内(见图4.5)，形成于小潮和高径流量时，密度高达250 kg/m^3；在大潮期间，大部分浮泥被卷入悬浮状态。在泰晤士河[332]及弗莱河[195]，也观察到有浮泥存在。海底上浮泥的存在影响潮波传播，减小了床面的粗糙度，使其不再以摩阻作用为主。然而，浮泥是否在有大量泥沙输移发生的大潮和高径流量期间也起作用，现在尚不清楚。

悬浮及侵蚀滞后

上述模型中未考虑悬浮滞后和侵蚀滞后。悬沙含量相对于流速变化的滞后将引起泥沙的净输移，这取决于潮流不对称性，并与悬沙含量的迅速变化完全不一致。在第4.7节将详细讨论这个问题，并阐述悬浮滞后和侵蚀滞后的重要作用，特别是在具有大型潮滩的潮汐水道中。但滞后效应与表 4.6 中的河流型潮汐水道关系不大。

涨潮水道和落潮水道

一般来说，涨、落潮流量在潮汐水道断面内并不是均衡分布的。在有些情况下，河口由两条或两条以上的水道组成，在涨潮和落潮期间这些水道的流量不同，这可能与水道弯曲或地球自转的影响有关。例如在吉伦特河口[5]和阿伦河口[494]，每条水道中的涨、落潮流量之差大于河流径流量；由单条水道组成的河口在涨－落潮不对称性方面也可能展现出明显的横向差异，例如在哈得孙河口[51]和塔玛河口[450]。在这些河口，河流来沙经落潮水道(或单水道中以通过落潮流为主的部分)迁移入海。这意味着尽管河流径流量太小而不能抵消断面内与潮波不对称性有关的涨潮占优，泥沙通量仍可能接近平衡状态。例如在吉伦特河口，河口南侧经过疏浚的水道主要是由涨潮流通过，涨潮流的主导地位因河口环流作用而加强；落潮流则大部分是通过口门南侧较浅的水道，在高径流量期间，该水道中潮均底流指向外海，从而使河流来沙溢出河口[5]。

风的影响

风生波浪大大地促进了细粒泥沙的悬浮以及其后从潮滩向外的输移。塞纳河口就是这样，在河口区有大面积的潮滩与河口附近的主水道相接。在风暴潮期间，由河口向外的泥沙通量最高，此时潮滩受到风生波浪的侵蚀，高度浑浊的水体向河口外扩散[273]。像这样因波浪引起潮滩侵蚀进而造成大量泥沙输移的实际观测还有许多，例如在瓦登海[105]。

不均匀的潮汐不对称性

有些河口很浅(如塔玛河口、奥德河口、亨伯河口等)，而且具有很大的潮差/水深比，这使得在模型推导中所做的几个近似失效。此外，在潮差/水深比较大的情况下，一些新的现象可能会发生作用。以下是其中的几种。

- 有关潮流速度和潮位间 $\pi/2$ 相位差的假设不适用于整个水道断面。Uncles 及其合作者们曾对塔玛河口潮间带内占优的落潮流(在其他范围均为涨潮流占优)进行了观测[451]。他们认为，这是由于水道较深处相对于较浅处存在流向的惯性延迟，所以在高潮后的几个小时内落潮流主要集中在较浅的水道两岸。
- 在奥德河口，Wright 等观察到，在主水道的最深处存在较强的落潮流[497]。尽管奥德河口内涨潮峰值流量远高于落潮，但是水道最深处的床面呈现出最陡的坡度，且指向落潮方向。对此，他们认为是落潮结束时潮滩排水及随后在水道最深处落潮流集中的缘故。这时水位较低，致使水道底床较高的两侧部分干涸。作者指出，在水道横断面较浅处由涨潮产生的泥沙输移可能部分地被水道最深处落潮产生的泥沙输移所抵消。如果真是如此，则奥德河口可能比简单的一维模型更接近于地貌动力平衡。类似的现象也出现于亨伯河口，可以观测到，在径流量高的时候，沙质底床的泥沙有向下游输移的现象[353]。

- 在潮差/水深比较大的河口，由斯托克斯漂流造成落潮流速增大而产生的影响比在潮差/水深比较小的河口更重要。在塔玛河口所做的数值模型计算结果显示，在该河口较浅的上游近底处存在很小的向海余流，这就是由于河口潮差/水深比不同所产生的结果[452]。

模型是一种判断工具

上述讨论说明，简单的流体模型可能会导致对河流型潮汐水道中泥沙输移的错误理解。既然有如此多的限制，那么理想化模型有何用途呢？显然，简单模型式(4.63)并不适合用于预测。理想化模型的优点在于其清晰、易懂，所以应当将其视为和用作概念分析的一种工具，帮助定义和解决野外所观测到的现象。模型本身，并不含有很多的知识，但可以更好地加深对河口地貌动力学的理解和认识。

4.6　障壁型潮汐水道的地貌平衡

4.6.1　平衡地貌

平衡关系

在障壁型潮汐水道，泥沙输移主要与潮流有关。这类水道与上节的河谷不同，而且一般来说，它们接受不到大量的河流来沙。在浅水区域，泥沙被风浪掀起，并可能因风生流而发生泥沙输移。但相比之下，潮流是最重要的泥沙输移营力。虽然潮流的强度也与大－小潮循环及风暴潮有关，但主要周期仍是潮汐周期。

同河流型潮汐水道类似，障壁型潮汐水道的地貌动力平衡也要求长期的平均泥沙通量守恒。如果忽略径流量及河流来沙，则其地貌平衡条件可写作(见式(4.55))：

$$\langle q\rangle \propto \frac{1}{h^5 b_C^4}\left[\langle Q_T^5\rangle - 5\left\langle \frac{Q_T^5 \eta}{h}\right\rangle\right] = 0 \tag{4.66}$$

其中，q 为泥沙通量；Q_T 为潮流量；η 为潮位；水道深度 h 和宽度 b_C 为平均值。代入式(4.54)和式(4.59)，可得：

$$\langle q\rangle \propto Q^+ - Q^- - \frac{5a}{8h}(Q^+ + Q^-)\sin\varphi = 0 \tag{4.67}$$

根据式(4.41)，涨潮峰值流量(Q^+)和落潮峰值流量(Q^-)之间的不对称性与涨、落潮持续时间差 Δ_{EF} 有关。涨、落潮不对称性区分为外海和水道内的涨、落潮差异，即 $\Delta_{FR}^{\text{inlet}}$ 与 $\Delta_{EF}^{\text{basin}}$，通过式(4.59)对相位滞后 φ 的定义，由式(4.67)可得平衡条件：

$$\Delta_{FR}^{\text{inlet}} + \Delta_{FR}^{\text{basin}} = (5\pi a/4h)\Delta_S \tag{4.68}$$

潮汐不对称性与斯托克斯漂流

式(4.68)所表示的是潮汐不对称性引起的向陆泥沙输移(方程左侧)和与斯托克斯漂流有关的向海泥沙输移(方程右侧)之间的平衡。在表4.5中，已将荷兰沿岸几个潮汐水道(如西斯海尔德、东斯海尔德、弗利兰等)口门处的潮汐不对称性(方程左侧第一项)与斯托克斯漂流的作用(方程右侧)进行了比较，这两项的量级相近。斯托克斯漂流对这些水道的影响程度可以根据图4.25、图4.32和图4.35进行估算，其相位延迟大约为1个小时。均匀或弱收缩潮汐水道中$\Delta_{FR}^{\text{basin}}$和$\Delta_S$的理论表达式，在相关附录中进行了推导(见附录方程(B.66))，其形式如下所示：

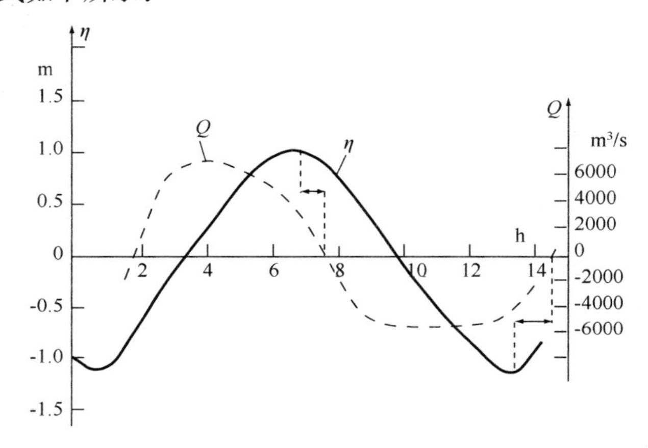

图4.35　弗利兰进潮口(瓦登海)附近水位η和潮流量Q的同步过程线。潮流量相对于高低潮的平均平潮相位滞后大约为1个小时，说明有部分驻波和斯托克斯漂流的存在(数据源自荷兰国家水运局调查部)

$$\Delta_{FR}^{\text{basin}} = \frac{rl^2}{g}\left(\frac{1}{D^-\ D_S^-} - \frac{1}{D^+\ D_S^+}\right)$$

$$\Delta_S = \frac{rl^2}{4g}\left(\frac{1}{D^-\ D_S^-} + \frac{1}{D^+\ D_S^+}\right) \tag{4.69}$$

其中，l为水道的长度，$r\approx(8/3\pi)c_D U$为线性摩阻系数；$D^{\pm}$为高、低潮时的水道深度；$D_S^{\pm}$为高、低潮时的传播深度。目前我们正在寻找能够与已发表的数据进行比较的简单表达式，以便使人们认可这一定性特征。为此，我们将不加以区分高、低潮时的水道宽度，并认为$b_C^+\approx b_C^-\approx b_C$，而且进一步假设水位$\eta$和水面宽度$b_S$随潮汐的变化与潮均值相比很小，即$a\ll h$、$b_S^+-b_S^-\ll b_S$，据此得出适用于平衡条件式(4.68)的表达式：

$$\frac{h}{a}\frac{b_S^+ - b_S^-}{b_S^+ + b_S^-} = 2 - \frac{5\pi}{16} + \frac{c^2}{lU}\Delta_{FR}^{\text{inlet}} \tag{4.70}$$

其中，c为有摩阻作用下的潮波传播速度(式(4.25))，并且按照式(4.9)用U/ω替换

lab_S/hb_C。上式等号右边第一项是水道内部潮汐不对称性的作用，第二项为斯托克斯漂流的作用，最后一项为口门处外海潮汐不对称性的作用。上式等号左边为正，只有右边为正时平衡才是有可能的，这不包括口门处强的负不对称性，即涨潮持续时间长于落潮。平衡条件说明了潮间带的相对范围$(b_S^+ - b_S^-)/(b_S^+ + b_S^-)$随水道的潮波振幅/水深比 a/h 呈线性增大。

潮汐水道特征参数间的关系

图4.36所示是利用表4.2中的数据绘制的障壁型潮汐水道中潮滩相对范围与潮波振幅/水深比之间的关系图。其中，一些沿岸潟湖因没有明确定义的水道和潮滩而未包括在内，这些潟湖因泥沙供给不足，无法与海平面上升保持同步而远未达到平衡状态。美国大西洋和墨西哥湾沿岸狭窄陆架就有许多这样的潟湖[325,357]。图4.36表明，大多数潮汐水道的潮滩相对范围是潮波振幅/水深比的函数，而且所有这些水道都处于如下范围内：

$$\frac{b_S^+ - b_S^-}{b_S^+ + b_S^-} = \gamma \frac{a}{h}, \qquad 0.5 < \gamma < 2 \tag{4.71}$$

宽阔陆架与狭窄陆架上的水道

γ 值的范围在 $1 < \gamma < 2$ 时，等价于外海潮流的不对称性对斯托克斯漂流的部分补偿（全部补偿为 $\gamma = 2$，无补偿为 $\gamma = 1$），沿西北欧陆架的大多数潮汐水道的 γ 值均在此范围。西北欧陆架（特别是沿荷兰海岸和瓦登海沿岸）水深较浅，为中至大潮，外海潮波发生明显变形，当外海潮波的不对称性较小时，γ 值减小。美国大西洋沿岸外海潮波的变形远小于西北欧陆架[281]，这与美国大西洋沿岸潮汐水道的潮差/水深比较小（与西北欧陆架相比）有关。该处大多数潮汐水道外海潮流的不对称性难以给斯托克斯漂流提供任何补偿，γ 值变化范围为 $0.5 < \gamma < 1$。外海潮流不对称性的缺失有可能是美国大西洋沿岸潮汐潟湖中海洋来沙不足以与海平面上升保持同步的原因之一；在瓦登海沿岸的潟湖中，情况则与此相反。在英国东海岸，外海潮流的不对称性也相当小，例如泰晤士河口及亨伯河口，两者的 γ 值均为 $0.5 < \gamma < 1$。

实际观测到的水道地貌与平衡公式(4.71)相比存在较大差异。然而应该指出，有些水道并不满足该公式的推导条件，例如 a/h 和$(b_S^+ - b_S^-)/(b_S^+ + b_S^-)$并不是远远小于1。在式(4.71)的推导过程中，曾经假设河流来沙可以不予考虑，但是此条件对普赖斯河（PR）及沃彻普里格河（WA）（美国大西洋沿岸的两条小型河流）却并不适用。这些水道曾发生过超出海平面上升速度的非海洋来沙的沉积过程[325]，具有以大块潮滩和湿地为界的潮沟系统，且均以落潮流为主，产生向海的泥沙净输移[158]。美国大西洋沿岸另外一个小型的小潮河口马纳斯宽河口（MA）也在平衡范围以外，且以涨潮流为主，口门和水道急剧收缩，从其特征上看，更像是河流型而非障壁型水道。

就潮汐水道的 γ 值范围而言，除了普赖斯河、沃彻普里格河及东斯海尔德河以外，所

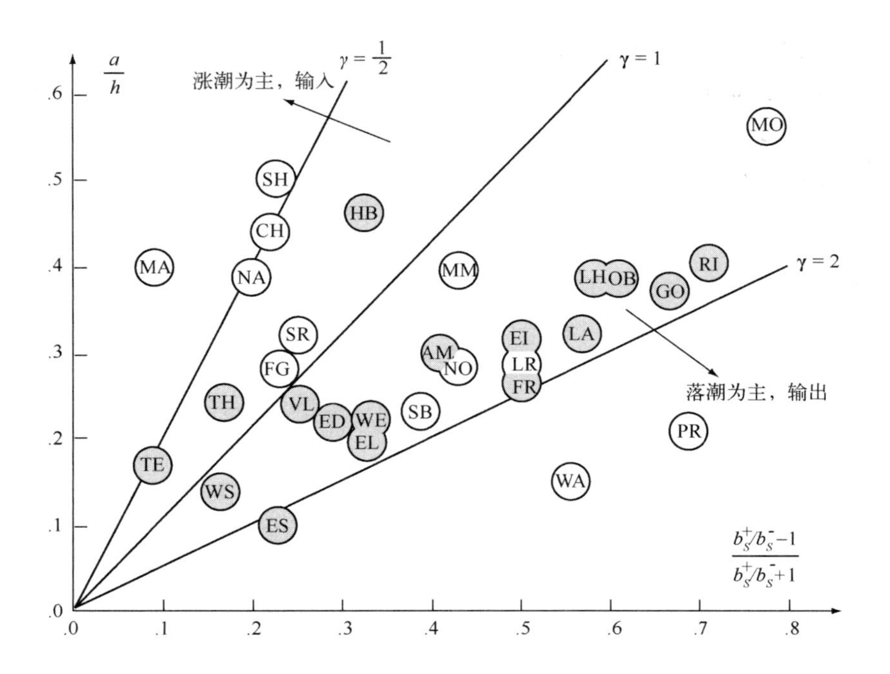

图 4.36　障壁型潮汐水道的地貌动力平衡主要取决于潮滩相对范围$(b_S^+ - b_S^-)/(b_S^+ + b_S^-)$以及潮波相对振幅 a/h。在狭窄的弱潮陆架不出现潮汐的不对称性，地貌平衡对应于 $\gamma\approx1$；在宽阔的中/强潮陆架，外海潮流的不对称性可能会抵消斯托克斯漂流的作用，地貌平衡对应于 $\gamma\approx2$。图中灰点代表位于宽阔的中/强潮陆架（特别是西北欧陆架）上的潮汐水道，大部分接近于 $\gamma=2$；白点代表位于狭窄的弱潮陆架（特别是美国大西洋陆架）上的潮汐水道，γ 的平均值接近于 $\gamma=1$。为保持与海平面上升同步，可能需要有泥沙的净输入，这可以部分地解释一些较小的值。各潮汐水道名称的缩写已在表 4.2 中给出

有具有外海潮流不对称性的潮汐水道的 γ 值均约为 2，而大多数缺少外海潮流不对称性的潮汐水道的 γ 值均约为 1。这说明这些水道都具有向涨潮流占优发展的趋势，并可以用为了保持与海平面同步上升所需要的泥沙输入来解释。

地貌动力平衡

图 4.36 表明，潮汐水道是通过生成能够抵消涨潮流优势（与外海潮流不对称性有关）和落潮流优势（与斯托克斯漂流有关）的地貌而趋于动力平衡的。浅水中，高、低潮的传播速度远大于深水，较快的高潮传播速度导致落潮时间相对于涨潮时间有所增加，即较强的涨潮流。高潮的传播速度由于潮间带的存在而有所下降，涨潮流在潮间带上发生扩散。在较浅的水道中，为了抵消高潮传播速度的优势，需要更大的潮间带面积，即地貌平衡需要潮间带面积随水道和潮差/水深比增大而增大，如图 4.37。这与较强的外海潮流不对称（γ 值大）抵消同斯托克斯漂流有关的落潮流占优是一致的。当不存在外海潮流不对称（γ 值小）时，同斯托克斯漂流有关的落潮流占优被水道内部产生的涨潮流占优抵消，这种情况下将不会有宽阔的潮间带发育。

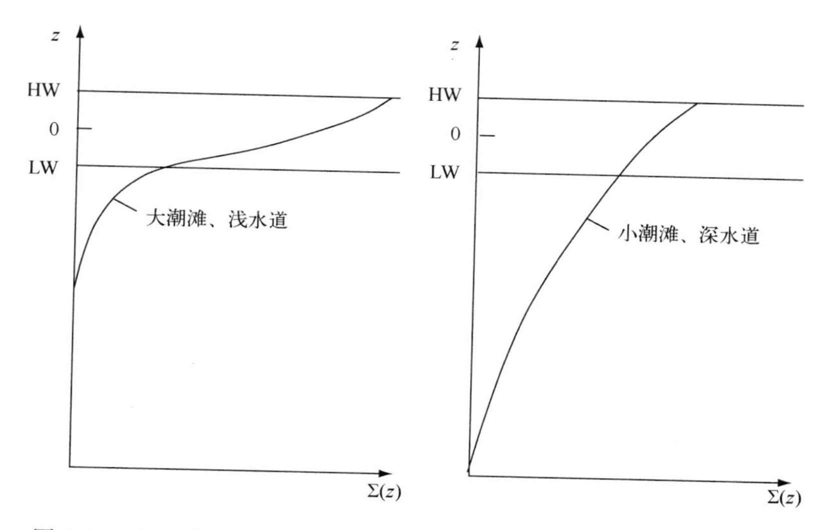

图 4.37　与地貌平衡一致的两种不同潮汐水道的高程曲线。$\Sigma(z)$ 是距某一参考基准面距离为 z 的海域面积

外海潮流的不对称性与水道的长期演变

关于外海潮流不对称性对潮汐水道长期演变的作用，在描述美国大西洋沿岸潟湖时已经提到过。有人曾提出，这些潟湖中潮流引起的泥沙输入较弱是由于缺少外海潮流不对称性(涨潮和落潮具有相等的持续时间)[357]。这些潟湖的涨潮三角洲与欧洲大西洋陆架、北海陆架上潮汐水道相比较小，而且其中许多潟湖的泥沙输入量不足以与海平面上升保持同步。

相反的水道演变发生在 5 000 BP 和 3 000 BP 之间的荷兰沿岸。在大约 6 500 BP 时，海侵到达了现今的荷兰海岸线，海水能够侵入到地势低洼的一些河流平原，如莱茵河、马斯河、斯海尔德河等。当时在荷兰的南部、中部和北部发育了一些较大的海湾，并在更新世海底上冲刷出了一些深水道(见图 4.38)。位于荷兰南部和北部的一些水道至今仍然存在，但是位于中部的水道却已经消失，特别是规模较大的卑尔根湾(Bergen Inlet)。那么，是什么造成了这些水道演变上的差异？图 4.39 显示出了荷兰沿岸潮波的变形情况，可以发现在荷兰中部潮流不对称性最大，涨潮比落潮时间几乎短了 5 个小时。因此，位于荷兰海岸中部的水道曾经历过比远强于落潮流的涨潮流[460]，从而造成了对海湾的迅速填充和大范围潮间带的发育。但潮间带对高、低潮传播的调整效果可能不足以抵消外海潮流造成的涨潮流优势，在 3500BP 前后，荷兰中部海岸线封闭。

东斯海尔德水道及泰瑟尔水道的演变

在图 4.36 中，泰瑟尔水道位于 $\gamma = 1/2$ 附近，而东斯海尔德水道则位于 $\gamma = 2$ 附近，这种差异不能用外海潮流的不对称性来解释。有人认为，它们在图中的位置是可以交换的，因为泰瑟尔水道的外海潮流不对称性比东斯海尔德水道强。东斯海尔德水道对进潮量增大的响应是加宽潮滩，加深水道，而且在1985年部分封闭之前，其曾处于一种向海输沙的模式，据此可以解释它在图中的位置（略低于$\gamma=2$线）。1930年封闭的须德海曾是泰瑟尔水道的主要纳潮区（见图4.40上图）。在其封闭之前，特赛尔水道的潮波为阻尼前进波，口门处潮位和流速的相位差正好在$\pi/2$之下，此时可能达到平衡状态，因为潮波不对称引起的泥沙输入可能被补偿落潮流优势的斯托克斯漂流抵消（见图4.40下图）；在须德海封闭以后，泰瑟尔水道的潮波接近于驻波，此时的斯托克斯漂流很小。自那时以来，该水道一直有泥沙输入，不过其潮间带范围仍然太小，无法完全抵消由外海潮波引起的口门处的涨潮流优势，据此可解释泰瑟尔水道为何会在$\gamma=1$线以上。图4.36还表明了这些水道对人类干预具有相反的演变方向。

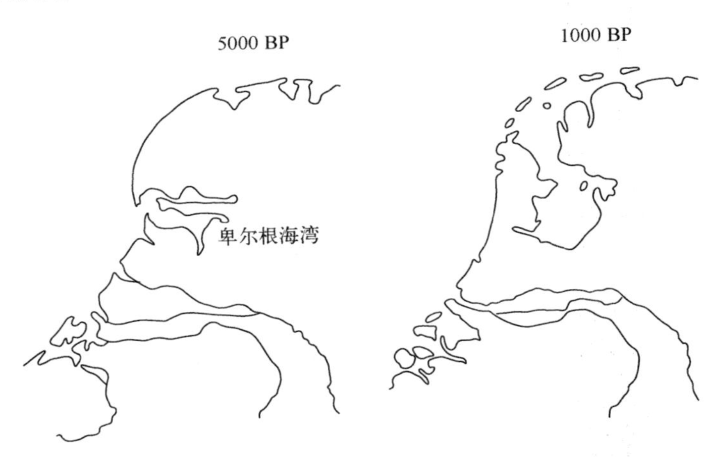

图4.38　5000BP和1000BP时的荷兰海岸线（根据地质重建方法，并依据原著参考文献[505]重新绘制）。位于荷兰沿岸的皋尔根湾完全淤满，海岸线被封闭；继续向北，泰瑟尔水道及须德海在过去1000年期间发育形成

涨、落潮优势的局部差异

在水道的简单一维公式中，我们没有考虑横断面上水流强度的差异，可是这种差异却是很重要的。对此已在图4.41中表明，其中所示为东斯海尔德河口南部涨潮三角洲中水道的情况。该水道的北部落潮流占优势，而南部涨潮流占优势，所以整体而言，涨、落潮是相对平衡的，但仍然会发生泥沙净输入或净输出。局部的涨、落潮优势常常强于潮流不对称在整个水道断面积分的结果，因此某水道的泥沙平衡不能只归因于潮流的不对称性。如果水道的最深部分以落潮占优势，而较浅的部分以涨潮占优势，那么涨潮优势将在横断面更大的宽度内占主导地位，就可能产生以涨潮流方向为主的泥沙输移。然而潮汐水道的弯曲特性限定了涨、落潮水道的长度，在涨、落潮水道的末端由于水流的辐散而使泥沙沉积，因此在涨、落潮水道间的过渡地段将有浅滩发育，所以一般来说由局部涨潮优势或落

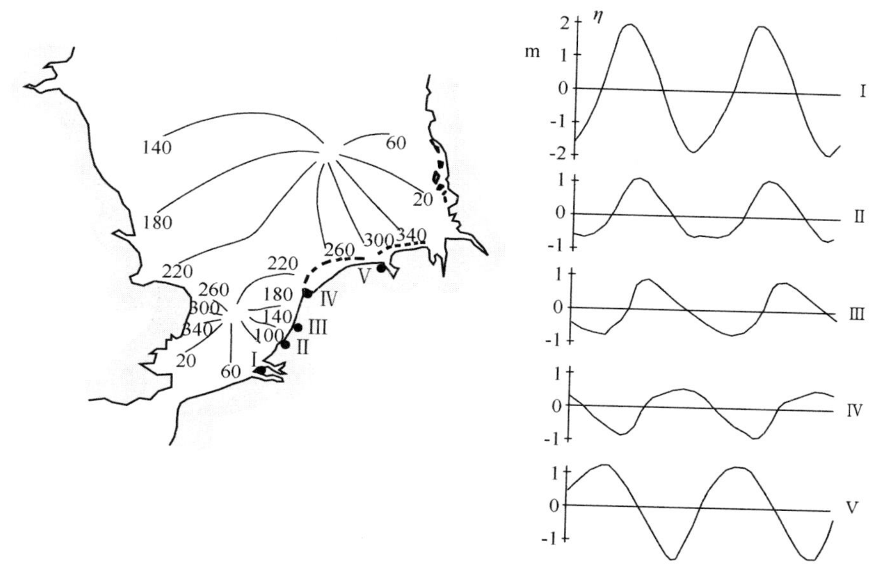

图 4.39　潮波沿荷兰海岸由南向北传播的过程中，变形越来越强。涨、落潮的不对称在荷兰中部和北部沿岸（Ⅲ和Ⅳ之间）最显著，这种不对称性主要是由于该段海岸的内陆架较浅（见附录 C.2 节）。进一步沿瓦登海向北，潮波是北海中部无潮点系统的一部分，该无潮点系统不对称性的发育弱于北海南部湾

潮优势造成的泥沙冲淤仅仅影响水道的有限部分。潮流的不对称性也可能沿水道发生变化，但是，潮波不对称性持续的距离通常大于单个的涨潮或落潮水道，因此潮流的不对称性在潮汐水道的整个泥沙输移过程中起着重要的作用。

波浪和风暴潮

在波浪作用强烈的风暴潮条件下，悬沙含量急剧增加。受掩蔽的海湾可能会因为流入携载大量悬沙的涨潮流而造成额外的泥沙输入；相反，在开阔的海湾中，将会因为波浪在潮间带的强烈扰动而使泥沙输出增加。风暴潮时细粒比中粒或粗粒泥沙更加敏感，细粒泥沙可以在水中保持悬浮，并在悬浮状态下可随潮流前进很长的距离。在荷兰所有潮汐水道中，瓦登海西部的一些水道最容易遭遇风暴潮，夏天沉积在潮滩上的细粒泥沙，冬天就会被侵蚀。在 1976 年的风暴潮之后，瓦登海的细粒泥沙甚至可以在离岸 20 km 外的海域找到[492]。因此可以预计，在瓦登海西部潮滩是不太容易发育的，而且要在这一地区维持地貌动力平衡，则需要比其他类似水道更强的涨潮优势。较强的涨潮优势是通过水深浅、范围小的潮间带（其 γ 值低）实现的。由图 4.36 可以看出，瓦登海西部的泰瑟尔水道和弗利兰水道是荷兰 γ 值最小的水道。所以较小的 γ 值可以作为波浪和风暴潮作用对海湾地貌动力平衡的指示。

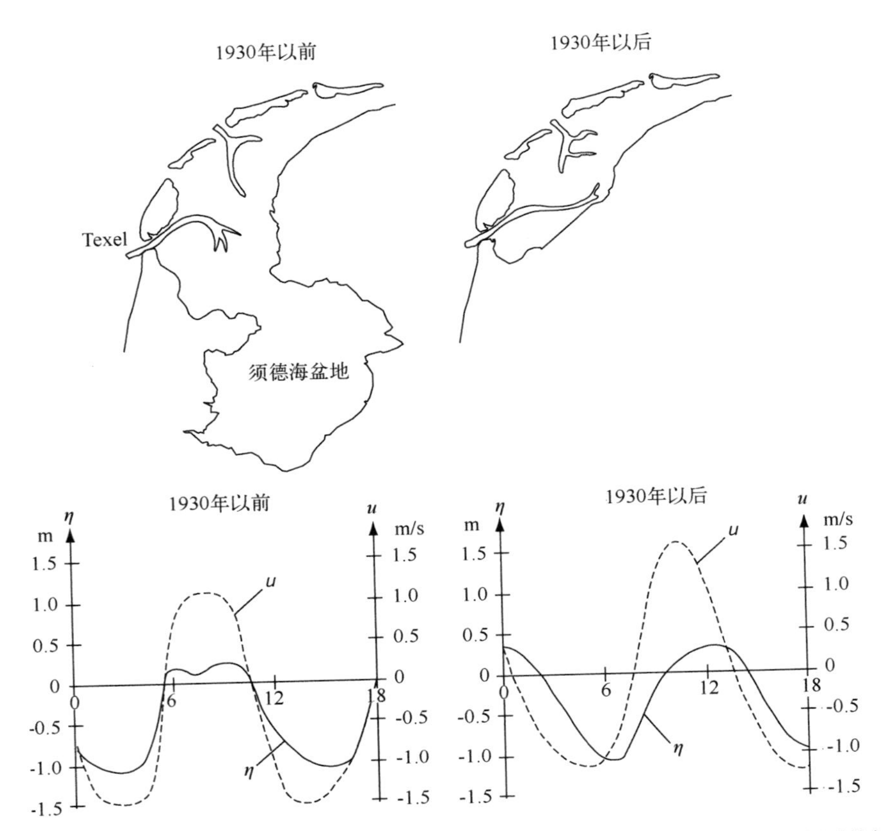

图 4.40 泰瑟尔水道在须德海封闭前后的地貌及潮位和流速过程线。潮位曲线来自实测数据，流速曲线来自二维潮波数值模型的计算结果。在 1930 年须德海封闭前，泰瑟尔水道曾是须德海的主水道，潮波能量在较浅的须德海几乎被全部消耗；潮波为阻尼前进波，潮位和流速之间几乎没有相位差，此时的泰瑟尔水道由于斯托克斯漂流以及涨潮时间长于落潮而以落潮流占优势；在须德海封闭后，潮流在海岸处发生反射，潮位和流速之间 1 个多小时的相位差使斯托克斯漂流减小，此时的涨潮时间短于落潮，涨潮流占据优势

4.6.2 地貌动力稳定性

海岸管理

前面我们通过讨论潮流引起的泥沙输移已经建立了地貌平衡条件，许多现有的潮汐水道都具有符合这种平衡条件的地貌特征。但是，该平衡条件也确保可以达到稳定平衡吗？下面我们将讨论这个问题，从海岸管理的角度，这是十分有意义的。一个潮汐水道对诸如疏浚或潮滩围垦等人为干预是怎样响应的？它将是否与海平面上升保持同步？为了回答这些问题，我们将对处于平衡的潮汐水道稍做扰动，并对结果进行分析讨论。

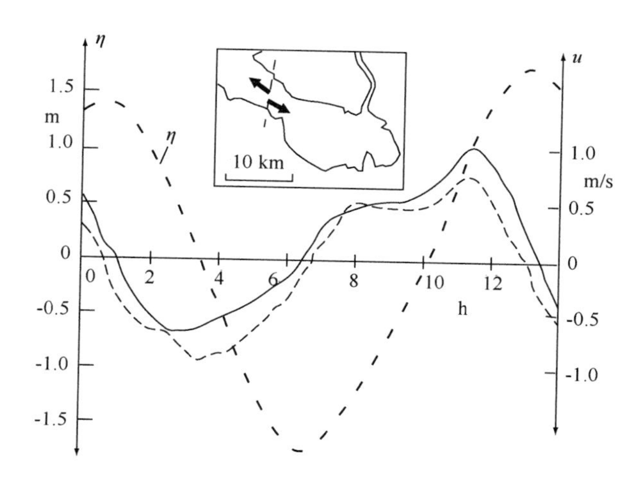

图 4.41　东斯海尔德河口南部涨潮三角洲水道中的余流。实线为水道南岸附近的垂向平均流速，虚线为水道北岸附近的垂向平均流速。这两者都是通过同步测量得到的。水道南部以涨潮占优势，而北部则以落潮占优势(数据源自荷兰国家水运局调查部)

稳定性分析

在给定的潮汐边界条件下，我们可以把口门横断面的平均泥沙净通量$\langle q\rangle$表示为水道地貌的函数，即$\langle q\rangle = f(\xi_1, \xi_2, \cdots, \xi_n)$，此处$\xi_1, \xi_2, \cdots, \xi_n$代表描述水道地貌的参数，例如水道深度$\xi_1 \equiv h$、低潮水道宽度$\xi_2 \equiv b_s^-$、高潮水道宽度$\xi_3 \equiv b_C^+$、水道宽度$\xi_4 \equiv b_s$等。在平衡状态下，水道中的泥沙净通量是均匀的，如果水道在陆侧边界是封闭的，且无河流来沙，则泥沙净通量等于零。我们通过略微改变某些形态参数进行干预，这会影响潮流的不对称性，并因此而造成泥沙通量相对于零值(或是相对于泥沙净输入、净输出)的偏离。泥沙的净输入将使水道容积V减小，净输出反之。这种增大或减小可以用下列公式表示：

$$V_t = -\langle q\rangle \tag{4.72}$$

水道容积V的变化取决于水道参数$\xi_1(t), \cdots, \xi_n(t)$随时间的变化。这里有两种情况可能会发生：①水道容积V的改变趋向于恢复初始值为零的泥沙净通量；②水道容积V的改变使泥沙净通量相对于零值的偏离增大。在第一种情况下，初始地貌平衡可以说是稳定的，在对地貌进行了扰动之后的某个时刻，接近于初始地貌平衡的新平衡建立。在第二种情况下，地貌平衡是不稳定的，在稍做扰动之后，地貌会进一步偏离初始平衡状态。

水道深度的不稳定性

我们首先将扰动仅限于水道深度$h \equiv \xi_1$。假设ξ_1相对于平衡状态的偏离规定为ξ'_1，且$\xi'_1 \ll \xi_1$，则$V_t \approx V_1 \xi'_{1t}$，$\langle q\rangle \approx q_1 \xi'_1$，其中$V_1$和$q_1$为平衡(即$V_1 \equiv V_{\xi 1}$，$q_1 \equiv \langle q\rangle_{\xi 1}$)时$\xi_1$的偏

导数，式(4.72)可以写成：

$$\xi'_{1t} = -(q_1/V_1)\ \xi'_1 \tag{4.73}$$

水道容积 V 随水道深度的不断加深而增大，因此 $V_1>0$。随着水道加深，潮汐不对称性发生变化，涨潮时间相对于落潮增加，泥沙净通量也因此而变成负值，即 $q_1<0$。从式(4.73)可以得出，ξ'_1 的变化率为正值，水道深度偏离其平衡值，水道地貌态为适应深度扰动而变得不稳定。

水道深度与潮滩面积的动态耦合

这种不稳定性与潮汐水道的存在相矛盾，显然我们忽略了某些方面。参数 ξ_1，ξ_2，…，ξ_n 实际上并不是独立的，我们还必须要考虑这些参数间的动态耦合问题，这种动态耦合已经在第4.2.6节进行了探讨。水道深度的增加意味着流速幅值 U 减小到了能维持潮滩的临界值以下，潮滩将因此而遭受侵蚀，潮滩的宽度和高度将减小，被侵蚀的泥沙将沉积在水道内。在此过程的作用下，水道深度将减小，并回到初始值，流速幅值 U 也将被恢复到其临界值。然而，潮滩面积却减小了，这将对潮流的不对称性产生影响，使涨潮时间相对于落潮减少。泥沙通量因此转变为净输入，水道深度进一步减小，流速幅值将超过临界值，水道床面受到侵蚀，水道深度增大，被侵蚀的泥沙将被用来恢复潮滩。所以，水道经历一次深度增大和减小的循环过程，对应于潮滩面积经历一次减小和增大的循环过程。

深度－宽度动态耦合的简单模型

该模型是以式(4.72)为基础建立的，其中我们引入了水道深度和潮滩面积的动态耦合，可以用下列方程表示：

$$V_2\xi'_{2t} = q_T \tag{4.74}$$

$\xi_2 \equiv b_C^-$ 为低潮时的水道宽度，其相对于平衡宽度的偏离 ξ'_2 随水道加深而增大，这主要是由于波浪引起的侵蚀作用超过了潮流引起的沉积作用。被侵蚀的潮滩泥沙量由 $V_2\xi'_2$ 给出，其中 $V_2 \equiv V_{\xi_2}>0$ 为水道平衡时 ξ_2 的偏导数(见图4.42)。从潮滩到水道的横向泥沙通量用 q_T 表示，为平均最大潮流速度 U 的函数。若 U 等于能使潮滩稳定(潮流的沉积作用可抵消波浪的侵蚀作用)的临界速度 U_c，此时横向平均泥沙通量为零。平衡流速的微小偏差 $U'=U-U_c$，产生横向泥沙通量 $q_T=q_{TU}U'$，其中 q_{TU} 为负值(平衡时 q_T 相对 U 的偏导数)。深度 ξ'_1 的增大造成最大流速 U 的减小，一阶近似为 $U'=U_{\xi_1}\xi'_1$，$U_{\xi_1}<0$。因此我们可以得出 $q_T \approx q_{TU}U_{\xi_1}\xi'_1 = q_{T_1}\xi'_1$，$q_{T1} \equiv q_{TU}\ U_{\xi 1}>0$。式(4.74)将低潮时潮滩面积的减小表示为水道深度增量的函数，即：

$$V_2\xi'_{2t} = q_{T_1}\xi'_1 \tag{4.75}$$

上式表明，在式(4.72)中水道容积的时间变化不仅取决于 ξ_1，也取决于 ξ_2，这一点同样适用于泥沙通量相对于平衡的偏离。所以，式(4.72)可写作：

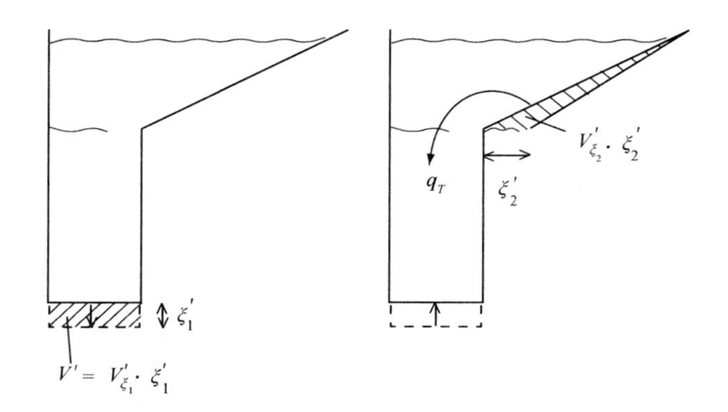

图4.42 水道深度增大ξ'_1，所产生的容积增加为$V'=V_{\xi_1}\xi'_1$，由潮滩侵蚀导致的横向泥沙输入对水道深度进行补偿。潮滩侵蚀使低潮时的水道$\xi_2\equiv b_s^-$增加，被侵蚀的泥沙量为$V_2\xi'_2$

$$V_t = V_1\xi'_{1t} + V_2\xi'_{2t} = V_1\xi'_{1t} + q_{T1}\xi'_1 = -\langle q\rangle = -q_1\xi'_1 - q_2\xi'_2 \tag{4.76}$$

式中，q_2为平衡时$\langle q\rangle$相对ξ_2的偏导数。假设纵向通量$\langle q\rangle$指的是泥沙向水道的输入(输出)，那么由式(4.74)，泥沙向潮滩的输入(输出)是通过泥沙的横向输移发生的，对水道的容积则不会产生影响。参数ξ'_2就可以通过二阶时间导数从式(4.75)和式(4.76)中消去。可得到下列二阶线性微分方程：

$$\xi'_{1tt} + (\sigma_1+\sigma_T)\xi'_{1t} + (\sigma_2\sigma_T)\xi'_1 = 0 \tag{4.77}$$

其中，

$$\sigma_1 = q_1/V_1,\quad \sigma_2 = q_2/V_2,\quad \sigma_T = q_{T1}/V_1 \tag{4.78}$$

该方程的解由下式给出：

$$\xi'_1(t) = \xi'_1(0)\mathrm{e}^{\sigma_i t}\left(\cos\sigma_r t + \frac{\sigma_i}{\sigma_r}\sin\sigma_r t\right),$$
$$\sigma_i = -\frac{1}{2}(\sigma_1+\sigma_T),\quad \sigma_r = \sqrt{\sigma_2\sigma_T - \sigma_i^2} \tag{4.79}$$

时间尺度的估算

下面我们将对时间尺度σ_i^{-1}及σ_r^{-1}进行粗略估算。首先，利用先前推导的式(4.57)、式(4.42)和式(4.69)，将潮均的泥沙通量$\langle q\rangle$表示为水道几何形态的函数，即：

$$\langle q\rangle = \alpha b_C\langle U^5\rangle \approx \frac{5}{4}\alpha b_C U_c^5(Q^+ - Q^-)/Q_m,$$
$$(Q^+ - Q^-)/Q_m = 2\Delta_{EF}/T \approx \frac{2rl^2}{gTb_Ch^3}[2a(b_S^+ + b_S^-) - h(b_S^+ - b_S^-)] \tag{4.80}$$

在平衡时，$\langle q\rangle=0$，则有：

$$q_1 \equiv \partial q/\partial h \approx -\alpha U_c^5 \frac{5rl^2}{2gTh^3}(b_S^+ - b_S^-),$$

$$q_2 \equiv \partial q/\partial b_S^- \approx \alpha U_c^5 \frac{5rl^2}{2gTh^2} \tag{4.81}$$

对横向泥沙通量 q_T 的估算是根据东斯海尔德河口的潮滩侵蚀/沉积图推算出来的，最大流速降低 $pU \approx 0.25U$ 可造成潮滩每年 2～3 cm 的侵蚀，对应于 $w_e \approx 8\times10^{-10}$ m/s。潮滩的表面积可通过 $l(b_S^+ - b_S^-)$ 近似求得，其中 l 表示水道长度。最大流速单位衰减所对应的横向泥沙通量可由 $\mathrm{d}q_T/\mathrm{d}U \approx -w_e l(b_S^+ - b_S^-)/pU_c$ 给出。另外，已知 $\mathrm{d}U/\mathrm{d}h = \mathrm{d}(Q_m/b_C h) = -U_c/h$，可得：

$$q_{T1} = (\mathrm{d}q_T/\mathrm{d}U)(\mathrm{d}U/\mathrm{d}h) \approx w_e l(b_S^+ - b_S^-)/ph \tag{4.82}$$

潮汐水道每单位深度的容积变化，即 $V_1 \equiv \partial V/\partial h$，是按 $V_1 \approx lb_C$ 估算的。关于潮滩在低水位时每单位宽度的体积变化，根据图 4.42 所示，可以通过 $V_2 \equiv \partial V^{\mathrm{flat}}/\partial b_S^- \approx al$ 近似求得。

根据这些结果，就可以对时间尺度 σ_1^{-1}、σ_2^{-1} 及 σ_T^{-1} 进行推导。对于一个典型的潮汐水道（其长度 l = 20 km、潮间带面积与水道面积同量级、$b_S^+ - b_S^- \approx b_C$、$U_c \approx 1$ m/s、摩阻系数 r = 0.003 m/s、泥沙输移系数 $\alpha = 10^{-4}$）而言，可得出 $\sigma_1^{-1} \approx 120$ a、$\sigma_2^{-1} \approx 25$ a、$\sigma_T^{-1} \approx 50$ a。对于时间尺度 σ_i^{-1} 和 σ_r^{-1}，可得 $\sigma_i^{-1} \approx 100$ a、$\sigma_r^{-1} \approx 35$ a。

地貌动力循环

从式（4.79）可以看出，对水道深度的扰动使水道进入了一种循环响应模式。水道深度增大－减小以及潮滩减小－增大的循环周期具有负的生长率 σ_i，因此它是随时间减小的。潮汐水道的形态对于水道深度的扰动虽然不敏感，但是循环周期很长（一般 200 a 左右），而且衰减速率很小。这主要取决于水道的长度 l，因为时间尺度 $-\sigma_1$ 是随 l 增大的。对于很长的水道来说，生长率 σ_i 可能因此而变为正值。

对地貌动力循环产生的机制进行简化是特别有意义的。有许多与水道循环行为有关的实例，例如两水道间的竞争（见第 2 章第 2.5 节）。人们对水道－浅滩系统的地貌动力循环行为已经做了很好的记录[232]，目前普遍认为，这种循环在整个潮汐水道中都存在。在泰瑟尔水道观测到了潮汐水道对人为干预适应过程的波动，其时间尺度为 50 a 量级[135]。然而，数据的不确定性很大，而且这种波动也可能是由于外界条件（如风暴潮）等所致。

4.6.3 对外部变化的响应

水道疏浚

前一节讨论的水道深度扰动在某种方面类似水道内偶尔进行的疏浚工程，因此我们可以将其看做是大规模水道疏浚工程的模型。对于该过程，已在图 4.43 中进行了描述。不过，该图过分简化了，疏浚位置(清淤点和排淤点的选取)也具有重要作用。一般情况下，疏浚工作是在落潮流的主潮汐水道中进行。水道并非处处都要加深，工程范围主要是集中在涨、落潮水道段交叉处的浅滩上(见图 4.44)。通常，水道疏浚的地貌动力响应包含两个方面：①潮间带沉积作用增强；②潮差增大。这些可以在大型疏浚之后观测到，例如西斯海尔德河口[240]、里布尔河口[463]以及墨西河口[308]等。潮差增大可以补偿沉积作用所造成的水道中纳潮量的损失[461]，更大一部分潮流将放弃次级水道而主要集中于主水道。现已观测到，次级水道中流量减少，并被迅速淤满，泥沙来源主要为水道附近被侵蚀的沙洲或浅滩，如里布尔河口[463]。

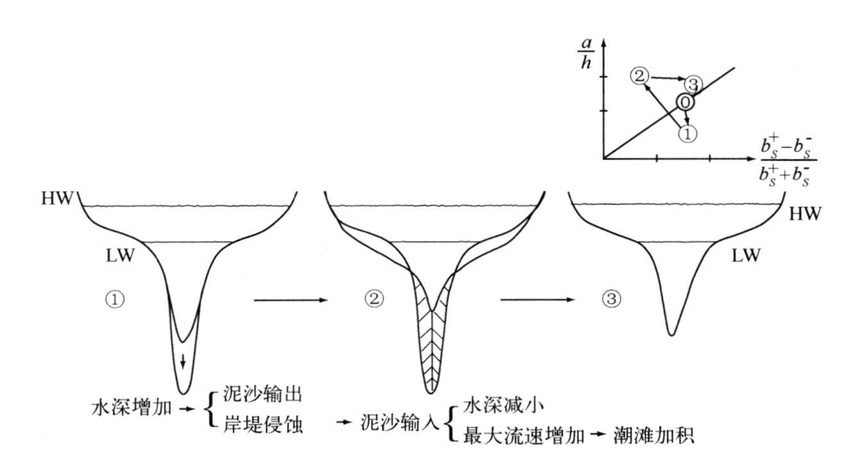

图 4.43　对水道疏浚的不同地貌动力响应阶段

潮流在主水道内的集中因导流坝的建造而加强。经观测，一些浅潮下带和潮间带的加速沉积就是导流坝作用的直接结果，如在墨西河口、里布尔河口、月牙(Lune)河口[308]以及塞纳河口[18]等。在西斯海尔德河口，疏浚工程进一步促进了次级涨潮水道的淤满。因此，主潮汐水道的加深未必一定意味着流速的减小，在西斯海尔德河口就没有观察到这种现象[240]。据此可以解释，为什么实际观察到的对水道疏浚的响应(潮滩沉积作用增强)与前一节所预测的结果相反。水道疏浚以及由此而引起的水流变化增强了泥沙的活动性，特别是对于细粒组分。在里布尔河口，落潮三角洲是大量泥沙的来源[463]。水道加深和低潮时水面宽度的减小使低潮传播速度相对高潮增加，因此落潮持续时间相对于涨潮持续时间而缩短，水道也会从以涨潮为主转变成以落潮为主。在西斯海尔德河口和里布尔河口，以落潮流为主的演变被高潮时水面宽度的减小所抵消，而水面宽度减小是由于高潮以上潮间带的沉积作用和对潮间带的开垦所致。在西斯海尔德河口，尽管曾出现过相当大的水道深度变化，但涨潮相对于落潮的持续时间在过去几个世纪没有发生重大变化。

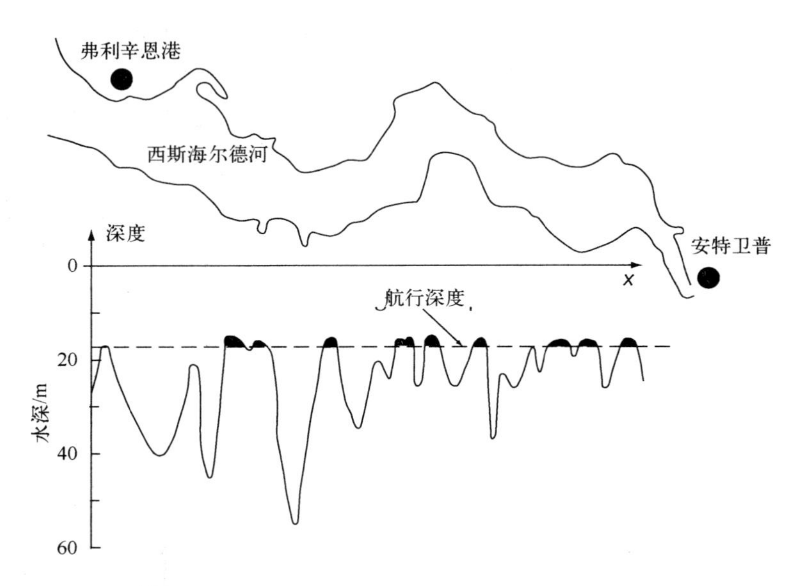

图 4.44 西斯海尔德河口沿水道轴线的深度剖面。西斯海尔德河口的疏浚主要集中于涨、落潮水道交汇处的浅滩，被疏浚的泥沙并没有排放在河口外，而是排放到了次级涨潮水道和水道两岸

对平均海平面上升的响应(围堤水道)

平均海平面的突然上升使潮间带范围减小，因为少数浅滩在低水位时不再干涸。假设，高潮时水道面积不增加，水道以外已开垦的土地也不会被淹没。那么，水道深度虽略有增加，但纳潮量则因水道储存容积的增大而有较大的增加，主水道中的流速也将因此而增大。在影响潮波传播的各参数中间，b_S^+/b_S^- 的减小是最有意义的。该比值的减小将引起低潮传播速度相对于高潮减小、涨潮持续时间相对于落潮的减少、涨潮流相对于落潮流增强。如果水道在海平面突然上升前已处于平衡状态，那么其后将变成涨潮占优势，并有泥沙输入。流速的普遍增高连同涨潮引起的泥沙输移一起，将造成水道中泥沙的输入，而这些泥沙输入将主要导向潮滩，使潮滩相对于海平面的高度得以恢复。按照此种情形(见图 4.45)，水道将自行调整以适应平均海平面的上升。输入的泥沙起初由落潮三角洲供给，而此时三角洲的体积也将变小。

过去几十年的观测表明，瓦登海的落潮三角洲及其邻近的沿岸地段一直在遭受侵蚀(见图 4.46)，人们认为这主要是由于平均海平面上升以及泥沙向瓦登海输入的缘故。在泰瑟尔水道和弗里斯水道，泥沙输入也受到了须德海(1930 年)和劳沃斯海(1970 年)封闭的影响[293]。在前文中已表明，低潮时的水面宽度增加所引起的潮汐不对称性和泥沙输入是很小的，据此可以预计，在海平面上升与地貌响应之间存在着时间滞后。在须德海和劳沃斯海封闭之后，沉积速率约为 1 cm/a[293]，这说明瓦登海的地貌演变将不能与 1 cm/a 或更快的海平面上升速度保持同步。

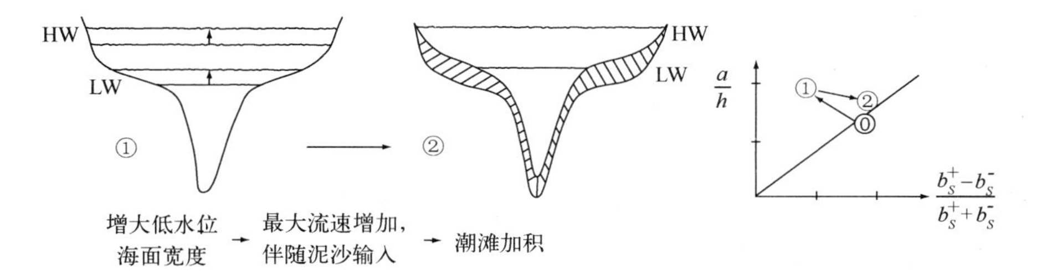

图 4.45　对海平面上升的不同地貌动力响应阶段

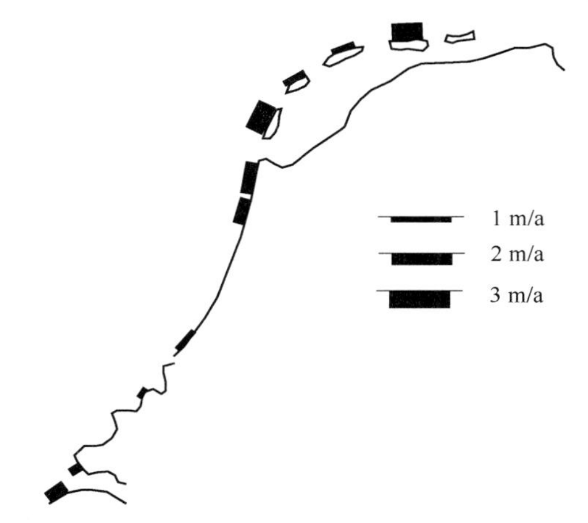

图 4.46　荷兰沿岸继续遭受大量侵蚀的地理位置，其中大多数在水道入口附近。海岸带泥沙侵蚀的总体积与同海平面上升保持一致所需要的平均沉积量具有相同的数量级，向荷兰近岸和沙滩的人工增沙大约 $600 \times 10^4\ m^3/a$，与前述体积相当

对平均海平面上升的响应（非围堤水道）

在平均海平面上升使高潮时海面宽度增大的情况下，水道的响应将是不一样的。如果高潮水道宽度的增加超过低潮时，水道将变成以落潮流为优势，与过去莱茵河 - 马斯河 - 斯海尔德河三角洲在大型风暴潮过后出现的围垦区淹没类似。在这种情形下，纳潮量增大，水道被冲刷，以容纳增多的潮水。被淹没的土地转变成具有水道和潮滩的新涨潮三角洲。绝大部分被侵蚀的泥沙将被输出并沉积在落潮三角洲，落潮三角洲的体积将因此而增大。

潮滩围垦

假如开垦不影响潮下带的话，对潮间带的开垦主要是减小高潮时的水面宽度。潮滩开垦后，由潮间带所引起的高潮传播滞后将变小，高潮传播速度的增大也将使涨潮持续时间相对于落潮减少。涨潮持续时间变短，涨潮流则变得比落潮流强，但这只是一种相对增强，因为涨、落潮流都是随进潮量的减小而减小的。此时水道将进入一种淤积模式，泥沙首先在水道内沉积。

水道的淤积不仅是由于海洋泥沙的输入，还由于潮滩的侵蚀。该过程将减小水道的横断面，并使流速增大，最后恢复潮流强度以抵消潮滩的侵蚀。在此阶段，水道仍旧以涨潮流占优势，因为除了滩涂围垦以外，侵蚀作用也造成了潮间带范围的减小。此时海洋泥沙的不断输入将导致潮滩的重建，并将持续到高潮传播速度减小到与低潮时相近为止。到那时，水道将达到新的平衡。该过程已在图 4.47 中进行了描述。在新的平衡中，水道的横断面较之以前的变小；水道中输入了主要来源于落潮三角洲的泥沙，而落潮三角洲的体积也因此减小。这些现象在劳沃斯海封闭后都已经观测到，劳沃斯海过去曾是弗里斯水道涨潮三角洲的一部分(图 4.48)。

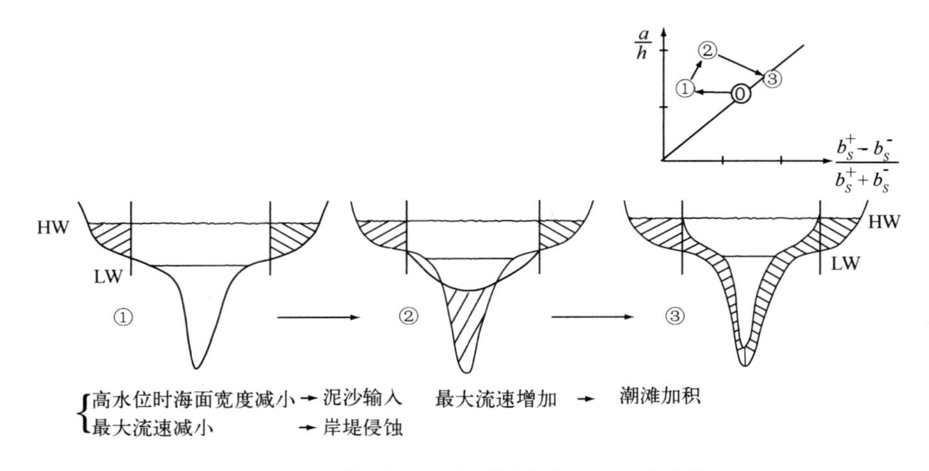

图 4.47　对潮滩围垦的不同地貌动力响应阶段

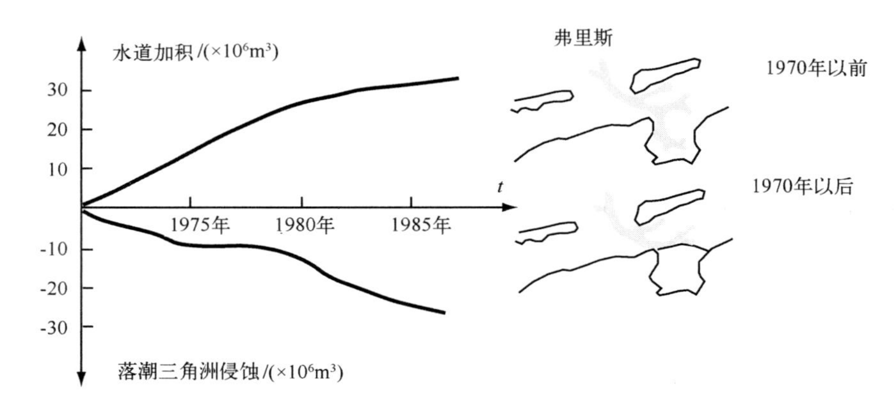

图 4.48　劳沃斯涨潮三角洲封闭后，弗里斯水道的沉积作用和落潮三角洲的同步侵蚀作用

以上所述为概略和定性的描述，地貌平衡的详细过程远要复杂得多。原始水道系统的有些部分受潮滩围垦的影响比其他区域强烈，因此原始水道的形态将被重新塑造。这一过

程涉及到大量泥沙输移。水道适应的时间尺度不仅取决于通过潮汐不对称性而产生的泥沙输移，而且还取决于其他一些作用过程，例如潮汐主水道系统的重新定形等。

水道演变的其他模型

对前述潮汐水道动力地貌模型所作的基本假设是：①潮流不对称性对泥沙输入或输出起着主导作用；②在潮流引起的潮滩沉积与波浪引起的潮滩侵蚀之间存在着平衡。在文献中，还提出了其他几个用以描述潮汐水道对海平面上升或潮滩围垦响应过程的模型。在这些模型中，根据经验关系式采用了其他一些假设。其中一种模型不仅依据水道横断面与纳潮量之间的平衡关系(见第4.2节)，也根据高潮海面宽度与潮间带宽度之间的平衡关系式[464,108]；还有一种模型主要基于假设平均平衡含沙量[112,466,170]，再结合其他一些假设。例如在原著参考文献[466]中，假设泥沙输移与纵向悬沙浓度梯度变化有关，并在平均含沙量与水道容积之间假设了一个关系式，这种扩散模型可能比较适用于细粒泥沙的情况，而不适合用于中砂或粗砂。

4.7 细粒泥沙的输移

定义

细粒黏性泥沙主要由黏土和直径为1～10 μm的碎屑颗粒组成，这些泥沙很难以单个颗粒的形式沉淀，它们在水柱中往往形成具有更高沉速(0.1～1 mm/s)的絮状物。当悬浮时，这种絮状物可以分散开。有关细粒黏性泥沙的特征已在第3章第3.2.3节讨论过，对于颗粒直径在63 μm以下的非黏性粉砂，因其沉速很低(在1 mm/s左右)，所以也被看做是细粒泥沙中的一部分。

细粒泥沙的主要输移过程

许多潮汐水道是细粒泥沙的沉积区，主要是因为这些水道大都处于受掩蔽的位置。波浪作用阻止细粒泥沙在滨面(即沙滩之前的近岸带)上沉积，除非有大量泥沙供给的淤泥质海岸带，如圭亚那和苏里南的部分区域。有多种过程对细粒泥沙的输移具有重要的影响，如潮流扩散、河口环流以及潮汐不对称性。本节将主要针对这3种过程进行讨论，但仅限于一些最基本的概念。其原因有二：①有大量关于此类问题的文献可以获得，尤其是关于潮流扩散和河口环流[150,337]；②除了悬沙浓度很高的情况以外，对细粒泥沙输移的地貌反馈研究尚不如中砂或粗砂，细粒泥沙对流场变化的响应与砂质沉积物不同。一般而言，细粒泥沙或是高度迁移，或是高度固结，这种行为特征与海底形态的形成相悖。在悬沙浓度很高时，泥沙的输移可能是通过密度引发的浊流或者片流。对于这种情况，下文将不予考虑。

4.7.1 潮流的扩散作用

与溶质的相似性

细粒泥沙即使在低流速时也能很容易地保持悬浮。它们一旦悬浮起来，可以在大部分或整个潮流周期间随着潮流一起运动。在荷兰的潮汐水道中，平潮时有一半的悬沙仍保持悬浮(见图4.55和图4.56)，这些颗粒的迁移与溶质的迁移相类似，但这并不适合用于在潮流周期中沉积的颗粒。沉降和再悬浮可能使细粒泥沙产生显著的、连续的净迁移，这种输移机制将在下面各节中进行讨论。潮流扩散作用指的是一种与流场不均匀分布有关的净泥沙输运，往往是通过泥沙从高浓度带向外扩散的方式对悬沙分布进行平衡。为了描述这种扩散过程，我们将暂且不考虑沉降和悬浮作用。

扩散过程的尺度特征

扩散作用是平衡溶质或悬浮物浓度梯度的输移过程的统称。这些输移过程相当于水团的混合，即相当于不发生水体净位移的水质点的相对位移。扩散系数度量的是混合过程的效率，可以表示为长度尺度的平方 X^2 与时间尺度 T 的比率，其中长度 X 所度量的是水质点相对彼此位移的距离，时间 T 度量的是所需要的时间。扩散作用是以各种不同的时空尺度发生的，所以浓度的定义是与尺度有依赖关系的，“扩散”这一术语一般用于以次模型尺度发生的任意扩散过程。布朗运动是一种以最小时空尺度(分子尺度)发生的扩散作用，而湍流则是以水深尺度发生的使溶质或悬浮物扩散的最强机制。地貌学涉及的时间尺度一般来说是相当长的，所以我们将主要集中于时空尺度比布朗运动或湍流的大得多的那些扩散过程。我们主要对沿潮汐水道纵向的输移感兴趣，相应的大尺度混合过程则是纵向扩散作用。

随机运动

如果所有水质点都均匀移动的话，将不会发生浓度峰值的平衡。例如，假如在一个潮汐周期之后所有水质点都返回到其初始位置的话，将不会有扩散作用发生；如果所有水质点都位移了相同的距离，同样也不会有扩散作用发生。从另一方面来看，如果初始相邻的水质点在一个潮汐周期中移动了完全不同的距离(见图4.49)，那么初始浓度峰值将会被平衡。如果一个潮汐周期之后各个水质点的位移是随机分布的话，那么实际上就不可能从初始平衡的浓度分布中产生出浓度峰值。这说明扩散过程可以被描述成在一个或多个潮汐周期内的随机运动，水质点的间距取决于它们各自随潮流的净位移强度以及这些净位移在统计学上变为互不相关时的时间尺度 T_A。时间尺度 T_A 被定义为同一断面内水质点的相关时间尺度，同时将 X_A^2 定义为这些水质点在周期 T_A 内离开原始断面的平均二次净位移。假设半日潮有循环特性，并且其净流量为零，则所有水质点位移的总和等于零。根据随机运动理论，水质点在时间 $t \gg T_A$ 之后的平均二次位移 X^2 将随时间 t 成比例增大。

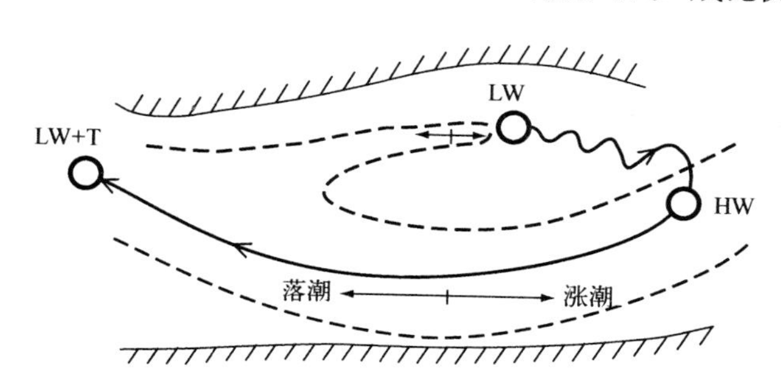

图 4.49　横向流速梯度变化与断面混合共同作用下的扩散作用图解。浅水次级水道中低潮时的水质点以较低的涨潮流速向岸移动，而横向水流和水平涡旋则大约在高潮时将其带向主水道，其后，该水质点随强落潮流在主水道中向远离其低潮初始位置的外海方向移动

扩散方程

潮均和断面平均浓度 $c_0(x, t) \equiv \langle \bar{c} \rangle$ 满足下列扩散方程：

$$c_{0t} = D_L c_{0xx} \tag{4.83}$$

其中扩散系数 D_L 由下式给出：

$$D_L = X_A^2 / 2T_A \tag{4.84}$$

在式(4.83)中，已假设扩散系数与 x 无关。在有余流 Q_R 存在时，同时也考虑到其他泥沙输移过程，上述扩散方程可以写成：

$$c_{0t} - u_R c_{0x} + \langle q_x \rangle / A_0 = D_L c_{0xx} + \langle Er - De \rangle / h \tag{4.85}$$

在该式中，也假设河流流速 $u_R = Q_R / A_0$ 与 x 无关。此外，$\langle q \rangle$ 代表由于潮流不对称性及河口环流引起的泥沙净通量；A_0 为潮均横断面积；Er 和 De 分别代表局部侵蚀和沉积速率。

扩散系数

在此须着重注意的是，扩散系数式(4.84)取决于潮汐周期内的水流分布。然而，如果假设断面上的混合时间尺度 T_A 比泥沙颗粒沿纵向穿过水道的时间尺度小得多时，D_L 则与浓度分布 $c_0(x, t)$ 无关[118]，因此 D_L 可以根据实际观测的潮均盐度分布 $\langle S(x, t) \rangle$ 通过实验进行推算。如果径流量 Q_R 在足以建立起平衡盐度分布 $S_{eq}(x)$ 的时间内是不变的话，那么通过任意河口断面的潮均盐度通量则等于零，即：

$$u_R S_{eq} + D_L S_{eq_x} = 0 \tag{4.86}$$

按断面平均的盐度分布 S_{eq} 通常是随 x 平稳变化的函数，则海水入侵长度 L_S 可以用 $L_S \approx S_{eq} / |S_{eq_x}|$ 式近似求得，从而给出：

$$D_L \approx u_R L_S \tag{4.87}$$

扩散系数 D_L 的典型数值范围是 100～300 m^2/s，例如在图 4.50 中所示的东斯海尔德河口和埃姆斯－多拉尔特河口。在宽－深比很大(≥1 000)且几何形态复杂(蜿蜒和辫状的水道、潮滩等)的一些潮汐水道中，发现 D_L 值甚至高达 1 000 m^2/s，如瓦登海[509]及切萨皮克湾[17]等。在这样的海域中，潮流扩散作用抑制了最大浑浊带的形成，显著的最大浑浊带在几何形态复杂的宽阔潮汐水道中是很少见的。

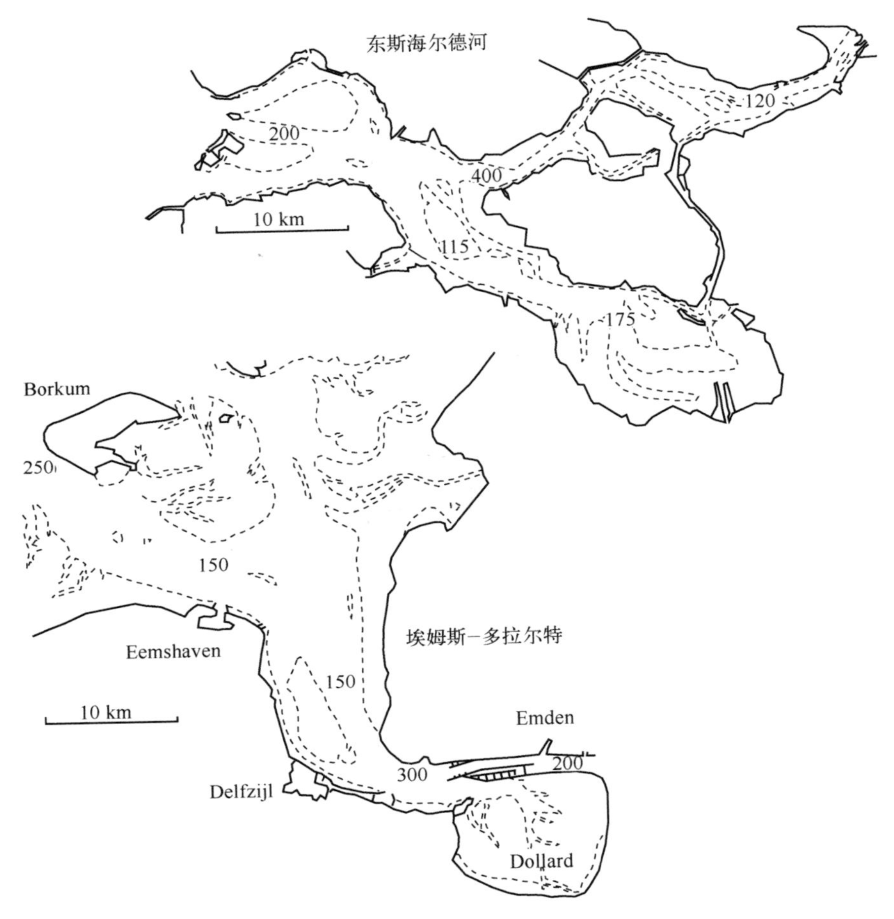

图 4.50　根据实验确定的东斯海尔德河和埃姆斯－多拉尔特河河口中的纵向扩散系数(m^2/s)

扩散过程

潮流扩散作用与空间流场分布有关。空间流场不均匀分布是由垂向剪切力、横向深度变化以及余流等产生的，对潮流扩散作用的最大贡献是由横断面上潮汐周期内潮流速度变化引起的流体交换提供的[150,118,512]，图 4.49 即为一个示例。在一些混合良好的浅河口，垂向混合发生在远比潮汐周期短的时间尺度内，所以垂向的流速差异在没有层化的情况下对纵向扩散影响并不强烈。在整个水道宽度范围内的横向混合是在大大长于潮汐周期的时间尺度发生的，但是横向流速梯度范围内的局部混合则与潮汐周期的时间尺度类似，并且因此而引起较强的潮流扩散作用。若穿越环流的混合作用时间较长，余流将对潮流扩散具有很大的作用[117]。当有密度分层时，垂向环流的作用非常有效；否则，横向环流将对纵向扩散做出较大的贡献。由于大多数潮汐水道中流场的复杂性，对扩散系数的分析估算最多也不过是定性的。对扩散系数的最佳估算或是根据实际观测，或是根据数值模型推导[376]。

对扩散作用的随机描述

扩散方程(4.85)也可以利用随机方法推导。为了突出对扩散方程所做的假设，在此将对这一方法进行描述。为此，我们引入函数 $p_n(x, y, z, t; x_0)$，它表示的是一个在时刻 t 位于(x, y, z)处的水质点于 n 个潮周期后在给定平面 x_0 陆侧被发现的概率(图 4.51)。假定溶质或悬浮物的浓度分布为 $c(x, y, z, t)$，那么在 n 个潮周期中穿过平面 x_0 的净输移量 $nT\Phi$ 可由下列方程给出：

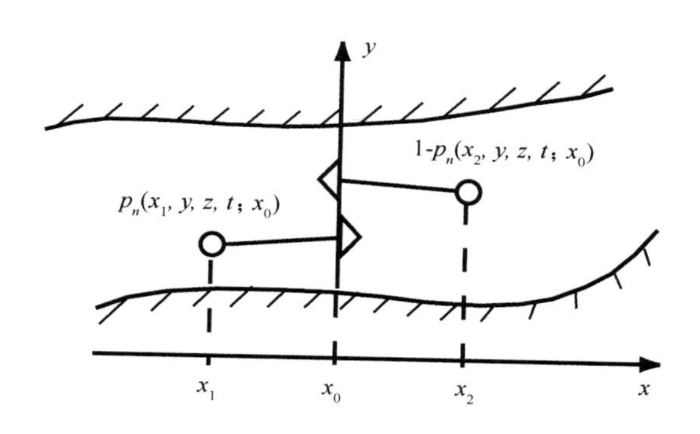

图 4.51 各水质点穿过平面 x_0 的净位移。函数 $p_n(x_1, y, z, t; x_0)$ 表示的是一个在时刻 t 位于(x_1, y, z)处的水质点于 n 个潮周期后在给定平面 x_0 陆侧被发现的概率，初始位置 x_1 可以位于 x_0 海侧，也可以位于 x_0 陆侧。函数 $1-p_n(x_2, y, z, t; x_0)$ 表示的是一个在时刻 t 位于(x_2, y, z)处的水质点于 n 个潮周期后在给定平面 x_0 海侧被发现的概率

$$
\begin{aligned}
nT\Phi(x_0) &= \int_0^{x_0} \mathrm{d}x \iint_A p_n c \mathrm{d}y\mathrm{d}z) - \int_{x_0}^{l} \mathrm{d}x \iint_A (1-p_n) c \ \mathrm{d}y\mathrm{d}z \\
&= \int_0^{x_0} AP_n c_0 \mathrm{d}x - \int_{x_0}^{l} A(1-P_n) c_0 \mathrm{d}x + \int_0^{l} \mathrm{d}x \iint_A p_n c' \ \mathrm{d}y\mathrm{d}z \qquad (4.88)
\end{aligned}
$$

式中，l 为水道长度；A 为时刻 t 在平面 x_0 处的横断面积；P_n 为 p_n 的断面平均值 $c'(x, y, z, t) = c(x, y, z, t) - c_0(x, t)$。假设浓度的纵向变化可以用线性方程表示：

$$c_0(x, t) = c_0(x_0, t) + (x - x_0)\ c_{0x}(x_0, t) + \cdots$$

带入后可得：

$$\Phi(x) = Q_R c_0(x, t) - D_L A c_{0x} + \cdots + \Phi' \tag{4.89}$$

其中：

$$Q_R = \frac{1}{nT}\left[\int_0^x AP_n \mathrm{d}x' - \int_x^l A(1 - P_n)\mathrm{d}x'\right] \tag{4.90}$$

$$D_L(x) = \frac{1}{2nT}\int_0^l (x' - x)^2 \frac{\partial P_n(x';x)}{\partial x'}\mathrm{d}x' \tag{4.91}$$

以及

$$\Phi' = \frac{1}{nT}\int_0^l \mathrm{d}x' \iint_A p_n(x',y,z,t;\ x)c'(x',y,z,t)\mathrm{d}y\mathrm{d}z \tag{4.92}$$

扩散系数 D_L 的表达式对应于水质点在 n 个潮周期后到达断面 x 所移动的距离，这与随机运动模型的结果相同，因此扩散方程可以写作：

$$c_0(x, t+nT) - c_0(x, t) + \frac{nT}{A}\Phi_x = 0 \tag{4.93}$$

除了式(4.89)的最后一项 Φ_x 以外，该式与式(4.85)一致。积分式(4.92)表示的是断面内某个流体质点的初始位置与其 n 个潮周期之后的净位移之间的相互关系，对于溶质而言，当 nT 变得远比横断面混合时间的尺度大时，该项减小至零。

河口环流对悬浮物不存在扩散作用

悬浮物具有垂向上向底部沉降的趋势，因此悬浮颗粒的净位移将保持与河口环流的相关性。在 n 较大的情况下，积分式(4.92)不趋于零。这意味着悬沙能够在河口环流陆地边界处堆积，而溶质却不能。所以对悬沙而言，不能把河口环流作为潮流扩散作用的一种机制来对待，在讨论泥沙沉降过程时，需要对其分开考虑。

4.7.2 河口环流

定义

海水入侵是造成潮汐水道中密度不均匀分布的主要原因。在海水中，压力随水深的增加比在淡水中快，而且在口门处($x=0$)压力随深度增加比在海水入侵界线($x=L_s$)大得多(图4.52)。这意味着在海底附近除了存在着与表面坡度有关的压力梯度以外，还存在着一个向陆的纵向压力梯度。与垂向均匀的情况相比，密度引起的压力梯度在海底附近将产生一个额外的向陆流速分量。由于质量平衡的原因，在水面附近则存在着一个向海的流速补偿分量。这个由密度引起的向陆的近底流速分量与水面附近向海的补偿流速分量被称为“河口环流”(图4.53)。河口环流与潮流及河流相互作用，所以并不是一个叠加在均匀流场之上的稳定环流，而是受潮流调节的。该环流在涨潮期间对泥沙输移的影响最大，因为在这期间潮流与河口环流在海底附近具有相同的方向。

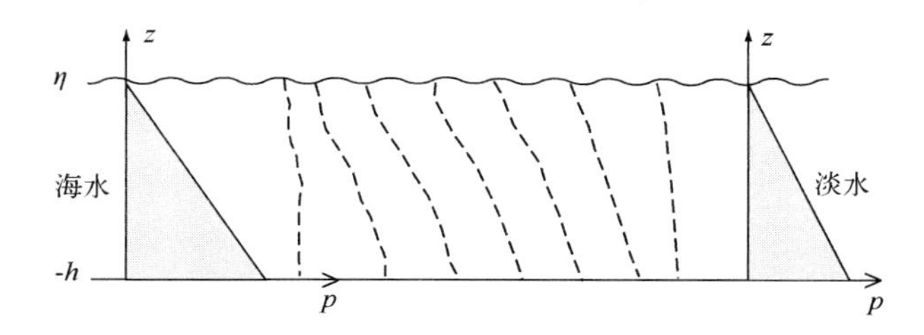

图 4.52　压力随水深增加的示意图。由于海水与淡水相比具有较高的密度，所以压力在海水中比在淡水中随水深的增加要强烈。由此产生指向陆地的压力梯度，并在海底附近最高

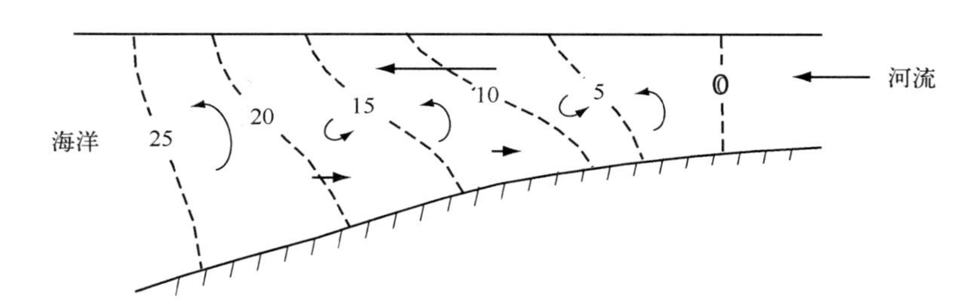

图 4.53　潮均盐度分布和部分混合的河口中的河口环流图解。图中虚线为等盐度线，盐度以 ppt 计

水体层化

入侵的海水主要集中于水柱的下部，而向海的淡水则主要集中于水体的上部。具有较大密度的海水阻碍湍流的上升，并阻止其与密度较低的表层水进行混合。水体中湍流混合的能量主要来自潮流，只有很小部分是由河流和河口环流本身提供的。在口门向海侧的河流羽状流中，垂向混合通常是由于来自风成表层流的能量输入所致。如果潮流能量输入低，下层海水与上层淡水之间的混合将很慢，这会导致水体层化，咸水和淡水间的界面将十分明显。这是一个自稳定过程，因为水体的层化将阻碍湍流的运动，而对湍流运动的阻碍反过来又使水体的层化增强。

理查森数

水体层化可以用理查森数 Ri 表征，代表局部势能和两倍局部最大动能之比。局部势能$g\Delta\rho(\Delta z)^2/12$ 是由于高度为 Δz 的很小一部分水柱发生层化（$\Delta\rho = \rho z \cdot \Delta z$）而产生的，用于混合过程的两倍局部最大动能 $\rho(\Delta u)^2\Delta z/12$ 是由于速度切应力力（$u_z = \Delta u/\Delta z$）而产生的：

$$Ri = g\rho_z/\rho u_z^2 \tag{4.94}$$

由于层化效应的自稳定性，Ri 数为区分层化和未层化的流体提供了十分明确的标准，临界

点为 Ri 数等于1/4。若 $Ri<1/4$，说明密度较大和密度较小的流层之间通过湍流而发生混合；若 $Ri>1/4$，湍流几乎被完全阻止，水体混合受到强烈抑制，此种状况下，混合作用主要通过上述两层界面处的内波破碎发生。

混合系数

湍流中的垂向混合常常被描述成为一种扩散过程，混合系数 N 用于动量(涡黏系数)，而混合系数 K 则用于溶质(扩散率)。对于均匀水流而言，N 和 K 主要取决于剪切速度和深度。密度引起的对湍流混合的阻碍使混合系数大大减小，并可以与理查森数联系起来。下列 N 和 K 的表达式是根据实际观测得出的[318]：

$$N \approx \frac{N_0}{(1+10Ri)^{1/2}},\quad K \approx \frac{K_0}{(1+\frac{10}{3}Ri)^{3/2}} \tag{4.95}$$

其中，N_0、K_0 为均匀水流的混合系数。即使在弱层化($Ri\approx 1/4$)的条件下，混合作用也会有很大的减小；而在强层化($Ri>1/4$)的条件下，垂向混合不适合用扩散作用来描述。

在部分涨潮期间，密度差可能会反而使垂向混合增强，特别是在一些浅水大潮河口，海水会被近表层涨潮流带到已经部分混合的水体之上。这将破坏水柱的稳定，并通过对流作用增强垂向混合，对涨潮期间层化现象的消失具有重大贡献[360]。

盐水楔

在潮流较弱、河水流动缓慢的情况下，几乎没有引起水体混合的能量输入。此时河口水体层化强烈，沿海底流动的入侵海水难以通过与淡水的混合而稀释。海水可以侵入内陆很远，其入侵长度取决于咸水－淡水界面处的摩阻力及海底坡度[393,337]。在这种情况下，一种几乎停滞不动的盐水楔发育形成，而且没有大量的泥沙输移，罗纳河(Rhone)以及北海与波罗的海之间的卡特加特海峡(Kattegat)就是这样的例子。盐水楔型的海水入侵在潮流强及径流量高的情况下也可能发生，如图4.54所示的弗雷泽河。在落潮结束时，盐水楔被全部冲出河口。

部分混合及充分混合的河口

如果混合作用强烈(涡黏系数 N 高)，那么对整个水柱而言，密度都将从入海口处的海水密度减小到海水入侵界限处的淡水密度。在部分混合或充分混合的河口，就属于这种情况。河流型潮汐水道是典型的部分混合河口，图4.5和图4.28所示是这类河口的盐度剖面，其中图4.5显示的是塞纳河及吉伦特河河口的情况，图4.28所示是鹿特丹水道的情况。障壁型潮汐水道是典型的充分混合河口，其纵向盐度梯度较弱。在瓦登海，表层和底层的盐度几乎相等，并且陆地边界处的盐度并未比海水盐度低得太多。

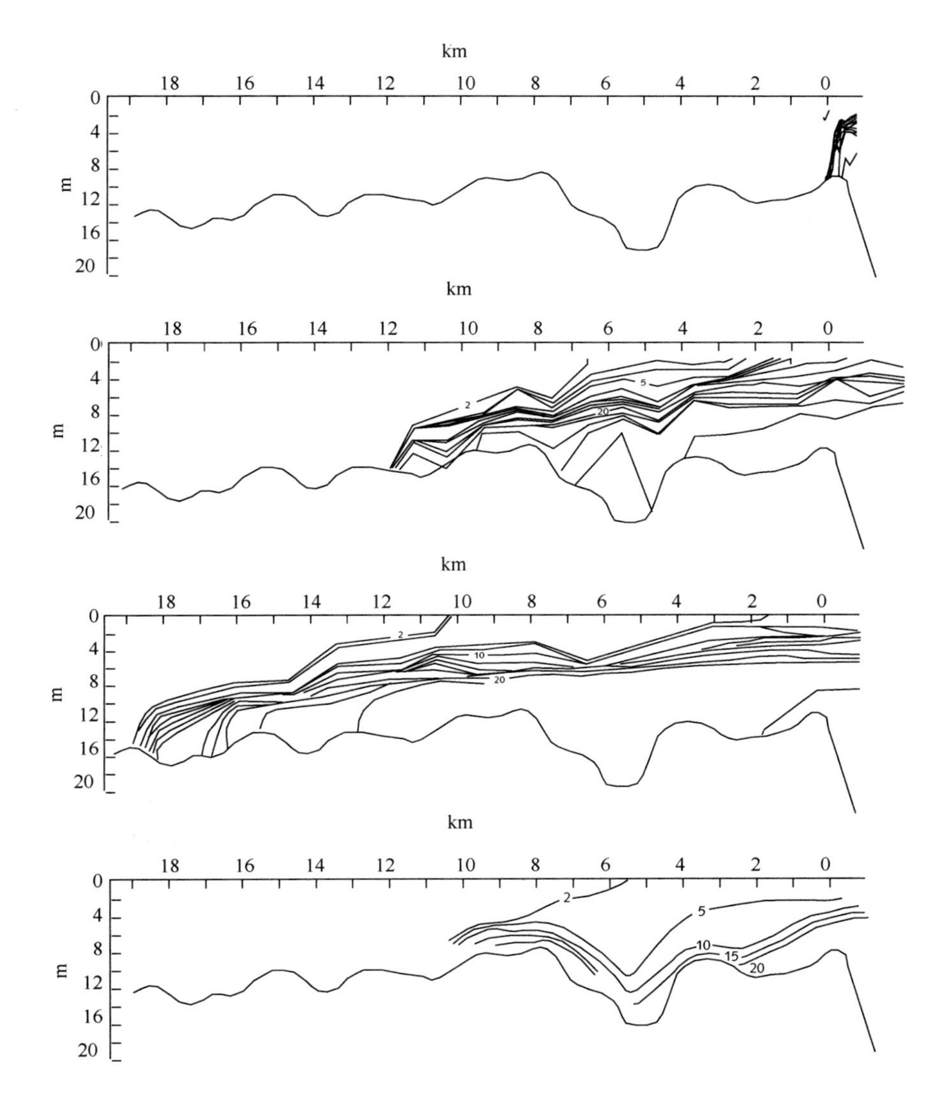

图4.54 在潮周期不同阶段弗雷泽河口的盐度，根据原著参考文献[171]重绘。第一图：落潮结束，盐水楔已被冲出河口，但在入海口处留下了一个陡峭的盐度前缘；第二图：涨潮中期，盐水楔以0.7 m/s的速度向河口上游前进；第三图：涨潮结束，海水入侵程度最大，可见暂时被阻止的盐水楔；第四图：落潮中期，盐水楔已经崩溃，高盐度的海水被限于海底薄层

河口环流的量级

纵向密度梯度驱动了河口环流，因此该环流的强度随着海水入侵长度 L_s 的减小而增大，而海水入侵长度又随垂向混合的增强而减小。有人也许会认为河口环流的强度随着垂向混合作用的增强而增大。然而，河口环流的动量耗损也随垂向混合作用的增强而增大。所以总的结果是河口环流并非强烈地依赖于垂向混合[361]，在许多河口中河口环流的量级

是相近的，其典型大小为0.1 m/s。海水入侵长度随河流径流的增强而减小，河口环流强度也因此而随河流径流的增强而增强。

泥沙输移

泥沙颗粒沉降到水柱下部之后，便在河口环流作用下向岸运动，并直到海水入侵界限。泥沙向上游的这种输移过程对海水入侵界限附近最大浑浊带的形成做出了贡献，但是河口环流的存在使第4.5节所述的潮汐水道平衡模型失效，至少在平均流量方面是如此。这与实际观测的水道宽度和预测的平衡宽度所进行的比较相一致(见图4.34)，表明在大多数情况下，只有当径流量比其平均流量大得多时，向下游的泥沙输移才会占主导地位。在径流量非常高时，河口环流影响变得很小，其原因有二：第一是海水入侵界限向外海方向移动，在许多情况下，落潮周期结束时海水会被全部冲出；第二是河水快速流动为混合作用提供了能量来源，细粒泥沙被扬起到水柱的较高处，表层强流将这些泥沙输移入海。

数值模型

河口环流在河水径流量较高时不会对泥沙输移产生强烈的影响。然而，当径流量大约为其平均流量时，河口环流则对靠近海水入侵界限的最大浑浊带的形成起到很大的作用。利用数值模型进行的计算表明，最大浑浊带在没有河口环流的情况下也可以出现，这是由于潮流的不对称性所致。这里强调了潮汐不对称性的重要性，不仅针对砂，也针对细粒泥沙。

4.7.3 潮流的不对称性

悬浮滞后

潮流对细粒泥沙的输移与对中砂或粗砂不同，特别是细粒泥沙悬浮对潮流变化的滞后响应。滞后时间相对潮汐尺度 $\omega^{-1} = T/2\pi$ 是非常显著的，造成悬浮滞后的原因有以下几种。

- 当海流减弱时，细颗粒沉降到海底需要时间(图4.55)，这特别适用于已经被悬浮在水柱高处的颗粒。
- 当海底切应力增大到侵蚀临界值时，沉积的颗粒被再悬浮需要时间。
- 颗粒在水柱中扩散需要时间。

由于响应滞后，悬浮作用保留了有关其轨迹的重要“记忆”。在床底上方移动的水柱将会使大量的细粒泥沙进入悬浮状态，并维持相当长的距离。所以，在潮汐水道某一固定位置采集的细粒悬沙样品，一般不能被解释为是当地的侵蚀或沉积。

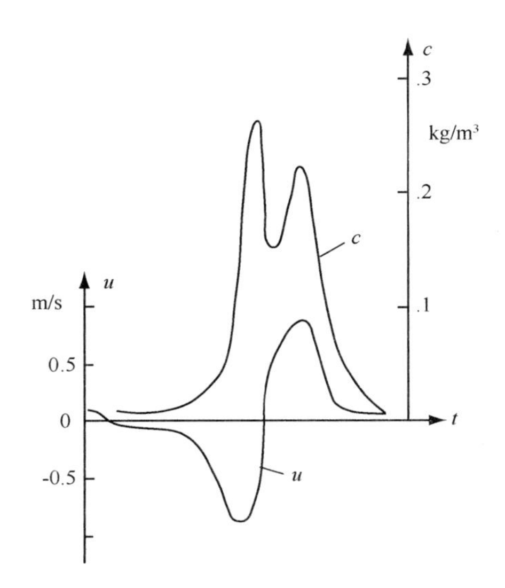

图4.55 靠近阿默兰水道口门的流速及细粒(粒径≤63 μm)悬沙浓度，根据原著参考文献[355]重绘。这里泥沙沉降时间很长，以致在平潮期间(最大落、涨潮流间的短暂时间间隔)无沉积发生，尽管水道深度较小(水源<2 m)

移动参考系

处理上述问题的一种办法是把水柱看做是随潮流一起运动的，这样可以抑制平流作用从其他位置输送来的悬沙浓度波动的影响。但并不是说平流影响完全不存在，而且水柱在近底层和表层附近移动的速度不同。我们之所以使用移动参考系，是因为其比固定参考系能使潮流不对称性显现得更清楚。图4.56所示是利用随平均潮流漂浮的浮标测量得到的悬沙浓度随潮流的变化，由该图可见，涨急时的悬浮泥沙浓度峰值主要是由细粒泥沙悬浮所造成的，悬沙浓度的变化表现出了所预测的结果。泥沙沉降程度与平潮的持续时间有关，整体变化相对于潮流强度滞后了1~2个小时。

潮均泥沙净通量

为了研究潮均泥沙净通量，假设移动参考系在一个潮汐周期后又返回到其初始位置，该假设只有在潮流量高于径河流量两个数量级且河口环流较小时才成立。一般来说，这种假设对于障壁型潮汐水道是适合的。余流主要是通过扩散作用影响泥沙净通量，对其将分开讨论，并可以利用扩散系数进行估算。暂时未考虑水平余流的影响，将对其分开讨论。取移动参考系运动速度 $u=Q/A_C$，其中 Q 为瞬时潮流量，A_C 为水道横断面积，$X(t)$ 为水柱以速度 $\mathrm{d}X/\mathrm{d}t=u$ 移动的路径。假定为循环潮波，且潮汐水道中的水流与潮滩上的水体交换之间不存在相位差，那么路径 $X(t)$ 也是周期的，即 $X(t+T)=X(t)$。穿过横断面 $x_0=X(0)$ 的潮均泥沙通量可写作：

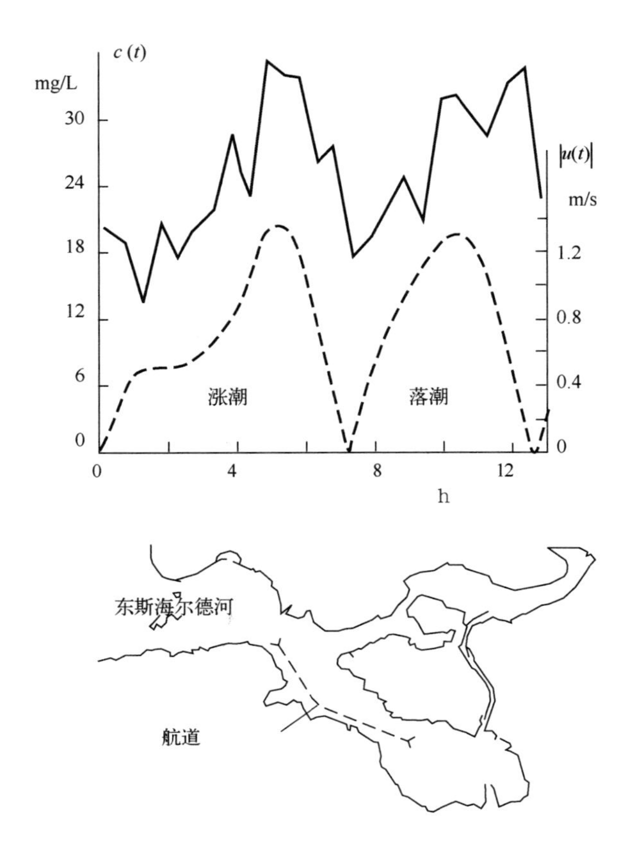

图 4.56 用带有随平均潮流漂浮的浮标实测得到的潮流速度及垂向平均的悬沙浓度[119]，此项实验是于 1984 年在东斯海尔德河口进行的。大部分悬浮物为细粒泥沙（粒径 < 63 μm），涨急时刻例外。涨潮流的峰值速度略高于落潮流。平潮不对称性与瓦登海相反，低平潮时间高于高平潮时间。东斯海尔德河口的平均细粒泥沙净通量指向外海[437]，悬沙随潮流的变化相对于潮流总的时间滞后1 ~2 个小时（数据源自荷兰国家水运局调查部）

$$\langle q \rangle = \frac{1}{T}\int_0^T \mathrm{d}t \int_{x_0}^{X(t)} [\, b_C(De - Er) - (A_{Ct} + Q_x)c \,]\,\mathrm{d}x \tag{4.96}$$

其中，b_C 为水道宽度；De 为沉积（沉降）速率；Er 为悬浮（侵蚀）速率；$-(A_{Ct}+Q_x)$ 表示指向或源自潮滩的泥沙通量；c 为断面的平均悬沙浓度。该式简要地表达了如下过程：只有泥沙在移动平面 $X(t)$ 到达之前是沉积在水道底床上或者潮滩上，那么才能通过移动平面；在移动平面到达之前从水道底床上悬浮或者从潮滩流入的泥沙将不会通过该平面，所以必须将其减去。假设悬移质在横断面内随时间的变化 $(A_C\,c)_t$ 主要是由侵蚀 - 沉积作用以及与潮滩的泥沙交换决定的，即：

$$(A_C\,c)_t \approx b_C(Er - De) + (A_{Ct} + Q_x)c \tag{4.97}$$

上式中没有考虑沿水道平流 $(Qc)_x$ 的梯度变化。就局部而言，这不是一个合理的假设，但就移动平面横穿区域内的平均情况而言，这个假设是合理的。经部分积分后可以将积分式

(4.96)重新写作：

$$\langle q \rangle = \frac{1}{T}\int_0^T Q(X(t),t)c(X(t),t)\mathrm{d}t \tag{4.98}$$

泥沙净通量被表示成了穿过移动平面的瞬时通量的积分，而且与断面内流速和悬沙浓度变化有关的各项都不再考虑。式(4.98)表明，细粒泥沙的净输入或净输出可以通过测量沿水道与平均潮流一起移动的参考系中的悬沙浓度来确定。

移动参考系中的流速不对称性

Postma 在其著名的瓦登海沉积作用分析中首次指出了潮汐水道中流速不对称性的存在及其对细粒泥沙净输入的影响[355]。Postma 所考虑的主要是高、低平潮的时间差，而不是涨、落潮的峰值流速差。他指出，如果低平潮比高平潮时的水道横断面小得多，则低平潮将比高平潮期间的潮流强(见第 4.3.3 节)，这样的一种不对称性在瓦登海陆地边界固定位置的潮流记录中就可以观测到(见图 4.57)。流速不对称性的第二个因素是移动参考系，即使在固定位置不存在潮流的不对称性，在移动参考系中潮流的变化也可以是不对称的。高平潮期间，在低流速的潮滩上许多泥沙颗粒发生移动；而在低平潮期间，泥沙颗粒在流速高得多的水道中移动。对随潮流一起移动的悬沙颗粒而言，造成流速不对称的这两个因素叠加在一起，使低平潮期间的低流速周期比高平潮期间短得多。因此与低平潮相比，高平潮时将有更多的泥沙颗粒沉降到海底。这意味着在落潮期间已经悬浮的大部分颗粒在涨潮开始时仍然处于悬浮状态，而在落潮周期开始时大部分颗粒已经发生沉积。由于泥沙颗粒发生再悬浮需要一些时间，所以与落潮流开始时相比，在涨潮流开始时悬沙浓度明显较高。但平均而言，即使涨潮流的强度与落潮流的强度相等，涨潮流也会比落潮流携载更多的泥沙，结果产生了泥沙的净输入(见图 4.59)。

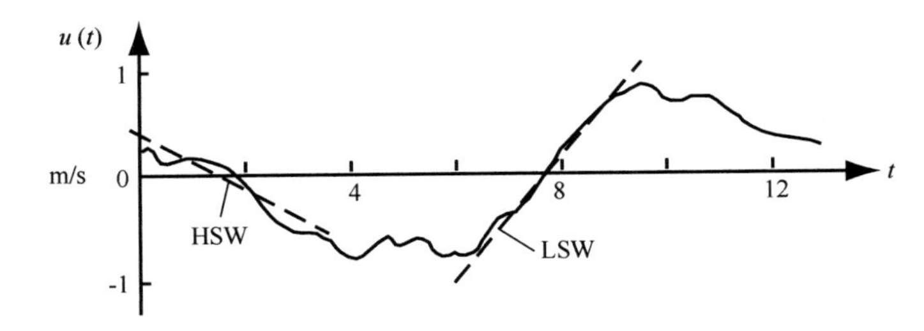

图 4.57　在阿默兰水道内部测量的流速 u 随潮汐的变化。低平潮期间比高平潮期间的流速变化快得多(数据来自荷兰国家水运局调查部)

海面宽度的不对称性

在追踪一个泥沙颗粒的潮流轨迹时，我们必须既考虑流速的不对称性，也考虑水深的不对称性。在低潮期间，泥沙颗粒可能会移动到低平潮时水深相当大的主水道的某个位置。但概率更高的是，该颗粒在高潮到来时移动到高平潮时水深也很小的潮滩上。由于这一原因，泥沙颗粒在高平潮时沉降的概率比低平潮高。如果把潮滩看做是水道的一部分，这种现象在式(4.96)中就变得显而易见。因此，潮滩交换项消失，海面宽度 b_S 替代水道宽度 b_C。在潮滩较大的情况下，海面宽度在高平潮时比低平潮大得多，因此在高平潮时沉积和侵蚀对向岸泥沙净输移所起的作用比低平潮时泥沙净输移强得多。由于这些不同机制所造成的泥沙向岸净输移已描绘在图 4.58 中。

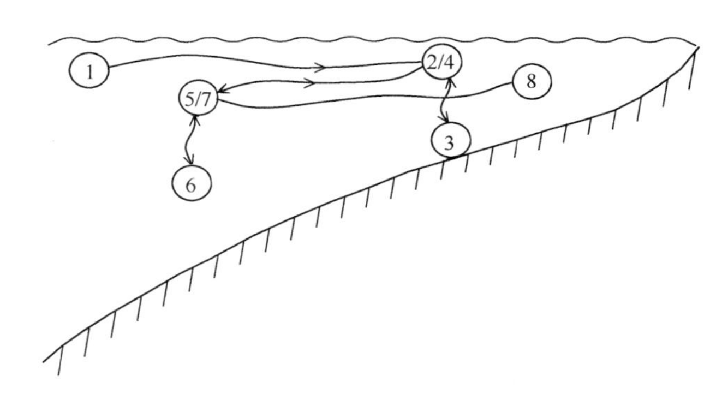

图 4.58　由于沉降 - 侵蚀滞后造成的一个泥沙颗粒的潮均净位移(向岸方向)。该颗粒从口门附近的 1 点开始运动，由于沉降滞后，它在几乎整个涨潮过程内均以悬浮状态移动。在高平潮时，它已经到达浅海水域，并在 3 处沉降到海底。当落潮流开始时，起初水流太弱而不能将颗粒从海底上移走，后来，虽然在落潮流中悬浮，但是剩余的落潮悬浮距离比先前的涨潮悬浮距离短。在低平潮时该颗粒开始在 6 处沉降，但是低平潮周期持续时间太短，且距海底太远，致使其不能到达海底。该颗粒在平潮之后立即被涨潮流携载，并在整个涨潮过程内再次向岸移动。在接近低平潮时，开始在 8 处(沉降位置 3 的向岸方向)沉降

风浪的影响

风浪对潮滩沉积作用具有重要的影响，细粒泥沙在常浪时期以外将不会沉积在潮滩上。例如在瓦登海，夏天淤泥质沉积物可在许多潮滩上见到，但是按年而论，淤泥质沉积物仅仅在有掩蔽的潮滩上沉积。在常浪时期沉积在潮滩上的细粒泥沙在风暴期间被再次悬浮起来，并被落潮流带向大海。侵蚀 - 沉积的不对称性是反向的，低潮时水道中的侵蚀 - 沉积滞后胜于高潮时潮滩上的侵蚀 - 沉积滞后。在风暴条件下，许多泥沙都保持悬浮，此时扩散作用在平衡潮汐水道内部泥沙浓度以及促进与邻近海岸带进行泥沙交换方面起到了重要作用。

简单模型

积分式(4.98)可以作为悬浮滞后对潮均泥沙输移的影响进行半定量分析的起点。按照

Groen的方法[180]，假设沉降和侵蚀的时间滞后是相当的，并用T_s(弧度制)表示，将时间滞后表述为$\phi_s = \omega T_s$，定义为：悬沙浓度适应平衡浓度c_{eq}的时间尺度。但实际上，在高、低平潮之间应该加以区分。在移动参考系中，低平潮比高平潮期间有更多的泥沙保持悬浮，因为与高平潮时相比，低平潮时的平均水深较大。因此，高平潮适应时间尺度的取值应该比低平潮时长。然而为了简化起见，该效应在模型中未予以考虑。在随平均潮流移动的参考系中，沉降-侵蚀时间滞后的关系式如下：

$$c_t = \frac{1}{T_s}(c_{eq} - c) \tag{4.99}$$

等价于：

$$c(t) = c_0 + \frac{e^{-t/T_s}}{T_s}\int_0^t e^{t'/T_s}(c_{eq}(t') - c_0)\,dt' \tag{4.100}$$

其中初始浓度$c_0 \equiv c(0)$必须使积分式中的指数项等于零。

假设平衡浓度c_{eq}取决于潮流速度u的平方，比例系数α为常数，则$c_{eq} = \alpha u^2$。且流速u在移动参考系中表现为平潮不对称，即高平潮的持续时间比低平潮长，可得：

$$u(t) = U(\sin\omega t + \epsilon \sin 2\omega t) \tag{4.101}$$

其中第二个潮波分量的相对强度比主分量小得多，即$\epsilon^2 \ll 1$。如图4.59所示为$\epsilon = 1/3$时根据式(4.100)得出的流速、平衡浓度以及滞后的悬沙浓度。在式(4.98)中带入常数横断面积A_C，可得(ϵ的一阶近似)：

$$\langle q \rangle = \epsilon \alpha U^3 \frac{\pi \phi_s^3}{2(1+\phi_s^2)(1+4\phi_s^2)} \tag{4.102}$$

当悬浮滞后时间为2h($\phi_s \approx 1$)、不对称参数$\epsilon = 1/3$时，根据该模型计算得出：泥沙净输入为涨潮期间泥沙总输入量的25%。在简单模型中，许多影响因素都未予以考虑，所以不足以进行可靠的估算，但是可以提供某些参数对细粒泥沙潮均净输移影响的定性认识。

泥沙净输移条件的比较

本章结尾总结了障壁型潮汐水道中细粒泥沙净输入或净输出的条件，这些条件已归并于表4.7中，并且可以与表4.8所示的粗粒沙净输入或净输出的条件进行比较。其中有些条件相似，另外一些则不同。细粒泥沙堆积在潮汐水道中靠近陆地的部分，该处水道深度小，潮滩范围大且有掩蔽。即使在水道近海部分泥沙输出占优势，泥沙仍可能被捕集，细粒泥沙从水道近岸部分向外输出只有在风暴期间才发生。如果潮汐水道深度相对潮差较高，则大范围的潮滩(与水道表面积相比)将有利于中粒或粗粒沙的输出。整个水道长度也起作用：在长而浅的水道中，口门处潮波将具有前进波的特性，因为反射潮波发生衰减。因此，在口门附近将产生重要的斯托克斯漂流和中、粗砂在优势落潮作用下的输移，潮汐水道输出粗粒沙，但同时也输入细粒泥沙。

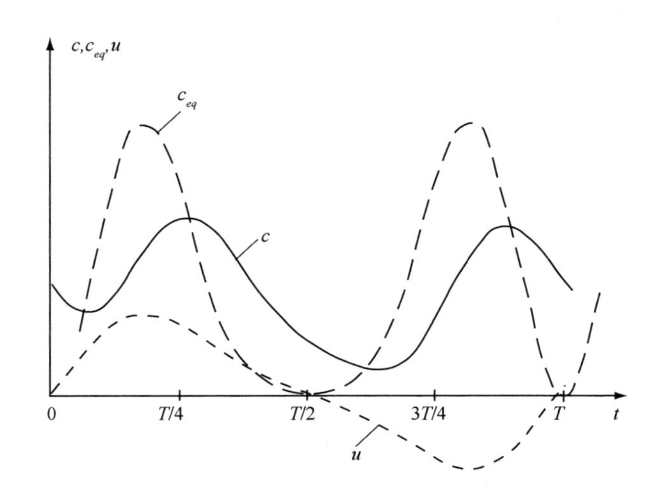

图 4.59　根据模型(4.99)得出的不对称参数 $\epsilon = 1/3$ 时的流速 u(式(4.101))、悬沙平衡浓度 $c_{eq} = \alpha u^2$ 以及滞后的悬沙浓度。$t = T/2$ 时的高平潮时间比低平潮长得多。侵蚀 - 沉积滞后的时间尺度 T_S 取作 2 个小时，该滞后效应连同平潮不对称性一起，共同导致了落潮比涨潮期间悬沙浓度低的结果

表 4.7　障壁型潮汐水道中细粒悬浮泥沙净输移的条件

	水道条件	外海条件	地貌
输　入	高平潮时间大于低平潮时间	外海高潮时间长于低潮； 相对于水道深度，潮差大	相对于海面面积，潮间带面积小； 相对于潮差，水道深度小
	最大涨潮流大于最大落潮流	外海涨潮快于落潮； 相对于水道深度，潮差大	相对于海面面积，潮间带面积小 相对于潮差，水道深度小
	在移动参考系中，高平潮时比低平潮时泥沙沉降多		潮间带面积大
	无强浪	无风	有受掩蔽的潮滩，有植被
输　出	高平潮时间小于低平潮时间	外海高潮时间短于低潮； 相对于水道深度，潮差大	相对于海面面积，潮间带面积大； 相对于潮差，水道深度大
	最大涨潮流小于最大落潮流	落潮快于涨潮； 相对于水道深度，潮差大	相对于海面面积，潮间带面积大； 相对于潮差，水道深度大
	在移动参考系中，低平潮时比高平潮时泥沙沉降多		潮间带面积小
	强浪	风暴	无掩蔽的潮滩，无植被

表 4.8　障壁型潮汐水道中粗粒沙净输移的条件

	水道条件	外海条件	地貌
输　入	最大涨潮流大于最大落潮流	外海涨潮快于落潮； 相对于水道深度，潮差大	相对于海面面积，潮间带面积小； 相对于潮差，水道深度小
输　出	最大涨潮流小于最大落潮流	外海涨潮慢于落潮； 相对于水道深度，潮差小	相对于海面面积，潮间带面积大； 相对于潮差，水道深度大

第5章　波浪-地形相互作用

5.1　摘　要

沙质滨面的相互作用

海岸带的沉积物组成十分复杂，如岩石、块石、砾石、砂、粉砂、淤泥等。对暴露于中度波浪作用下的海岸，砂是最常见的一种海岸底质类型。在沙质海岸，由陆向海的过渡是由宽度较窄且底面坡度较陡（大约为1/100）的海岸外缘形成的，即滨面。由此继续向外，水深超过10 m，海底平均坡度较缓，约为1/1000量级，这一地带被称为内陆架。因为沙丘、沙纹等海底底形的存在，使得局部的海底坡度可能会更陡。

破碎的入射波

滨面的动力过程在很大程度上是由波浪向岸传播过程中的能量耗散决定的，一部分是风浪，由大陆架或邻近大洋上的局部风场产生；另一部分是涌浪，由大洋风场产生，并具有较大的特征周期和波长。在波浪到达海岸前，风浪和涌浪场通常已经积聚了数百千米范围内的风能。波浪在滨面的破碎把一部分风能转换成热量，另一部分转换成对海底的作用力。这些作用力一般强于其他作用在滨面的水体运动，诸如潮流、风或密度引起的环流等。因此，沙质海岸动力主要取决于波浪作用，在波浪作用下，特别是在破波带，大量泥沙悬浮起来，进入运动状态。

复杂的海底形态

泥沙在波浪作用下的运动并非是完全对称的，而是有泥沙颗粒的净位移出现，一方面是由于波浪在浅水中运动的非线性，另一方面是由于泥沙输移的非线性。泥沙颗粒的净位移由于海底地形的影响具有时空变化，作为泥沙输移梯度与海底坡度相互作用的结果，海底地形表现出各种各样的尺度，例如沿岸沙坝、横向沙坝、离岸流单元、滩嘴、沙纹等。这些构造常常具有暂时性，其发育可能是“被迫的”，例如通过与入射波的共振；另外它们还“自发地”表现出不稳定性。因此，海岸形态是在不断变化中的，复杂性和可变性是海岸地貌的自然特性。波浪是地貌变化的主导营力，然而，海平面变化、泥沙供给以及泥沙类型等对海岸的长时间尺度演变也起着重要的作用。

本章的研究内容

本章旨在阐述沙质海岸地貌形态的成因和演变，并将重点集中在所涉及的具体过程，而非预测海岸演变的精确方法。本章共分 5 节。第一节为摘要。第二节介绍了一些基本概念和作用过程，确定了后文探讨的各种主题：该节以对海岸形态主要特征的定性描述开始，简述了风浪在海岸地貌动力及海平面上升中所起的作用，同时探讨了大尺度海岸演变过程以及长期预报问题，简述了海岸系统中导致不稳定性和地貌形态发育的反馈作用过程。第三节论述了在其他教科书中也涉及的经典波动理论，如线性波、波浪不对称性、辐射应力以及波浪驱动的泥沙输移(详细的数学推导请见相关附录)等。第四节讨论的是平面内的海岸地貌动力学，以大尺度海岸线对波浪作用的适应过程开始，在其后的各分节中，对塑造岸线形态的各种过程进行了探讨，如斜交、偏斜沙坝及离岸流单元等；对在前文中已经叙述过的滩嘴现象，专门用一个分节进行了探讨。第五节是海岸剖面的地貌动力学，对一些海岸平衡剖面模型进行了讨论，并对其中一个进行了扩展，以提供破波带中沿岸沙坝(破浪沙坝)的形成机制。

5.2　沙质海岸的地貌动力特征

本节的目的是为了让读者熟悉沙质海岸地貌动力的普遍特性，对其物理过程的定量讨论则放在后文。首先，我们给出有关沙质海岸一些典型地貌特征的定性描述，并指出他们的适应条件，随后介绍与浅水波浪动力学有关的主要物理过程。可以看出，海平面上升对长期的大尺度沙质海岸演变起着重要的作用。在较短的时间尺度内，沙质海岸的地貌是高度可变的。这种可变性大多数可以归因于波浪 – 地貌相互作用所固有的不稳定性及对称破缺。

5.2.1　海岸带

空间尺度

从大尺度的角度来看，沙质海岸线是相当平滑的，等深线也同样如此。这反映了海底为适应风、浪、流等大尺度作用的梯度变化而具有高度的可移动性，即使作用力的梯度一般很小。大尺度(10 km 及以上)的地貌形态常常(但并不总是)是由底质变化、沿岸水道或三角洲以及人工建筑等所造成的，时间尺度一般在几十年或者几个世纪以上[425]。然而，对沿岸地貌的小尺度观测会产生十分不同的结果，见图 5.1。在较小的尺度(1 km 及以下)中可清楚地显示出地貌形态在顺岸和垂直岸线方向上具有很大的变化，时间尺度在数天到数年间，一些较小的构造如海底沙纹等甚至在几分钟的时间尺度内就会发生演变。

图 5.1　对海岸的小尺度观测记录了各种各样的地貌形态(荷兰，胡雷岛)

海岸剖面

与岸线垂直的断面被称为海岸剖面。典型的海岸剖面特征如下：内陆架坡度很小，大约为 1/1000；离岸距离大约为 1 km 到 10 km 或 20 km；水深的典型变化范围大约从 10 m 到 30 m。在内陆架的向岸方向，海底坡度变得更陡，大约为 1/100，海岸剖面的这一部分被称为“滨面”，见图 5.2。在滨面最靠近陆地的部分，包括部分潮间带，波浪在此处破碎形成冲流或回流。我们称 $x = x_{br}$ 为波浪开始破碎(破波线)时的离岸距离，破波线的位置取决于入射波的特征，特别是波高 H。x_{br} 朝向陆地的区域被称为“破波带”，水深大体变化于 1 ~ 10 m 之间。在破波带常常发育顺岸大型构造，例如沿岸沙坝和破波沙坝，破波带的海底坡度由于这些大型构造的不规则性和随时间的变化而具有高度的可变性。海岸剖面的平均形状相当于向岸不断变陡的斜坡，尤其在弱潮条件下时，可以近似为离岸距离的下凹曲线[99,101]：

$$h(x) = Ax^{2/3} \tag{5.1}$$

其中，x 为距岸线的长度；h 为平均水深；A 为取决于当地泥沙、波浪和潮流特征的局地系数。正如后面将要说明的那样，该表达式也可以根据对破波带内单位体积平均波能耗散的假设获得[57,99]。式(5.1)中的指数 2/3 并不代表所有的海岸剖面，有时采用其他指数会产生更好的拟合结果。实验和野外观测表明，后退的海岸具有较陡的剖面，其指数较低，约为 0.3[107]。室内实验也表明，指数 2/3 不适用于波浪开始破碎的地带[482]。在破波线附近，凸形海岸比凹形海岸剖面更常见[489,39]。在 x_{br} 的外海方向，海岸剖面一般为凹形，而

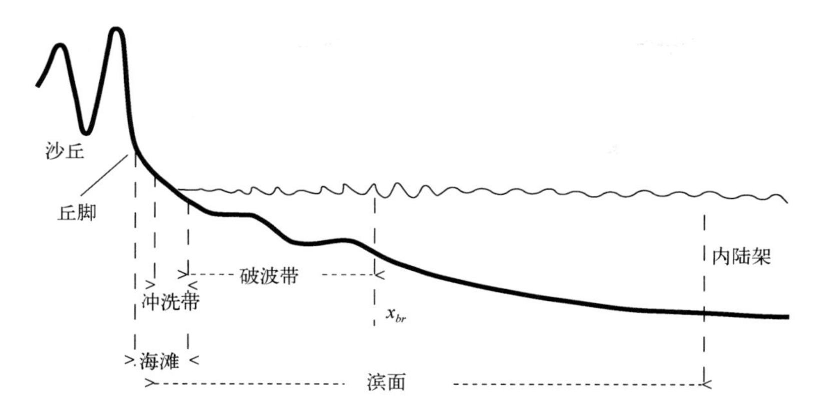

图 5.2　临滨上不同带的区分。其中每个带的形状是按照特定的形态动力反馈类型绘制的

且有证据表明，对滨面可以用适合破波带的类似指数定律来表示[229.32]（图 5.3），即：

$$h(x) = C(x - x_0)^{2/3} \tag{5.2}$$

其中，C 为系数，x_0 可以通过 $h_{br} = h(x_{br})$ 与破波线 x_{br} 处的水深 h_{br} 获得。

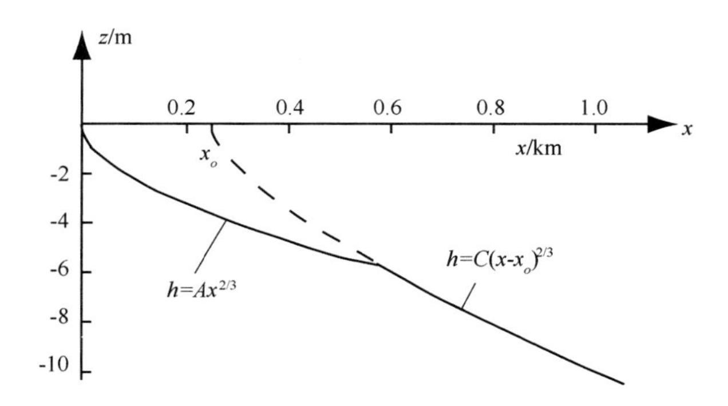

图 5.3　在破波带的内外两侧，海岸剖面通常可以用 2/3 的指数定律来表示

海岸剖面分类

海岸剖面的整体坡度，即系数 A，在不同的区域有明显的差别。野外获得的数据表明[101]：

$$A = 0.067 w_s^{0.44} m^{1/3} \tag{5.3}$$

其中，w_s 是以 cm/s 为单位的泥沙平均沉速。陡峭的海岸剖面一般与强涌浪（长周期波）和粗砂（高沉速）有关，而平缓的海岸剖面则与占优势的短峰波及细粒泥沙有关[259]。因此，海岸剖面常常可以用无量纲的沉速表征[175,98]：

$$\Omega = H_{br}/(w_s T) \tag{5.4}$$

其中，H_{br} 为波浪破碎时的波高，T 为谱峰周期。Wright 和 Short[499] 根据在澳大利亚的野外调查(覆盖相当广阔的特征波浪及泥沙条件)发展了海滩地貌学，并表明海滩地貌特征可以与无量纲的沉降速度 Ω 相关联。他们区分出了 3 种不同类型的海滩："反射型"，$\Omega < 1$；"中间型"，$1 < \Omega < 6$；"耗散型"，$\Omega > 6$。该分类的普遍有效性表明，海岸剖面往往是一种与优势水动力和沉积特征有关联的平衡剖面[57,59]。反射型海滩的坡度一般大于 2/3 指数定律的预测结果，这不一定与单位体积的平均波能均匀耗散相矛盾，因为被反射的波能必须从入射波中扣除。相应的剖面可由原著参考文献[21，32]提出的下列表达式给出：

$$x = (h(x)/A)^{3/2} + B(h^2(x)/A)^{3/2} \tag{5.5}$$

其中，B 为系数，$x < x_{br}$。

潮汐

虽然滨面动力以波浪作用为主，但是潮流的影响也不能忽视。潮汐的主要影响是使破波线和破波带向岸和离岸交替迁移，使破波带的宽度延伸。在低潮时，破波带远离海岸，并处于海岸剖面上较平坦的地段，此处波能以耗散为主；而在高潮时，破波带位于近岸处，并处于海岸剖面上较陡的地段，这里的波能则具有较强的反射性，尤其是在潮差较大的情况下[67,406]。潮流的延伸常常会阻止破波带中沿岸沙坝的发育[198,276]，为了使 Dean 提出的式(5.1)海岸剖面模型适应于潮流作用，有大量文献已经做了尝试[301,32]，如将潮差 H_{tide} 或相对潮差 H_{tide}/h_{br} 当做外加参数。在强潮(潮差约 10 m)条件下，破波带展现出具有明显不同坡度 β 的三段[276]：一是陡峭(坡度 $\beta \approx 0.1$)的、由粗砂组成的反射型高潮带；二是坡度中等($\beta \approx 0.02$)的、由中砂至粗砂组成的中潮带；三是平缓($\beta \approx 0.005$)的、由细砂组成的无明显特征的典型耗散型低潮带。其中低潮带以浅水条件和破波线的快速迁移为特征。在中等波浪和潮汐(潮差 2 ~ 5 m)条件下，潮滩具有中等坡度($\beta \approx 0.01$)，并以低缓的潮沟(高度小于 1 m、横向间距 50 ~ 150 m、长度 100 ~ 500 m)为特征。

沙纹

潮滩在低潮时表现出多种多样的地貌形态，这些形态都是由波浪和海底相互作用所产生的。前面所说的潮沟常常与大范围的海底沙纹(高度数厘米、波长数十厘米)共生。这些沙纹大多数出现于沟槽中或冲流沙坝后被掩蔽的地带，是由波浪(沙纹峰脊与海岸平行)或者低潮时潮沟落潮流(沙纹峰脊与潮沟横交)引起的低能水体运动(流速低于 50 cm/s)所造成的。在外海海域，如滨面和内陆架上也发现有波浪引起的沙纹存在，包括长波沙纹和短波沙纹，其中长波沙纹的波长为 1 m 左右，波高为 5 cm 左右。关于浪成沙纹的形成机制，在第 3 章海流 - 地貌相互作用的第 3.3.6 节中已经进行过讨论。

冲洗带

在波浪破碎后，入射波转变为海滩上的急速水流。向上前进的水流被称为"冲流"，由冲流携带的泥沙在海滩上沉积，并维持着滩脊(又称滩肩)发育，滩脊将作为冲流沙坝向海滩上方移动(图5.4)；返回外海的水流(回流)将海滩泥沙带离海岸。如果海床底质是粗砂，具有渗透性，且波浪周期长的话，冲流将会部分地渗透到海滩蓄水层，这有利于沉积作用及陡坡的形成，海岸线可能表现为像滩嘴一样的构造，或者表现为指向外海的沙坝，反射型海滩上经常会见到滩嘴的存在。在无风天气，有与岸线正交的入射波存在时，滩嘴常常在一天之内就可发育形成；同样，在风暴条件下，有与岸线斜交的入射波存在时，滩嘴也会以相同的时间尺度消亡[303]。

图5.4 荷兰 Terschelling 中潮海岸的滩脊序列

沿岸韵律构造

反射型海滩上的滩嘴、耗散型海滩上的潮沟以及潮间海滩等都是沿岸韵律构造。沙质海岸还可以形成许多其他地貌格局，尤其是在波浪强度较弱至中等且入射角较小(与岸接近正交)的条件下[143,61]。海岸线可能表现为间距(100~2 000 m)比滩嘴大的尖头状形态(巨型滩嘴)，如美国大西洋沿岸的障壁海岸[113]以及荷兰沿岸(见图5.22)。这些巨大的尖头状形态与新月形沙坝[259]、正交沙坝[260]或具有离岸流的海湾等相关联。如果波浪以小角度接近海岸，则可能产生韵律的海岸倾斜沙坝[374]。海岸线的尖头状韵律格局甚至以几十千米至数百千米的尺度存在，如亚速海(Azov)(见图5.5)和美国大西洋沿岸海岬，这些巨型滩嘴可能与较大的波浪入射角有关[14]。

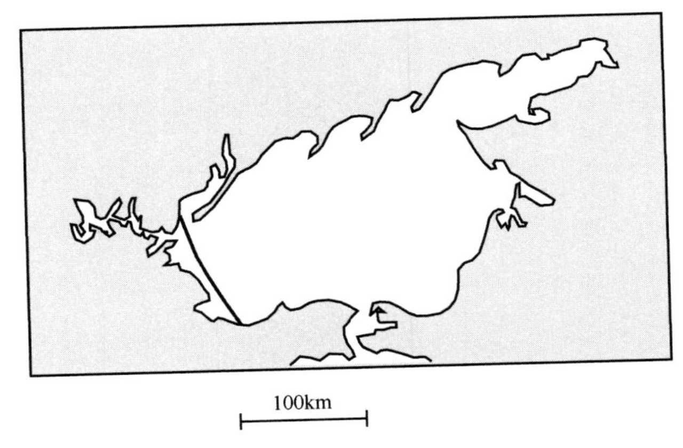

图5.5 以大尺度滩嘴格局为特征的亚速海北岸。这些滩嘴的发育可以用海岸线的不稳定增长来解释，而这种不稳定性是由来自沿岸流(形成于近乎与海岸平行的风场)的正反馈造成的

离岸流单元

沿岸韵律形态也出现在潮下带。在风暴期间，破波带的沿岸沙坝被加强并取直，同时向海迁移；在低至中等的波浪活动期间，沿岸沙坝往往断开成一系列新月形沙坝。在该条件下，沙坝上方的波生流产生向岸的净分量，因而沙坝向岸迁移。但向岸流受到了新月形沙坝之间沟槽中离岸流的平衡，离岸流的速度可以超过1 m/s，离岸流单元的沿岸间距约在100 m至1 000 m以上。除了大型岬角以外，大多数沿岸形态都具有暂时性，在一次风暴期间都会被破坏，风暴之后的沿岸形态几乎都是一致的，特别是在产生沿岸强流的风暴之后。

上部海滩

海岸剖面中最靠近陆地的部分由上部海滩构成。上部海滩也称做潮上带或陆上带，只有在极端情况下才被海水覆盖，主要是通过风积过程由来自下部海滩(又称潮间带)的沙维持。一般而言，上部海滩的平衡坡度更陡，由重力引发的泥沙顺坡输移只有在陡坡处才变得重要。上部海滩并非总是砂质的，砾石质、岩质以及混凝土构造都很常见。砂质上部海滩可以发育成沙丘区，有时两者间是以低缓的沿岸沙丘逐渐过渡的，但也可出现较急剧的过渡，往往以陡峭的丘脚为标志。沙是从海滩被吹到沙丘的，因此，每年有大量(单位宽度几立方米至几十立方米)的风沙向陆地输移。曾有人估算过，沿荷兰海岸供给沙丘的风沙年平均为10 m^3/m左右[462]，这对海岸后退有重要影响。上部海滩的宽度在很大程度上取决于风沙向沙丘的供给，不过，海滩的许多其他特征，如泥沙组成、粒度分选(不只是粒径)等，也起到了重要的作用。因此对横越海滩的风沙输移很难做出可靠的预测[25]。

5.2.2 浅海风浪

波浪运动中的能量耗散

陆地与海洋之间的过渡带接受波浪在海岸破碎时的高能输入，这些能量是通过大洋和陆架上的风场被积累在波浪场中的。波能与波长相比能够传输更大的距离，并不会由于海底耗散作用在移动中损失过多能量。波浪的短周期只允许很薄的海底湍流边界层发育，所以波浪传播可以被看做是一种无摩阻的过程。当波陡过大并导致波形失去稳定性时，波浪的大部分能量由于在水面的溢出破碎而损失。

不对称性

波浪的峰化与其传播的非线性特征有关，主要归咎于表面的弯曲程度(潮波不会出现这种情况，因为其表面几乎是平的)。波浪峰化对水体的周期运动也有影响，沿波浪传播方向的水质点运动不仅比其反向运动强，而且持续时间也更短，这种现象被称为"波浪不对称性"或"波浪偏态"。其对床沙的净输移有重要作用，因为床沙对沿波浪传播方向的较强水质点运动比对缓慢的反向运动更敏感。

不规则波浪场的单频正弦表示

到达海岸的波浪具有不同的特征，这主要与波浪成因有关。来自大洋的波浪波长最大，这些涌浪之所以能留存下来是因为表面坡度缓且相关的能量损耗小；由局部风场产生的波浪波长小，而且是从不同方向向岸传播，这种波浪场主要由各个方向上均充分发育的随机短峰波组成。由于折射作用使波浪扩散减少，呈线性的波峰在接近海岸时变得更明显。风浪被叠加在较长的涌浪之上，共同形成了复杂的波浪谱。尽管如此，在一些简单的模型中入射波浪场仍然常用单频的正弦波动来表示，波频与波浪谱中能量最高部分的一致，波高采用的是均方根波高 H_{rms}[157,418]。正弦波重现了波浪场的平均能量，但实践中，常常用显著波高 H_s 代替 H_{rms}，两者之间的关系为 $H_s = \sqrt{2}\ H_{rms}$。单频波浪虽然可以用来理解波浪与海底相互作用的某些统计学特征，但却是对现实情况非常粗略的简化，更精确的方法还要把波浪谱内周期相近但不相等的不同波浪的干涉所引起的波高(波群)变化包括进来。

波浪破碎

当波浪从外海传播到浅水时，其波高和不对称性增强。当水深小于波幅的2~5倍时，波浪开始破碎[24]。波浪的破碎不仅取决于波高与水深之比，还取决于波浪的形状。波浪破碎更准确的判断标准还涉及到在波峰处水质点速度与波速之比，或水质点在峰脊处的加速度[364]。

崩破与卷破

在滨面坡度较缓、波陡较大的情况下，波浪破碎在峰脊处开始。这种波浪破碎过程被称为“崩破”，空气混入在波前推进的卷浪。波浪的破碎过程伴随着波高的减小和卷浪体积的增大，直到波浪在海滩上形成冲流为止(图5.6)。在滨面坡度较陡和(或)波陡较小的情况下，波浪破碎具有“卷破”特征(见图5.7)，此时常伴有涡旋和泥沙。在初次破碎之后，波浪可能重新形成，并破碎第二次。破碎过程继续不断，直到冲流形成为止，与“崩破”过程相似。

图5.6　平缓海滩上的崩破波。当波高与水深相当时(通常在沿岸沙坝外侧)，波浪开始破碎。在沙坝向陆侧，波高与水深之比减小。波浪在内、外沙坝之间的槽谷中重新形成，并在靠近海滩的内沙坝第二次破碎

波浪饱和

在波浪初次破碎处与海滩之间的地带被称为破波带。缓坡海滩上的观测表明，在破碎波转变成冲流过程中，波高与水深之比 H/D 几乎不变[440]，且接近于0.5[210]。破波带中波高与水深之比一致时被称为“波浪饱和”，可用下式表示：

$$H(x) = \gamma_{br} D(x) \tag{5.6}$$

其中，$H=2a$ 为波高；D 为波浪平均的总水深；γ_{br} 为破碎系数，估算范围为0.4~1.3[67]。

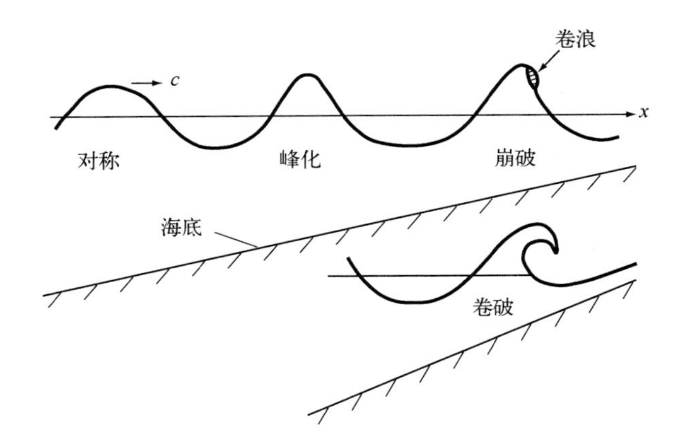

图5.7　波浪在滨面的变形。在浅水中，其波长减小，波陡增加。然后波浪失去对称性，波浪表面变成尖峰状，向岸水质点轨迹速度高于离岸。当波高与水深相当时，波浪开始破碎。在缓坡海滩上，“崩破”是最常见的破碎形式；而在陡坡海滩上，“卷破”则会更频繁地出现

底层回流

波浪破碎是一个复杂的过程，至今仍然是对数学建模者的挑战。在波浪破碎之前，峰脊处的流速增大，并与波速接近；与此同时，在底部发育形成强回流，即底层回流，与波浪不对称性引起的向岸输移相反。在有些情况下，可能会产生向海的泥沙净输移。无论是否发生波浪破碎，底层回流都是存在的，其用于平衡由水位和水质点运动的协方差引起的斯托克斯漂流。破碎波的底层回流集中于近底层，而未破碎波则集中在水深相对较浅的位置[371]。

破浪沙坝

波浪并非总是在同一深度破碎的，这由波浪场的不规则性所致。然而，波浪破碎还是常常集中于破波带中的几个位置，并与沿岸沙坝、横向沙坝或破浪沙坝相对应。波浪破碎地点不在沙坝峰脊处，而是在沙坝槽谷中的近岸处。野外观测和室内实验表明，波浪破碎常在沙坝处产生泥沙输移的辐聚现象[442,137,482]，这是因为海底扰动和底层回流在沙坝的向陆侧比离岸侧都更为强烈的缘故。这一反馈促进了上述沙坝的发育。

辐射应力

破波带中的波浪破碎不仅使波高向岸减小，而且也使水质点运动速度向岸减小。在向水质点岸运动期间，由外海进入破波带的向岸动量多于从破波带传递到海滩的动量；而在向海水质点运动期间，从破波带传递到外海的动量多于从海滩进入破波带的动量：这将导致破浪带内产生向岸动量的净增加，或向海动量的净衰减。如果波浪正交入射，将产生向

岸净压力梯度；如果波浪斜交入射，则产生顺岸净压力梯度。对于这一现象，用“辐射应力”来描述，辐射应力也包含了对波致压力梯度的非线性作用的净效应(见附录 D. 3)。波浪破碎引起的辐射应力梯度将导致海平面向岸增高，并在破波带产生一股沿岸流。沿岸流将产生很大的沿岸泥沙通量，波浪破碎会在破波带中引起强烈的泥沙悬浮，特别是在风暴期间。所以辐射应力产生的海流将对近岸带的地貌起到重要的作用。但是在另一方面，辐射应力本身对海底扰动十分敏感，这在局部上会影响波浪破碎强度。因此，海底形态与辐射应力之间的相互作用对于海底不稳定性和地貌形态的产生具有很大的潜在作用。离岸流水道的发育就是典型例子，这些水道的形成就是海底地貌与辐射应力彼此相互作用所造成的海底不稳定性的结果。

对于单频正弦波，辐射应力的简单数学推导可见附录 D. 3 中的公式(D. 2)，该表达式也可用于下列情况：①波浪不为正弦型(如破碎带)；②波频不单一(波谱)；③入射角多变(波浪方向谱)。忽略了这些方面会导致对辐射应力的过高估计，但并不会过多影响其定性特征。

波浪折射

在浅水(波长远大于水深)，波浪传播速度取决于水深：水深越小，波浪传播的速度越慢。以非零角度接近海岸的波浪场将按照水深以不同的速度传播，在图 5. 8 中假定峰脊线垂直于波浪传播方向，结果表明，最靠近海岸(水深最浅)的峰脊线比远离海岸的峰脊线传播得慢，因而，离岸越远的峰脊线向海岸移动的速度越快。这意味着峰脊线向平行海岸的方向转动(见图 5. 8)。这一现象被称为波浪的折射，可以通过斯奈尔定律(即传播速度与入射角的正弦成正比)，或波数矢量场 $\vec{k}$ 是无旋的(即 $\vec{k}=\vec{\nabla} f$)来描述。

如果海底不是平坦的，波浪折射将使破波带内的波能分布不均。假定海岸地貌以浅滩与槽沟交替排列，那么入射波将会被折向浅滩，而在浅滩上的波浪破碎则会产生一个驱使海水朝浅滩流动的辐射应力梯度。该海流携带的泥沙或许可以维持浅滩的存在，并使槽沟 - 浅滩形态增强(见图 5. 9)。上述情况只有在低能海岸才会发生，此时不考虑海底扰动增强和底层回流所造成的向海泥沙输移。

边缘波

破碎时没有失去全部能量的入射波将在海岸部分反射，涌浪到达床底坡度较陡的海岸(反射型海岸)时就会出现这种情况。如果波浪以非零角度接近海岸，那么由于折射作用它们将被捕获。当其离开海岸时，峰脊线将发生旋转，并直到再次转向海岸为止。这种被捕获在海岸的波浪即被称为“边缘波”。在底面坡度平缓的海岸(耗散型海岸)，只有次重力波(波长比常规风浪大得多)才会发生反射。入射和反射的边缘波可以形成驻波，并在波节和波腹处发育有海底韵律形态[48]。在耗散型海岸，边缘波

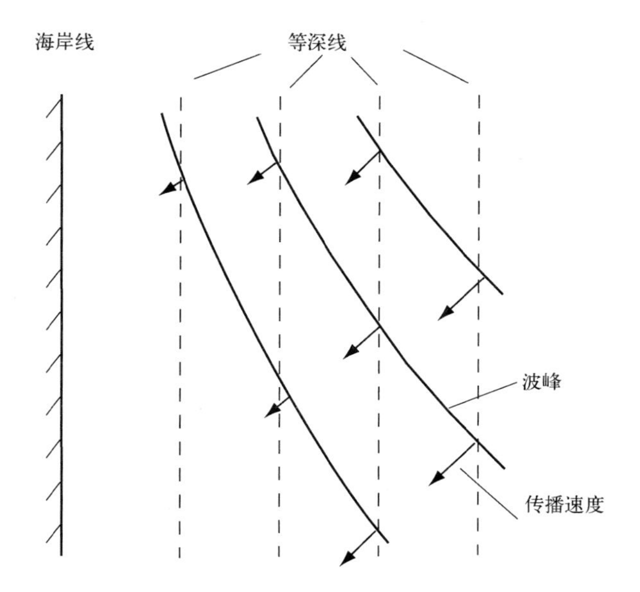

图 5.8　波浪传播速度随水深增大，所以倾斜入射的波浪将折向海岸线

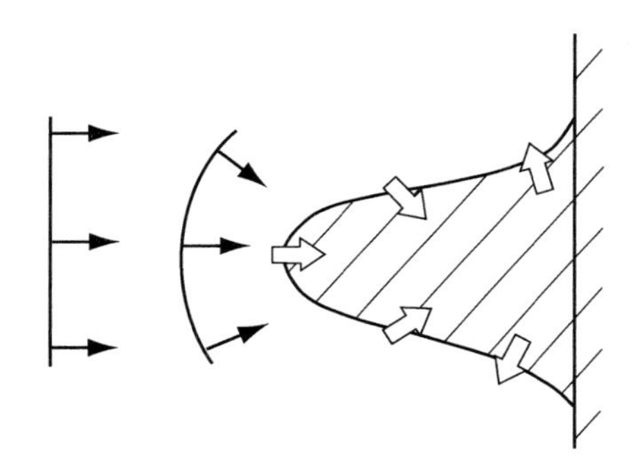

图 5.9　波浪折射使波浪破碎集中在浅滩，并在局部上增大了辐射应力。这一过程驱使携带泥沙的水流流向浅滩，并对浅滩的增长发挥了作用

的产生可以与波群的出现联系起来[165]。波群中的长波在短波破碎后变为自由前进波，然而二者与水深之间的相互作用至今尚不清楚。

5.2.3　对海平面上升的响应

沿岸与横向大尺度输移的不均衡

沿岸和横向泥沙输移梯度将使海岸剖面和岸线位置发生改变。沿岸输移是靠河流来沙供给或附近泥沙沉积物的侵蚀来维持的。如果泥沙沉积于邻近障壁海湾或海岸上游，沿岸泥沙输移将会大大减少，向内陆架或来自内陆架的横向泥沙输移则取决于波浪引起的向岸输移与重力引起的顺坡运移之间的平衡。在海岸剖面顶部，即上部海滩，横向泥沙输移主要取决于内陆风场引起的泥沙输移与风暴引起的沙丘侵蚀之间的平衡[328]。在平衡状态下，海岸剖面将以如此的方式进行调整，以使沿岸和横向泥沙输移在时均的角度上处于平衡状态。然而这样的平衡是很难达到的，其中一个主要原因就是海平面上升。

海侵

自末次冰期(15000 多年前)以来，海平面已经上升了 100 m 余。在最初阶段，海平面上升十分迅速，约为每百年 1 m。在最近几千年，海平面上升已经急剧减慢，北温带平均为每百年 10 cm 左右。海平面的上升使低海拔的海岸线发生了很大变化。以前的海岸平原已经被淹没，大部分的海岸线向陆地迁移了很大距离。大量泥沙在波浪和潮流作用下向岸输移，并沉积在新近被淹没的海岸区域(图 5.10(a))。这一被称为“海侵”的作用过程可能会以多种方式进行，具体要视海平面上升的速度、泥沙条件(供给或侵蚀)以及海底坡度等因素而定[53]。

海岸线后退

在海岸坡度较陡和泥沙供给有限(河流泥沙的供给量小于障壁海湾的冲填量)的条件下，海岸线将不断后退。新近淹没区侵蚀而来的泥沙被用来补偿泥沙供给的不足，并维持海岸剖面的平衡(图 5.10(b))，岸线后退将一直持续到捕集泥沙的障壁海湾被填满为止[325]。

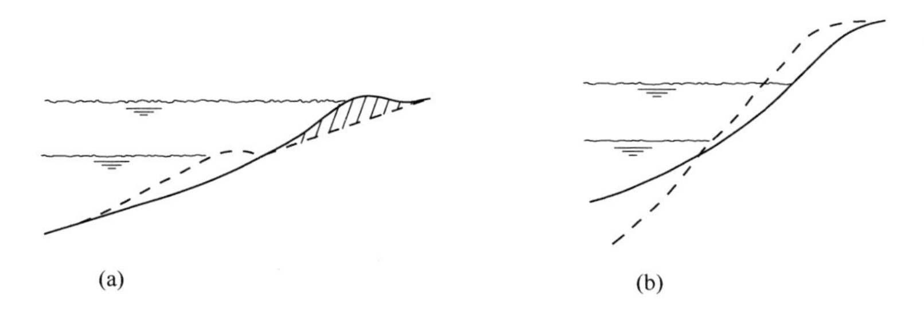

图 5.10　海平面上升后的新岸线(实线)和旧岸线(虚线)。(a)海平面上升引起的沿岸海侵：障壁沙坝沉积到新被淹没的海岸带上；(b)海平面上升引起的海岸后退：泥沙从新淹没的海岸带上被侵蚀

障壁沙坝的形成

在有足够的泥沙供给且海底坡度接近平衡的情况下，由波浪驱动的向岸泥沙输移将形成海岸障壁沙坝[383](见图 5.11)。如果海平面上升不是太快，障壁沙坝可以与海平面保持同步，并最终作为沙丘的泥沙源区。障壁沙坝不一定与海岸相连，但可以封闭海岸潟湖(阿默兰暗滩就可以看做是一个小潟湖，见第 2 章第 2.5.2 节)。风暴驱使的泥沙侵蚀将造成障壁沙坝向陆地的迁移，这是一个最终可以持续到使障壁沙坝与海岸相连的过程。如果

海平面上升较快的话，有可能发生障壁沙坝无法与海平面保持一致的情况，因此原有的障壁沙坝就会被淹没，而新的障壁沙坝则在更靠近陆地的地方形成。旧障壁沙坝的残留体将会成为内陆架上的海底隆起部分，但不一定成为海退时的残余构造。有时，在主海流和波浪的相互作用过程中，这些障壁沙坝会被改造成为海底沙脊[433]（见第 3 章第 3.4 节）。

图 5.11　在有足够泥沙供给的情况下，波浪驱使的向岸泥沙输移将形成海岸障壁沙坝（荷兰泰尔斯海灵）

5.2.4　大尺度海岸演变

对入射波浪场的响应

大尺度海岸演变受泥沙再分布的控制，并趋于使长期泥沙输移的平均梯度减至最小。这样，海岸线就会适应风、浪、流施加的大尺度平均作用，其总趋势是使海岸线调整到与波向线垂直的方向。波浪入射角不仅由盛行风和风区的方向决定，由于波浪折射的缘故，还受到近岸海底水深等值线的影响。水深等值线反映了地貌形态、人为构造以及潮流和风生流形成的构造。泥沙输移还受到来自附近沿岸潮汐水道和三角洲泥沙供给的影响，因此海岸线并非一定是直的。

预测

预测海岸大尺度演变的数值模型仍然处于初步阶段。大尺度的长期泥沙输移是许多小尺度波动过程（至今难以给出参数化描述）的总和，这些过程常常起到相反的作用，尤其是在海岸系统接近平衡状态的时候。小尺度作用参数化的不准确性给总和增加了很大误差，这导致了对大尺度长期演变的错误预测。因此，要成功地获得高水平预测，就需要对决定大尺度演变的小尺度作用间的相互反馈有很好的了解[109]。在长期海岸预测中，提升小尺度作用精确性的方法是采用“层叠法”(cascade approach)或者“尺度层次法”(scale - hierarchy approach)[87]。在这种方法中，按照某一层次的尺度等级建立海岸系统模型。最高的尺度等级将海岸系统定义为一个包括滨面、内陆架、障壁海湾等在内的相互作用的地貌系统，每个尺度等级由下一个较低尺度等级的相互作用的地貌单元组成，而地貌演变方程则以这些相互作用的地貌单元的尺度来确定。这种方法仍然有待进一步研究，特别是针对地貌单元的恰当定义及其总体动力学特征。另外一种对大尺度长期海岸预测的补充方法是依据从海底岩心获得的地质记录和借助测年技术得到的过程解译，相应的地质重现过程为校正或验证总体尺度模型提供了重要的证据。

5.2.5 地貌的形成

精细预测的固有限制

外界条件变化与海岸响应之间不是单一的关系[208]，波浪场、波生流与海岸地貌之间是以非线性方式相互作用的。从这种相互作用来看，海岸地貌是在和原始地形及外海波浪场没有直接关系的时空尺度中产生的。20 世纪 60 年代晚期，有人认为这种地貌可能是由于局部海岸相对于水动力条件的不稳定性形成的[416]。目前，人们广泛认可的是，沉积海岸环境中的许多地貌形态就是这样产生的。海岸系统的不稳定性涉及到对微小扰动的强敏感性，而这些扰动却不能在一些模型中得以描述。某些差别很大的地貌形态可能是从相似的初始状态开始发育的，这对长时间小尺度海岸演变的详细预测施加了固有限制。但是，这些地貌形态的统计学特征则通常可以根据地貌动力相互作用过程的基本物理性质推导出来。

微小扰动的生长与对称破缺

由波浪 - 地形相互作用导致的地貌形成过程在许多方面与海流 - 地形相互作用的结果类似。即使没有外来干预，海岸系统也能从具有高度对称性的少量构造(或不存在构造)发展成不具有对称性的大量构造。海岸地貌的形成是海岸动力系统固有的特性，只要外部条件不变，就不可逆。若初始对称状态(如无任何构造)对微小扰动是不稳定的，那么原则上地貌演变的触发可以是无限小的，所以向多种缺少对称性的地貌演变是不可避免的。这与在自然界所观察到的情况相符：如果在野外没有特殊地貌形态的存在或形成，初始扰动将会消失，也不会开始形成新的地貌形态；相反，如果存在特殊的地貌形态，那么它们在外来干预将其消除之后还会自动重新出现。地貌与水动力相互作用的非线性特征决定，一旦将很小的扰动施加于不稳定的初始对称状态，引起的反馈过程马上就会变得很明显。因此，对初始扰动的生长进行分析是揭示地貌动力反馈机制的有效方法。该方法将应用于本章始末。

不稳定机制

波浪－地形相互作用是通过多种机制造成海底不稳定的，一部分在前面已经提到过，现总结归纳如下。

- 与波浪边界层中海底扰动的动量摩阻滞后有关的不稳定性。如第3章第3.3.6节所述，该类不稳定性所产生的地貌类型主要是浪成沙纹。
- 与波浪不对称性的发育及随后在斜坡海底上的波浪破碎有关的不稳定性。与波浪不对称性和波浪破碎有关的泥沙输移梯度引起了海底形态反馈，这是破波带中沿岸沙坝的形成机制。
- 与破波带中辐射应力有关的不稳定性。海底地形产生同波浪破碎和折射有关的辐射应力梯度，进而辐射应力产生的余流引发地貌演变。正反馈产生了诸如离岸流水道，新月形沙坝、横向沙坝等海底形态。
- 与斜坡海滩上冲流有关的不稳定性。冲流经海滩上的滩嘴而转向，从而产生了为相应构造的形成提供正反馈的环流格局。

地貌形成机制的应用

波浪－地形相互作用可能会产生许多至今尚未完全研究清楚的不稳定机制。尽管对基本物理学定律已经有了很好地理解，但要对这些过程建立预测模型，目前还只能在有限的范围内进行，如此便产生了这样一个问题：更好地了解中、小时空尺度地貌形成机制的实际用途是什么？或许，研究地貌形成过程最重要的原因并不在于预报，而是在于对海岸演变的后报和分析研究。大时空尺度的海岸地貌演变速度一般比短期的局部波动慢得多，而且前者很容易被后者掩盖，对一些短期局部现象的解释有必要根据野外观测进行长期趋势的归纳。另外，许多短期的局部波动大都是海岸系统的大尺度形态及其外部动力变化趋势的间接表示。例如，滩嘴的存在与否可以提供波候及海岸剖面的有关信息，对破浪沙坝和离岸流时空分布的观测可以为岸线保持、滩面增沙的最佳设计方案等提供相关信息。对海岸野外观测的错误解释可能会严重削弱海岸管理策略的效力，所以一个熟练的海岸管理人员应该能够“读懂”海滩。

5.3　波浪理论

本节将介绍浅水中波浪传播的定量描述，详细的数学推导已在附录D中给出。熟悉这部分内容可对第5.4和第5.5节中讨论的波浪－地貌相互作用的动力学特征有更好的了解。

水质点运动的非对称性

从深水进入近海的波浪几乎都有很好的对称性，而且沿波浪传播方向的水质点运动与反方向的完全一致，很弱的余流只存在于海底上的薄层内(见第3章第3.2.1节)。否则，海底泥沙就会在波浪作用的影响下来回运动而不发生净位移。然而，在近岸情况却变得截然不同，入射波的对称性全然消失，并直到波浪最终破碎。这种转变对于一个波浪周期内波浪作用下的海底泥沙净输移具有十分重要的影响，本章将对所涉及到的一些最重要的作用过程进行探讨，详细的数学推导可参见附录D。

波浪运动是无摩阻的

在回答风浪进入滨面之后为什么会变成不对称的这一问题之前，我们应该首先了解为什么它们在此之前是对称的，例如，潮波在滨面以外(水深大于20m)就已经是不对称的，为什么风浪保持对称性的水深要小于潮波？主要原因是波浪周期相对更短。潮波的不对称性主要是摩阻能量耗损所致，而风浪则很少受摩阻耗损的影响。由于波浪周期短，故在风浪中动能和势能的交换速率远大于海底摩阻耗损率。这与大陆架上的潮波形成鲜明的对照，潮波的能量耗散率是与动、势能的交换速率相当的。由于风浪周期 T 较短，所以在一个波浪周期中只能有一个很薄的湍流边界层发育，这意味着波浪运动可以被看做是基本上没有摩阻作用过程，因此可以用势流理论对其进行描述。

5.3.1 线性波

基本假设

假定单频波沿 x 轴负方向向岸传播，在势流理论下，x、z 平面内水平和垂向水质点轨迹速度 $u(x, z, t)$、$w(x, z, t)$ 可与势函数 $\Phi(x, z, t)$ 相关联起来：

$$u = \Phi_x,\ w = \Phi_z \tag{5.7}$$

根据质量守恒，势函数 Φ 必须满足下列拉普拉斯方程：

$$\Phi_{xx} + \Phi_{zz} = 0 \tag{5.8}$$

为求解该方程，需要规定边界条件。外海边界 x_∞ 处的表面波动 $\eta(x_\infty, t)$ 可表示为角频率 $\omega = 2\pi/T$ 的余弦函数：

$$\eta(x_\infty, t) = a\cos\omega t \tag{5.9}$$

其中，$\omega = 2\pi/T$ 为给定的角频率。假设波浪将在滨面破碎，并耗尽其全部能量，近岸边界不存在反射波。底部($z = -h$)边界条件是垂直于海底的速度分量等于零。如果假设海底在与波长相当的距离范围内几乎是平坦的话，这相当于底部垂向速度为零。最后，在表面 $z = \eta(x, t)$ 需要规定两个条件：一个是垂直于表面的速度等于单位时间内表面的位移；二是表面压强等于大气压。第一个表面条件取决于波浪表面形状，而波浪表面形状又取决于表层水质点轨迹运动。这两个表面条件都是非线性的，因此将使最初的余弦波产生变形，具体取决于波浪表面的弯曲程度，而弯曲程度可以用表面坡度 ak 的平均大小来表征，其中波数 k 与波长 λ 的关系为 $k=2\pi/\lambda$。如果波浪表面坡度很小，即 $ak \ll 1$，那么其表面坡度可以忽略不计，最初的余弦波形也会保持不变，这种情况被称为线性波。此时，波浪的表面高度及其水平水质点速度可由附录方程(D.7)给出，即：

$$\eta(x,t)=a\cos(kx+\omega t)$$

$$u(x,z,t)=-a\omega\frac{\cosh[k(z+h)]}{\sinh(kh)}\cos(kx+\omega t) \tag{5.10}$$

深水波传播与水深无关

应该指出，水平水质点速度 $u(x,z,y)$ 由表面 $z=\eta(x,t)$ 向海底 $z=-h$ 减小。与潮流类似，这种减小并非由海底摩阻作用所致，而是由势流理论决定的。按照势流理论，速度 u 的垂向梯度与流线曲率成正比。在海底，波浪运动轨迹是水平的，流线曲率为零。由海底向海面，流线曲率增大，速度 u 的垂向梯度也同时增大。由此得出，水质点 u 也将由海底向表面增大。

风浪在深水中的传播不取决于水深，这与潮波形成鲜明的对照。这一结论可以从下述波速 c 的表达式得出，c 可以通过求解线性波浪方程获得(见式(D.11))：

$$c=\frac{\omega}{k}=\sqrt{\frac{g}{k}\tanh(kh)} \tag{5.11}$$

在浅水中($kh \ll 1$)与潮波类似，$c \approx \sqrt{gh}$；而在深水($kh \gg 1$)中，c 则与水深无关，即 $c \approx \sqrt{g/k}$。对式(5.10)的检验表明，与波浪轨迹运动有关的水体通量也与水深 h 无关。

5.3.2　波浪变形

二阶非线性理论

关于波速的式(5.11)表明，波长 $\lambda=2\pi c/\omega$ 随水深的减小而减小。因此，波浪在滨面传播时的表面曲率将增大。当到达某一点时，ak 接近于1，此时线性波的假设失效。对线性近似的一阶修正可以通过把势函数 Φ 和波动方程扩展为小参数 $\epsilon \equiv ak$ 的幂级数，并在 ϵ 中保留线性项来获得[265]：

$$\eta=a\cos(kx+\omega t)+\frac{1}{4}ka^2[3\coth^3(kh)-\coth(kh)]\cos[2(kx+\omega t)] \tag{5.12}$$

$$u=\frac{1}{2}\frac{ga^2}{c\,h}-a\omega\frac{\cosh[k(z+h)]}{\sinh(kh)}\cos(kx+\omega t)$$

$$-\frac{3}{4}a^2k\omega\frac{\cosh[2k(z+h)]}{\sinh^4(kh)}\cos[2(kx+\omega t)] \tag{5.13}$$

二阶非线性理论的贡献是引进了常数项和双倍周期项。不同频率的余弦项为同相位，这意味着非线性项使波峰变高、变陡，而使波谷变浅、变平坦。波浪沿其传播方向(波峰)的水质点速度大于沿相反方向(波谷)的水质点速度。

波浪的不对称性

波浪的不对称性主要是通过下述非线性表面边界条件产生的：

$$\text{当 } z=\eta(x,z,t) \text{ 时，} w_{\perp}=\eta_t; \qquad w_{\perp}\approx w+\eta_x u \tag{5.14}$$

其中，$w_{\perp}$为垂直于波浪表面的速度分量。该边界条件不仅把水面位移与速度垂向分量联系起来，而且还将其与水平速度分量联系了起来。波浪的水平轨迹运动之所以对水面的垂向位移起作用，是由于水面倾斜的缘故。水平流动在波峰到达前不久流向水面，而在波峰过后不久便离开水面(见图5.12)。应该注意的是，短周期波浪的不对称性与潮波的不对称性有不同的特征。潮波的非线性变形导致的是锯齿状表面，而风浪的非线性变形导致的则是尖峰状表面。潮波的变形主要是由于高潮相对于低潮的不同传播速度所致，这种差异与潮波传播速度对水深的高度敏感性有关。相比之下，假如其波长λ小于水深的2π倍的话(如前所述)，短周期波浪的传播则与水深关系不大。然而，在很浅的水域，波浪开始破碎前风浪的传播速度也与水深有强烈的依赖关系。在该阶段，风浪与潮波类似，其表面也呈锯齿状。

底层回流

与波浪表面不对称性有关的波浪轨迹运动不对称性将引起泥沙的净输移。较多的泥沙将在波峰而非波谷下方悬浮，因此波浪引起的泥沙输移在波浪周期内不会平均为零，这通常会导致泥沙向岸的输移。然而，式(5.13)中的第一项，一个二阶非线性速度分量则以相反的方式影响泥沙输移，该项表示的是对过多的向岸水体通量(即斯托克斯漂流)进行补偿的回流，虽然式(5.13)是根据线性波浪理论推导出来的，但是它给出了对垂向平均回流 $\overline{U}_0$ 合理的(即使是在波浪破碎阶段)一阶近似。室内和野外观测表明[88,443]：

$$\overline{U}_0 = \frac{C_u}{2}\frac{a^2c}{h^2} \tag{5.15}$$

系数C_u表示的是波浪破碎时的表面卷浪效应，对不规则波而言，C_u约为1。在波谷下方，时均流速指向外海，向岸的水体输移集中在水柱的上部，处于波谷和波峰之间(见图5.13)。在湍流波浪边界层，回流可以用水深的对数函数表示；而在边界层以上至波谷面，可以用水深的二次函数来表示。在破波带，湍流波浪边界层的厚度可由$\delta\approx(\kappa/\omega)\sqrt{\tau_w/\rho}$给出[178]，其中$\tau_w$由第3章式(3.21)给出[88]。破波带中的最大回流速度出现在海底附近，约为$2\overline{U}_0$。在破波带以下的回流被称为底层回流。

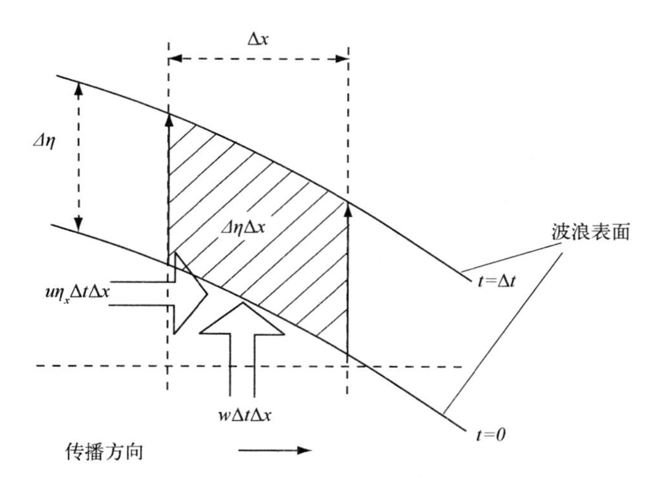

图5.12　波浪不对称性的产生。该图显示的是波峰到达之前(时间 $t=0$)和稍后一点时间($t=\Delta t$)的波浪表面。波浪轨迹运动的水平分量 u 因波浪表面倾斜而有一个垂直于波浪表面的分量。所以，波浪表面不仅被轨迹运动的垂向分量(速度 w 为正值)，而且也被其水平分量(速度 u 为正值)所抬升。当波浪传播到浅水时，u 对波浪表面运动的影响增大，因为此时波高/波长之比增大，波面曲率也增大。波浪轨迹运动的水平分量 u 与水位倾斜相位是不同的，其作用是在波峰和波谷到达之前1/4波浪周期内将波浪表面抬升，而在波峰和波谷过去之后1/4波浪周期内将波浪表面降低：结果产生波峰的急剧升落和波谷的缓慢升落。对于长周期波(潮波)而言，其波峰变化是不大的，这是因为波长大且水面坡度小的缘故

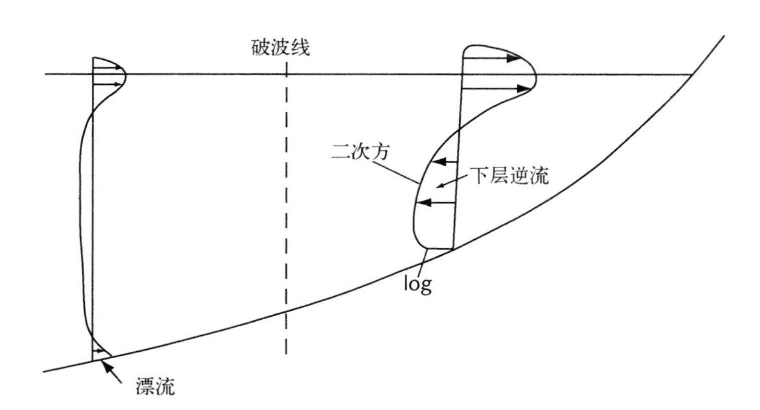

图5.13　未破碎波和破碎波之下的流速剖面(波浪周期内的平均结果)。近水面的向岸水体输移是由波浪轨迹运动和水面高程的相位共变所致，并由波谷面以下的向海输移所补偿。在底部薄层中的向岸余流是由漂流所致(见第3章第3.2.1节)。在破波带，向岸水体输移增强，与此同时，深部的向海输移(底层回流)也同时增强。在接近海底的粗糙层中，流速剖面为对数函数，而底层回流则为二次函数[433]

5.3.3 波致余流

沿岸均匀

破波带内的波浪变化不仅影响入射波的时间对称性，而且还在破波带内产生水面坡度和余流，当对所有非线性波浪方程在波浪周期范围内积分(见附录方程 D.21)时，这种现象变得更清晰。在波浪周期和水柱范围内对非线性项的积分被称为辐射应力，正如前面探讨的那样，辐射应力梯度相当于从波浪运动向垂向平均余流的动量转移。对辐射应力的近似表达式可以根据线性波浪理论获得(见(附录 D.3 节))。在海岸形态和入射波浪场均匀一致的特殊情况下，可以获得横向表面平均坡度 η_{0x}：

$$g\rho D\eta_{0x} + S^{(xx)}x = 0 \tag{5.16}$$

以及沿岸流的床底平均切应力 $\tau_{0b}^{(y)}$：

$$D \cdot \tau_{0b}^{(y)} + S^{(xy)}x = 0 \tag{5.17}$$

在上述两式中，$S^{(xx)}x$ 和 $S^{(xy)}x$ 为辐射应力张量，D 为总水深(包括波浪引起的平均水位升高和降低)。在水深很小($kD \ll 1$)的情况下，辐射应力可以通过下列一阶近似求得：

$$S^{(xx)} \approx \left(\frac{1}{2} + \cos^2\theta\right)E, \quad S^{(yy)} \approx \left(\frac{1}{2} + \sin^2\theta\right)E \quad S^{(xy)} \approx E\sin\theta\cos\theta \tag{5.18}$$

其中，θ 为波浪入射角；E 为下式给出的波浪能量：

$$E = \frac{1}{2}\rho g a^2 \tag{5.19}$$

破波带内的能量 E 与平均水深 D 有关。在波浪饱和(式(5.6))的假设下，能量 E 为：

$$E = \frac{1}{8}\rho g \gamma_{br}^2 D^2(x) \tag{5.20}$$

波浪增水

对辐射应力的估算式(5.18)至(5.19)阐述了波浪破碎引起的一些重要现象。第一种现象是岸线处的水位增长，又称增水。根据附录方程(D.25)，增水是由于波高向岸减小引起的。代入式(5.18)和式(5.20)后，可对附录方程(D.25)求解。假设波浪垂直入射($\theta = 0$)，且为饱和状态，所得结果(详见附录方程(D.31))为：

$$\eta_0 = -\frac{\frac{3}{8}\gamma_{br}^2}{1 + \frac{3}{8}\gamma_{br}^2} h_{br} \tag{5.21}$$

岸线处的波浪增水 η_0 与波浪开始破碎的水深 h_{br} 成正比，增水幅度可达数十厘米，在风暴情况下，甚至可达到 1m。虽然在破波带应用线性波浪理论可能并不合适，但是通过上式得出的波浪增水与现场实际观测结果基本一致[367]。由于波群的存在，该增水并不是恒定的，而是随波群的周期而变(见附录 D.2 节)。对波群而言，波腹处大浪的破碎水深比波节处要大，在海滩上的传播距离也更远。这种周期性现象被称做拍岸浪。

沿岸流

第二种现象是在破波带中产生的沿岸流。当倾斜入射波在近岸破碎时，辐射应力将在破波带产生沿岸波浪平均动量。由此而形成的沿岸流强度取决于其摩阻动量耗散，即海底切应力 $\tau_{0b}^{(y)}$ 。如果假设波浪轨迹速度的作用大于沿岸流，海底切应力可以与沿岸流呈线性关系，线性摩阻系数则取决于拖曳系数 c_D 和波浪轨迹速度幅值 U(见附录方程 D.33)。为了求解附录方程(D.26)，再次应用波浪饱和假设，同时带入斯内尔折射定律 $\sin\theta/c$ 为常数，可得(见附录方程 D.37)：

$$V = \frac{5\pi}{32}\frac{\beta\gamma_{br}}{c_D}\sqrt{gh}\,\sin(2\theta_{br}) \tag{5.22}$$

其中，$\beta \approx \tan\beta$ 为海底平均坡度；θ_{br} 为破波线处的波浪入射角。由于流速与水深成正比，所以在坡度 β 为常量的情况下沿岸流速分布呈三角状：在破波带外侧速度为零；在破波带边缘最大；向岸线速度逐渐减小至零(见图 5.14)。实际上，横向的动量扩散使流速分布变得平滑且较少呈三角状。观测结果表明，在有沙坝的海岸带，沿岸流的最大速度出现在沙坝与岸线之间[58]。由波浪破碎产生的沿岸流处于沿海岸的狭窄条带内，流速可超过 1 m/s，并具有重要的横向速度切应力，这可能会导致沿岸流的不稳定性(蜿蜒伸展)[50,338,142]。

5.3.4 沿岸流及沿岸泥沙输移

沿岸流造成了大量泥沙的沿岸输移。这不仅是由于沿岸流具有足够的强度，也由于破波带内大量泥沙在波浪作用下悬浮。沿岸泥沙输移取决于波浪入射角，这与沿岸流速度(式(5.22))一致，即：

$$q_{br} = q_0\sin(2\theta_{br}) \tag{5.23}$$

由于对波浪破碎引起的泥沙悬浮尚缺少可靠的理论描述，所以目前实际应用的对波浪引起的沿岸泥沙输移公式主要是根据观测结果推算得出的。常用公式将泥沙输移与波浪引起的沿岸能量通量联系了起来(单位 m^3/s)[70]：

$$q_0 = \frac{0.38ncE}{g(\rho_{sed} - \rho)} \tag{5.24}$$

但该公式中没有反映出泥沙输移与海底坡度 β 和泥沙粒径 d 的关系。另外一个公式[250]包含了海底坡度和泥沙粒径：

$$q_0 = 4 \cdot 10^{-4}\frac{\rho}{\rho_{sed}}\tan\beta\,\frac{H_{br}^3}{d}\sqrt{gH_{br}} \tag{5.25}$$

其中，H_{br} 为波浪破碎时的有效波高；d 为泥沙粒径(m)。

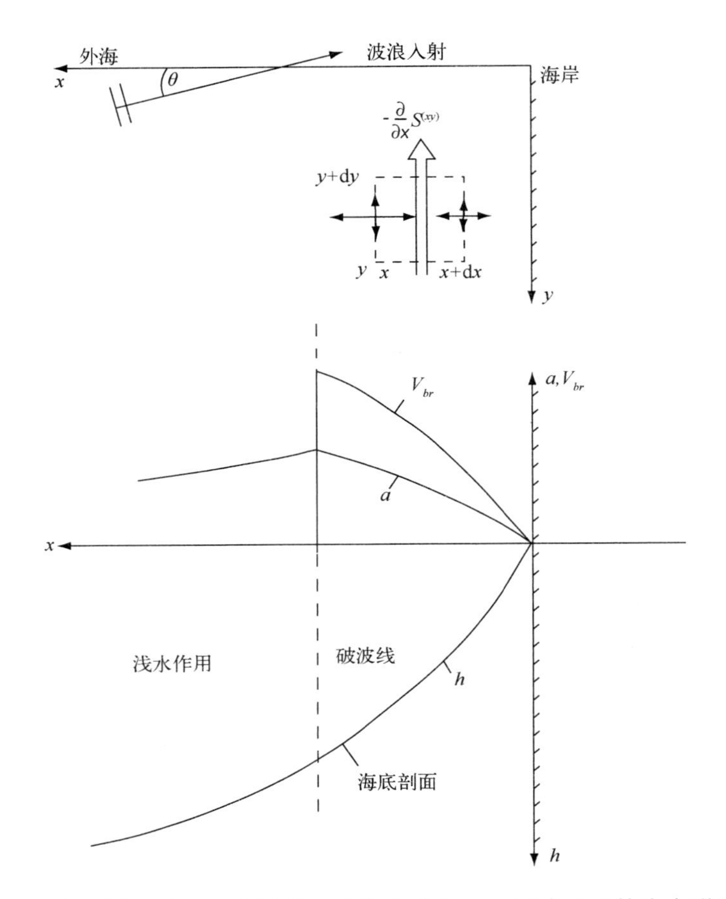

图 5.14　倾斜入射波在破波带破碎产生的沿岸流 V_{br}。上图中的黑箭头表明波浪轨迹速度向岸减小，空白箭头表示由此而产生的沿岸辐射应力梯度。根据波浪饱和假设，波浪轨迹速度的向岸减小与波高的向岸减小有关(下图)。沿岸流的强度局部上取决于辐射应力的横向梯度，该梯度在破波线处最大，而在岸线处为零。在破波带以外，波高因浅滩的存在而向岸增大，但这并不产生辐射应力梯度(见附录 D. 4 节)

沿岸泥沙输移在破波线处波浪入射角为 45°时最大，此时，沿岸动量的向岸输移最大(对应于最大的辐射应力 $S^{(xy)}$)。当波浪入射角度偏向与岸线正交或平行时，沿岸泥沙输移也将减小。由于波浪折射作用，波浪入射角在破波线处比在深水处小。波浪的折射与波速和水深的相互关系有关，对于波长比水深大得多($kh \ll 1$)的波浪，其折射最强，$c \approx \sqrt{gh}$；在岸线平直且水深等值线与岸线平行的情况下，可以发现破波线处的波浪入射角 θ_{br} 总是小于 45°，对短波和顺岸的深水波均如此[144]。

由波浪引起的沿岸泥沙输移的典型量级为 $q_{br} \approx 10^6 \mathrm{m}^3/\mathrm{a}$。在有些海岸，波浪入射角波动于正、负值之间，因此沿岸泥沙年净输移的量级较小。

5.4　岸线演变

5.4.1　大尺度的岸线响应

岸线稳定性

在本节我们将研究当均匀一致的波浪场从深水以一定角度 θ_∞ 接近最初的平直岸线时，一段达到平衡的海岸在受到扰动后是如何演变的。假设海岸剖面处于平衡状态（横向净输移为零），这样沿岸输移是海岸带泥沙输移的唯一机制。此时未受到扰动的平直岸线处于平衡状态，由于假设了沿岸的均匀性，所以不存在引起床面侵蚀和沉积的净泥沙输移梯度。对岸线施加扰动，在局部上使岸线前后移动微小距离，并使横向剖面保持不变（将剖面整体移动，见图 5.15），波浪相对于岸线的入射角将作为沿岸位置的函数而变化。这样便造成了波浪引起的沿岸泥沙输移的顺岸变化，并将导致海岸线通过泥沙的沉积/侵蚀进行调整。那么，岸线扰动将怎样演变？会保持稳定吗？是生长，还是衰退？后文我们将讨论这些问题。

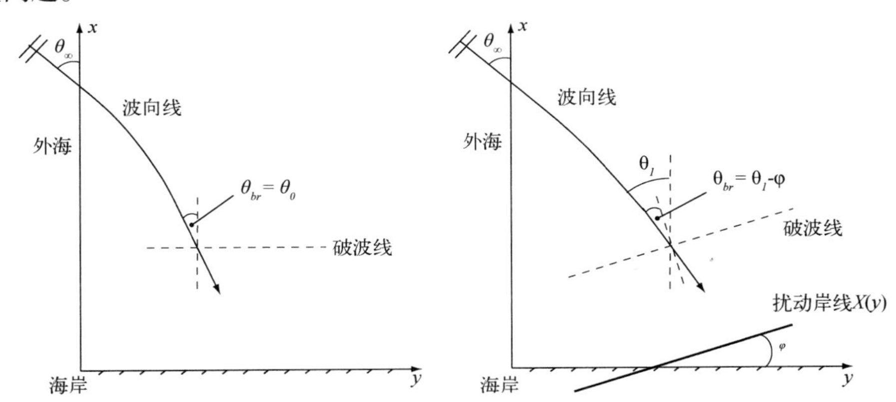

图 5.15　在平直岸线和扰动岸线（相对于平直岸线旋转了角度 φ）波浪入射角的定义

Pelnard－Considère 的岸线演变模型

将 h_{cl}定义为滨面外海边界处的水深，假设在滨外方向（水深更大），海岸是不活动的，即没有侵蚀和沉积发生，水深 h_{cl}经常被称为“封闭水深”。实验研究表明，该值与平均有效波高、波高标准偏差、平均有效波浪周期以及海底泥沙粒径有稳定的关系[187,321]。

以 $X(y,\ t)$表示岸线在时间 t 时处于沿岸位置 y。岸线 X_t 的局部前进或后退可由下列泥沙平衡方程给出[346]：

$$h_{cl}X_t + q_{br_y} = 0 \tag{5.26}$$

其中，t 和 y 为偏导数符号。式中第二项代表波浪引起的沿岸泥沙输移在沿岸方向的梯度，已经考虑了沉积或被侵蚀泥沙中孔隙水的影响。式(5.26)常常被称为“一线模型”，在较细化的“多线模型”中，可定义数条滨面带，其中每一条带都具有给定的水深 h_1，h_2，…，变化的宽度 X_1，X_2，…，以及相互以横向通量表示的泥沙交换。在一线模型中，假设了横向海岸剖面在后退或前进的同时保持其平衡形态，这相当于假设横向泥沙的再分布以比岸线响应快得多的时间尺度发生。在这种情况下，横向泥沙输移可以在适当时间尺度范围内取平均值，并从泥沙平衡方程中消除。

波浪引起的沿岸输移(式(5.23))是破波线处局部波浪入射角 θ_{br} 的函数(见图5.15)。在一线模型中，假设破波线与岸线平行。角度 θ_{br} 取决于深水波浪入射角 θ_∞ 和岸线方向 $\tan\varphi = X_y$，是沿岸坐标 y 的函数，可得：

$$\theta_{br}(y) = \theta_1(y) - \phi(y) \tag{5.27}$$

无折射时，$\theta_1 = \theta_\infty$，然而波浪折射不能省略[145]。θ_1 不仅与深水波浪入射角 θ_∞ 不同，而且与未受扰动的平直海岸破波线处的波浪入射角 $\theta_{br} = \theta_0$ 也不同(见图5.15)。岸线方向 ϕ 的沿岸变化对破波线处的波高 H_{br} 也有影响，更多的波浪能量传至与入射波波峰线夹角较小的岸段(图5.16)。因此波浪引起的沿岸输移(式(5.23))为[145]：

$$q_{br} = q_1 \sin[2(\theta_1 - \phi)] \tag{5.28}$$

其中，不仅 θ_1 和 ϕ 取决于 y，q_1 也由于对 H_{br} 的依赖性而取决于 y。

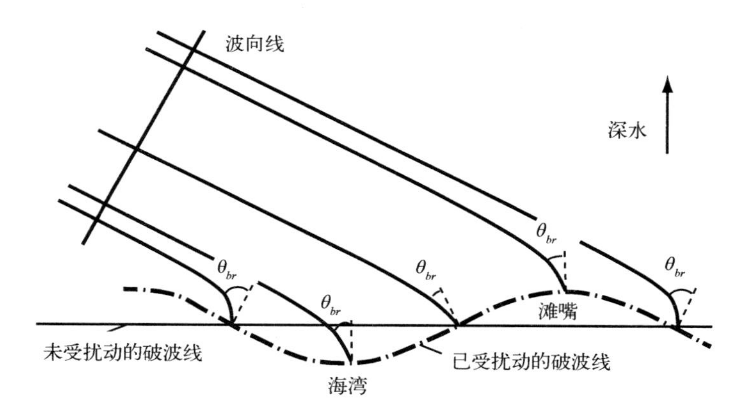

图5.16　在波浪大角度入射的情况下，波向线在扰动岸线发生折射。波向线辐聚最强的位置出现在岸线尖嘴的上游部分，该处波浪能量最高，所以在岸线尖嘴处 q_{1y} 为负值。在破波线处的波浪入射角 θ_{br} 在滩嘴处不断增大，不过比缺少折射时小得多。因而，在岸线滩嘴处沿岸泥沙输移梯度 $q_{bry} = q_{1y}\sin(2\theta_{br}) + 2q_1\theta_{bry}\cos(2\theta_{br})$ 可以为负值，并且可以引起沉积

如果假设岸线扰动的波长远大于波向线曲率的有效顺岸距离，可以将上述方程简化，每一条波向线的折射只取决于局部岸线方向 ϕ[145]，即：

$$\theta_1 = \theta_1(\phi), \qquad q_1 = q_1(\phi) \tag{5.29}$$

上述简化对入射短波比对涌浪更适合。进一步假设岸线扰动的幅度比波长小得多，即：

$$\phi \approx X_y \ll 1 \tag{5.30}$$

然后在泥沙平衡方程(5.26)中代入式(5.28)y的导数，可得：

$$X_t = D_{CL} X_{yy} \tag{5.31}$$

其中，

$$D_{CL} = -q_{br\phi}/h_{cl} = [2q_1(1-\theta_{1\phi})\cos(2\theta_{br}) - q_{1\phi}\sin(2\theta_{br})]/h_{cl} \tag{5.32}$$

鉴于上述所做的假设(一线模型及式(5.29)、式(5.30))，岸线演变可以用扩散方程描述。扩散系数(式(5.32))体现了入射波浪场和岸线形态之间的地貌动力耦合。

岸线不规则形态的消失

对于波浪场以小角度($|\theta_{br}| \ll 45°$)接近未受扰动海岸($X_y = 0$)的情况，式(5.32)中与岸线扰动有关的波浪折射项$\theta_{1\phi}$、$q_{1\phi}/q_1$则远小于1。扩散系数D_{CL}为正数，意味着岸线扰动会被沿岸输移所修复(图5.17)。向海或向陆的岸线位移l将在$\Delta t \approx l^2/D_{CL}$周期内恢复。在大风作用(风暴事件)期间沿岸泥沙输移是十分强烈的，正如在一线模型中假设的那样，这是海岸带最主要的输移机制。模型预测表明，风暴前存在的岸线不规则形态在风暴后都将变得平直，与野外实际观测结果相符[499,283]。因此在波浪入射角较小至中等的情况下，波浪引起的沿岸泥沙输移被认为是一种重要的岸线稳定机制。

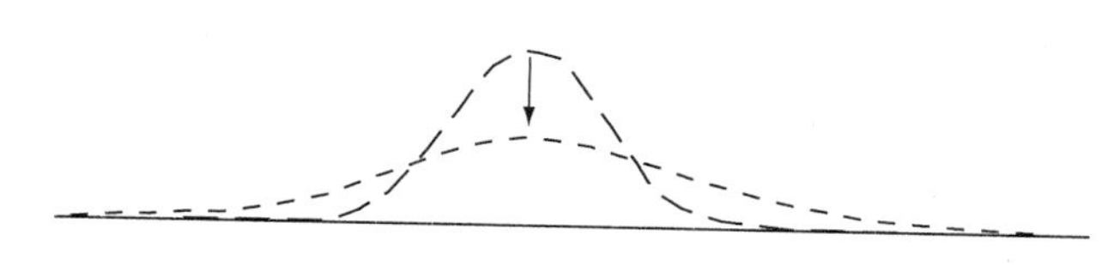

图5.17　海岸线的不规则性通过波浪驱动的沿岸泥沙输移而消失。如果在破波线处的波浪入射角远小于45°，局部岸线扰动将沿海岸扩散

袋状沙滩

图5.18展示的是一种沙质海滩的岸线形态，其被圈限于向海伸展的堤坝或峭壁之间。因为沿岸输移在堤坝处中断，所以地貌平衡要求各处沿岸平均输移量为零。这意味着海岸线将自行调整，趋于使波浪入射方向始终垂直于岸线走向。假设外海波浪场以相对于堤坝固定的角度θ接近海岸，那么不在堤坝掩蔽区里的岸线段将趋向垂直于破波线处波浪入射角(由于波浪折射，破波线的入射角比在外海的倾角要小)，在堤坝掩蔽区里的岸线走向取决于堤坝周围的波浪绕射(见图5.18)。如此形成的袋状沙滩理论上的岸线形态一般与观测结果相一致[214,259]。

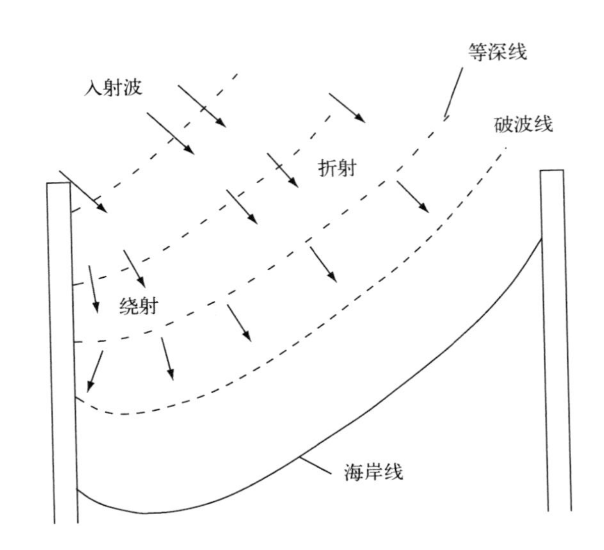

图 5.18　海岬间封闭的“袋状沙滩”的平衡岸线。除海岬掩蔽区中的岸线以外，其他岸线均与波浪入射方向垂直

大型海岸沙嘴

当波浪以大角度($|\theta_\infty| > 45°$)逼近海岸时，波浪引起的沿岸泥沙输移具有完全不同的影响。此时，式(5.32)中与岸线扰动有关的折射项 $\theta_{1\phi}$、$q_{1\phi}/q_1$ 约为 1，从而使扩散系数 D_{CL}的符号发生了改变。这种现象出现于大波长(量级为破波带宽度的 100 倍)的岸线扰动中[145]。在数学上，这相当于时间倒转的扩散过程。如果扩散为正，海岸沙嘴形态将朝着平滑的海岸线扩散；否则，平滑岸线将演变成海岸沙嘴。由于波向线是朝海岸沙嘴的上游辐聚(见图 5.16)，所以该处岸线扰动幅度增大。如果波浪入射角足够大，那么沿岸泥沙输移将会在沙嘴的上游达到最大，而沿岸输移在沙嘴处的辐聚将带来沙嘴的发育，采用一线模型和较大倾角的入射波浪场进行的数值模拟实验证实了这一结论[14]。这些数值模拟实验表明，岸线沙嘴由自发不稳定性产生，其长度尺度随时间而增大。长度尺度的增大是由大型沙嘴对小型构造的掩蔽所造成的，大型沙嘴主要决定了岸线的弯曲程度以及因此而产生的波浪入射角，从而限制了一些小型构造的发育[14]。因沿岸输移不稳定性造成的岸线沙嘴尺度可能会变得很大，一般超过数十千米。在波浪仅沿一个主方向入射的情况下，沙嘴形态将向下游迁移，沙嘴方向也随之向下游弯曲。有人认为，对于沿某些海岸出现的大型沙嘴，例如美国大西洋沿岸的海角以及亚速海沿岸的沙嘴(两者的长度尺度均在 100 km 左右，见图 5.5)，都可以用上述机制进行解释。

海岸滩嘴的生长条件

岸线的不稳定性是否为常见的呢？沿岸流是由波浪破碎引起的辐射应力产生的，所以波浪入射角 θ 是相对破波线的。波浪的折射远在外海就已经开始，并且在长涌浪或海底坡度较缓的情况下，折射几乎在破波线处就将完成。因此，在反射型海岸比在耗散型海岸更容易出现岸线的不稳定。岸线的不稳定性也要求深水波浪入射角度远超过 45°，若风区在平行岸线方向上较为狭长，则最有可能出现占主导地位大角度波浪入射。在其他情况下，不稳定的岸线则是不常见的。

5.4.2　岸线形态

岸线趋于平直

前一节我们探讨了在波浪引起的泥沙沿岸输移影响下，大尺度和长期的岸线演变。总体而言，沿岸输移趋于使岸线平直，特别是在风暴条件下。但是在泥沙来源不足或海底剖面沿岸均匀的情况下，强烈的沿岸泥沙输移不能无限期地维持，岸线走向也将趋于大体垂直平均入射波浪场的方向——如果波浪场充分均匀一致的话。实际观测结果表明，这的确是最常见的岸线走向[96]。

短暂的岸线形态

但是在较弱微的波浪条件下，情况则截然不同[499,97,259,208,365]。此时有各种各样的构造发育，包括一系列的滩嘴、沙坝、水道等。具有不同间隔（从大约数十米到数千米）的构造共存，沙坝的走向也有可能不同于岸线。其中一种常见的构造被称为离岸流单元，在破波带，离岸和向岸水流交替流动。上述这些特征主要取决于波浪条件，所以都是随时可变的，一般来说也都是暂时的。这些构造在几天甚至更短的时间内就会出现，并且很快就会消失。图 5.19 所示为荷兰近岸的海底形态，显著的沿岸变化是夏季低能环境的特点；在冬季，大部分沿岸变化被消除，但沿岸沙坝（破浪沙坝）的横向结构则被加强[473]。

向岸与向海水体运动的分离

现在已探明几种与上述构造形成有关的机制，其中一部分将在下面讨论，通常根据净水体输移的趋势对这些机制命名。不同区域的横向海底剖面是不同的，而对海底剖面的调整则通过反馈机制加强：海底剖面的形状是由向岸 - 向海运动之间的不对称性确定的，向岸 - 向海水体运动的空间分离也因此被大大加强。

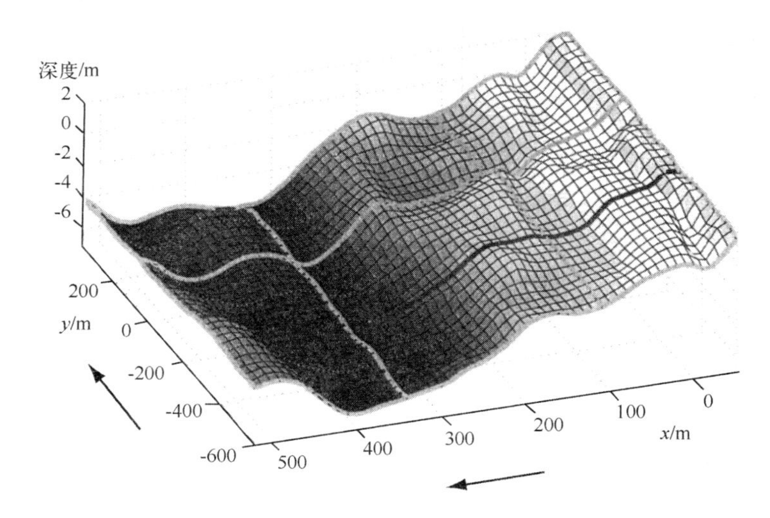

图5.19 荷兰埃赫蒙德夏季(1999年8月17日)的近岸海底形态，据原著参考文献[473]，请注意横向和沿岸的比例尺。与岸正交的灰线表示离岸流水道，该水道在离岸流源头沉积物形成的浅滩处(平岸侧)终止。除此之外，还能看到其他一些与岸正交的小型构造。在冬季，除沿岸沙坝变得平直外，几乎没有其他海底形态产生；在夏季，这些沙坝破碎形成一系列新月形沙坝

岸线的不稳定性

岸线形态的明显规律性说明，共振的波浪条件是其形成的主要原因。长期以来，对岸线形态的解释一直是以这种假设为基础[48,259]，不同岸线形态产生的主要原因是平直未扰动岸线的不稳定性所造成的自然对称破缺，这意味着即使非常小的初始扰动也会通过对水动力的正反馈而趋于指数生长。我们将针对3种不同类型的岸线不稳定性进行讨论。首先是海底与入射波浪场相互作用产生的岸线不稳定性；其次是海底与沿岸流相互作用引起的岸线不稳定性；最后是冲洗带中海底与海流的相互作用。在过去的10年间，大量的理论研究使我们对岸线形态产生有了更深的理解，下面阐述的许多思想就是建立在他们的研究基础上的。

波浪垂直入射时的沙坝形成过程

在前面对波浪增水的讨论中假设没有余流存在(见第5.3.3节)，即横向辐射应力梯度被海面平均坡度引起的压力梯度准确地均衡。然而，对这种均衡的局部扰动会立即导致局部辐射应力或海面坡度的压力梯度过剩，净压力梯度将影响泥沙输移并进而影响海底剖面的余流。但是，海底剖面的局部变化也将使辐射应力发生改变，因为破碎波的波高和轨迹速度取决于水深。这里要回答的关键问题是，辐射应力的改变是使原来过高的压力梯度衰减还是增强？如果衰减，那么海底的调整过程将是反向的；如果增强，这种调整过程将继续不断。

正交沙坝形成的反馈过程

图 5.20 所示为这种反馈过程的示意图。由该图可以看出，在波浪垂直入射的情况下，海底对扰动的响应可以产生正反馈[143]，对此可以理解如下。假设破波带内有低缓的原始浅滩坐落于除其以外均匀的倾斜滨面上，那么浅滩将会使波浪破碎增强，进而在局部增强

(a)平视图

海岸线
y
$u'c$
q
u'
$s_x^{(xx)}$
沙坝
破波线
θ'
波浪折射
x

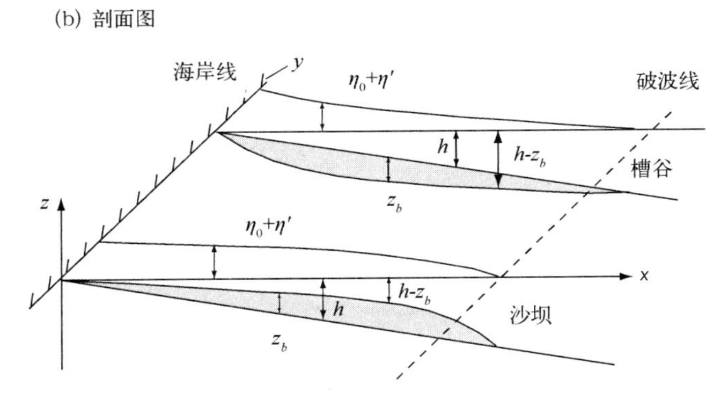

图 5.20　垂直波浪入射条件下沙坝形成示意图，(a)为平视图；(b)为剖面图。波浪破碎使沙坝外海边缘的辐射应力 $S^{(xx)}$ 增强，从而引起越过沙坝的向岸流 u_0 和向岸泥沙通量 q。悬移质浓度在破波线附近最高，而沿向岸方向减小。由此产生的向岸泥沙通量的辐聚导致沙坝上泥沙的堆积，相反过程出现在邻近沙坝的槽谷内。在沙坝上的波浪破碎也因入射波向沙坝的折射而增强

向岸的辐射应力梯度。过大的辐射应力将驱使海水越过浅滩向岸流动，并由浅滩两侧的向海回流加以补偿。向岸海流把泥沙从高浓度的外破波带(此处波浪破碎强烈)携带到低浓度的内破波带，来自外海的高泥沙输入与向岸的低泥沙输出之差将使浅滩向岸生长。在波浪折射的作用下，浅滩的生长进一步加强。按照斯内尔定律，此时入射波被折向浅滩，并进而使向岸的辐射应力梯度增强。因此，反馈机制塑造了从海滩延伸至整个破波带的正交沙坝。天然海滩上，一系列这样的正交沙坝可以在中等波浪强度期间观察到[365]。

线性稳定性分析

描绘海底与入射波浪场之间相互作用的理想模型已经由 Falqués、Caballeria 及其合作者们提出[143,61]。该模型以描述波浪引起的余流方程为基础(见附录 D 中的方程(D.22)至方程(D.24))。初始状态是具有均匀坡度($h_x \approx \beta$)的平整海滩和滨面，其被一系列纵向间隔为 $\lambda = 2\pi/k$、幅度为 f 的沙坝和槽谷扰动，扰动的量级为 ϵh，$\epsilon \ll 1$。对海底扰动，可用下式表示：

$$z_b(x,\ y,\ t) = f(x,\ t)\cos ky \tag{5.33}$$

对扰动引起的余流用 u' 和 v' 表示，对表面倾斜的扰动用 η'_x 和 η'_y 表示，对波浪平均的总水深 D 用 $D' = \eta' - z_b$ 进行修正；动量只通过海底摩阻被耗散；对横向混合未予考虑。假定余流速度远小于波浪轨迹速度，海底摩阻项是线性的。线性摩阻系数 r 视波浪轨迹速度的大小而定，但为了简化起见，将其取作常数。如此可用下列方程将被扰动的水动力场体现到 ϵ 的一阶近似中：

$$g\eta'_x + 2ru'/D + [(S_x^{(xx)} + S_y^{(xy)})/\rho D]' = 0 \tag{5.34}$$

$$g\eta'_y + rv'/D + [(S_y^{(yy)} + S_x^{(xy)})/\rho D]' = 0 \tag{5.35}$$

$$(Du')_x + (Dv')_y = 0 \tag{5.36}$$

浅滩上方的余流

对辐射应力的修正 S' 是因为对水深的修正 D' 和对波浪入射角的修正，入射波的折射造成了与海岸正交方向的偏离 θ'，辐射应力的一阶近似由式(5.18)得，代入波浪饱和公式(5.20)后，可得：

$$\left(\frac{S_x^{(xx)}}{\rho D}\right)' = \frac{g\gamma^2}{8}\left[2D'_x\left(\frac{1}{2} + \cos^2\theta'\right) + D(\cos^2\theta'_x)\right] \approx \frac{3g\gamma^2}{8}(\eta'_x - \mathrm{z_{bx}})$$

$$\left(\frac{S_y^{(xy)}}{\rho D}\right)' = \frac{g\gamma^2}{8}[2D'_y\sin\theta'\cos\theta' + D(\sin\theta'\cos\theta')_y] \approx \frac{g\gamma^2}{8}D\theta'_y$$

$$\left(\frac{S_y^{(yy)}}{\rho D}\right)' = \frac{g\gamma^2}{8}\left[2D'_y\left(\frac{1}{2} + \sin^2\theta'\right) + D(\sin^2\theta'_y)\right] \approx \frac{g\gamma^2}{8}(\eta'_y - \mathrm{z_{by}})$$

$$\left(\frac{S_x^{(xy)}}{\rho D}\right)' = \frac{g\gamma^2}{8}[2D_x\sin\theta'\cos\theta' + D(\sin\theta'\cos\theta')_x] \approx \frac{g\gamma^2}{8}(2\beta\theta' + D\theta'_x)$$

假设，$\theta' \ll 1$；浅滩在其向海侧衰退，即 $z_{bx} < 0$；水面扰动 η' 小于海底扰动 z_b。可得在浅

滩处 $S_x^{'(xx)} > 0$，入射波浪被折向浅滩。这意味着在浅滩两翼 $\theta'_y > 0$，或 $S_y^{'(xy)} > 0$。从式(5.34)求得浅滩上 $u' < 0$，因而浅滩上方的水流是向岸的。

浅滩的生长

浅滩上方的向岸流对泥沙的影响(侵蚀或堆积)可以根据泥沙平衡方程(5.64)推导出来：

$$z_{bt} + \langle \vec{\nabla} \cdot \vec{q}' \rangle = 0 \tag{5.37}$$

其中，$\vec{q}'$表示与扰动有关的泥沙通量；$\langle \cdots \rangle$表示在波浪周期内的平均。将上式用于以波浪作用为主的悬移质输移公式（3.46）中，不考虑海底坡度的影响；再进行波浪周期内的平均，不考虑对波浪不对称性和下层逆流相对于近底轨迹速度辐值($U_1 \approx ac/h$)所起的作用，可得(ϵ 的一阶近似)：

$$\langle \vec{q}' \rangle = \langle \vec{q}_s{}' \rangle = \alpha(4u', v'), \quad \alpha = \frac{4}{3\pi} \frac{\varepsilon_s \rho c_D}{g w_s \Delta\rho} U_1^3 \tag{5.38}$$

在波浪饱和的条件下，$U_1 \approx \frac{1}{2}\gamma_{br}\sqrt{gh}$。假设扰动后的沿岸速度分量 v' 与其横向分量 u' 相比较小，那么海底演变方程(5.37)可以写作：

$$z_{bt} + 4\frac{\mathrm{d}(\alpha u')}{\mathrm{d}x} = z_{bt} + 4\alpha u' \frac{\mathrm{d}\ln(\alpha/h)}{\mathrm{d}x} = 0 \tag{5.39}$$

为获得上式，我们应用了 ϵ 一阶近似的连续方程：$\mathrm{d}(hu')/\mathrm{d}x = 0$。在波浪饱和的情况下，得到 $\alpha/h \propto \sqrt{h}$，波浪振动因子 α 向海增大的结果是使 $\mathrm{d}/\mathrm{d}x\ln(\alpha/h)$ 为正数。因为在浅滩峰脊处 $u' < 0$，所以根据式(5.39)，浅滩将会生长。这证实了前面定性讨论时所预测的结果。

正交沙坝

由重力引起的顺坡泥沙输移在$\langle \vec{\nabla} \cdot \vec{q}' \rangle$中引入了另外一个正数项，该项随扰动的沿岸波数几乎呈平方增加。这表明，尽管波浪折射增强，但沿岸波数大(波长小)的横向沙坝生长是受阻的。Caballeria 等利用理想模型(已把沙坝对破波线位置的影响包括在内)进行了数值实验[61]，证实了海底扰动的最大生长速度出现对应两种不同类型的沙坝。在波浪作用弱的情况下，正交沙坝的间距大体和破波带的宽度相当。这类沙坝从海滩一直延伸并贯穿整个破波带(见图 5.21)，其长度可以归因于波浪折射效应。强烈的波浪折射造成了沙坝上方从破波线一直到海滩的向岸流，从而使沙坝增长。

新月形沙坝及离岸流水道

在中等波浪强度下，正交沙坝具有较大的间距，大约是破波带宽度的 4 倍。但是当波浪折射强度不足以在沙坝上方造成直达海滩的向岸流时，这类沙坝则扩展不到整个破波带，而是被限于破波带的外缘，仅仅在破波线的向岸一侧，因此其沿岸宽度大于横向长

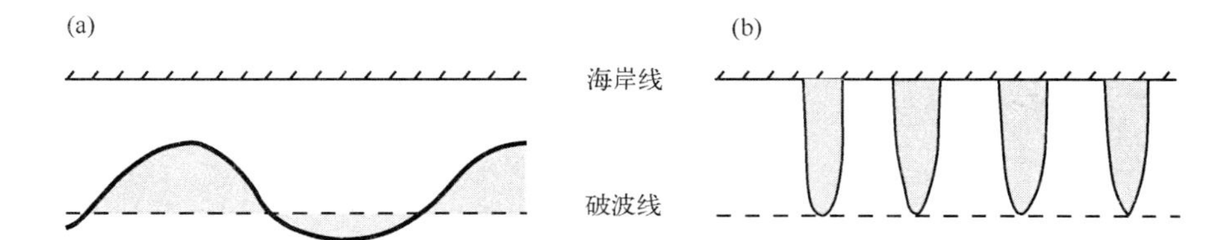

图 5.21 新月形沙坝(a)及横向正交沙坝(b)的示意图。灰色表示沙坝；白色表示槽谷。正交沙坝的波浪折射较强，因为这类沙坝的沿岸波长较小、坡度较陡。因此，正交沙坝上方的向岸流要强于新月形沙坝。正是由于这一原因，在靠近海岸线的区域，正交沙坝比新月形沙坝发育得更好

度。由此而产生的海底形态与中等波浪作用及后续风暴期间在滨面经常看到的新月形沙坝十分相像(图 5.21)。假设在破波带以外波浪扰动系数 α 不再是离岸距离的函数，那么在破波线外海侧将会看到相反的沙坝格局。沙坝之间的槽谷代表最初的离岸流水道，而位于破波线外海侧的浅滩代表离岸流沉积物，也被称为离岸流沙坝。观测结果表明，随着时间的推移，离岸流沙坝可能与沿岸沙坝相连，而泥沙可能会向岸输移，并对离岸流水道的淤塞做出贡献[54]。数值模拟表明，由初始不稳定性产生的形态特征在沙坝继续发育的条件

图 5.22 沿北荷兰海岸的离岸流单元。沿岸沙坝的外坝和内坝都被离岸流水道以规则间隔截断，在沙坝处的波浪破碎和由此造成的沙坝后侧水位增高驱动着离岸流。通过外坝的离岸流水道向岸传播的波浪在海岸线附近破碎，由此而产生的水位增高驱动着一股沿岸环流。环流在离岸流水道外端附近形成一个小型洼地，并在外坝后方形成一个浅滩(见图 5.23 和图 5.24)。在波浪倾斜入射的情况下，对外坝后方波浪引起的沿岸输移的阻碍可能也促进了沙坝后方海岸线的向海推进

下会被或多或少地保留下来。对此，针对与沿岸沙坝伴生的离岸流水道所进行的室内实验[186]和数值模型研究[106]提供了证明。这些实验结果与最常见的野外情形相符，离岸流水道是在导致平直沿岸沙坝形成的强烈波浪作用之后的平静期内发育形成的。较佳的离岸流水道波长是海岸线与第一个沙坝之间距离的10倍左右。

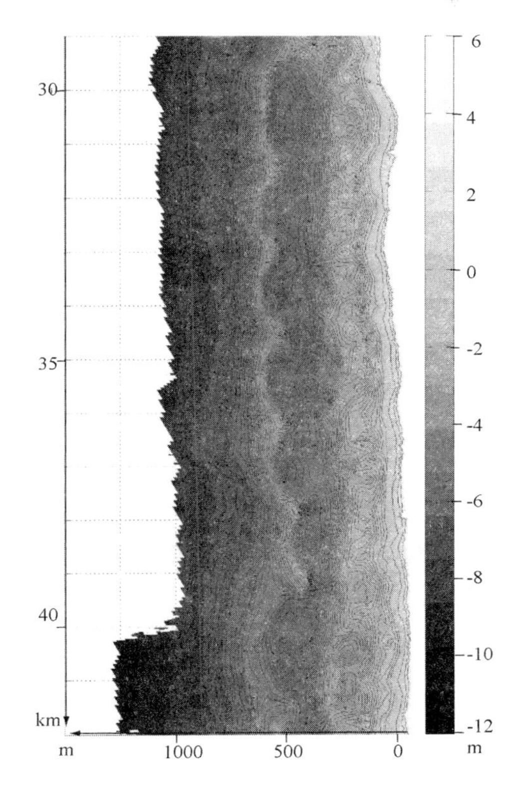

图5.23 北荷兰沿岸水深地形图(海岸在右)。该图为南(底部)北(顶部)视图[421]，是依据顺岸间距为200 m的横向断面海底水深测量数据绘制的，图5.22为其航空照片。外坝沙嘴向岸，内坝沙嘴向海。沙嘴间隔约1~2 km，内、外坝间的平均距离约300 m。在外坝沙嘴两侧可见有小型海底洼地，这些洼地很可能相当于离岸流水道。水深测量的顺岸分辨率不足以精确地确定离岸流水道的深度和宽度。根据Falqués等的模型，沙嘴对应于波浪驱动的净向岸水流沉积，而新月形沙坝则对应于净向海回流沉积

离岸流单元的动力学特征

入射波在沙坝处比在离岸流水道中破碎强烈，结果造成在沙坝正后方的平均水位增幅比离岸流水道大。正是这两处的水位差驱动着环流从沙坝后方向离岸流水道的流动(见图5.24)。由该环流向离岸流水道传递的平流动量导致了离岸流的急剧加速，离岸流因此像一股狭窄蜿蜒的射流冲到外海很远。然而，入射波会被折向离岸流中心。由于离岸流将阻止波浪的传播，所以会使波陡增大，在靠近离岸流水道时波浪发生破碎[185,503]。相

应的辐射应力则在离岸流水道中形成增水，抵制离岸流的发育。最后，离岸流呈现出一种缓慢的脉动行为：离岸流增强时，波浪折射和破碎增强；离岸流减弱时，波浪折射和破碎减弱。

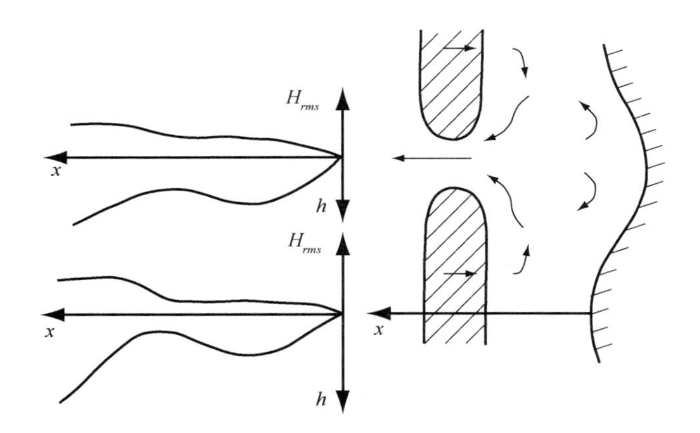

图 5.24 离岸流单元中的环流示意图。沿岸沙坝、海岸线以及离岸流水道后方的波浪破碎导致局部水位增长，由此产生的水位坡度驱动着提供离岸流的环流

瞬时离岸流

特别一提的是，还存在一些与地形无关的离岸流。这些离岸流作用时间很短，只能存在几分钟，主要在破波带随机出现[435,319]。目前已经提出了几种有关波浪－海流相互作用的机制，可能与这些瞬时离岸流的产生有关。其中一种与辐射应力和波浪增水横向平衡的不稳定性有关。这种不稳定性由初期的离岸流引起，离岸流局部地减弱了外海波高，减小了与初期海流反向的辐射应力的梯度。该现象将会一闪而过，并被入射波浪场的波动所抵消[319]。类似的反馈形式也对与地形相关的离岸流的强度起作用，这类离岸流比瞬时离岸流持续的时间长，因为它们是靠地形维持的。

波浪倾斜入射

正如前面所提及的，强风暴产生的沿岸流通常会把岸线的不规则形态削平，还令海滩和破波带在沿岸方向上形成几乎一致的剖面。在前一小节中我们已经看到，风暴过后，在近似正交入射的中等波浪影响下，原有的海岸线形态可以再次形成。本小节我们将探讨中等波浪以足够产生高强度沿岸流的倾角接近海岸时的较真实(且较复杂)情况，野外观测表明在这种条件下，除了由横向辐射应力分量所产生的海底形态之外，还出现了岸线的形态变化。这些变化可能是通过海底一些不规则形态对沿岸流或对辐射应力的反馈而产生的，其对波浪折射的反馈也起了作用。所形成的海底形态为倾向海岸的沙坝(见图 5.25)，在野外可以经常看到这样的沙坝，它们的典型波长与破波带宽度相当。这些沙坝从海滩或者第一个沿岸沙坝向外海伸展，但就沿岸间距而言，后一种情况比前一种情况要大[260]。

图5.25 沿泰尔斯海灵海滩向下游方向倾斜的沙坝(低潮时)

倾斜沙坝的形成

这里要讨论的倾斜沙坝与连滨沙脊的形成机制(见第3章第3.4.5节)类似，都是由沿岸流横越倾斜沙脊时发生转向所触发的。已转向的沿岸流具有与岸线的正交分量，该分量方向为向岸(穿越外海向下游倾斜的沙坝)，或离岸(穿越外海向上游倾斜的沙坝)，并将引起泥沙向岸或离岸的输移。横向泥沙通量若在沙坝峰脊处辐聚，则导致沙坝生长；否则，将造成沙坝的衰退。在泥沙向岸输移时，如果悬沙含量向岸减少，将会出现泥沙通量的辐聚；在泥沙向海输移时，如果悬沙含量向海减少，也会出现泥沙通量的辐聚。从理论上讲，这两种情况都是有可能发生的，但实际上在破波带前者更有可能发生。假设悬沙含量取决于波浪扰动，那么波高向岸的降低将导致悬沙含量的减少。当外海出现向下游倾斜的沙坝扰动时，海底将不稳定。图5.26所示即为这一原理。

波浪破碎与折射的反馈

外海向下游倾斜沙坝的形成也受到了来自辐射应力的正反馈，至少在沙坝靠近破波线的外海一端是如此。在沙坝上波浪破碎的增强产生了额外的横向辐射应力梯度和一个相应的向岸力，这将使沙坝上方的向岸流以及泥沙通量的向岸辐聚增强。然而到达海岸附近时，波高和辐射应力减小，阻止了沙坝上方沿岸流向岸偏移，因此在破波带内破波线附近倾斜沙坝发育最好。波浪折射也产生正反馈，因为它使入射波指向沙坝，也增强了波浪破碎和辐射应力。

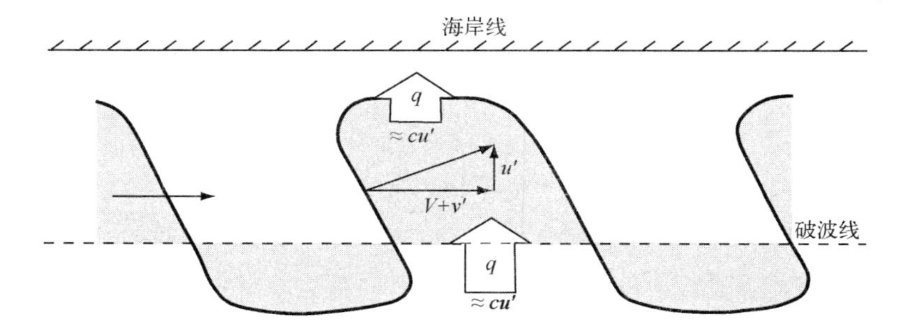

图 5.26　沿岸流作用下的倾斜沙坝形成示意图(灰色为沙坝增长区，白色为槽谷侵蚀区)，沿岸流在向下游倾斜的沙坝上方转向陆地方向(向岸的流速分量 u'是流体连续性、海底摩阻扭矩、涡度守恒以及辐射应力的联合作用)。如果水流转向引起的向陆泥沙通量在外海大于内岸，即外海的悬沙含量大于内岸，那么沙坝将会增长。破波带内就是这种情况，所以会有沙坝发育。在破波带以外情况正相反，将有槽谷形成。辐射应力(沙坝上的波浪破碎)引起的向岸流在破波线附近最强；而在海岸附近，沙坝上的辐射应力受到抑制，向岸流因此而变成离岸流。因此在破波线向岸一侧，沙坝最为发育

破波线两侧的差异

向岸流可以在破波带外海侧延伸一定的距离。然而，这里的悬沙含量却并不向岸减少。因此，在破波线外海侧的向岸泥沙通量不是辐聚的，而是辐散的，这促进了位于沙坝向海延伸处的海底槽谷的形成。在沙坝之间的槽谷向外海延伸的位置，将有浅滩形成。由此而产生的海底形态已概略地描绘于图 5.26 中。

线性稳定性分析

下面通过一个简单模型来详细说明前文的定性描述，该模型是 Ribas 等针对海底扰动与沿岸流之间的地貌动力反馈提出来的[374]。平坦的倾斜海底受到低缓的、向下游倾斜沙坝的扰动，使沿岸流向岸偏转。对未受扰动的沿岸流 $V(x)$，可由式(5.22)给出。u'表示向岸偏转的流速扰动，v'表示沿岸流速扰动，假设两者均远小于波浪轨迹速度幅值 U_1(波生流强于恒定流)。为了获得泥沙通量，我们将第 3 章中的式(3.46)用于以波浪为主的悬移质运动，而针对本节的情况，可以用下式近似求得(也可参见式(5.51))：

$$\langle \vec{q}_s \rangle = \alpha(4u', V+v'), \quad \alpha(x) = \frac{4}{3\pi}\frac{\varepsilon_s \rho c_D}{g w_s \Delta\rho} U_1^3 \tag{5.40}$$

我们已在波浪周期范围内进行了平均，并且没有考虑重力效应。将该式代入泥沙平衡方程(5.37)。然后利用连续方程从泥沙通量梯度公式估算出沿岸流的扰动 v'，其一阶近似($|z_b| \ll h$，$|v'|$、$|u'| \ll |V|$)为：

$$h(u'_x + v'_y) + u'h_x - V_{z_b y} = 0 \tag{5.41}$$

经几次运算之后，得出如下泥沙平衡公式：

$$z_{bt} + \frac{\alpha V}{h} z_{by} = -3\alpha u'_x - \alpha u' \frac{\mathrm{d}\ln(\alpha^4/h)}{\mathrm{d}x} \tag{5.42}$$

其中，左侧第一项表示沙坝随时间的演变；第二项表示沿岸迁移，迁移速度由 $\alpha V/h$ 给出。该式右侧各项表示沙坝的生长或衰退：在 z_b 为正时，各项总和为正则沙坝生长；否则，沙坝衰退。在破波带，沙坝上方存在向岸流($u'<0$)，其流速不断向岸减小($u'_x<0$)。在饱和波浪破碎的情况下($U_1 \approx ac/h \approx 1/2\gamma_{br}\sqrt{gh}$)，波浪轨迹速度向岸减小。由于因子 $\ln(\alpha^4/h)$大体随 h^5 而变，因此其 x 导数为正。总而言之，泥沙平衡方程表明了破波带中沙坝峰脊处的生长。在破波带以外及沙坝向海的延伸部分，海水仍然向岸流动，但其流速向岸增大($u'<0$，$u'_x>0$)。此时波浪扰动因子 α 也向岸增大，因此 $\ln(\alpha^4/h)$的梯度为负。这意味着 $z_{bt}<0$，在破波带以外及沙坝的延伸部分将有槽谷发育。这些结果证实了前面对倾斜沙坝生长机制的定性描述。

野外观测

野外观测结果对于横向倾斜沙坝的存在和演变无法提供确凿的证据。在相似的沿岸流条件下，横向倾斜沙坝或是存在，或是缺失；其迁移方向或是向下游，或是向上游[260]。因此看来，实际上，沿岸流并非是形成横向沙坝的唯一原因。

潮流影响

诸如离岸流水道、正交或倾斜沙坝等沿岸形态形成的时间尺度大约是一天或几天[260]。因此，该过程可能会对潮流产生强烈的相互干扰。尤其是在强潮海岸，破波带在横向上来回摆动。观测结果表明，不论是在弱潮海岸还是在强潮海岸都有沙坝发育[65]，在文献中也未见有关其系统性差别的报道[374]。这对如下想法给予了支持：潮流不会对沿岸沙坝的形成机制产生根本的改变。不过，瞬时的水动力场确实取决于潮汐相位。例如，对离岸流系统的观测表明，在低潮时离岸流最强，此时离岸流水道的深度也最小；而在高潮时，离岸流则最弱[54]。

对破波带中沿岸形态的总结

即使入射波浪场不存在顺岸变化，或者其顺岸变化不大，顺岸方向的海岸剖面也会表现出重要的形态。对于在破波带观察到的顺岸形态，已描述为新月形沙坝、横向(正交或倾斜)沙坝以及相应的水平环流单元。在几乎与海岸垂直的波浪入射情况下，产生这些形态的物理机制同波浪破碎、波浪折射、波浪增水反馈下的海底地貌不稳定性有关。而在波浪斜向入射时，海底形态的产生则是通过沿岸流向岸/向海偏移的反馈过程与海底地貌的不稳定性联系起来。这些海底形态的顺岸尺度大约为数百米到数千米。

上述海底形态是在低至中等强度的入射波浪条件下发育的，在高能波浪条件下，它们通常会被彻底破坏。前面我们只考虑了垂向平均水流，而未考虑向岸/向海波浪轨迹运动的不对称性。我们预测，这一假设不适用于高能波浪。在破波带浅滩上的波浪破碎产生了向海的底层回流，并削弱了因辐射应力向岸减小而产生的向岸水流，解释了“为什么在高能波浪条件下，即便是与岸正交的波浪入射，也不会有沿岸形态发育”的原因。

前面我们所考虑的波浪场是由单频和单向波浪组成的理想波浪场，但实际情况要复杂得多，一般来说，实际波浪场是由不同周期和方向的波浪组成的。波浪周期和方向的散布将引起沿岸和离岸方向上波高的调节(波群)，其时空尺度比入射波的谱峰周期和谱峰波长大得多。来自野外观测和数值模型的证据表明，在有波浪周期和方向散布的波浪场下，所产生的沿岸形态尺度与所观察到的新月形沙坝、离岸流单元相同[372]。

5.4.3 滩嘴

冲洗带中的沿岸形态

尽管前面叙述的作用过程主要是发生在破波带内，但是在海滩上的冲洗带内也出现了类似的水流分带现象，即向岸流动为主与向海流动为主的水流带。该过程与最终波浪破碎后的冲流和回流有关，并形成以冲流为主和回流为主的两个区域[387]。冲流环流导致滩嘴的发育，其典型的沿岸波长为十几米至几十米(见图5.27)，并在形状和空间分布上具有较好的规则性，可以沿海岸延伸数百米。

滩嘴的形态

滩嘴以一系列较陡的尖头状横向沙坝(又称滩角)为特征，这些沙坝被底面平缓的小型海湾分隔开。在滩嘴的发育阶段，冲流集中在滩嘴，而回流集中于小湾内(见图5.28)。这种流动布局促进了滩嘴形态的发育，冲流携带的泥沙，特别是粗粒的，使滩角得以维持。当冲流结束时，冲流不仅失去了其动能，而且也失去了携载的大部分泥沙，特别是其中的粗粒组分。此时回流在小湾使泥沙进入悬浮状态，小湾则因此而发生侵蚀。在滩嘴的构建过程中，从滩角至小湾的环流变得越来越强，从而产生了对滩嘴发育的正反馈。滩嘴形态可以在不到一天的时间里发育形成[303]。

野外观测结果

滩嘴是在中等波浪条件、中至陡坡、泥沙颗粒较粗的反射型海滩上最常见的一种形态，甚至在布满砾石的海滩上也能看到。很明显，高能冲流和具渗透性的底质有利于滩嘴的发育。当环流周期(冲流与回流周期)接近于入射波的平均周期时，滩嘴环流得到增强。在这种情况下，回流将阻止随后而来的冲流上冲，因而冲流主要出现在滩角处，而在小湾

图5.27　在西班牙北部阿里斯图亚斯的开阔中潮小型海湾中，砾滩上的滩嘴序列。上图：波浪冲流达到最高时；下图：波浪回流之后

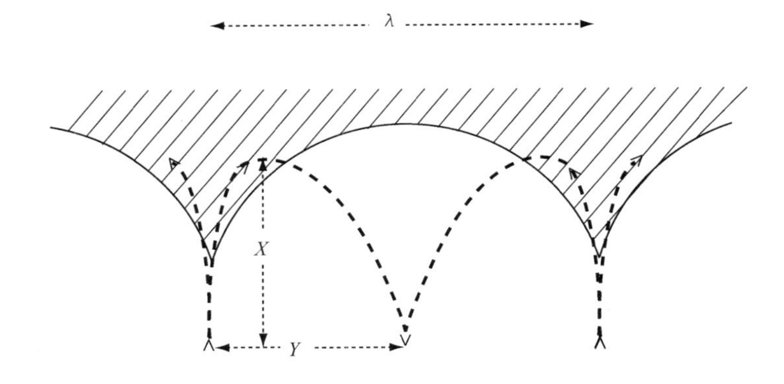

图5.28　滩嘴及余流发育阶段示意图。如果冲流－回流持续时间与波浪周期相同，回流则转向小湾，并阻碍随后流向小湾的冲流。因此，冲流将集中在滩角

中几乎不存在。但是，当入射波变得高度不规则，且波浪入射角与海岸斜交时，滩嘴格局便会衰退，并产生沿岸输移。因此在坡度很缓且由细粒泥沙组成的耗散型海滩上，绝不会有滩嘴发育。

滩嘴间距

实测的滩嘴间距 λ 是可变的，而且可以与冲流长度 X、波浪周期 T、波浪高度 H、海滩坡度 β 以及泥沙粒度 d 等多个冲流和海滩参数有关[78,428]。虽然这些参数并非互无关联，但实测的滩嘴间距可以用这些参数的不同关系式来表达。滩嘴的明显规则性及其与波浪周期的强相关性，所以要寻找能表达滩嘴间距的关系式，首先应考虑波浪理论。滩嘴经常见于反射型海滩，所以有人提出很可能是反射波在起作用。边缘波在破碎后没有失去全部能量，在部分反射后通过折射而被聚集在海岸，上述过程已在反射型海滩上得到实验验证[224]。当这种波浪以相反方向沿海岸传播时，便形成驻波，并对破碎的入射波产生的冲流进行调整。调整后的沿岸滩嘴波长为常量，可由下式给出[184]：

$$\lambda = (g/2m\pi)\beta T^2 \tag{5.43}$$

对于同步边缘波(周期与入射波一致)，式中 $m=1$；对于亚谐边缘波(周期为入射波的 2 倍)，$m=2$。该关系式给出了计算实测滩嘴间距的合理表达式。然而，用边缘波理论来解释滩嘴形成变得缺少可信度，其原因如下：①野外观测和数值模型都显示出，在没有边缘波的情况下，滩嘴同样发育[205,485,303,80]；②对于滩嘴间距与海滩坡度的线性依赖关系，还没有明显的实验结果支持[428]。

野外观测和数值模拟表明，滩嘴间距 λ 与冲流长度 X 之间有下列线性关系[485,303,78]：

$$\lambda = (1.5 - 1.7)X \tag{5.44}$$

冲流长度指波浪从滩嘴顶点冲上海滩的距离。如果摩阻和渗透效应忽略不计的话，可以很容易地表示为 $X = U^2/(2g\beta)$，其中 U 为滩嘴尖处的冲流速度。如果冲流的持续时间相当于波浪周期 T 的一半，则可得 $U = g\beta T/2$，以及

$$X = g\beta T^2/8 \tag{5.45}$$

在这种条件下，式(5.43)和式(5.44)相似。但是，如果把能量耗散和渗透效应考虑进去，则会得出另外一个冲流长度的表达式[221]，即：

$$X = 0.4\varphi T\sqrt{gH} \tag{5.46}$$

其中，φ 为主要取决于泥沙粒径 d(m)的一个系数，值为：

$$\varphi = \exp(-0.005d^{0.55})$$

Sunamura 发现[428]，有关滩嘴间距的野外数据可以用下列关系式得以良好的表示：

$$\lambda = A\varphi T\sqrt{gH} \tag{5.47}$$

其中，A 是一个介于 0.7 ~ 2 的常数。

冲流 - 回流的不对称性

数值模拟研究提供的证据表明[485,303,79]，滩嘴的发育是倾斜海滩上的冲流、回流过程所固有的不稳定性的表现，这一理论目前已作为滩嘴生成的基本机制而被广泛接受。至于反馈机制，我们在本节前面曾叙述过。如果冲流、回流是准确地发生在同一地点，那么就不会有滩嘴形态的产生，也不会有泥沙的沉积和侵蚀发生(两者处于平衡状态)。然而，从对称状态向不对称状态(即冲流、回流彼此稍有错位)的偏移(即使量级很小)，也会产生导致滩嘴开始生成的环流。此后，滩嘴形态的进一步发育将通过正反馈进行。

Dean 和 Maurmeyer 的反馈模型

Dean 和 Maurmeyer 首次提出了上述正反馈过程产生的对应式(5.44)的滩嘴波长[100]。下面，我们将重现其模型的一些基本特征。Dean 和 Maurmeyer 根据实际观测假设，在最佳地貌动力反馈情况下，滩嘴间距 λ 相当于最大横向冲流长度 $Y(T)$(即在波浪周期 T 内冲流从滩嘴沿横坡转入小湾的长度)的 2 倍。横向冲流长度 $Y(t)$ 可以通过对比滩嘴横坡上转向冲流的顺坡加速度与海滩斜坡上冲流的顺坡加速度而估算出来。我们把 $z_b(x, y)$ 称做滩嘴相对于平均海滩的高度，滩嘴横向平均坡度可通过 $z_{by} \approx 4\hat{z}_b/\lambda$ 近似求得，其中 $\hat{z}_b$ 为滩嘴相对于未扰动海滩的平均高度。这样，横向转向冲流经历的加速度是冲流经历的顺坡加速度的 $4\hat{z}_b/\lambda\beta$ 倍，从而与冲流相同时间间隔($T/2$)内的横向冲流长度 $Y(T/2)$ 可以通过 $Y(T/2) = (4\hat{z}_b X)/(\lambda\beta)$ 求得。由于长度 $Y(t)$ 大体以 t^2 增加，所以估算出 $\lambda/2 = Y(T) = 4Y(T/2) = (16\hat{z}_b X)/(\lambda\beta)$。此时，滩嘴间距 λ 由下式给出：

$$\lambda = \sqrt{32\hat{z}_b X/\beta} \tag{5.48}$$

假设滩嘴的平均高度 $\hat{z}_b$ 可以表示为冲流长度 X 范围内海滩平均高程的函数：

$$\hat{z}_b = 0.5\varepsilon\beta X \tag{5.49}$$

其中，参量 ε 表示滩嘴尖角相对于海岸剖面的隆起。将该式代入式(5.48)，可得：

$$\lambda = 4\sqrt{\varepsilon}\, X \tag{5.50}$$

参量 ε 的典型数值范围是 0.1 ~ 0.3[100,303]。可见，用 Dean - Maurmeyer 模型预测的滩嘴间距与实验关系式(5.44)十分相符。他们的模型虽然没有描述滩嘴的初始出现过程，但是却提供了强有力的证据来证明滩嘴是通过冲流与海滩间的地貌反馈形成和维持的。

5.5 剖面演变

横向输移的重要性

在前一节，我们主要讨论了波浪驱动的沿岸输移，并将其作为岸线演变的主要营力。

但实际上，岸线演变有时可能会更多地依赖于波浪驱动的横向输移。虽然横向输移比沿岸输移要小几个量级，但是因其作用在整个岸线上，故而总的横向泥沙通量对大尺度沿岸泥沙平衡的贡献可能相对更大。横向泥沙输移不仅影响岸线的位置，而且更重要的是它决定着海岸剖面的平均形状。事实上，对于在沿岸方向上均匀一致的海岸，当长期的剖面横向泥沙净输移为零时，剖面就可以达到平衡状态。在下列假设下，该值可为零：①没有横向泥沙输移越过外海边界；②从上部海滩至沙丘没有泥沙的净输出；③平均海平面保持不变。

5.5.1 海岸剖面模型

横向输移过程

本节我们将验证几种横向输移过程对海岸平衡剖面的影响。关于波浪破碎的影响，将推迟到下一节讨论。我们假设，海岸地貌及入射波在顺岸方向上是均匀的。在这种情况下，由波浪驱动的沿岸输移不会造成海岸的任何变化，海岸的变化只取决于横向输移。最重要的横向泥沙输移过程如下[382]。

- 重力引起的向海输移。有关重力引起的顺坡泥沙输移，已包括在第3章半经验公式(3.46)和公式(3.45)中[19,20]。在有关悬移质的表达式中，顺坡泥沙输移被描述为一种趋于自动悬浮的模型；而海底推移质，则被描述为一种趋于崩塌的模型。对于细粒泥沙(沉降速度与轨迹速度之比为1/100量级)而言，悬移质顺坡输移的强度比推移质要大[20]。
- 底层回流引起的向海输移(式(5.15))。在海岸各处的水柱下部向海的回流削弱了出现在波谷与波峰之间的向岸输移(斯托克斯漂流)，最强的回流出现于破波带。
- 漂流 $u_s \approx -U_1^2/c$(见式(3.22))引起的向岸输移。波浪传播为黏性波浪边界层提供了动量净输入，从而驱动余流在底部薄层内向前流动。在有沙纹存在时，向岸漂流很难出现。
- 波浪不对称性引起的向岸输移(式(5.13))。当波浪进入浅水和波长减小时，由水面坡度变化引起的非线性效应十分明显，此时向岸比向海的波浪轨迹速度高。这种不对称性造成了海底附近的泥沙向岸输移，以及上层水体的泥沙向海输移[477,75,249]，由于泥沙悬浮滞后的缘故，向海输移特别对细粒泥沙有影响(见第3章3.2.4节)。但是，由于海底附近的悬沙浓度高于上层水体，所以波浪不对称性引起的泥沙净输移通常是向岸的。

Bowen的海岸剖面模型

下面我们将按照Bowen首次提出的方法[49]，根据一个简单的横向输移模型对海岸平衡剖面进行推导。该模型是以波浪平均的横向泥沙输移公式(3.46)和公式(3.45)为基础建立的，在这些表达式中我们代入了对向海和向岸泥沙输移做出贡献的不同过程。按平衡要求将横向输移假定为零，得出能够求解平衡剖面 $h(x)$ 的方程。将近岸入射波浪场简化为波幅与平均波浪能量（波幅 $a = H_{rms}/2$）一致、周期与谱峰周期一致的单频波浪，并假设一阶波浪轨迹速度 $u_1 = U_1\cos(kx+\omega t)$ 的幅值 U_1 远大于其他作用 u'，例如漂流和较高阶的波浪。这样，泥沙输移公式（3.46）和公式（3.45）的波浪平均结果可通过下列公式近似求得：

$$\langle q_s \rangle = \frac{\varepsilon_s \rho c_D}{g w_s \Delta\rho}\left(4\langle u' u_1^2 |u_1| \rangle + \frac{\varepsilon_s h_x}{w_s}\langle u_1^4 |u_1| \rangle\right) \tag{5.51}$$

$$\langle q_b \rangle = \frac{\varepsilon_b \rho c_D}{g\Delta\rho\tan\varphi_r}\left(3\langle u' u_1^2 \rangle + \frac{h_x}{\tan\varphi_r}\langle u_1^2 |u| \rangle\right) \tag{5.52}$$

漂流和重力的平衡

在最初的模型中，假设泥沙主要以悬移质运动，并假设向岸和离岸的主要输移机制是由底部边界层中漂流引起的向岸输移和由重力引起的顺坡输移。对于波浪平均的横向输移则采用下述公式：

$$\langle q_s \rangle \approx \frac{16}{3\pi}\frac{\varepsilon_s \rho c_D}{g w_s \Delta\rho}U_1^3\left[u_s + \frac{\varepsilon_s h_x}{5 w_s}U_1^2\right] \tag{5.53}$$

假设平衡时有 $\langle q_s \rangle = 0$。代入 u_s 和 U_1，海底坡度应该满足下列条件：

$$h_x \approx \frac{5 w_s}{\varepsilon_s c} = \frac{5 w_s \omega}{\varepsilon_s g\tanh(kh)} \approx \frac{5 w_s}{\varepsilon_s \sqrt{gh}} \tag{5.54}$$

上式最后一项近似只有在深度很小（数米）的情况下才有效。平衡的海底坡度取决于沉降速度 w_s，即泥沙粒径 d。如果中砂的条件下是平衡的话，那么对粗砂（沉速 w_s 高于平均值）而言则不会达到平衡。根据式（5.53），此时粗砂将发生向岸输移（$\langle q_s \rangle < 0$）；相反，细粒组分则向海输移。这说明剖面上将发生泥沙分选，粗粒泥沙集中于近岸，细粒泥沙集中于深水区，这一结果由公式（5.51）中悬移质对沉速的依赖性所致。模型要求在达到平衡时泥沙有很好的分选性，即在每一深度处具有特定的粒径。在泥沙均匀的情况下，可以对式（5.54）进行积分，从而得出下列海底剖面公式：

$$h(x) \approx 3.8\left(\frac{w_s^2}{g\varepsilon_s^2}\right)^{1/3} x^{2/3} \tag{5.55}$$

在前面已经指出，许多沙质海岸剖面确实可以通过 x 的 2/3 次幂得到相当好的拟合结果[99,101]。由式（5.55）可以预测出，粗粒泥沙（w_s 大）的海岸剖面将比细粒泥沙（w_s 小）陡，这与野外观察结果一致（见式（5.3））。然而上述模型过于简单，例如在浅水中波浪的不对称性就不能忽略不计。关于悬移质运动主要取决于底部边界层中的漂流速度这一假设，也存在疑问。例如，在水柱较高处悬浮的泥沙（特别是细粒组分）并不是通过漂流向岸输移，而是通过斯托克斯漂流（底层回流）向海输移的（见第5.3.2节）。

波浪不对称性和重力的平衡

在比较精确的模型中，除了漂流以外，还应该把波浪不对称性考虑进去。为此，我们计入了近底波浪轨迹速度的二阶分量，即：

$$u' = u_s + u_2 \approx -\frac{U_1^2}{c} - U_2\cos[2(kx+\omega t)] \tag{5.56}$$

其中，

$$U_1 = \frac{a\omega}{\sinh(kh)}, \qquad U_2 = \frac{3}{4}\frac{a^2k\omega}{\sinh^4(kh)}$$

在此我们暂不考虑悬浮滞后效应(如：向海净输移较高)，并坚持原有的假设，即该效应已并入顺坡输移重力项。代入悬移质输移公式(5.51)，得到：

$$\langle q_s \rangle \approx \frac{16}{15\pi}\frac{\varepsilon_s\rho c_D}{gw_s\Delta\rho}U_1^3\left(5u_s - 3U_2 + \frac{\varepsilon_s h_x}{w_s}U_1^2\right) \tag{5.57}$$

平衡剖面公式可由下式给出：

$$h_x \approx \frac{9}{4}\frac{w_s}{\varepsilon_s\sqrt{gh}}\left[\frac{20}{9} + \frac{1}{\sinh^2(kh)}\right] \tag{5.58}$$

从式(5.58)可以推导出，当水深 $h < 0.01gT^2$ (T 为波浪周期)时，波浪不对称比漂流作用更大。例如，荷兰海岸对应的平均水深为 $h < 4$ m，如果波浪不对称性比漂流占优势，并且 $kh \ll 1$，上式积分可得：

$$h(x) = 2\left(\frac{w_s\sqrt{g}}{\varepsilon_s\omega^2}\right)^{0.4} x^{0.4} \tag{5.59}$$

平衡剖面再次用离岸距离 x 的指数来描述，指数与前文相比较小，表明近岸海底坡度较大。

与实测海岸剖面的对比

由数值模型预测得出，海岸剖面的坡度随波浪周期的增长而增大，这与野外实际观测结果相一致[259]。为了将模型计算结果与实测海岸剖面进行比较，我们放弃了 $kh \ll 1$ 的假设，并根据式(5.58)将海底坡度 β 作为水深 h 的函数 $\beta = h_x$(见图5.29)，其中对漂流效应未予以考虑。在水深较小时，海底坡度按照 $h^{-3/2}$ 变化，即 $h(x) \propto x^{0.4}$。但是继续向外，到水深介于 10 m 与 20 m 之间时，海底坡度可以用 h^{-4} 表示，即 $h(x) \propto x^{0.2}$。图5.30 所示为荷兰沿岸三个位置的长期平均海岸剖面。在近岸的破波带内，海底坡度大体为常量，即 $h(x) \propto x^n$ 中 $n \approx 1$；从破波带向海，指数 n 迅速减小到大约 0.2。这与忽略漂流时利用式(5.58)预测的结果相当一致，因此当波浪从外海前进到破波带时，波浪的不对称性是造成海底坡度急剧增大的主要原因。

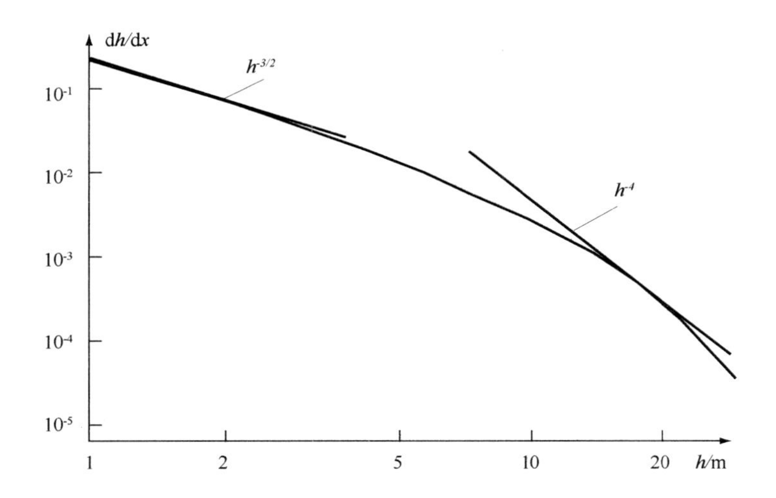

图5.29　海岸坡度 h_x 随水深 h 的变化，根据式(5.58)绘制，其中忽略了漂流效应。如果用 $h(x)\propto x^n$ 表示水深剖面，那么在双对数图中的海底坡度为 $\mathrm{dln}h_x/\mathrm{dln}h=1-1/n$。水深较小时，$\mathrm{dln}h_x/\mathrm{dln}h\approx-3/2$，相当于 $h(x)\propto x^{0.4}$；水深较大时，$\mathrm{dln}h_x/\mathrm{dln}h\approx-4$，相当于 $h(x)\propto x^{0.2}$

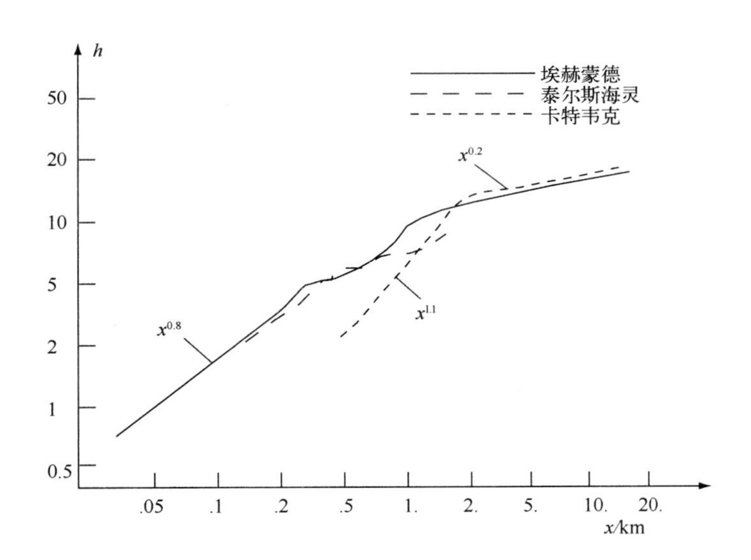

图5.30　荷兰沿岸海岸剖面的双对数图，根据几十年的平均海岸剖面数据绘制而成[490,473]，相关位置可见图5.34。如果将剖面写成 $h(x)\propto x^n$，那么指数 n 则相当于双对数剖面曲线的斜率，代表了海岸剖面的凹度(凹度随 n 的减小而增大)。在深水区，从外海到破波带 $n\approx0.2$；在浅水区，破波带内海底坡度约为常量($n\approx1$)

推移质运动下的非平衡剖面

在第三个例子中，我们讨论推移质为主的横向泥沙输移，其中包含有底部边界层中漂流驱动的向岸泥沙输移。对推移质输移公式的推导也可以使用与悬移质同样的方法进行，即：

$$\langle q_b \rangle = \frac{3\varepsilon_b \rho c_D}{2g\Delta\rho\ \tan\varphi_r} U_1^2 \left(u_s + \frac{8}{9\pi} \frac{h_x U_1}{\tan\varphi_r} \right) \tag{5.60}$$

平衡剖面的一阶近似为：

$$h_x \approx \frac{9\pi a}{8h} \tan\varphi_r \approx \frac{9\pi}{16} \gamma_{br} \tan\varphi_r \tag{5.61}$$

式中的最后一项近似适用于波浪饱和情况。在破波带，海底坡度可近似为自然休止角 φ_r，但如此陡峭的坡度是不现实的。因此，在海岸剖面中悬移质运动一定胜过推移质。另外，在向海的波浪轨迹运动期间，悬移质很可能占优势；而在向岸的波浪轨迹运动中，推移质占优势。

长重力波引起的向海输移

波谱的干涉产生波群，并进而造成具有波群包络波长的辐射应力梯度，继而形成了长重力波[288]（见附录方程（D. 25）和图 D. 1）。长重力波被束缚在相位相反的波群中，最大波群包络线与长重力波的波谷相一致，即具有长重力波的向海轨迹速度。波浪对海底的扰动作用在最大波群包络线处最强，因此长重力波将造成泥沙向海的净输移。已经有许多学者发现，长重力波对向海的泥沙输移做出了重大贡献[404,284,302]。

5.5.2 波浪破碎的影响

破波带中的重要过程

本节我们将考虑波浪破碎对海岸剖面的影响，并据此对前面的分析加以扩展。在破波带，波浪的一些特征因波浪破碎而被大大地改变。根据一阶斯托克斯理论推导的公式（如式（5. 13））对这些特征的描述都不够精确，因此有必要考虑下列对横向泥沙输移做出贡献的因素。

- 加速度的不对称性

波浪破碎时，峰度和相应的流速不对称都会减小。波浪的形状也会发生改变，锋前变得较陡，而锋后变得较缓[137]，这类似于浅水中长波的锯齿状形变。锋前的波浪轨迹速度在很短的时间间隔内从向海转变成向岸，因此向海、向岸的最大加速度的不对称性要强于向海、向岸速度。观测结果表明，流体加速度（超过某一临界值后）与泥沙悬浮存在着较强的相关性[189,235]。这说明，破波带内由波浪不对称性引起的泥沙输移将比单独根据流速不对称性所预测的结果要强，最强的加速度不对称性出现在波浪开始破碎的沙坝峰脊附近。

- 波浪破碎

破碎波在表层的向岸速度急剧增强，在海底附近起补偿作用的底层回流也是如此。突然下落的破碎波在触到海底时产生强烈的漩涡，并引起泥沙悬浮。在风暴期间，由波浪不对称性引起的向岸净输移被强烈的底层回流造成的向海泥沙输移所抵消。最强的向海输移见于破浪沙坝的向岸一侧。

- 扩散作用

波浪扰动导致了破波带内强烈的泥沙悬浮。大多数泥沙在波浪轨迹速度最高的破波点周围悬浮，并经波浪轨迹运动的输移和扩散而离开破波点。扩散通量取决于扩散作用的强度(扩散率)以及悬泥浓度梯度，泥沙在破波带内的再分布决定于扩散作用的横向梯度，一般而言，扩散作用引起的大部分输移都是向岸的[38]。

破波带平均剖面

根据观测(式(5.1))，许多沙质海滩的破波带平均剖面可近似用指数 $h(x) \propto x^{2/3}$ 表示。这样的剖面满足了破波带中单位水体能量均匀耗散的条件[99]，破波带内饱和破碎波的单位水体能量耗散可由下式给出：

$$\frac{1}{h}(cE)_x \approx \frac{1}{h}\left(\sqrt{gh}\,\frac{1}{8}\rho\,\gamma_{br}^2 gh^2\right)_x = \frac{5}{24}\rho\gamma_{br}^2\,g^{3/2}(h^{3/2})_x \tag{5.62}$$

如果假设能量耗散与 x 无关，那么剖面 $h(x)$ 可以通过积分获得，由此得出2/3幂律。然而，对于单位水体能量耗散的均匀性，尚无明确的物理解释。根据实验室观测结果和式(5.62)，在破波线周围的能量耗散较高，而在破波带内的能量耗散则较低[482]。

沿岸沙坝

利用能量耗散模型得出的破波带剖面是平滑的。但实际上并非如此，剖面有很大的波动，相当于大体与岸线平行的沙坝。这些沿岸沙坝可横向迁移，且多年的净迁移多为向海的[490]。所以当对长期的海岸剖面进行平均时，海底的这些起伏就会被过滤掉。由于沙坝的迁移是一个缓慢过程，剖面平均所要求的时间段大约为几十年。沿岸沙坝的存在掩盖了破波带剖面的平均形状，但对长期平均剖面的观测表明，破波带的平均剖面具有比简单指数定律更复杂的形状。有些剖面段不是下凹的，而是有阶地和凸起存在[498,39]。

野外观测结果

沿岸沙坝的存在几乎是10 m以下水深海岸剖面的普遍特征。这些沙坝的间距约为数百米，典型高度为数米。强有力的证据证明，它们的形成与高能波浪的浅水作用和破碎有关，因此它们也被称为破浪沙坝。破浪沙坝具有高度的动态变化特征，其位置和高度在数月，甚至几个波浪周期内就能发生巨大的变化[15]。在破波带，沙坝对风暴尤其敏感，其季节性变化与波浪活动强弱的交替变化有关。一般而言，破浪沙坝在强浪期间生长并向海迁移[166]，而在常浪期间则衰退并向岸迁移[15]。正如上面所提及的，这类沙坝通常具有向海迁移的长期趋势(图5.31)[490]。破浪沙坝可以沿海岸延伸几千米或甚至数十千米，这说明它们基本上具有二维特征，并且其动态变化主要与横向泥沙输移有关。然而应该指出的是，在低能条件下破浪沙坝可能会破裂成一些沿岸延伸较小的新月形沙坝，相关机制已在前文讨论。

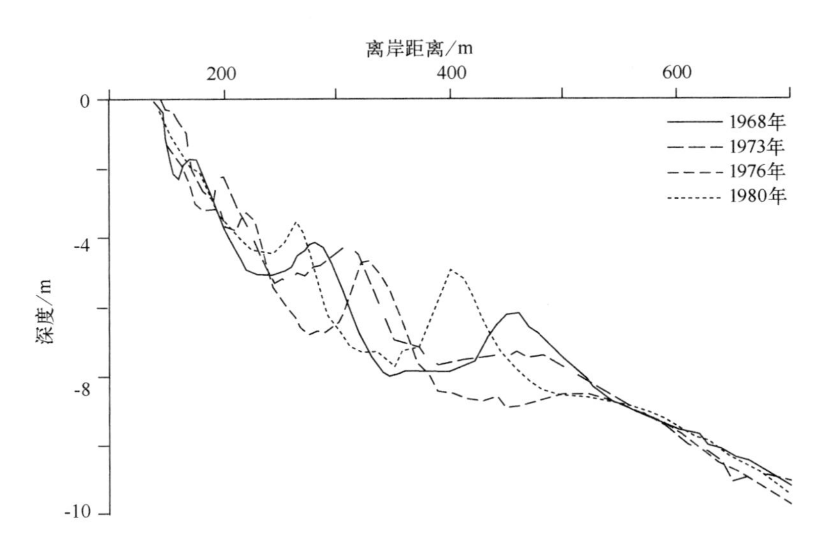

图5.31 1968—1980年荷兰埃赫蒙德的海岸剖面(潮差约为2 m)。在破波带(水深约在7 m以下)海岸剖面上存在有2~3个潮下沙坝，这些沙坝全都表现出向海的净迁移。据原著参考文献[473]

地貌动力学反馈

实际观测表明，沙坝的形成主要发生在波浪破碎产生的涡旋运动能够到达海底的位置[506]，沙坝的形成也产生了对波浪破碎的反馈。例如现已观测到，破碎波下的底层回流正好在沙坝峰脊的向岸侧达到最大，表明沙坝形态与底层回流之间存在某些反馈过程[442,166]。由此说明，沙坝的形成可以被看做是破波带中的一种自发过程。在下面的论述中，我们将采用这一观点，并介绍一个解释沙坝形成的模型。该模型基于对波浪引起的泥沙净输移的定性描述(忽略了有关波浪变形的一些细节)，将把沙坝的形成解释为波浪与海底动力之间非线性相互作用的结果。

海岸剖面的转折

在破波带的向海侧，平衡的海岸剖面为一条海底向岸变陡的平滑曲线。但是，在波浪开始破碎的位置，海底坡度向岸的稳定增大则被中断。这种现象不仅出现于瞬时剖面，而且也出现于长期平均(沙坝已被过滤掉)的剖面。在至海岸某一距离 x_{br} 处，已过滤掉沙坝的剖面具有一个拐点($h_{xx}=0$)，而且在该处向岸坡度比离岸坡度小。当进一步向海滩靠近时，海底坡度又开始增大。这种现象已展示在图 5.32 中，图中绘出的是荷兰埃赫蒙德长期平均的海岸剖面。这种剖面的特殊形状可从几个方面来解释，下面我们将针对一种假说进行探讨，该假说也给出沿岸沙坝的形成机别。

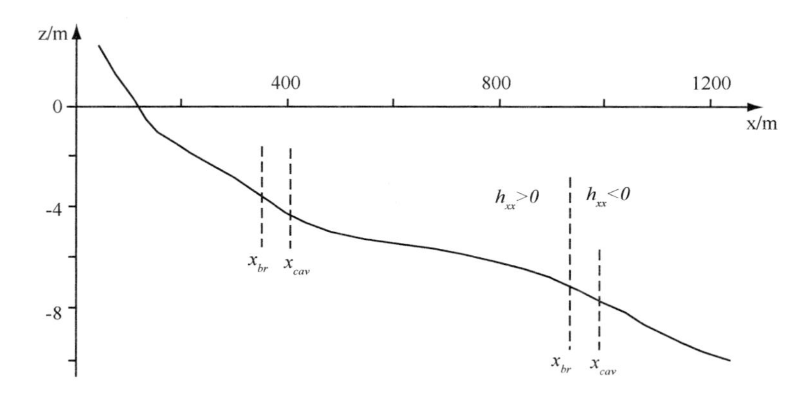

图 5.32　根据对 34 年的平均结果绘制的荷兰埃赫蒙德海岸剖面。该剖面在两个位置从下凹状变成上凸状，一个拐点位于破碎波浪带的外海边界(水深 7 m)，另外一个拐点位于进一步向岸靠近约 500 m 处(水深约 4 m)。其他荷兰沿岸的长期平均剖面也表现出类似的现象。据原著参考文献[386]

重力和波浪引起的泥沙输移

假设破波带的横向泥沙输移主要是 3 种作用的结果。第一种是由重力引起的顺坡输移，其量级主要取决于海岸剖面的坡度和波浪对海底泥沙的扰动。平均而言，重力顺坡输移受到波浪引起的向岸泥沙输移的抑制。如果波浪引起的平均向岸输移强，那么要达到平衡，则需要较大的平均海岸剖面坡度；反之，则需要较小的平均海岸剖面坡度。如果波浪引起的平均泥沙输移向海，那么海岸平均剖面将会略向岸倾斜。

波浪不对称性及底层回流

第二种和第三种过程都是由波浪引起的泥沙输移。所不同的是，第二种过程是由波浪的不对称性引起的，其特点是向岸比向海的波浪轨迹运动强；第三种则是由底层回流引起的，抵消了与波浪不对称性有关的向岸泥沙输移。

波浪的不对称性是波浪在浅水中传播的非线性特征造成的，强度随水深的不断减小而增大(见式(5.13))。在破波带的沙坝峰脊附近，波浪的不对称性发生改变。由于波浪破碎最强，所以加速度的不对称性超过了流速的不对称性[137,203]。

波浪破碎在海底附近产生强烈的底层回流从而减小了波浪引起，并反映在长期平均剖面上。当接近破波带时，海底坡度不再增大，而是减小；如果破波带的宽度足够大（海底平均坡度小的耗散型海岸）的话，波浪破碎后还可以重新形成，波浪引起的向岸泥沙输移会再次开始增加，海岸剖面也将恢复其凹形。在靠近海滩的潮间带，向岸泥沙输移的增加可能是由于冲流和风的作用，这也会造成海底坡度向岸增大。

平均海岸剖面上的拐点

我们做以下两个假设：

- 海岸剖面是由波浪和重力引起的泥沙输移平衡所产生的；
- 长期平均的水深 $h(x)$ 是作为离岸距离 x 的函数而增大的，并在破波线附近有拐点存在。

这两个假设对于海岸剖面的稳定性具有重要的意义，对此将在下面讨论。因此，对泥沙的横向输移可写作：

$$q = s(U_1)(h_x - f(h)) \tag{5.63}$$

式中，右侧第一项 sh_x 表示重力引起的顺坡输移；第二项 sf 表示波浪引起的泥沙净输移，向岸为正；因子 s 表示波浪扰动对海底泥沙的影响，它与向岸/向海波浪轨迹运动平均携带的悬移质成正比，通常被参数化为波浪轨迹速度幅值 U_1 的 n 次方（$n=3\sim5$），最大值出现在破波线附近，然后从此处向两侧减小。输移函数 f 包含了对波浪引起的各种泥沙输移过程，并假设 f 主要取决于外海波幅 a 的平均值和局部水深 h。f 的一个分量代表波浪不对称性引起的泥沙输移，与向岸和向海波浪轨迹运动下的悬沙含量成正比；另外一个分量代表波浪破碎效应，与底层回流的速度成正比。位于破波线 $x=x_{br}$ 的拐点相当于 $h_{xx}=0$，在该处波浪引起的向岸泥沙输移达到最大值 $f_h = \mathrm{d}f/\mathrm{d}h = 0$。$f$ 的向海衰减是由于波浪不对称性向海减小的缘故，而 f 向岸的衰减则是由底层回流向岸增强（强于波浪不对称性向岸的增强）所致。

波浪变形过程

把波浪引起的泥沙输移只表示成局部水深的函数是不准确的，因为波浪向岸传播期间的变形过程（耗散、畸变、浅水作用、破碎）也在起作用[210,441,366]。而且对于不同的海岸剖面而言，函数 f 也未必是相同的。波浪引起的泥沙输移和海岸深度剖面的相互关系与下面的讨论无关，我们将只考虑相对于平衡剖面来说较小的局部水深变化，并假定其对函数 f 的影响与波浪变形过程没有明显关系。Plant、Ribas 及其团队已经提出了一个忽略上述限制的通用模型[352,373]。

局部水深变化的扰动

按照前面的假设，从拐点向海，局部水深的减小导致波浪引起的泥沙输移增加，因为波浪不对称性的增大强于底层回流。在拐点 x_{br} 外海侧，我们求出了波浪引起的泥沙输移随水深减小的增长率f_h达到最大值的位置$x = x_{cav}$。如果海岸剖面处于平衡状态，$x = x_{cav}$则相当于海岸剖面凹度(h_{xx}/h_x)最大的位置。该处局部水深的扰动在其向岸和向海侧引起的波致泥沙输移是相等的。从$x = x_{cav}$向外海，局部水深扰动对波浪引起的泥沙输移的增加在向岸侧高于向海侧；而从$x = x_{cav}$向内陆，则会出现相反的情况。我们将会发现，这种现象与海底的稳定性和沙坝的形成有关。x_{br}和x_{cav}不仅取决于水深，而且还要视外海波浪状况而定。与常浪相比，强浪条件下，x_{br}和x_{cav}的位置更靠向外海。

凹度向岸增大剖面中的扰动

我们将长期平均的海岸剖面看做是无破浪沙坝的地貌平衡状态的代表，可通过平缓的沿岸沙坝对剖面施加扰动来研究这种地貌平衡的稳定性。首先，考虑沙坝位于$x > x_{cav}$(即从凹度最大处的向海下凹部分)处的情况。在沙坝处水深局部减小，使f增加，沙坝峰脊处波浪引起的向岸泥沙输移超过了重力引起的顺坡运移。波浪引起的向岸泥沙输移在深水处(沙坝的内侧，即沙坝峰背岸一侧)的增加幅度比在浅水深处(沙坝的外侧，即沙坝背向海一侧)大。假设波浪扰动作用从破波线向海减小，那么泥沙输移在沙坝处辐散，沙坝将衰退。由此得出的结论是，在凹度向岸增大的剖面中，海岸剖面是稳定的，扰动将会消失。沙坝的迁移视两个因素而定：①波浪的扰动将由于重力的作用(波浪的扰动和坡度的衰减在沙坝的向岸侧比向海侧强烈)而导致向海的泥沙输移；②波浪引起的向岸泥沙输移。如果后者占优势，那么沙坝会在衰退的同时向岸线方向移动(见图5.33)。

凹度向岸减小剖面中的扰动

在$x < x_{cav}$的部分，海岸剖面的凹度向岸减小，甚至可以从凹形转变成上凸形，水深在沙坝处局部减小。不过，波浪引起的向岸泥沙输移增大则是在扰动的向岸侧小于向海侧，这是因为波浪引起的泥沙输移随水深减小的变化受底层回流的影响强于波浪不对称性。如果沙坝正好位于x_{cav}的向岸侧，那么波浪引起的向岸输移将增加，其增幅在沙坝的向海侧大于向岸侧；如果沙坝进一步靠近陆地且处于海岸剖面的上凸部分，那么波浪引起的向岸输移将减小，其衰减在沙坝的向岸侧大于向海侧。在这两种情况下，泥沙输移都是在沙坝处辐聚，所以沙坝将会生长。由此得出如下结论：在凹度向岸减少或凸度向岸增大的剖面部分，海岸剖面在扰动下是不稳定的，且这种不稳定性是沿岸破浪沙坝开始形成的机制。在此最重要的假设是，波浪引起的向岸输移的变化受底层回流的影响比受波浪不对称性的影响大。破浪沙坝的生长将使破波线和x_{br}沿沙坝峰脊的走向移动。沙坝的迁移仍然受两个因素的影响：①在沙坝最靠近破波线的一侧，波浪扰动作用最强，所以该侧沙坝的坡度衰减较快，造成沙坝移离破波线；②波浪引起的泥沙输移在凹度减小的剖面段导致沙坝向岸迁移，而在凸度增大的部分则导致沙坝向海迁移。

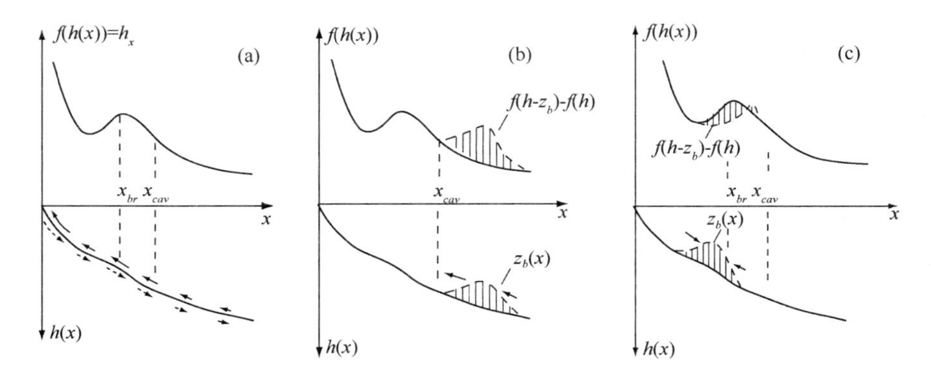

图 5.33 破浪沙坝的生成。图中(a)至(c)阐述了海底扰动对波浪作用下的横向输移所产生的影响，为简化起见，未考虑波浪扰动。(a)未被扰动的长期平均海岸剖面，相当于波浪引起的向岸输移(实线箭头)与重力引起的向海输移(虚线箭头)处于平衡状态。剖面的凹度先是由于波浪不对称性的增强而向岸增大，然后由于波浪引起的向岸输移因底层回流增强而减少，海岸剖面甚至由凹形变成凸形。(b)在剖面下凹段，即凹度向岸增大的部分(破波带以外)受到了扰动。扰动使波浪不对称性增强，而且增幅在扰动的向岸侧强于向海(虚线箭头)侧，结果导致泥沙输移向岸辐散，扰动在向海迁移中衰退。(c)在剖面凸度向岸增大的部分受到扰动。这种情况下，波浪驱动的向岸泥沙输移由于波浪破碎和底层回流的出现而减少，而且衰减程度因扰动的存在而增大(虚线箭头)，所以在扰动向岸侧的向岸泥沙输移弱于向海侧。泥沙输移在扰动处辐聚，致使扰动生长和向海迁移

潮汐影响

海底稳定剖面和不稳定剖面的临界位置 x_{cav} 视潮位和外海波浪条件而定。随着涨潮 x_{cav} 将向岸移动，而在落潮时它又将向海移动，在坡度平缓的强潮海岸，x_{cav} 的移动是非常重要的。沙坝迁移、生长或衰退的时间尺度都远大于潮周期。因此从定性的角度来看，当对大量潮周期进行平均时，沙坝的形成机制大同小异；但是从定量的角度来看，潮汐有很重要的影响。在潮周期内，沙坝的生长和迁移在特定的剖面部分是可变的。如果沙坝的生长速率和迁移速率在某个特定的潮汐相位表现强烈且为正值的话，那么在其他相位它们就可能是弱的，甚至是负的。因此可以预计，如果其他所有条件都一致，那么沿岸沙坝的生长速率和迁移速率在强潮比在弱潮情况下弱，这与在不同潮差条件下观测到的沙坝发育相一致[276,263]。

风暴条件下的泥沙向海输移

波浪引起的输移还受交替变化的风场调节。在强浪期间，波浪引起的向岸输移最强的区域($f_h \approx 0$)将由于波浪的较早破碎和底层回流在较深水域的发育而向海移动。普遍观测到的海岸受风暴侵蚀的现象表明，波浪引起的向岸输移因波浪的强烈破碎而减少。减弱(甚至为负)的向岸输移将不能抵消由于海底平衡坡度太陡而引起的重力向海输移，因此，泥沙横向净输移指向外海，海岸将被侵蚀。

常浪期间的向岸输移

在常浪期间所观察到的海岸沉积的普遍趋势，可以用波浪引起的最强向岸输移区域的向岸移动来解释。在该区域内，海岸平衡剖面更多的是呈上凸形，而非下凹形，且重力引起的向海输移相对较弱。因此，泥沙横向净输移是指向海岸方向。

波浪破碎对泥沙的扰动作用

式(5.63)中的波浪扰动系数取决于波浪轨迹速度的幅值 U_1。然而，这一假设忽略了破碎波对泥沙再悬浮的影响，沙坝上破碎波引起的海底强烈扰动通常将导致沙坝向岸侧的悬沙浓度高于向海侧。在这种情况下，如果沙坝使波浪引起的向岸泥沙输移增加，泥沙输移将在坝峰处辐散；反之，泥沙输移将在坝峰处辐聚。因此，由破碎波引起的悬沙浓度增大将促进向岸迁移沙坝的衰败和向海迁移沙坝的生长。

波浪引起的泥沙输移机制

在该模型中，海底的不稳定性和沿岸沙坝的生长是由沙坝最初形成时，在波浪引起的向岸(与波浪不对称性有关)和离岸(与底层回流有关)泥沙输移平衡之间的反馈过程所引起的。但实际上，波浪不对称性和底层回流的确切反馈机制尚未明确，所以只能根据所观察到的或凹或凸的平衡剖面形状进行推导。把波浪引起的向岸输移与向岸/向海的波浪轨迹速度幅值联系起来的模型仅仅可以粗略地预测沙坝向岸的移动[382,442,166]，当把加速度不对称性考虑在内时，才能提高预测水平[137,203]。毫无疑问，要把这些效应包括在波浪引起的输移方程 f 中。还有其他一些机制可以增强破波带内的向岸输移，例如扩散过程，因为悬沙浓度通常从破波线向岸减小。不过，扩散作用在大多数现有模型中都未予考虑。在海岸剖面足够陡峭的条件下，该机制是可以促进沙坝发育的[39]。

忽略沿岸泥沙输移

有关破波带横向泥沙输移的全面理论还尚未建立，前面用来解释长期平均海岸剖面的模型都是很粗略的，而且不同的模型能够产生相似的平衡剖面，这是因为我们忽略了沿岸泥沙输移分量。沿岸输移梯度可能对海岸侵蚀和海岸沉积产生强烈的影响，例如离岸流水道或横向沙坝。然而，这些输移模式并非是持久稳固的，所以对长期平均的泥沙平衡而言，关系不大。沿岸流也是破波带内高度倾斜沙坝的形成机制[374]，由于这类沙坝只与岸线有很小的夹角(见第 5.4.2 节)，所以看上去与破波沙坝相似。然而，沿岸流是波浪在外海破碎的结果，并非原因；由沿岸流产生的沙坝也自然是如此。因此，沿岸流不能解释破波线处沙坝的形成。

数学分析

对前面的定性描述结果可以遵循 Plant 和 Ribas 等的提议采用数学方法进行推导[352,373]。下面我们从泥沙平衡方程开始：

$$z_{bt} + q_x = 0 \tag{5.64}$$

其中，$z_b(x, t)$表示海底平衡剖面 $h_{eq}(x)$上与时间有关的扰动，假设扰动类似于高度$\epsilon \ll 1$的沿岸沙坝。波浪平均的泥沙输移由式(5.63)给出，其中 $h = h_{eq} - z_b$，$q_{eq} = 0$。代入式(5.64)，并计算到一阶泰勒展开 ϵ，可得：

$$z_{bt} + (sf_h - s_h f)\ z_{bx} = sz_{bxx} - (sf_h)_h h_x z_b \tag{5.65}$$

其中，$h = h_{eq}$，$s_h = s_{U_1} U_{1h}$。为了求出 U_{1h}的数值，可以认为波高在破波线之外基本不变，而在向岸方向应用波浪饱和假设。式中左侧第二项表示扰动的迁移，其迁移速度

$$(sf_h - s_h f) = \frac{1}{sf}\left(\frac{f_h}{f} - \frac{s_h}{s}\right) \tag{5.66}$$

是下述两个方面平衡的结果：一方面是波浪引起的泥沙输移的增加或减少；另一方面是在重力引起的沙坝衰退中因波浪扰动相对强弱而造成的沙坝两侧坡度的不对称性。如果波浪扰动系数 s 沿海岸剖面的变化不如波浪引起的泥沙输移变化重要，那么扰动的迁移方向将取决于波浪引起的泥沙输移对沙坝的响应。从 x_{br}向岸，由于底层回流相对于波浪不对称性增强，波浪引起的泥沙输移将减少，结果使沙坝向海迁移；从 x_{br}向海，由于沙坝处波浪不对称性增强，波浪引起的泥沙输移将增加，故而沙坝将向岸迁移。

式(5.65)右侧的第一项表示的是在重力影响下扰动的衰退，而最后一项表示的是对波浪引起的泥沙输移产生的扰动衰退$(sf_h)_h > 0$或者生长$(sf_h)_h < 0$。如果波浪引起的向岸输移在沙坝向岸侧的增幅小于向海侧，或在沙坝向岸侧的衰减大于向海侧，所得到的结果都是扰动衰退(负反馈)。这种情况将出现在 x_{cav}的外海方向，此处 sf_h 最小，大体相当于海底平衡剖面上凹度最大($sf_h = sh_{xx}/h_x$ 有最小值)的位置 x_{cav}。从 x_{cav}向岸，扰动将会生长(正反馈，$(sf_h)_h < 0$)。

多重沙坝

在许多耗散型海岸并不只有一个破浪沙坝，而是存在由 2～3 个沿岸沙坝组成的沙坝序列，这些沙坝的典型间距为 50～300 m，对其形成原因尚无解释。在有些条件下，多重沙坝似乎与长驻波有关，并被认为是由于长重力波在岸线的部分反射所造成的[93,197]。正如前文指出的那样，这类波浪可能产生于入射波浪场波群内的辐射应力梯度。然而，该成因机制尚存在疑问，因为波谱频率太广，难以在固定位置产生波节和波腹。

波浪的再形成

另外一种解释是以多次波浪破碎为基础的。按照该理论，外沙坝与入射波的初次破碎有关。波浪在沙坝后方的槽谷内重新形成，并在进一步靠近海岸时发生第二次破碎。这可能仅适用于坡度平缓的耗散型海岸，例如在荷兰北海海岸，海岸剖面存在两个拐点：第一个位于破波带的外海边界；第二个位于进一步向岸约500 m处（见图5.32）。我们认为，发育良好的外坝将会影响内坝的发育。因为在外坝向岸的整个范围内，波高是不足以使波浪破碎的。在此区间，波浪将重新形成，并增强其不对称性，而底层回流仍然保持较小的强度。泥沙输移向岸增加，并且从外坝向岸，海岸剖面呈现出凹形，这部分区域的内坝生长将受阻。内坝只能在更靠近海岸且水深较浅的剖面发育，因为直到该处波浪才将再次开始破碎。

外坝的控制

荷兰北部的观测结果表明，在多重沙坝系统内，只有当外坝向海迁移足够远的距离且逐渐衰退时，内坝才开始发育[490]。依据现有理论，外坝是作为在波浪引起的泥沙输移影响下海岸剖面的一种不稳定性而开始发育的。外坝的生长在一定向岸距离内阻止了内坝的发育，但其向海的迁移则为内坝的发育及其向海迁移提供了空间。因此，外坝限制了多重沙坝系统的发育。在剖面坡度较陡的海岸（反射型海岸），破波带的宽度远小于耗散型海岸。在破波线附近的沙坝阻止了其他沙坝在破波带内侧的发育，这是陡峭海岸剖面中缺少多重沙坝系统的原因。

布容法则

依据平衡剖面概念建立的模型无疑要满足布容法则[57]。布容法则规定，海岸带总是趋于平衡的，海平面上升时也是如此。由于海底坡度通常是近岸陡于外海，所以最初为平衡的剖面在海平面突然上升时将失去平衡，最初平衡剖面的下凹部分也将变陡。在沿岸均匀一致的海岸，剖面将通过泥沙的横向再分布调整适应。剖面的调整适应发生在波浪引起的横向泥沙输移较为活跃的水深范围内，即从海岸线延伸至闭合水深 h_{cl}（波浪引起的横向泥沙输移变得不再重要的水深），闭合水深的典型范围介于10～20 m之间[187]。该区域内，泥沙总体表现为向海输移，因为剖面坡度过陡使泥沙向海的顺坡输移胜过了向岸输移。这样，便产生了岸线后退 Δx：

$$\Delta x \approx \Delta\eta/\beta_{cl} \tag{5.67}$$

其中，β_{cl}为海岸剖面在上部海滩与闭合水深 h_{cl}之间的平均坡度；$\Delta\eta$ 表示长期的海平面上升。由于岸线的短期波动和沿岸梯度的存在，所以对布容法则的直接证明是很困难的，在沿岸泥沙输移梯度较小的海岸所观测到的平均侵蚀趋势基本符合布容法则[59]。

例如，整个欧洲海岸(长度45 000 km)的年净侵蚀量约为15 km^2[140]。若取$\beta_{cl}\approx0.01$作为剖面平均坡度的粗略估算值，将年均海平面上升设为$\Delta\eta\approx0.002$ m，则由布容法则得出，海岸的净侵蚀量为9 km^2。不过，实际观测到的局部海岸侵蚀量与布容法则的偏差更大。

布容法则的逆应用

原则上，布容法则对海平面下降的情况应该同样有效。不过，要重新恢复平衡剖面就需要在外海大多数位置增大而非减小海底坡度。由于在海平面急剧下降的情况下，海底坡度局部过于平缓，所以波浪引起的向岸泥沙输移平均而言将超过重力引起的顺坡输移。因此而产生的向岸净输移将导致岸线向海推进。当海底急剧抬升而又无海平面变化时，预计会发生同样的响应，海底的突然抬升可以通过滩面增沙来实现。布容法则表明，海岸将通过岸线向海推进以恢复平衡剖面。下一节我们将检验海岸对滩面增沙的响应，并试着回答：确实有可能通过滩面增沙防止海岸线后退吗？

5.5.3 滩面增沙

荷兰海岸

荷兰海岸线长约120 km，位于荷兰角的鹿特丹水道和登海尔德的泰瑟尔水道入潮口之间(见图5.34)，为北海南部湾的边界，几乎沿整个海岸都是沙滩和沙丘。在席凡宁根和艾默伊登，岸线被港口防波堤截断；在艾默伊登，防波堤延伸数千米后进入大海。20世纪期间，荷兰海岸在多处以平均高达2 m/a的速度向后退却(见图4.46)，海岸侵蚀最强烈的部分在泰瑟尔水道北部。荷兰海岸中部凸出的部分几乎是稳定的，甚至略有沉积。有关荷兰海岸的一些特征，已列入表5.1。在多处，海岸线已用海堤加固，北部有一条已经用堤坝保护了近200年的5 km长的岸段，与其相邻的未加保护的岸段相比，该岸段现在已向海突出了近100 m。

表5.1 荷兰海岸特征[489,421]。表中所有数字均为长期平均值，沿岸泥沙输移是波浪引起的向北(正)和向南(负)输移的年均值。在荷兰中段海岸，向北和向南的输移量近乎相等

波浪	波高	1 ~ 1.5 m	周期	5 ~ 6 s
潮汐	潮差	0.5 ~ 1 m	潮程	6 ~ 10 km
沿岸流	速度	3 ~ 6 cm/s	泥沙输移	0 ~ 2 × 10^5 m^3/a
滨面	粒径	200 ~ 350 μm	坡度	0.01 ~ 0.002
破波带	宽度	400 ~ 800 m	沿岸沙坝	1 ~ 4 个(数量)

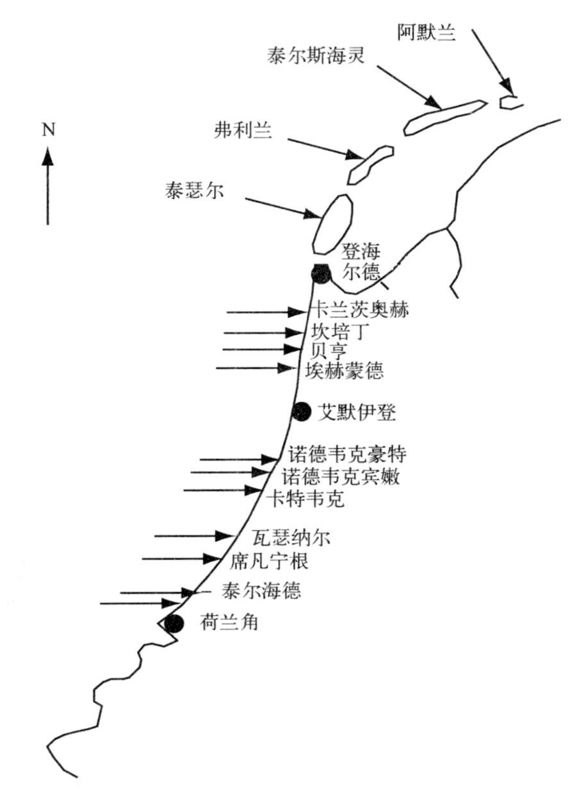

图 5.34 荷兰沿岸在 1993—2003 年期间进行滩面增沙的岸段位置

岸线维护策略

为了使荷兰海岸线的平均位置维持现状，于 1990 年正式通过了一项海岸管理策略：从远离海岸(20 m 等深线以外)的区域挖砂，将其运往自 1990 年发生海岸侵蚀的位置。岸线位置由线性回归确定，并对海岸线的波动加以消除。开始时，将泥沙堆放在沙滩上，但由于成本的问题，现在大部分都直接抛于滨面。

滩面增沙计划

在 1993—2003 年期间，已经在沿岸平均海面以下 5 ~ 8 m 深的不同地点进行了 15 次滩面增沙(图 5.34)，形成了体积 $1\times10^6 \sim 5\times10^6$ m^3、长 1 ~ 6 km、截面积 500 m^2 的人工沿岸沙坝。一部分泥沙补给在了现有破浪沙坝和岸线之间靠近岸线的一侧，但大部分补给在了外破浪沙坝的向海侧。在外坝已经快要消失的区域，泥沙直接补给在了外坝上。

对滩面增沙的监测

对滩面增沙引起的各种海岸剖面响应都进行了监测。海岸的响应与增沙位置(尤其是在横向上的位置)有关，但监测到了一些系统性的特征[421,465,181]：人造沙坝的横向剖面总是类似于原有沙坝，而且在峰脊形成不久，便在其向陆侧有槽谷形成。在最初增沙位置的向岸侧，一年内的泥沙体积总是增加的。虽然在有些条件下可以观测到人造沙坝向岸的平均位移，但是在全部区域，人造沙坝向岸侧的海岸剖面存在着显著的平均向海位移。不过，在人造沙坝向岸侧泥沙体积的增加大于(在有些条件下甚至远大于)人造沙坝向岸位移引起的泥沙增量。泥沙侵蚀出现于增沙位置以外的海岸剖面，特别是在沿岸输移的上游。几年过后，人造沙坝的迁移方向与沿岸输移方向一致，同时也向外海和岸线两个方向扩散，海岸剖面最终呈现出类似之前的形状。虽然潮差在沿岸各处不同，但尚无证据证明剖面响应的主要差异与潮差有关。

沙坝响应的观测

对滩面增沙的响应主要取决于人造沙坝相对于已有沿岸沙坝的位置。

布放于现有沙坝与岸线之间的人造沙坝在不到一年的时间就会发生重新分布。已有沙坝不仅会扩大，而且还会有所修正。此外，位于增沙位置向岸侧的沙坝会经历很大的向岸迁移。

布放于正在逐渐衰退的外坝上(或外坝向海侧)的人造沙坝将发育成新的外坝，并将在原地至少保留几年，而且不会发生很大的衰退或迁移。位于人造沙坝向岸侧的已有沙坝将停止向海迁移，并转变成向岸迁移；但是在人造沙坝以外，已有沙坝仍然继续(甚至略有增强)向海迁移。一段时间之后，人造沙坝的两端将与其内侧第一个沙坝的向海迁移段相连接。此时，人造沙坝融入了天然沙坝格局。图 5.35 所示即为上述沙坝响应过程的前几个阶段。

与现有沙坝的合并

海岸对人造沙坝的响应是将其融入现有沙坝系统中：当把人造沙坝布放在现有沙坝和岸线之间时，最为明显；当人造沙坝替代了将近衰退的外坝时，在相当长的时间内海岸剖面保留原有特征。很明显，将人造沙坝融合在天然沙坝中是不会产生强烈负反馈的。然而，与天然沙坝普遍向海迁移的趋势相比，人造外坝的稳定性或向岸的略微迁移是不同寻常的，其中可能有不同的因素在起作用，下面将从定性的角度进行探讨。

人造沙坝迁移原因解释

根据简单的横向输移模型式(5.63)，沙坝的迁移速度由式(5.66)给出，式中 $s(h)$ 为波浪扰动系数，$f(h)$ 为波浪引起的平均输移函数(向岸为正)。在破波带，波浪扰动梯度 s_h 通常为正值(在破波线处波浪扰动最强)，如果波浪引起的泥沙净输移是向岸的话，其将导致沙坝向岸迁移。如果底层回流造成的向海输移的向岸增量大于波浪不对称性引起的向岸增量，则波浪引起的输移函数梯度 f_h 为正。然而，布放于外海的人造沙坝在向岸的一定距离内使波浪破碎减少。因此，从人造沙坝向岸，波浪不对称性的增大将胜过底层回流的增

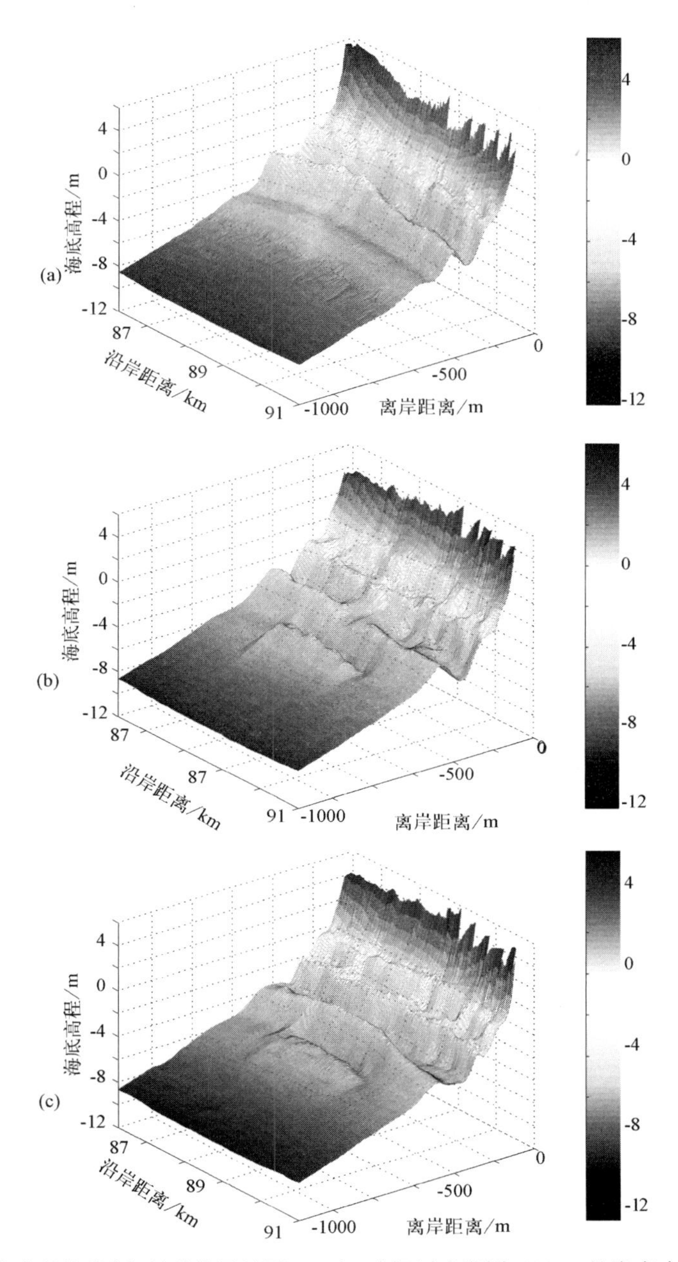

图 5.35　位于卡特韦克的海岸剖面(其位置见图 5.34)，剖面由间隔为 200 m 的海底水深测量图内插而成。海底用不同灰度表示相对于平均海面的深度，据原著参考文献[421]。1999 年春季，在外坝向海侧布放人造沙坝，对海岸进行泥沙补给。(a)1998 年增沙以前：有 3 个沿岸沙坝，其中外坝正在逐渐衰退；中坝发育良好；一个新的内坝正在岸边形成。(b)增沙一年后：人造沙坝在布放后不久便向岸迁移，并变成为不对称的，其向岸侧变陡，并在沙坝向岸前缘及其两端形成槽谷；中坝变低，向岸侧的槽谷部分被填充，在补给位置前方形成了明显的尖头状岸线突出，并在其两侧出现较小的岸线后退。(c)增沙两年半之后：人造沙坝依然存在，且无明显变化；但中坝除了位于人造沙坝前方的部分以外，其余均已向海迁移，在中坝向陆侧，槽谷的沿岸均一性被恢复，尖头状的岸线突出也被取直，并有新的沿岸沙坝发育

强，即$f_h<0$。这样，人造沙坝不仅对位于其向岸侧的第一个沙坝的向岸迁移起到了促进作用，而且对向岸泥沙输移的向岸增强也做出了贡献。该效应连同因波浪破碎而在人造沙坝向岸侧引起的强烈底层回流，对人造沙坝向岸侧槽谷的形成提供了解释。

有限长度人造沙坝的效果

人造沙坝因长度有限，所以其行为与天然沿岸沙坝有所不同。特别是有两个过程似乎起了重要的作用：即$S^{(xx)}$和$S^{(xy)}$。对这两个应力梯度已在第5.4节进行了讨论。

在人造沙坝上的波浪破碎将产生向岸辐射应力梯度$S^{(xx)}$，以驱动越过人造沙坝的向岸流和人造沙坝两端的向海回流。该环流使人造沙坝向岸移动，特别是中段，从而使人造沙坝微凸，并在沙坝的两端形成槽谷(图5.35(b))，类似于离岸流单元的发育机制(见第5.4.2节)。如果人造沙坝的顺岸长度约为沙坝至岸线距离的5倍，这种机制可能是最有效的。

波浪倾斜入射的情况下，在人造沙坝上的波浪破碎将在沙坝向岸侧产生向岸辐射应力梯度$S^{(xy)}$的局部最小值，相当于在沙坝与岸线之间的沿岸流及沿岸泥沙输移达到最小(见第5.4.1节)。因而，局部的岸线淤长不仅产生于滩面增沙提供的向岸输移，而且还产生于沿岸输移的辐聚。这一过程不仅可以解释人工沙坝内侧岸线凸起的形成，也可以解释人工沙坝上游(相对于沿岸平均输移方向)海岸剖面中出现的泥沙侵蚀。

5.5.4 结论

根据通过沿岸人造沙坝观测到的剖面对扰动的响应，我们得出如下结论。

- 海岸剖面响应主要决定于人造沙坝上的波浪破碎，在沙坝上的波浪破碎影响了波致的横向泥沙输移以及辐射应力梯度引起的泥沙输移。
- 从定性的角度，海岸剖面响应与根据理想模型预测的结果相符。
- 滩面增沙是耗散型海岸防止岸线侵蚀的有效方法，可以利用波浪能使泥沙向人造沙坝前方的海岸移动。如果在外海有容易获取的沙源，那么对于海滩防护而言，滩面增沙是一种维护岸线稳定的高性价比方案。

第6章　结　语

6.1　认知的进展

在过去50年间，由于对海岸环境中特有的地貌动态平衡有了较好的了解，人们对海岸动力地貌的认识已经取得了显著的进展。很多典型动力环境的物理过程已经确定，数学物理描述方法日趋完善。最主要的突破是认识到了海岸地貌及海岸线变迁不只是对波浪和海流作用的被动响应，而且还存在水体运动与海岸地貌之间非线性的相互关系。这种非线性的相互关系导致了新的时空变化，并由此产生了海岸形态额外的复杂性，从非线性反馈过程的角度描述海岸动力已成为较好地理解海岸地貌和海岸线变迁必不可少的步骤。

海洋不只存在侵蚀作用

海洋动力常常被认为是造成海岸侵蚀的主要原因。然而，若果真如此，那么如何解释即使在外海沙源流失的情况下仍有沙滩存在？如何解释在造成海岸严重侵蚀的剧烈风暴之后，至少部分沙滩趋于恢复？如何解释海平面上升时沿岸障壁沙坝向陆地迁移？如何解释不能漂浮的物质(如贝壳等)却能被冲上海岸？以及又如何解释沿岸沙丘、沙坝以及潮滩等的发育形成？

现在，我们已经了解并认识到是水体运动与海底地貌的相互作用有利于泥沙，尤其是粗粒泥沙向海岸沉积。在许多条件下，海洋更多地表现为沉积作用，而非侵蚀作用。

水体运动与地貌演变的动态相互作用

然而，近岸泥沙输移及海岸带泥沙沉积并非是一种均匀或随机的过程，它将产生特定的形态构造，如沙脊、沙丘、沙坝、沙纹、海岬、滩嘴等，并常常遵循一种韵律格局。单纯的近岸泥沙输移无法解释上述构造的成因，其形成机制是海底地貌、水体运动和泥沙输移的非线性相互作用所固有的。地貌扰动与水体运动之间的正反馈起到了根本的作用，这类反馈能造成现有海底形态的不稳定性及对称特征的破坏。地貌与水体运动之间的线性关系将不会产生当前外部运动条件下不存在的任何新构造，虽然现实中地貌形态所表现出的波长和波动频率的时空变化也是与外部条件完全不同的。

对称破缺

时间对称破缺可以通过波浪在浅水中的传播来说明。波浪的不对称性(向陆向海波浪轨迹运动强于向海)对向岸泥沙输移起到了重要的作用，并因此而造成了水深向岸的减小，这反过来又使波浪的不对称性增强。波浪传播与海底地貌相互反馈的这种自增强过程将一直持续到海岸剖面的坡度足以使重力引起的顺坡输移抵消波浪引起的向岸输移为止。由波浪不对称性引起的向岸泥沙输移还受到近岸波浪破碎的抑制，因为波浪破碎产生的底层回流甚至可以使横向泥沙输移方向反转，并造成具有破浪沙坝且沙坝局部向岸倾斜的海岸剖面。这些不同动力平衡中涉及到的物理过程至今还不完全清楚。

由新海底构造引起的环流是空间对称破缺的一个例子。该环流打破了原始流动的空间对称性，并可导致新构造的发育，即对打破对称性的环流提供了正反馈。破波带中离岸流单元以及滩嘴的发育都是由自增强作用引起的空间对称破缺的例子。

初始发育与线性稳定性

应用线性稳定性分析的理想模型已经十分成功地用于研究海岸地貌扰动的初始响应，这种方法为洞察引发地貌形态发育的作用过程提供了基本手段，并已用来区别内部动力引起的海岸行为和海岸对外部条件变化的适应。这对地貌数据的解释和演变趋势的探究是必不可少的，同时也能使我们较好地理解为什么海岸环境间会存在某些相似之处或某些差异，并为根据类推法进行的预测提供重要的依据。利用理想模型对野外观测结果进行解释已成为过去几十年的重大进展之一。

6.2 同自然协作

明确海洋与地貌相互作用塑造海岸形态的方式，对于海岸管理具有实际意义，它能使我们制定“同自然协作”的策略。从长远来看，这些策略要比违背自然过程的干预更有效。我们对海岸工程应用不做更详细的探讨，下面仅列举几个例子。

- 岸线维护。对于侵蚀型海岸，可以通过在滨面上部人工增沙以加强稳定性。该方法利用了波浪促使泥沙向岸移动的能力，在许多情况下滩面增沙是一种经济的选择。
- 航道维护。不要将疏浚泥沙随意抛填，抛填位置应使潮流作用有所增强，以维持航道水深，其中一种方法是将疏浚泥沙抛填于航道两岸，以增强落潮的作用。这样，潮间带范围扩大，高潮时航道宽度减小，提高了潮流的不对称性，使落潮流相对涨潮流有所增强。由于潮流可以导致向海的泥沙净输移，因此可以降低维护成本。相比于因航道堤岸侵蚀而进行的额外疏浚，这种方式要经济得多。
- 使水流集中通过单一的水道分支。双水道系统中，一条分支的加深或淤塞将引起水深较浅的分支持续不断的淤积过程，最终不需额外干预也会导致该分支的封闭。一般而言，为了改变水道系统当前的地貌平衡状态，需要显著的初始扰动。

- 滩涂围垦。促进植被生长能够提高潮汐水道的泥沙保持能力，湿地可以捕集细粒泥沙，阻止侵蚀，直到潮滩高度上升到最高天文潮位为止。由此而造成的高潮水面宽度的减小将使涨潮流相对于落潮流增强，从而影响潮汐的不对称性，并进一步促进了泥沙的输入。

6.3 未来的挑战

海岸线将持续变化

海岸线永远不会达到稳定状态，这是在分析海岸演变时的主要困难之一。在海平面上升时，基岩海岸中的软弱岩体一直处于运动中，被侵蚀下来的细粒泥沙被海流带走，并沉积在有掩蔽的近岸海湾以及波浪和海流对海底扰动微弱的外海深水区中。由松散泥沙构成的海岸可以发生侵蚀或沉积，但不会保持稳定，其原因如下。

- 外部强迫以天、周或季度的时间尺度强烈波动。这些波动反映在海岸地貌形态上，尤其是在小至中等的空间尺度。
- 在时均稳定的外部强迫下，海岸地貌形态也出现波动。这样的波动与不同海岸子系统，如涨潮和落潮三角洲等之间的非线性相互作用有关，并造成了不同地貌形态之间循环或紊乱的波动。潮汐水道中水道-浅滩循环或准循环的动态变化就是一个典型例子。
- 海岸线变化是泥沙汇和源的存在所造成的。来自高含沙量河流的泥沙供给将造成持续不断的沉积作用，风力搬运则通过使泥沙向内陆迁移而造成岸线后退。
- 海岸演变的长期趋势归因于海平面的上升以及地壳的下沉或抬升，地貌适应的时间尺度在很大程度上取决于海岸系统中泥沙的供给和输移能力。
- 海岸线要适应人为干预下海流、波浪和潮流在强度和形式上的变化。

海岸形态的不断变化表明，若没有历史记录就几乎不可能解释海岸观测结果。研究区域的空间尺度越大，所需的相关历史资料就越久远。利用传统的观测技术进行调查，成本通常较高。不过，利用新的遥感技术，如摄像和海上雷达[207,30]在大尺度时空范围内进行野外调查具有突破性，技术创新对加深海岸系统反馈过程的理解至关重要。

发育完全的地貌形态

虽然利用理想模型进行线性稳定性分析能成功地解释地貌形态的最初发育阶段，但是却不能胜任对后续过程的研究。随着情况越来越复杂，一些分析方法已失去了可行性。室内实验、野外观测以及数值模型提供了改进的最佳方法，但是想要通过这些手段使一般认识得到升华则远不如分析模型容易。数值模型很适合于对假说的检验、对某些参数敏感性的分析以及对野外观测数据的解释，但主要的困难在于重现基本物理过程的不确定性，这种不确定性限制了未经观测验证的数值模型的预测能力。主成分分析法(priciple component analysis)通过经验正交函数[209]，已经成功地用于分析高度复杂地貌形态的动力学特征[280,489,385]。为了提高对控制发育完全的地貌形态的动力平衡机制的理解，这些技术的进一步发展是一条重要的研究路线。

外三角洲

外三角洲或落潮三角洲是由相互作用而形成的地貌形态的典型例子，包括海流-地貌相互作用、潮流-地貌相互作用以及波浪-地貌相互作用。关于外三角洲的演变过程，已有许多依据野外观测所做的定性描述[334,335,151,402]。从这些描述可以发现，外三角洲有许多普遍存在的特征，但是对整个系统的反馈特征以及引起准循环演变的不同竞争过程，至今尚不清晰。虽然为了确定理想模型已经做了一些假设[170]，但是这些假设大量依赖的是经验公式。本书对外三角洲的探讨不是很多，因为该过程相当复杂，即便通过数值模型也无法把所有主要物理过程都考虑在内。落潮三角洲将海岸动力与潮汐水道动力联系了起来，所以，要搞清楚具有潮汐水道的障壁海岸的大尺度长期演变过程，则首先要明确落潮三角洲的动力特征。

长期海岸演变与大尺度反馈过程

长期的大尺度演变包括沿岸障壁沙坝、河流三角洲、陆架海等整个海岸系统的形成和发展。这种演变十分缓慢，而且除非在有大量泥沙供给的情况下(如黄河三角洲)，否则很难能实时地观察到。其中主要困难之一是，长期演变被一些小的波动所控制。一般而言，与长期波动有关的相互作用和反馈机制在其特性和强度上存在着很大的不确定性。虽然地质重建能提供重要的证据，但是部分过程由于侵蚀作用仍然难以发现。所以，地质重建不得不采用建模来完成，目前在荷兰海岸已经做了一些尝试[460,77]。改进的方法是开发用以描述大尺度海岸子系统动力机制和子系统之间相互作用的集合尺度地貌动力学模型，但这种方法需要对目前仍处于开发阶段的集合尺度动力学(aggregate-scale dynamics)有全面的理解。

生物影响

沉积和侵蚀作用过程常常受生物活动的强烈影响。总体而言，生物活动使海底趋于稳定并促进沉积作用，但也会出现相反的效果。有证据表明，在海岸系统的长期演变中，生物影响十分重要。例如，荷兰的地质重建指示出，淡、咸水交界带的植被是造成沉积区域逐渐前进，并最终导致先前潮汐水道封闭的主要原因[33]。这种情况可能不会在目前的潮汐水道中发生，因为新建的堤坝阻止了沼泽、盐沼向海洋的推进过程。尽管如此，该示例仍然说明了海岸带内生物过程与物理过程相互作用的潜在重要影响。迄今为止，对这两种过程的相互作用仍然知之甚少，而且也没有可靠的预测模型。正是由于缺乏该方面的了解，生态工程技术作为一种海岸系统可持续管理工具，发展和实施受到了很大阻碍。

高能条件下的野外观测

现实远比理想模型复杂得多。尽管在过去几十年通过数值模型模拟海岸过程的能力有了极大的增强，但是预测的不确定性并没有相应的减少，较好的实际观测是减少不确定性的关键。

室内实验与野外观测表明，随着海底切应力的增大，泥沙悬浮强烈增加。切应力以及海流引起的湍流可以将泥沙颗粒提升到上部水体，而波致切应力则主要造成海底附近悬沙浓度的增大[472]。由海流和波浪施加在海底上的切应力可以相当显著，以致海床表层在底流作用下表现为接近片流的特征。因此，要估算在高能条件下泥沙输移的量级就需要详细了解底流和泥沙剖面的结构。有大量的证据证明，主要的地貌变化发生于高能条件下(如大潮、洪峰、风暴等)。然而，这些条件下流速和悬沙浓度的野外观测相当少，甚至没有。能在上述条件下进行现场观测的更好技术，可以大大地促进对泥沙输移模型的验证和对长期海岸演变的可靠预测。

泥沙管理

人类活动是海岸变化的一个重要原因。有时海岸线可以被工程项目直接改变，但是更为常见的是一些因人为干预而产生的海岸带的间接变化，如影响河流泥沙供给，影响水动力场或波浪条件。沿岸开发通常减小了内陆海、潟湖、潮汐水道、三角洲等的自然动力空间，这不仅对泥沙来源，也对海洋输沙产生了影响。其他限制泥沙来源和泥沙输移的原因主要与河流拦沙和海洋采砂有关。从长期的角度来看，这会威胁到海岸系统适应海平面上升的能力。因此，制定管理海岸带泥沙资源的策略非常重要，尤其是针对外海泥沙储量相对有限的海岸。

联合研究的必要性

针对上述不足的研究计划所需要的费用不菲，研究团队的极度分散也是确定研究范围的障碍。因此，未来几十年内，联合各方力量共同设计和实施相关项目是对全球海岸研究机构的重大挑战。

附录A　流体运动基本方程

A.1　基本方程

牛顿定律

描述海洋和河流的流体运动方程主要是根据牛顿定律推导而来的。乍看起来这些方程似乎相当简单明了，但实际上它们的求解过程是非常复杂的，因为这些方程是非线性的。按照牛顿定律，水质点的速度取决于其运动轨迹。水质点必须满足自由表面边界条件，这也会产生一定程度的非线性。运动方程的非线性与分子尺度的黏滞性共同作用，意味着不同时空尺度的水体运动彼此间是相互联系的。河流及海洋的空间尺度范围几乎是无限的，可以从单个泥沙颗粒一直到整个海域，因此水动力对地貌的响应是与所有尺度都相互关联的，对方程的求解只有在简化后才能进行。这需要在牛顿定律以外，另做一些只有在一定条件下才有效的假设，并需要通过实际观测验证，以(尽可能地)避免与牛顿定律相悖。

标记符号

为了使方程显得尽可能简单，我们将使用不同的标记符号，其中需要特别提及的是空间坐标和偏微分符号的使用。空间坐标和速度使用的符号如下：

$x_1 = x,\quad u_1 = u$　　分别表示纵向坐标和速度

$x_2 = y,\quad u_2 = v$　　分别表示横向(侧向)坐标和速度

$x_3 = z,\quad u_3 = w$　　分别表示垂向坐标和速度

选用右手坐标系，向上为正。关于任何函数f的偏微分符号，标记如下：

$$f_{,1} \equiv f_x \equiv \partial f/\partial x,\qquad f_{,2} \equiv f_y \equiv \partial f/\partial y,\qquad f_{,3} \equiv f_z \equiv \partial f/\partial z$$

约定：如果标记(如i，j，等)在某项中出现两次，那么重复标记表示为矢量和的形式，如$u_{i,i} \equiv \vec{\nabla} \cdot \vec{u}$。简单标记($i$，$j$，…)表示沿$x_i$轴的矢量分量。

小尺度限制

描述水体运动和物质输移的控制方程是基于变量f守恒的平衡方程，变量f可以代表质量、动量、速度、能量、悬浮物或泥沙等。实际上，要对大到全尺度、小到分子尺度的

空间范围进行描述是不可能的，所以变量 f 被定义为给定时空范围(模型尺度)内的平均值，相应的尺度应小于研究问题的尺度。变量 f 与其在自然界中的实际数值之差用 f' 表示，且 $\langle f' \rangle = 0$，其中角括号表示在模型时间尺度范围内的平均。模型尺度不能随意选择，而应根据模型中被明确表达的物理过程确定。如果这些过程具有周期性，那么模型尺度应该是时间或空间周期的倍数；如果这些过程不具有周期性，模型尺度应大于相关的空间尺度或时间尺度。模型尺度是精确求解系统动力过程的下限；当然也存在相应的上限，平衡方程在全球尺度内是无效的，其有效性只限于给定了边界条件的系统范围之内。

平衡方程

三维平衡方程具有下列形式：

$$f_t + \Phi_{i,i} = -\Psi_{i,i} + P \tag{A.1}$$

该式将 f 定义为随变量输入、输出、形成、消失变化的函数，描述了变量 f 的尺度以及模型中不同平衡项的尺度。式中各项的含义如下：

- 左边第一项：单位体积内 f 随时间的变化，是时空范围内小尺度波动的平均值。
- 左边第二项：平流梯度，即单位体积内输入、输出差值随时间的变化。通常 $\Phi_i = u_i f$，u_i 为模型尺度内的平均值。例如，若 f 为波能，u_i 应为波浪群速度。
- 右边第一项：由于流速场的波动，在小于模型尺度上发生的物质输移梯度，若 $\Phi_i = u_i f$，Ψ_i 可写作 $\Psi_i = \langle \overline{u'_i f'} \rangle$。若小尺度过程的波动远小于模型时间尺度，或与模型时间尺度无关(随机运动)，则 Ψ_i 可被描述为扩散过程，$\Psi_i = -K_1 f$，1。扩散系数 K_i 无法从式(A.1)中获得，需要由额外的封闭方程确定。
- 右边第二项：函数 f 值在局地的形成或消失。

由于平衡方程(A.1)应用于有限范围内，所以其解只能在边界条件确定的情况下才可求得。边界条件包括两个方面：一是初始时间 t_0 时整个区域内的 f 值；二是任意时刻边界处的 f 值，或通过边界 f 的通量值。

非线性

平衡方程通常是一个非线性方程。如果 u_i 和 f 是两个相互依赖的变量，则输移项 $\Phi_i = u_i f$ 为非线性的。例如，当 f 表示动量 ρu_i、盐度 S 或者海底地形 Z_b 时就是这种情况。其他一些非线性作用可能产生于扩散项和源汇项。

维度简化

平衡方程也可以用二维(在深度或宽度范围内平均)或一维(在断面 A 内平均)来表述。针对后者，平衡方程采用下列形式：

$$(A\bar{\bar{f}})_t + (A\,\bar{\bar{u}} \cdot \bar{\bar{f}})_x = A\,\bar{\bar{P}} - \Psi_x \tag{A.2}$$

其中 Ψ 表示在简化维度中的输移过程(横向)，常被称为扩散输移，用 $\Psi=\overline{\overline{A(u-\bar{\bar{u}})\cdot(f-\bar{\bar{f}})}}$ 表示。在一定条件下，这种扩散作用可以通过由梯度表示的输移公式近似求得：

$$\Psi\approx-AD\bar{\bar{f}}_x \tag{A.3}$$

其中，D 为扩散系数，见第 4 章第 4.7.1 节。

A.2 三维水体运动

动量平衡

将牛顿定律应用于流体产生如下动量平衡方程：

$$(\rho u_i)_{,t}+(\rho u_j u_i)_{,j}=-p_{,i}+\tau^v_{ij,j}+\rho F_i \tag{A.4}$$

方程右边，第一项为压力梯度；第二项为流体质点间的黏滞力；第三项为作用于水体的外力(通过切应力传递的力除外)，相当于重力 $-g\rho$ 和天体施加的引力，后者只有在较深的大洋中部才有意义，所以从此刻起将不予考虑。此外，我们对求解湍流时空尺度的水体运动也不感兴趣，所以对方程在湍流的特征时间尺度范围内进行平均。得出下列动量平衡方程：

$$(\rho u_i)_{,t}+(\rho u_j u_i)_{,j}=-p_{,i}+\tau_{ij,j}-g\rho\delta_{i3} \tag{A.5}$$

应力项 τ_{ij} 由水体黏滞性和湍流(雷诺应力)组成，且后者远大于前者(近底薄层除外)，写作：

$$\tau_{ij}=-\langle\overline{\rho u'_i u'_j}\rangle \tag{A.6}$$

该方程忽略了湍流密度上的波动。

Boussinesque 近似

湍流的时空尺度并非总是可以忽略，在沿岸浅水海域湍流可以跨越整个水柱，并具有 10 min 以上的周期。湍流应力通常与局部速度梯度有关，尽管这只是一种粗略的简化。按照 Boussinesque 近似，涡黏系数 N 为：

$$\tau_{ij}=\rho N(u_{j,i}+u_{i,j}) \tag{A.7}$$

质量守恒方程为：

$$\rho_{,t}+(\rho u_j)_{,j}=0 \tag{A.8}$$

将上述各式合并，得出如下 Boussinesque 近似方程：

$$u_{i,t}+u_j u_{i,j}+p_{,i}/\rho+g\delta_{i3}=(N(u_{j,i}+u_{i,j}))_{,j},\qquad u_{j,j}=0 \tag{A.9}$$

式(A.7)和式(A.9)中忽略了密度的变化，因为密度变化远小于速度变化。

A.3 水平流动方程

静压近似

如果水体运动的水平尺度远大于垂向尺度，对水平动量扩散可以不予考虑，因为其比垂向动量扩散小得多，同时也可忽略垂向动量平衡中的垂向加速度(静压假设)。通过对垂向动量平衡进行积分得出静压方程：

$$p = p_s + \int_z^{\eta} g\rho \mathrm{d}z \tag{A.10}$$

其中，η 为相对于水平参考面的自由表面高程；p_s 为大气压。水平动量平衡方程可写作：

$$u_{i,t} + u_j u_{i,j} + p_{,i}/\rho = (N u_{i,3})_{,3} \tag{A.11}$$

为了求得垂向平均的动量平衡方程，可对上式积分。在求导中，$\overline{(u_i - \overline{u}_i)^2}$忽略不计，因为其远小于$\overline{u_1^2}$。积分结果如下：

$$(D\overline{u}_i)_{,t} + \overline{u}_j(D\overline{u}_i)_{,j} + p_{,i}/\rho + \tau_{ib} - \tau_{is} = 0 \tag{A.12}$$

$$\eta_{,t} + (D\overline{u}_j)_{,j} = 0 \tag{A.13}$$

上式中，$D = h + \eta$ 为总水深；τ_{ib}为近底切应力的 x_i 分量；τ_{is}为水面切应力的 x_i 分量。

A.4 地球自转

科氏加速度

由于地球自转的缘故，垂直地球自转轴的离心力作用于整个海洋。该离心力只有部分被重力抵消，而且具有一个沿地球表面向赤道作用的分量。如果水体处于静止状态，离心力的正切分量将被海面坡度平衡掉；当海水开始运动时，这种平衡被打破，水体运动则受到科氏加速度的作用。科氏加速度在赤道为零，在北极、南极分别达到迫使水体向右、向左偏移的最大程度。科氏加速度是水质点在相对于地球表面的流速(u, v)叠加到地球表面自西向东自转速度上时立即受到的附加力，地球表面自转速度由 $U_A = \Omega\, r_A \cos\psi$ 给出，其中 Ω 为地球自转频率，r_A 为地球半径，ψ 是相对于赤道的倾角。在考虑地球自转的情况下，平行于赤道由西向东的流速 u 将由于离心力的增加而受到一个朝向赤道的加速度，即：

$$\frac{\mathrm{d}v}{\mathrm{d}t} = \sin\psi \frac{(U_A + u)^2 - U_A^2}{r_A \cos\psi} \approx fu \tag{A.14}$$

$|u| \ll |U_A|$，所以上述近似十分精确。从式(A.14)可以得出科氏加速度为 $f = 2\Omega\sin\psi$。而离开赤道的海流($v = r_A \partial\psi / \partial t$)则受到一个由东向西的加速度，一方面表明地球表面旋转速

度 U_A 减小，另一方面则表明存在着一个与 U_A 有关的动量输移梯度：

$$\frac{\mathrm{d}u}{\mathrm{d}t}=\frac{\partial U_A}{\partial t}+v\frac{\partial U_A}{\partial y}\approx -fv \tag{A.15}$$

地球自转对恒定流或变化缓慢的海流（如潮流）等有重大影响。对于时间尺度比科氏加速度时间尺度 $1/f$ 短得多的水体运动而言，例如风浪或涌浪等，地球自转的影响可以忽略不计。

大时空尺度的动量平衡

对于某些感潮河段、河口或者其他狭长的海岸系统，地球自转的影响通常也可以忽略不计。因为由流速的减小或增大而引起的科氏加速度可以被水面的横向倾斜所抵消。地球自转引起的水面倾斜 $\eta_y=-fu/g$ 通常很小，水面倾斜主要受河流或水道弯曲的影响。不过在宽阔的海域中，必须考虑科氏加速度。

需要把地球自转包括在动量平衡方程（A.12）中，并可以通过质量守恒方程从加速度项中消去水深而简化。在代入式（A.14）和式（A.15）并去掉垂向平均速度的上横线之后，动量平衡方程可最终写作：

$$u_t+uu_x+vu_y-fv+g\eta_x+\frac{\tau_b^{(x)}-\tau_s^{(x)}}{\rho D}=0 \tag{A.16}$$

$$v_t+uv_x+vv_y+fu+g\eta_y+\frac{\tau_b^{(y)}-\tau_s^{(y)}}{\rho D}=0 \tag{A.17}$$

在这些方程中，使用了另外一种偏导数符号：$\tau_b^{(x)}$ 和 $\tau_b^{(y)}$ 表示海底切应力的 x、y 向分量，$\tau_s^{(x)}$ 和 $\tau_s^{(y)}$ 表示水面切应力的 x、y 向分量。

A.5 涡度平衡

对于研究余流或者流速场的其他空间结构来说，通常比较实用的是涡度平衡而不是动量平衡，因为涡度平衡表述了流体中的角动量守恒，并且可以根据动量平衡进行推导。垂向积分的涡度和位势涡度定义为：

$$\zeta=v_x-u_y,\qquad \zeta^{pot}=(\zeta+f)/H \tag{A.18}$$

其中，u 和 v 是垂向速度。在势流（$u_i=\Phi_{,j}$）的前提下，涡度 ζ 为零；对于旋转流，涡度等于角速度的 2 倍。位势涡度 ζ^{pot} 为局地涡度与行星涡度（科氏加速度）除以水深的总和。涡度平衡可以使用旋度算子从垂向平均动量和质量守恒方程求得，这样压力梯度 $p_{,i}$ 可被消除，得到：

$$\zeta_t^{pot}+u\zeta_x^{pot}+v\zeta_y^{pot}+\frac{1}{H}\left[\left(\frac{\tau_b^{(y)}}{\rho H}\right)_x-\left(\frac{\tau_b^{(x)}}{\rho H}\right)_y\right]=0 \tag{A.19}$$

在无摩阻的情况下，式（A.19）的右边可以写成沿迹线的时间微分 d/dt：

$$\mathrm{d}\zeta^{pot}/\mathrm{d}t=0 \tag{A.20}$$

式（A.20）表明，在无海底摩阻的情况下，位势涡度是沿迹线守恒的。

附录 B　一维潮波传播

B.1　一维潮波方程

水道化的潮流

在潮汐水道系统，如潮汐海湾、河口以及感潮河段中的涨、落潮流一般集中于主水道，潮波传播也是沿着主水道。这意味着潮汐水道的潮波传播可以近似地用一套纵坐标 x 沿着水道轴线的一维方程来描述。质量和动量平衡方程描述了口门在外部强迫(如天文潮、增减水等)下的水位变化，潮波向陆传播以及反射波向海传播。对潮汐水道的每一微段都可以建立平衡方程，其中，动量平衡方程与牛顿定律相当，描述的是水位差产生的压力梯度以及摩阻动量传递到海底所引起的水流加速或减速；质量平衡方程描述的是水体流入、流出之差与水位升降引起的体积变化相一致。

一维潮流图解

为了推导出上述方程，不得不对水道断面范围 $A(x, t)$ 内的水流分布做一些假设。其中，最基本的假设是每一断面都可以明显分为两个部分：①动量传递部分(水道断面)，几乎所有沿水道的潮流都集中于此；②蓄水部分，相当于水道两岸和潮滩，几乎没有沿水道方向的潮流(见图 B.1 和图 B.2)。虽然这并不总能准确代表实际流场，但是一般来说，已足以描述潮波传播的主要特征[115]。动量传递部分的横断面积为 $A_C(x, t)$，是具有代表性的水道宽度 $B_C(x, t)$ 与水道深度 $D(x, t)$ 随时间 t 的乘积。然而，单独根据一维方程无法区分横断面上的哪一部分应该属于水道断面，哪一部分应该属于蓄水区。所以在实际应用中，要根据实际观测二维或三维数值模型进行估算。根据经验，我们一般将横断面上水深在 1 ~ 2 m 的一部分作为水道断面段[115]。

一维水流变量

首先假设循环潮波周期 $T = 2\pi/\omega$。为了描述水位和流速，引进下列参量：

$Z_s(x, t)$：相对于水平参考面的瞬时水位；

$Z_b(x)$：相对于同一参考面的海底高程；

$\eta(x, t)$：瞬时水位的潮波分量；

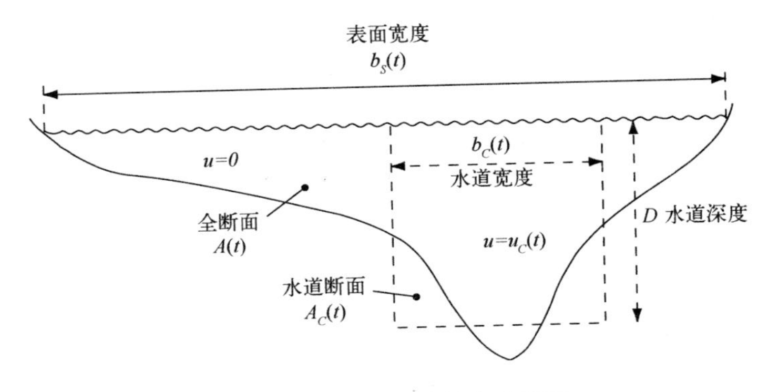

图 B.1　横断面及符号定义图解

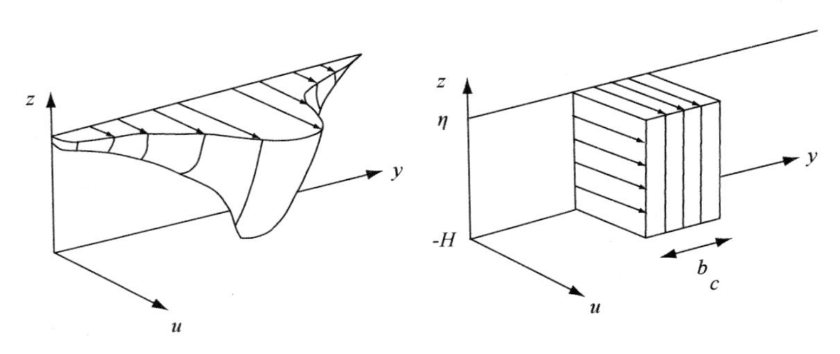

图 B.2　流速分布(左图)及其一维图解(右图)

Z_s：根据定义，该参量的潮均值等于零；

$h(x)$：瞬时水深 D 的潮均值；

I：潮均水面坡度；

$b_S(x, t)$：横断面的水面宽度；

$Q(x, t)$：瞬时流量；

$u_C(x, t)$：动量传递段 Ac 中的平均流速。

这些参量彼此间的关系如下：

$$D = Z_s - Z_b = h + \eta\ , \qquad h = \langle D \rangle = \langle Z_s \rangle - Z_b, \qquad I = \langle Z_{sx} \rangle\ ,$$
$$D_t = Z_{st} = \eta_t, \qquad A_t = b_S \eta_t, \qquad Q = A\ \bar{\bar{u}} = A_C u_C = Db_C u_C \tag{B.1}$$

其中，角括号〈 〉表示潮均值，流速 u 上方的双横线代表整个横断面范围内的平均值。

一维质量平衡方程

水流以两个变量 η 和 u_C 表征。这两个变量可以从质量平衡和动量平衡两个方程推导出来，其中质量平衡(连续)方程如下：

$$(A_C u_C)_x + b_S \eta_t = 0 \tag{B.2}$$

该方程的第一项表示进、出水流引起的体积变化；第二项表示因水位改变而引起的体积变化。质量平衡方程也可以写作：

$$D_S u_{Cx} + \left(\frac{b_{Cx}}{b_C} + \frac{D_x}{D}\right) D_S u_C + \eta_t = 0 \tag{B.3}$$

其中，

$$D_S = A_C / b_S = D b_C / b_S \tag{B.4}$$

变量 D_S 因对潮波传播速度有重要影响而被称为“传播深度”。在潮滩面积广阔的潮汐水道中，传播深度远远小于水道深度 D，特别是在高潮期间。此时，传播深度随潮汐的变化要比水道深度随潮汐的变化强烈得多，所以传播深度随潮汐的变化是造成质量平衡方程高度非线性和潮波在水道中传播时发生变形的主要原因。

一维动量平衡方程

动量平衡方程可以写作：

$$(A_C u_C)_t + (A_C u_C^2)_x + Q_t^{\text{trans}} + g A_C Z_{sx} + \frac{b_C}{\rho}\tau_b = 0 \tag{B.5}$$

其中，第一项为动量变化；第四项为水面倾斜产生的压力梯度；最后一项为传递到海底的动量；第二项和第三项分别描述的是水体流入、流出在纵向、横向上的平衡，即：

$$(A_C u_C^2)_x + Q_t^{\text{trans}} = (A\,\overline{\overline{u^2}})_x$$

水道与蓄水区的动量交换

Q_t^{trans} 描述的是进出蓄水区的动量，即：

$$Q_t^{\text{trans}} = (A_t - A_{Ct}) u^{ex} \tag{B.6}$$

其中，ρu^{ex}表示 $\eta_t > 0$ 时从水道转移到蓄水区的动量，以及 $\eta_t < 0$ 时从蓄水区转移到水道的动量。尤其是第二项，小于水道中的平均动量 ρu_C。

通过展开乘积项并利用质量平衡方程，可以比较方便地写出如下动量平衡方程：

$$u_{Ct} + u_C u_{Cx} + g Z_{sx} + c_D \frac{|u_C| u_C}{D} = \frac{A_t u_C}{A_C}\left(1 - \frac{A_{Ct}}{A_t}\right)\left(1 - \frac{u^{ex}}{u_C}\right) \tag{B.7}$$

当潮差与水深相比非常小时，或者水道和蓄水区之间的动量交换与水道中的平均动量差别不是很大时，可以忽略右边各项。第一个假设对涨潮比对落潮更合理，表明在落潮期间海底摩阻并不能完全代表总动量损耗。在宽深比大(>100)的潮汐水道中，横向混合与潮汐时间尺度相比是一个缓慢过程，潮滩上的动量损失主要发生在水道两岸，在水道中央较小。

当以动量平衡

$$u_t + u u_x + g(I + \eta_x) + c_D \frac{|u| u}{D} = 0 \tag{B.8}$$

替代方程(B.7)时，表明横断面的几何形状只是在质量平衡方程中起作用，而在动量平衡方程中不起作用。所以从现在起，我们将符号 C 从流速中去除。

B.2 量纲分析

无量纲变量

在对方程各项相对量级估算的基础上，进行尺度分析将有助于潮波方程的简化，其中相对量级均以无量纲参数表示。尺度分析也是通过展开相应小参量的幂级数，研究微小非线性项对潮波传播影响的起点。方程中引进的主要尺度化变量如下：

$$u=[u]u^*,\quad \eta=[\eta]\eta^*=\epsilon[h]\eta^*,\quad t=[t]t^*,\quad x=[x]x^*,$$
$$h=[h]h^*,\quad D=[h]D^*,\quad D_S=[h_S]D_S^*,\quad I=[I]I^* \tag{B.9}$$

其中标有 * 的所有变量的绝对量级为 1（在局部或瞬间可能远小于 1，但绝不会大于 1）。方括号[ ]表示未尺度化的变量，均为常量。如果假设线性项大于二次或更高次，潮波频率的倒数是潮波方程中最主要的时间尺度，即$[t]=\omega^{-1}=T/2\pi$。然而有关长度尺度的定义，有如下几个：$[x_u]$为流速变化尺度；$[x_\eta]$为潮差变化尺度；$[x_b]$为水道宽度变化尺度；$[x_h]$为水道深度变化尺度。

无量纲的流体方程

质量和动量平衡方程的尺度化形式如下：

$$F\frac{[h_S]}{\epsilon[h]}D_S^*u_{x_u^*}^*+F\frac{[h_S][x_u]D_S^*}{[h][x_\eta]D^*}u^*\eta_{x_\eta^*}^*+F\frac{[h_S]}{\epsilon[h]}\left(\frac{[x_u]b_{Cx_b^*}^*}{[x_b]\ b_c^*}+\frac{[x_u]D_{x_h^*}^*}{[x_h]D^*}\right)D_S^*u^*+\eta_{t^*}^*=0 \tag{B.10}$$

$$FGu_{t^*}^*+F^2Gu^*u_{x_u^*}^*+\frac{[x_\eta][I]}{\epsilon[h]}I^*+\eta_{x_\eta^*}^*+F^2G\frac{c_D[x_u]}{[h]}\frac{|u^*|u^*}{D^*}=0 \tag{B.11}$$

其中，

$$F=\frac{[t][u]}{[x_u]},\quad G=\frac{[x_u][x_\eta]}{\epsilon g[h][t]^2}$$

均为无量纲数。对于几何形态均匀的潮汐水道，可得$[x]/[x_h]$、$[x]/[x_b]\ll 1$，其中$[x_u]\approx[x_\eta]\approx[x]$来自潮汐水道中潮波传播距离的测量结果。在潮差量级$\epsilon=O[10^{-1}]$的情况下，一阶近似时可以忽略上述方程的左边第二项，从连续方程可得$F\approx\epsilon[h]/[h_S]$，摩阻项与惯性项之比$R/S=\epsilon c_D[x]/[h_S]$。若假设$R/S\ll 1$，则动量平衡方程要求$FG\approx 1$。连同质量平衡方程一起，得出$[x]\approx[t]\sqrt{g[h_S]}$，$R/S=\epsilon c_D[t]\sqrt{g[h_S]}$。

摩阻项的相对大小

在潮汐水道中，相对潮差 ϵ 的特征值大于 0.1，摩阻系数 c_D 大于 0.002，传播深度

$[h_S]$小于 10 m，而 R/S 一般大于 1，典型值约为 5。因此在动量平衡方程中，摩阻项不仅不能忽略不计，而且还应该具有和水面倾斜压力梯度相同的量级，即 $F^2Gc_D[x_u]/[h]\approx\epsilon$。此时，所得到的摩阻项与惯性项之比 $R/S=(g\epsilon^2c_D^2[t]^2/[h_S])^{1/3}$。令 c_D 和 $[h_S]$的数值范围与前文相同，我们仍然得到 $R/S>1$，典型值介于 2 ~ 3 之间。这表明在潮汐水道系统中潮波传播的动力特征一般是由海底摩阻决定的，动量平衡中的惯性项只起次要作用。动量平衡方程中的第三项相当于水面平均坡度，根据定义，在整个潮周期内是一个常量，并且只能与动量平衡中非线性项的潮均值，特别是潮均摩阻值进行平衡。如果潮流比河流作用强得多，则瞬时摩阻比潮均摩阻大得多，第三项对潮波传播只有很小的贡献。

均匀的几何形态

几何形态均匀的情况，潮波传播的近似描述可由下式给出：

$$\begin{aligned}&\underline{D_Su_x}+\underline{\eta_t}=0\\&u_t+\underline{g\eta_x}+\underline{c_D\frac{|u|u}{D}}=0\end{aligned}\qquad(B.12)$$

在该式中，除了与$[h]/[h_S]$或 R/S 相乘的以外，其余包含 ϵ 的各项均已忽略不计，潮波方程中的一些最重要的项均以下划线表示。潮波传播的非线性主要是由质量平衡方程中第一项 D_S 的变化以及动量平衡方程中摩阻项的水深变化所引起的，在摩阻作用占优且具有广阔潮间带的潮汐水道中，导致非线性潮波传播的这些项要比式(B.10)和式(B.11)中其他被忽略不计的非线性项更重要。

急剧收缩的潮汐水道

在大多数潮汐水道系统中，几何形态在整个潮波入侵范围内并非是一成不变的。例如在河流型潮汐水道中，几何形态变化的长度尺度与潮波入侵的长度尺度相比近似或稍小。我们把几何形态长度尺度大大小于潮波入侵长度尺度(即$[x_h]$，$[x_b]\ll[x_u]$，$[x_\eta]$)的潮汐水道称为“急剧收缩”型，其水道宽度向岸衰减远强于水道深度。此时，质量平衡方程(B.10)的前两项与最后三项相比可以在一阶近似时忽略不计，因子 F 可以由$F=\epsilon[h][x_b]/[h_S][x_u]$给出。因为 $F\ll1$，故动量平衡方程的第二项与第一项相比可以忽略不计。代入各值可得，动量平衡方程的摩阻项与惯性项比值 $R/S=\epsilon c_D[x_b]/h_S$ 通常大于 1，特别是在潮滩长度超过 10 km 的大型浅水海域中。在这种情况下，潮波方程中的主导项(下划线)为：

$$D_Su_x+\left(\frac{D_x}{D}+\underline{\frac{b_{Cx}}{b_C}}\right)\underline{D_Su}+\underline{\eta_t}=0\ ,\quad u_t+\underline{g\eta_x}+\underline{c_D\frac{|u|u}{D}}=0\qquad(B.13)$$

该式中较小的非线性项已被忽略不计。

B.3 均匀水道中的线性潮波

潮差小且无摩阻

在振幅-水深比很小($a/h=\epsilon$)、摩阻几乎为零($c_D=0$)、横断面纵向均匀($[x_b]=[x_h]=\infty$)的情况下，潮波方程可以线性化。我们先从尺度化的式(B.10)和式(B.11)开始，在这种情况下，两式中 $F=\epsilon h/h_S$、$FG=1$，后者表明$[x]/[t]=\sqrt{gh_S}$。进一步假设$[x_u]=[x_\eta]=[x]$，并忽略水面平均坡度 I，因为在无摩阻的情况下不存在对水流顺坡加速度的平衡。如此，上述尺度化的方程可写作：

$$D_S^* u_{x^*}^* + \epsilon \frac{D_S^*}{D^*} u^* \eta_{x^*}^* + \eta_{t^*}^* = 0, \quad u_{t^*}^* + F u^* u_{x^*}^* + \eta_{x^*}^* = 0 \tag{B.14}$$

其中，$D^*=1+\eta^*$，传播深度 D_S^* 可通过下列 η^* 的线性函数近似求得：

$$D_S^* = 1 + \epsilon p \eta^*, \quad p = \frac{1}{\epsilon} \frac{D_S^+ - D_S^-}{D_S^+ + D_S^-} \tag{B.15}$$

其中，D_S^+ 为高潮时的传播深度；D_S^- 为低潮时的传播深度。代入式（B.14），可得：

$$(1+\epsilon p \eta^*) u_{x^*}^* + \epsilon \frac{1+\epsilon p \eta^*}{1+\epsilon \eta^*} u^* \eta_{x^*}^* + \eta_{t^*}^* = 0$$

$$u_{t^*}^* + \frac{\epsilon h}{h_S} u^* u_{x^*}^* + \eta_{x^*}^* = 0 \tag{B.16}$$

下面我们把尺度化的变量作为微小无量纲数 $\epsilon=a/h$ 的幂级数展开：

$$\eta^* = \eta^{(0)} + \epsilon \eta^{(1)} + \epsilon^2 \eta^{(2)} + \cdots,$$
$$u^* = u^{(0)} + \epsilon u^{(1)} + \epsilon^2 u^{(2)} + \cdots \tag{B.17}$$

如果把这些扩展项代入潮波方程(B.16)，并选择与 ϵ 同量级的项，则得到一系列线性方程，并逐一求出函数 $\eta^{(0)}$、$u^{(0)}$、$\eta^{(1)}$、$u^{(1)}$…的解。

一阶潮波方程

线性潮波方程相当于 ϵ 一阶展开后的平衡关系，即：

$$u_{x^*}^{(0)} + \eta_{t^*}^{(0)} = 0$$
$$u_{t^*}^{(0)} + \eta_{x^*}^{(0)} = 0 \tag{B.18}$$

在有量纲的项中，相当于：

$$h_S u_x + \eta_t = 0$$
$$u_t + g \eta_x = 0 \tag{B.19}$$

上式中我们去掉了上标$^{(0)}$，并用符号 $h_S=\langle D_S \rangle$ 表示潮均传播深度。利用交叉微分法，可以将上述方程中的 u 消去，并得出下列波动方程：

$$\eta_{tt} = c^2 \eta_{xx}, \quad c = \sqrt{gh_S} \tag{B.20}$$

其中，c 为潮波传播速度。在口门处的水位边界条件是周期为 $T=2\pi/\omega$ 的正弦潮波，即：

$$\eta(x=0,t)=a\cos(\omega t) \tag{B.21}$$

前进潮波

如果潮汐水道系统无限长，潮波将以不变的振幅 a 和波数 $k=2\pi/L$ 在水道中传播，其中 L 为潮波波长。其传播方程如下：

$$\eta(x,t)=a\cos k(x-ct) \tag{B.22}$$

波数 k 通过 $kc=\omega$ 与潮波传播速度联系起来。代入方程(B.28)，可得潮流速度为：

$$u(x,t)=\frac{ac}{h}\cos k(x-ct) \tag{B.23}$$

其中，$k=\omega/c$ 为波数。

斯托克斯漂流

潮波在无摩阻传播中，表面高程和流速处于同相位。高潮时涨潮流最大，低潮时落潮流最大，所以涨潮期间的平均水位高于落潮(图B.3)。这意味着在涨潮流方向上的海水质量输移高于落潮，该净流量 $\langle b_C(h+\eta)u\rangle$ 就是斯托克斯漂流。在质量方程中斯托克斯漂流与 ϵ 同阶，并将明确地出现在潮波方程的二阶解中。

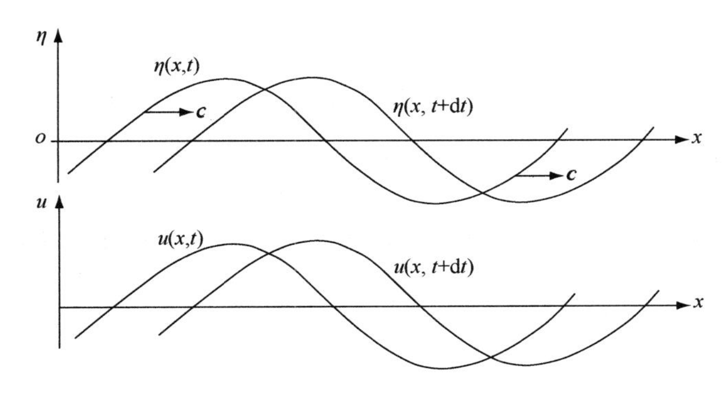

图B.3 无摩阻的潮波传播示意图

驻波

潮汐水道系统的长度是有限的。由于水道横断面均匀一致，所以潮波将在水道终点($x=l$)反射。之后，潮波的入射波和反射波重叠在一起，并最终形成驻波(见图B.4、图B.5)，传播方程如下：

$$\eta(x,t)=\frac{1}{2}a_l[\cos(k(x-l)-\omega t)+\cos(k(x-l)+\omega t)]=a\frac{\cos(k(x-l))}{\cos(kl)}\cos(\omega t)$$

$$u(x,t)=\frac{1}{2}\frac{ac}{h_S\cos(kl)}[\cos(k(x-l)-\omega t)-\cos(k(x-l)+\omega t)]$$
$$=u_0\frac{\sin(k(x-l))}{\sin(kl)}\sin(\omega t) \qquad (B.24)$$

其中，

$$h_S=\frac{A_C}{b_S},\quad a_l=\frac{a}{\cos(kl)},\quad u_0=u(0,0)=\frac{ac\tan(kl)}{h_S}$$

在陆地边界处($x=l$)的流速为零，但潮波接近陆地边界时的反射使潮差增大。流速与水位之间存在90°的相位差，涨潮流对应涨潮阶段，落潮流对应落潮阶段，因此涨、落潮期间的平均水位相同。

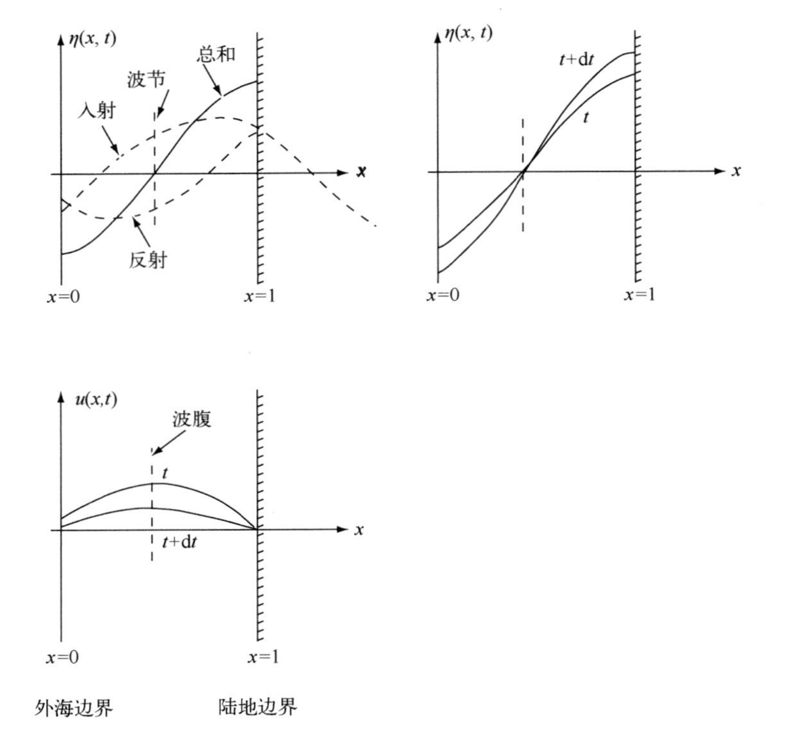

图 B.4 驻波形成示意图。在无摩阻的条件下，驻波是 $x=0$ 处入射波与 $x=l$ 处反射波的总和

共振

如果水道长度等于潮波波长的1/4，就会发生共振，即：

$$l=L/4=\pi/2k \qquad (B.25)$$

当因子 $\cos(kl)$ 变得无限小时，潮差则变得无限大。很明显，在这种情况下海底摩阻的作用不能被忽略不计。

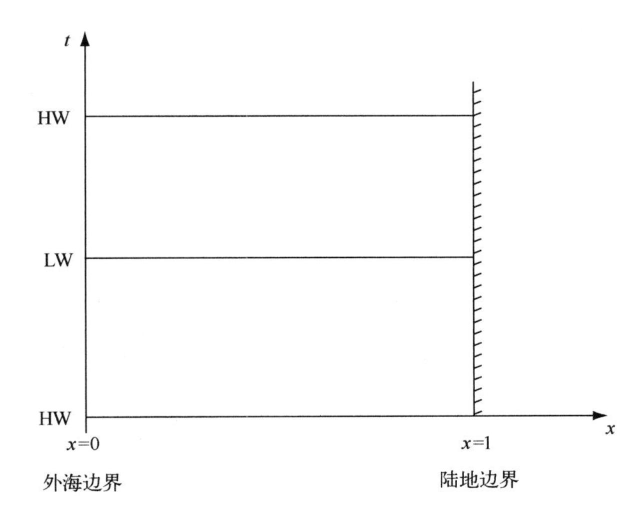

图 B. 5　在无摩阻的条件下，长度为 l 的潮汐水道中，驻波在高、低潮时的位置随时间变化

线性摩阻

对潮波传播比较实际的描述需要在动量平衡方程中包含摩阻项。首先以线性摩阻为例，将摩阻动量耗损的二次表达式替换成如下线性表达式：

$$\tau_b = \rho r u \tag{B.26}$$

其中，r 为线性化的摩阻系数。如果潮流强度远大于河流，该线性表达式对摩阻作用的潮流分量给予了较合理的近似描述。在河流作用强烈时，二次表达式将产生线性表达式中没有的附加潮流分量；如果河流作用微弱，可以通过使潮均能量耗散一致，将线性化的摩阻系数 r 与摩阻系数 c_D 联系起来，可得：

$$r \approx c_D \frac{\langle |u|^3 \rangle}{\langle |u|^2 \rangle} = \frac{8}{3\pi} c_D u_{\max} \tag{B.27}$$

其中，$u_{\max}$ 为潮流速度幅值。

阻尼潮波

将线性化的摩阻引进一阶潮波方程可得式(B. 28)：

$$\begin{gathered} h_S u_x + \eta_t = 0 \\ u_t + g\eta_x + ru/h = 0 \end{gathered} \tag{B.28}$$

与无摩阻的情况一样，该式的解涉及了入射波和反射波的叠加，其中包含了指数阻尼函数：

$$\eta = \frac{1}{2} a_l [\mathrm{e}^{-\mu(x-1)} \cos(k(x-l) - \omega t) + \mathrm{e}^{\mu(x-l)} \cos(k(x-l) + \omega t)]$$

$$u=\frac{1}{2}\frac{a_l}{h_S}\frac{\omega}{\sqrt{k^2+\mu^2}}\left[\mathrm{e}^{-\mu(x-l)}\cos(k(x-l)-\omega t-\varphi)-e^{\mu(x-l)}\cos(k(x-l)+\omega t+\varphi)\right] \tag{B.29}$$

其中，

$$a_l=\frac{a}{\sqrt{\cos^2 kl\cosh^2\mu l+\sin^2 kl\sinh^2\mu l}} \tag{B.30}$$

$$\binom{k}{\mu}=\frac{\omega}{\sqrt{2gh_S}}\sqrt{\pm 1+\sqrt{1+\beta^{-2}}},\quad \cos\varphi=\frac{k}{\sqrt{k^2+\mu^2}},\quad \beta=\frac{h\omega}{r} \tag{B.31}$$

系数 β 表征为动量平衡方程中相对于摩阻阻尼的惯性加速度强度。在共振潮汐水道长度 $kl=\pi/2$ 时，发生共振现象，振幅 a_l 和流速 u 仍然是有限的。

潮流能的辐射作用

除了海底摩阻以外，在口门处潮流能的向外辐射也造成了从水道到外海的能量损失[317]，并改变了口门附近的大洋潮波。所以建立接近共振的潮汐水道潮波传播模型时，还需要包括口门邻近海域中的潮波运动[230]。对于距共振还相差很远的水道而言，这种影响可以不予考虑。

B.4 摩阻作用强烈的河流型潮汐水道

潮波扩散

在许多天然潮汐水道中，摩阻作用比动量平衡方程中的惯性加速度占优势，线性摩阻系数 r 通常大于 0.002，平均水深 h 小于 10 m，且 $r/h\gg\omega$。据此可得：

$$k\approx\mu\approx\sqrt{\frac{r\omega}{2ghh_S}},\qquad \varphi=\pi/4 \tag{B.32}$$

潮流速度 $u(x,t)$ 比表面波动 $\eta(x,t)$ 相位超前约 1/8 个潮汐周期。

该结果也可以用 LeBlond 提出的方法[271]获得。下面，我们直接从忽略了惯性的潮波方程开始：

$$D_S u_x+\eta_t=0$$
$$g\eta_x+c_D|u|u/D=0 \tag{B.33}$$

如果假设 D_S 与 x 无关，便可以通过交叉微分法把水面高程 η 消去，得出一个只有单变量 u 的方程：

$$u_t=\Xi u_{xx},\qquad \Xi=\frac{gDD_S}{2c_D|u|} \tag{B.34}$$

在摩阻作用占主导的情况下，潮波传播可以用扩散方程进行描述，扩散系数以 Ξ 表示。很明显，在这种情况下潮波不是以波动的形式传播，而是以扩散的形式进入河道中。在平潮期间，摩阻作用不再占主导作用，潮波仍以波动的形式传播，扩散方程因此不再适用。如果假设以波动传播为主的时间很短，那么潮波传播还是可以用扩散模型合理表示的。但由于扩散系数主要视流速而定，所以在潮周期内其变化十分强烈。因此扩散方程就成了非线性的，这种非线性将造成潮波变形。当潮波向河流上游扩散时，它将失去正弦特性，这意味着涨落潮之间的对称性将被破坏。如果我们忽略 Ξ 同 t 和 x 的依赖关系，那么扩散方程(B.34)就变成了一个带有常系数的线性方程，其解具有如下形式：

$$u=-u_R+u_T,\qquad u_T\propto \mathrm{e}^{i\kappa x-i\omega t}\tag{B.35}$$

其中，$-u_R$ 为潮均流速，$u_R=-\langle Q/A_C\rangle$；$u_T$ 为潮流分量；κ 为以复数表示的波数。这意味着在最终的解中只有实数部分才能保留下来。如果摩阻作用非常强，我们可以不考虑水道岸端的反射潮波，只保留 κ 的实数部分为正的解。将边界条件 $\eta(x=0,t)=a\cos(\omega t)$ 代入式(B.33)，得出如下完整解：

$$\eta=a\,\mathrm{e}^{-kx}\cos\left\{k\left[x-c\left(t-\frac{T}{8}\right)\right]\right\}$$

$$u=-u_R+u_T,\qquad u_T=\frac{1}{\sqrt{2}}\frac{a}{h}c\mathrm{e}^{-kx}\cos(k(x-ct))\tag{B.36}$$

与无摩阻的潮波传播相比，水位变化 η 相对于潮流 u_T 具有一个 $T/8$ 的相位滞后。在强摩阻 $\beta\ll1$ 的情况下，方程(B.36)的解与方程(B.29)的解相同。

涨急、落急时刻近似线性的潮汐相位

式(B.36)可以被看做是对潮波扩散的粗略近似，但这仅仅是针对那些扩散系数 Ξ 不随 t 和 x 发生强烈变化的潮汐相位而言。分段前者可在涨急前、落急后的短时间段内大体得到满足。在第一个时间段(用上标$^+$表示)内，D 和 $|u|$ 都是增大的，而在第二个时间段(用上标$^-$表示)内，D 和 $|u|$ 都是减小的(见图B.8)。这两个相位的复合波数 κ 由 $\kappa^{\pm}=(1+i)k^{\pm}$ 给出，而 k 的实数部分以及潮波传播速度 c 可通过代入方程(B.33)得出：

$$k^{\pm}=\sqrt{\frac{r^{\pm}\omega}{gD_S^{\pm}D^{\pm}}},\qquad c^{\pm}=\frac{\omega}{k^{\pm}}=\sqrt{\frac{g\omega D_S^{\pm}D^{\pm}}{r^{\pm}}},\qquad r^{\pm}=c_D\left|-u_R+u_T^{\pm}\right|\tag{B.37}$$

在感潮河段中，涨潮流受到河流抑制(见图B.6)。如果 u_R 和 $|u_T|$ 大小接近，则流速在涨潮期间 Ξ 为常数的时段内是很小的。在这种情况下，惯性效应胜过摩阻效应，潮波将以无摩阻的形式传播，而式(B.33)也将不适合用来描述潮波传播。

第二个条件，即 Ξ 不随 x 而变，是无法满足的，因为其与潮波阻尼相矛盾。对此我们将在下一节讨论。

潮波的形变

在潮汐水道的大部分区域，不论是在落潮流期间，还是在涨潮流达到最大时，摩阻效应都胜于惯性效应(见图B.6)。然而，落潮时的最大流速 $|u^-|=|-u_R+u_T^-|$ 却远远大于涨潮时的最大流速 $|u^+|=|-u_R+u_T^+|$。在这种情况下，$k^+\ll k^-$，因此潮波阻尼作用在落

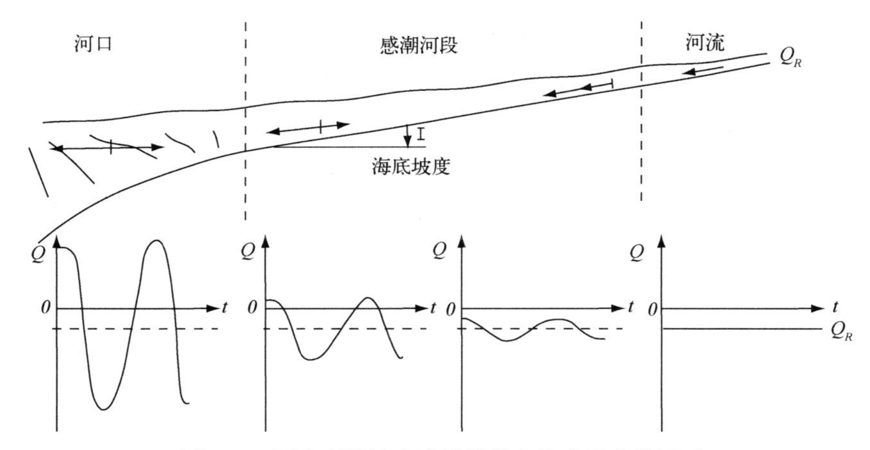

图 B.6 河流型潮汐水道及沿纵向的流量曲线图示

急比在涨急时强得多(图 B.7)，涨急的潮波传播速度 $c^+=\omega/k^+$ 则比落急的潮波传播速度 $c^-=\omega/k^-$ 大得多，这是造成潮汐水道中潮波形变及涨潮周期短于落潮周期的一个重要原因。流速和水位变化之间的这种相位滞后表明，涨潮流在很大程度上与涨潮一致，而落潮流在很大程度上与落潮一致。涨潮周期相对于落潮周期变短表明涨潮时的潮流强度高于落潮(图 B.8 和图 B.9)。

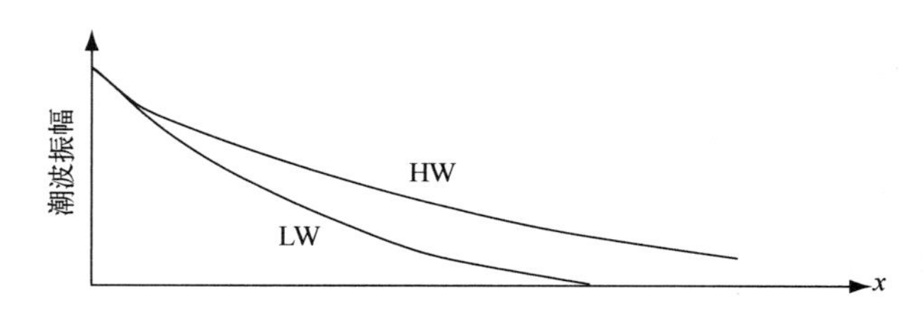

图 B.7 考虑河流作用时，潮波在均匀浅水水道中的传播。低潮传播慢于高潮，表明低潮时阻尼作用更强

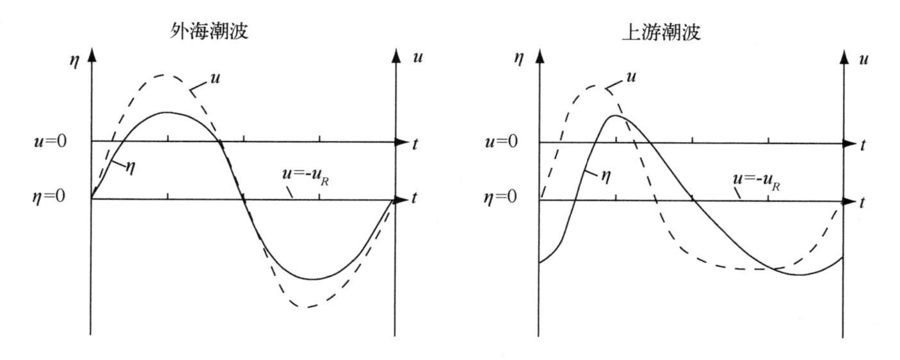

图 B.8 考虑河流作用时，潮波在均匀浅水水道中的传播。低潮传播慢于高潮，表明低潮时阻尼作用更强。由于落、涨潮期间较强的阻尼作用而引起潮波形变，涨潮快于落潮，且在涨潮时潮流速度分量高于落潮时

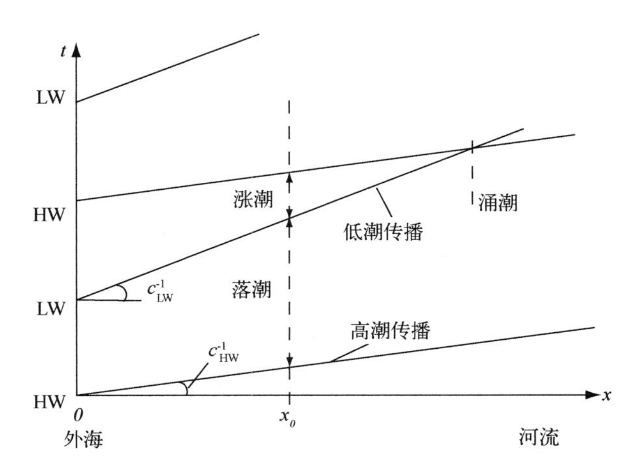

图 B.9 高、低潮时潮波传播示意图。可见，高潮传播快于低潮，这是由于低潮摩阻阻尼作用较强所致

在潮汐水道上游段，河流作用远强于潮流作用。在这种情况下，摩阻系数 r 几乎为常量，Ξ 的周期大体相当于高、低潮的潮汐相位。

B.5 均匀水道中的非线性潮波

无摩阻的潮波传播

由一阶潮波方程求解的线性潮波是对潮波传播的一种很粗略的近似表示，实际上，由于质量和动量平衡方程中多个非线性项的原因，潮波在浅水中会发生变形。这种非线性造成了潮汐的不对称性，使涨、落潮流过程不一致，在强度和持续时间上互不相同。潮汐的不对称性对潮汐水道系统中的泥沙输移具有重要影响。本节将研究潮波方程中的非线性项对潮波形变的影响，上一节所做的假设已不再适用。像前文一样，首先以水道无摩阻且长度无限为例。下面从尺度化的潮波方程(B.16)开始，代入展开式(B.17)，可得：

$$u_{x^*}^{(1)} + \eta_{t^*}^{(1)} = -pu_{x^*}^{(0)}\eta^{(0)} - u^{(0)}\eta_{x^*}^{(0)}$$

$$u_{t^*}^{(1)} + \eta_{x^*}^{(1)} = -\frac{h}{h_S}u^{(0)}u_{x^*}^{(0)} \qquad (B.38)$$

对应的有量纲形式如下：

$$h_S u_x^{(1)} + \eta_t^{(1)} = -\frac{h_S}{h}(pu_x^{(0)}\eta^{(0)} + u^{(0)}\eta_x^{(0)})$$

$$u_t^{(1)} + g\eta_x^{(1)} = -u^{(0)}u_x^{(0)} \qquad (B.39)$$

根据式(B.21)，边界条件为 $\eta^{(1)}(x=0,\ t)=0$，且无反射波存在。以一阶方程的解(式(B.22)和式(B.23))代入上式的右边，首先求出各齐次项的解，再加上整个方程的特解，同时根据边界条件求得系数。针对 $h_S=h$，$p=1$ 的特殊情况，可得(一阶和二阶解的总和)[265]：

$$\eta(x,t) = a\cos\theta + \frac{3}{4}\frac{a^2}{h}kx\sin2\theta \tag{B.40}$$

$$u(x,t) = \frac{a}{h}c\left[\cos\theta - \frac{a}{h}\left(\frac{1}{2} + \frac{1}{8}\cos2\theta - \frac{3}{4}kx\sin2\theta\right)\right] \tag{B.41}$$

其中，$\theta \equiv k(x-ct)$，条件 $\epsilon \ll 1$ 相当于 $x \ll h/ak$。这两个公式清楚地显示出了潮汐的不对称性以及潮波传播时涨潮的加快与落潮的减慢。同样应用于流速，结果是从落潮向涨潮转变时的低流速期比从涨潮向落潮转变时短。从下文可知，潮汐的不对称性与潮周期内潮波传播速度上的差异有关。从式(B.40)可以推导出高、低潮时的传播速度公式，其中前者用 HW 和上标$^+$表示，后者用 LW 和上标$^-$表示。为此，则需要确定在每个位置 x 处水位达到最高或最低时的时间 $t^{\pm}(x)$。下列方程的解即为相应的时间 $t^{\pm}(x)$：

$$\eta_t = 0 = a\omega\sin\theta - \frac{3a^2}{2h}\omega kx\cos2\theta \approx a\omega\sin\theta \mp \frac{3a^2}{2h}\omega kx \tag{B.42}$$

式中最后的近似项是根据条件 $akx/h \ll 1$ 得出的，因此高潮时 $|\theta^+| \ll 1$，低潮时 $|\pi + \theta^-| \ll 1$。代入 $\theta^{\pm} = k(x-ct)$ 可得：

$$t^+ \approx \frac{x}{c}\left(1 - \frac{3a}{2h}\right), \qquad t^- \approx \frac{T}{2} + \frac{x}{c}\left(1 + \frac{3a}{2h}\right)$$

等价于(假设 $a/h \ll 1$)：

$$c^{\pm} \approx c\left(1 \pm \frac{3a}{2h}\right) \tag{B.43}$$

高潮时的传播速度大于低潮。这就是潮波通过水道时涨潮周期变短，而落潮周期变长的主要原因(见图 B.9)。

潮波传播方法

用简单的“潮波传播方法”也能求得相同的结果。在高潮(HW)和低潮(LW)附近的短时段内，无阻尼的前进潮波方程大体是线性的。即在高平潮时，水位和涨潮流同处于其最大值，有 $\eta_t \approx 0$、$u_t \approx 0$；在低平潮时，其结果也是一样。由于潮差与 x 无关，水位和流速对x 的偏导数在高、低平潮时为零。因此，可以通过代入高潮和低潮时的水深和流速值，使涉及水深和流速的乘积项线性化。$h_S = h$、$p = 1$ 时，潮波方程(B.3)和方程(B.8)可以改写成：

$$Du_x + u\eta_x + \eta_t = 0$$
$$u_t + uu_x + g\eta_x = 0 \tag{B.44}$$

在高、低潮附近的短时段内，u 和 D 几乎为常量：

$$D^{\pm} \approx h \pm a, \qquad u^{\pm} \approx \pm a\sqrt{g/h}$$

与前文一致，上式中的上标$^+$和$^-$，也是表示高潮和低潮。将其代入潮波方程中的非线性项后，高、低潮附近的解具有如下形式：

$$\eta, u \propto \mathrm{e}^{ik^{\pm}(x-c^{\pm}t)} \tag{B.45}$$

可分别求出高、低潮时的潮波传播速度公式：

$$c^{\pm} \approx \left(1 \pm \frac{3a}{2h}\right)\sqrt{gh}$$

上式与用泰勒展开法求得的结果（式（B.43））相同。不过，由于该解所针对的仅仅是高、低潮附近的情况，所以潮波传播方法能提供的只是高、低潮附近潮差和相位的信息。完整潮波曲线的一阶近似，可以通过高、低水位之间进行内插来获得。

摩阻对潮波传播的影响

要比较切合实际地描述潮波传播，摩阻效应是不能被忽略的。当前的讨论局限于无限长的均匀水道，并利用摩阻项的线性表达式（B.26）。我们已经指出，潮波因海底摩阻而受到阻尼作用，潮差则作为 x 的函数不断减小。假设潮波传播深度 D_S 不随 x 而变，根据方程（B.15），p 也不随 x 而变，潮波方程（B.3）和方程（B.8）可以改写为：

$$h_S u_x + h_S p u_x \eta/h + h_S u \eta_x/h + \eta_t = 0$$

$$u_t + u u_x + g\eta_x + ru/h - ru\eta/h^2 = 0 \tag{B.46}$$

仍然使用泰勒展开法（见式（B.17）和式（B.39）），求解 $\epsilon = a/h$ 的一阶解。可以通过分别对 t 和 u 进行微分，以消去式（B.46）中的一阶速度项 $u^{(1)}$，可得 ϵ 的一阶展开项

$$\eta_{tt}^{(1)} - gh_S\eta_{xx}^{(1)} + \frac{r}{h}\eta_t^{(1)} = -\frac{rh_S}{h^2}\left[(p+1)u_x^{(0)}\eta^{(0)} + 2u^{(0)}\eta_x^{(0)}\right]$$

$$-\frac{h_S}{h}\left(pu_x^{(0)}\eta^{(0)} + u^{(0)}\eta_x^{(0)}\right)_t + h_S\left(u^{(0)}u_x^{(0)}\right)_x \tag{B.47}$$

假定在口门处为正弦潮波 $\eta(x=0, t) = a\cos(\omega t)$，且无反射波；无河流径流，$\langle A_C u\rangle = 0$。可得：

$$\eta = \frac{a^2}{h}\frac{2kh_S - \beta h\mu}{4\mu h_S\sqrt{1+\beta^2}}(1-\mathrm{e}^{-2\mu x}) + a\mathrm{e}^{-\mu x}\cos(kx-\omega t)$$

$$+\frac{a^2}{4h}(p+3)\left[\mathrm{e}^{-2\mu' x}\cos(2k'x-2\omega t) - \mathrm{e}^{-2\mu x}\cos(2kx-2\omega t)\right]$$

$$+\frac{a^2\beta}{2h}(p+1+h/h_S)\left[\mathrm{e}^{-2\mu' x}\sin(2k'x-2\omega t)\right]$$

$$-\mathrm{e}^{2\mu x}\sin(2kx-2\omega t)$$

$$u = \frac{a\omega}{h_S}\left[-\frac{a\cos\varphi}{2hK}\mathrm{e}^{-2\mu x} + \frac{\mathrm{e}^{-\mu x}}{K}\cos(kx-\omega t-\varphi)\right.$$

$$-\frac{a}{2hK}(p+2)\mathrm{e}^{-2\mu x}\cos(2kx-2\omega t-\varphi)$$

$$+\frac{a}{4hK'}(p+3)\mathrm{e}^{-2\mu' x}\cos(2k'x-2\omega t-\varphi')$$

$$-\frac{a\beta}{2hK}(p+1+h/h_S)\,\mathrm{e}^{-2\mu x}\sin(2kx-2\omega t-\varphi)$$
$$+\frac{a\beta}{2hK'}(p+1+h/h_S)\,\mathrm{e}^{-2\mu' x}\sin(2k'x-2\omega t-\varphi')\Big] \tag{B.48}$$

其中参数分别由下列各式给出：

$$p=\frac{h}{a}\frac{D_S^+-D_S^-}{D_S^++D_S^-},\qquad \beta=\frac{\omega h}{r},$$

$$\tan\varphi=\frac{\mu}{k},\qquad \tan\varphi'=\frac{\mu'}{k'},\qquad K^2=k^2+\mu^2,\qquad K'^2=k'^2+\mu'^2$$

$$\binom{k}{\mu}=\frac{\omega}{\sqrt{2gh_S}}\sqrt{\pm1+\sqrt{1+\beta^{-2}}}$$

$$\binom{k'}{\mu'}=\frac{\omega}{\sqrt{2gh_S}}\sqrt{\pm1+\sqrt{1+\frac{1}{4}\beta^{-2}}}$$

Van de Kreeke 和 Iannuzzi 曾介绍过类似的方程解[458]，它们的结果表明，解析解和数值模拟结果之间有很好的一致性。

高潮和低潮的传播速度

式(B.48)是相当复杂的，而且也没有提供直观的潮波特征。因此我们将分别对高、低潮传播速度(c^+和c^-)进行检验，这两个速度可以通过求解 $\eta_t=0$ 从式(B.48)获得，并可求得高、低潮的传播轨迹 $t^{\pm}(x)$。为了简化计算，我们把 $t^{\pm}(x)$的范围限制在远小于潮波波长和潮波阻尼长度的范围内，即$(kx)^2$、$(\mu x)^2\ll1$，并求出满足高潮$(kx-\omega t^+)^2\ll1$和低潮$(\pi+kx-\omega t^-)^2\ll1$ 的解 $t^{\pm}(x)$。所得结果如下：

$$c^{\pm}=\left(\frac{\mathrm{d}t^{\pm}}{\mathrm{d}x}\right)^{-1}=\frac{\omega}{k}\left\{1\pm\frac{a}{hk}\left[(p+3)(k-k')+2\beta\left(p+1+\frac{h}{h_S}\right)(\mu-\mu')\right]\right\} \tag{B.49}$$

弱摩阻作用下的潮波传播速度

对于摩阻影响较小($r/h\omega<1$)的情况，可得 $k\approx k'$及$\beta(\mu-\mu')\approx k/4$，据此得出高、低潮时的传播速度为：

$$c^{\pm}\approx\sqrt{gh_S}\left[1\pm\left(\frac{a}{h}+\frac{a}{h_S}+\frac{D_S^+-D_S^-}{D_S^++D_S^-}\right)\right] \tag{B.50}$$

该式与式(B.43)相似，其中圆括号( )里的最后一项通常为正值，表明高潮传播速度大于低潮传播速度。若潮汐水道具有广阔潮滩($b_S^+\gg b_S^-$)，则低潮时传播深度 $D_S=Db_C/b_S$ 大于高潮，并且括号里的最后一项变成负值，此时高潮传播速度小于低潮。物理解释是向潮滩的蓄水作用导致了高潮传播速度的减慢。

强摩阻作用下的潮波传播速度

对具有强烈摩阻作用($r/h\omega\gg1$)的情况，可得 $k\approx\mu\approx\sqrt{2}k'\approx\sqrt{2}\mu'\approx\sqrt{r\omega/2ghh_S}$，将

其代入式(B.49)：

$$c^{\pm}=\sqrt{\frac{2g\omega hh_S}{r}}\left[1\pm\left(1-\frac{1}{\sqrt{2}}\right)+\left(\frac{D_S^+-D_S^-}{D_S^++D_S^-}+3\frac{a}{h}\right)\right] \tag{B.51}$$

可以看出，在强摩阻的作用下，传播速度同样受向潮滩蓄水的影响，影响方式与弱摩阻相同。这并不奇怪，虽然潮滩蓄水是一阶近似下与摩阻无关的动力过程，但水体流动却与摩阻有关，所以潮波传播速度也与摩阻有关。

与潮波传播方法的比较

利用潮波传播方法也能获得类似的结果，从针对均匀水道和线性摩阻的潮波方程(B.3)和式(B.8)可得：

$$D_Su_x+D_S/D\eta_xu+\eta_t=0 \tag{B.52}$$

$$u_t+uu_x+g\eta_x+ru/D=0 \tag{B.53}$$

只考虑在高、低潮附近短时间内的情况，分别以高、低潮时的 D_S^+、D^+ 和 D_S^-、D^- 替代 D_S 和 D。将这些参数看做常量，然后求解一阶线性方程。弱摩阻的情况下，解与(B.50)式相同；强摩阻的情况下，结果为：

$$c^{\pm}=\sqrt{\frac{2g\omega hh_S}{r}}\left[1\pm\frac{1}{2}\left(\frac{D_S^+-D_S^-}{D_S^++D_S^-}+\frac{a}{h}\right)\right] \tag{B.54}$$

可以看出，此式对潮滩影响下传播速度的描述与式(B.51)几乎相同，但两式存在2.5倍的差值，其原因在于，$D_S^{\pm}$ 和 $D^{\pm}$ 在高、低潮时实际上并非是常量，而是由于摩阻阻尼作用成为 x 的函数。这说明潮波传播方法只是在潮差不随 x 发生强烈变化的情况下才有效。

强摩阻作用下的潮流不对称性

在强摩阻作用的情况下，潮流对地貌的影响要比弱摩阻作用大得多。因此，我们将针对强摩阻的条件 $r/h\omega\gg1$ 对式(B.48)进行更详细的分析。为此对1/4日分潮M4的解(η_2，u_2)取较简单的形式：

$$\eta_2=\frac{p'\hat{\eta}^2}{h}kx(\cos2\theta-\sin2\theta) \tag{B.55}$$

$$u_2=\frac{\hat{U}\hat{\eta}}{4h}\left[(-p'+2)\cos\left(2\theta+\frac{\pi}{4}\right)+2p'kx\cos\left(2\theta+\frac{\pi}{2}\right)\right] \tag{B.56}$$

其中，假设$(kx)^2\ll1$，并使用了以下符号：

$$\hat{\eta}=ae^{-\mu x},\quad \hat{U}=\frac{a\omega}{h_SK}e^{-\mu x},\quad \theta=\omega t-kx,\quad p'=(2-\sqrt{2})(p+3)$$

由式(B.55)可以看出，若 $p'>0$，M4分潮将通过 $\cos2\theta$ 项促进潮波峰化(高潮较显著，低潮不太显著)，并通过 $\sin2\theta$ 项造成涨潮快于落潮；若 $p'<0$，则情况相反；若$p'<-3$，则相当于潮间带宽广的潮汐水道。用 $b_S^{\pm}$ 表示高、低潮时的水面总宽度，同时假设水道宽度

b_C 几乎无变化，可得出：

$$p \approx 1 - \frac{h}{a}\frac{b_S^+ - b_S^-}{b_S^+ + b_S^-} \tag{B.57}$$

$p < -3$ 的状况相当于潮间带宽度 $b_S^+ - b_S^- > 4a(b_S^+ + b_S^-)/h$，但这是现实中几乎不会发生的。从式(B.56)可以看出，在 $p' \gg 1$ 的情况下，位于口门处($x=0$)的分潮 M4 将会导致落潮流快于涨潮流，而从口门向岸($kx > 0.35$)，则导致涨潮流快于落潮流。

高阶分潮的局部增强和抑制

式(B.47)阐述了 M4 分潮是如何产生以及如何传播的，该式的右边所表示的是分潮的生成项。在以弱摩阻作用($r/h\omega \ll 1$)为主的情况下，右边的最后两项远大于前两项，此时分潮 M4 主要归因于质量平衡中水深与流速的正相关以及动量平衡中的平流梯度；而在以强摩阻作用($r/h\omega \gg 1$)为主的情况下，最后两项与涨落潮前两项相比则变成了次要的，M4 分潮主要是由动量平衡摩阻项中涨、落潮的不对称性所致，这一不对称性又与水深、流速随潮波变化的正相关有关。因此，强摩阻作用比弱摩阻作用有更强的 M4 分潮产生。

式(B.47)的左边表示 M4 分潮的传播。在弱摩阻的情况下，式中只有前两项是重要的，此时 M4 分潮以波动的形式传播。如果水道的长度接近于 M2 分潮波长 1/8 的话，潮波将在水道陆地边界反射，并有可能发生共振。

在以强摩阻作用为主的情况下，方程左边的第一项与其他两项相比可以忽略不计。此时 M4 潮波方程可以写作：

$$\eta_t^{(1)} - \Xi\,\eta_{xx}^{(1)} = \frac{h_S}{h}\left[(p+1)u_x^{(0)}\eta^{(0)} + 2u^{(0)}\eta_x^{(0)}\right] \tag{B.58}$$

该式左边是一个扩散方程，扩散系数为 $\Xi = ghh_S/r$。此时 M4 分潮仍然在水道陆地边界发生反射，但是不会产生共振，因为潮波在传播的同时受到扩散和阻尼抑制。方程(B.47)和方程(B.58)表明，M4 分潮是通过摩阻项对水深的依赖在局部产生的，而当其离开生成位置传播时，则通过扩散作用使能量耗散，扩散系数 Ξ 与摩阻系数 r 呈反比。然而，长度尺度$[x]$与波数 k 呈反比，波数在强摩阻情况下又与 r 的平方根呈正比，所以扩散项 $\Xi\eta_{xx}^{(1)}$ 将不会随摩阻的增大而减小。有时浅水分潮被作为自由传播的潮波处理，但在强摩阻情况下，这是一种会产生误导的方法。确切地说，强摩阻应该与泥沙输移和海底形态相关。

B.6 有限均匀水道中的潮波

部分驻波

在长度有限的均匀潮汐水道中，潮波在陆地边界发生反射，由此形成的潮波具有部分阻尼驻波的特性。如果摩阻阻尼作用很强，潮差将向岸减小；而在弱摩阻的情况下，潮差将由于反射而增大。总体而言，这类水道中的潮差是不会发生强烈变化的。因此，可以利用潮波传播方法求解。下面从潮波方程(B.12)开始，其中只保留了一些最重要的线性和非线性项，并对摩阻进行线性化处理：

$$D_S u_x + \eta_t = 0 \tag{B.59}$$

$$u_t + g\eta_x + ru/D = 0 \tag{B.60}$$

我们仍然关注于高、低潮附近的短时段，这样水深 D 以及传播深度 D_S 可以分别替换为常量 $D^{\pm}$ 和 $D_S^{\pm}$ 。线性方程的解可由下式给出：

$$\eta = \frac{1}{2}a_l\{e^{-\mu(x-l)}\cos[k(x-l)-\omega t] + e^{\mu(x-l)}\cos[k(x-l)+\omega t]\} \tag{B.61}$$

$$u = \frac{1}{2}\frac{a_l}{D_S}\frac{\omega}{\sqrt{k^2+\mu^2}}\{e^{-\mu(x-l)}\cos[k(x-l)-\omega t-\varphi] - e^{\mu(x-l)}\cos[k(x-l)+\omega t+\varphi]\} \tag{B.62}$$

其中，a_l 是水道陆地边界的振幅，这两个表达式只适用于高、低潮时刻。每个时刻，都有不同的波数、传播速度和相位，分别用 $k^{\pm}$、$c^{\pm}$ 和 $\varphi^{\pm}$ 表示(见方程(B.31))。对这些方程中的时间原点做如下规定：$t=0$ 与水道陆地边界 $x=l$ 处的高潮一致。由于高、低潮时的潮汐相位与平潮($u\approx 0$)接近，所以在质量和动量平衡方程中那些被忽略不计的项，如 $D_S u\eta_x/D$ 和 uu_x 等对高、低潮传播影响很小。

高、低潮的传播速度

高、低潮在整个水道中的传播速度可以根据沿高、低潮轨迹的 $\eta(x, t)$ 确定，高、低潮在传播速度上的差异将引起涨潮和落潮之间在相位上的差异，涨、落潮流的持续时间差可以根据式 $u(x, t)$ 确定。涨、落潮之间的这种不对称性将产生最大涨、落潮流速差，这与涨、落潮期间的泥沙输移有关。有关的推过程，将在下面介绍。

高、低潮在任一位置的时刻可以根据水道陆地边界 $x=l$ 的高、低潮时刻和方程 $\eta_t=0$ 来确定。根据有关 η 的方程，解应该满足：

$$e^{-\mu(x-l)}\sin[k(x-l)-\omega t] = e^{\mu(x-l)}\sin[k(x-l)+\omega t]$$

或者：

$$\tan(\omega t) = -\tan[k(x-l)]\tanh[\mu(x-l)]$$

假定水道长度短于潮波波长，即$(\mu l)^2 \ll 1$、$(kl)^2 \ll 1$，可得：

$$\omega t \approx -k\mu(x-l)^2 \tag{B.63}$$

等价于：

$$t_{HW}(x) - t_{HW}(0) \approx \frac{k^+ \mu^+}{\omega}\left[l^2 - (x-l)^2\right],$$

$$t_{LW}(x) - t_{LW}(0) \approx \frac{k^- \mu^-}{\omega}\left[l^2 - (x-l)^2\right] \tag{B.64}$$

图 B.10 所示为在假定的$k^{\pm}$和$\mu^{\pm}$条件下，高、低潮的轨迹$t_{HW}(x)$和$t_{LW}(x)$。

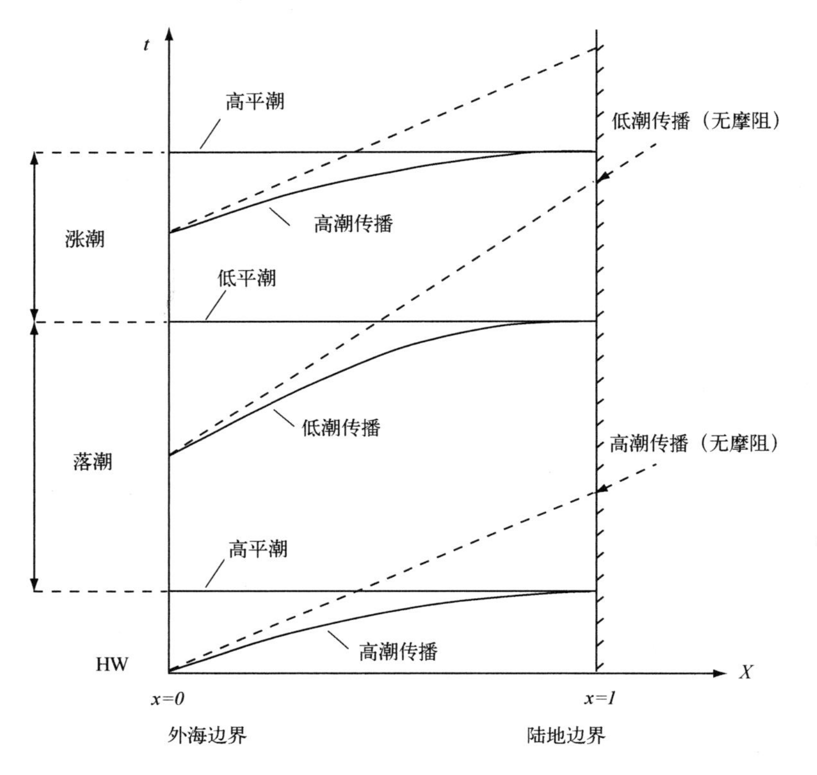

图 B.10　高、低潮与高、低平潮随时间的位置变化，对应于长度为 l 的潮汐水道中部分反射的阻尼潮波

高、低平潮时间

要确定涨、落潮周期，必须首先确定 HSW（高平潮）和 LSW（低平潮）的时间。为此，我们对方程 $u(x,t)=0$ 进行求解，得出：

$$e^{-\mu(x-l)}\cos[k(x-l)-\omega t-\varphi] = e^{\mu(x-l)}\cos[k(x-l)+\omega t+\varphi]$$

或者：

$$\tan(\omega t+\varphi) = \tanh[\mu(x-l)]/\tan[k(x-l)]$$

对于长度远小于潮波波长的水道，可近似为 $\tan(\omega t+\varphi)\approx\mu/k$。时间 t 大体上与 x 无关，说明在水道各处平潮出现的时间大体相同(见图 B. 10)，即：

$$t_{\mathrm{HSW}}(x)\approx t_{\mathrm{HSW}}(l)=t_{\mathrm{HSW}},\qquad t_{\mathrm{LSW}}(x)\approx t_{\mathrm{LSW}}(l)=t_{\mathrm{LSW}}$$

由于在接近水道陆地边界($x\rightarrow l$)时高潮和高平潮一致，所以我们得到：

$$t_{\mathrm{HSW}}(l)=t_{\mathrm{HW}}(l),\qquad t_{\mathrm{LSW}}(l)=t_{\mathrm{LW}}(l)$$

假设大洋潮波在口门处呈正弦曲线，即 $t_{\mathrm{HW}}(0)-t_{\mathrm{LW}}(0)=\frac{1}{2}T$，那么根据式(B. 64)可得：

$$t_{\mathrm{HSW}}\approx t_{\mathrm{HW}}(0)+\frac{k^{+}\mu^{+}}{\omega}l^{2},\qquad t_{\mathrm{LSW}}\approx t_{\mathrm{LW}}(0)+\frac{1}{2}T+\frac{k^{-}\mu^{-}}{\omega}l^{2}\tag{B. 65}$$

其中，上标 ± 分别指高、低潮。以式(B. 31)替代 k 和 μ，可得：

$$t_{\mathrm{HSW}}\approx t_{\mathrm{HW}}(0)+\frac{rl^{2}}{2g}\frac{1}{D+D_{S}^{+}},\qquad t_{\mathrm{LSW}}\approx t_{\mathrm{LW}}(0)+\frac{rl^{2}}{2g}\frac{1}{D-D_{S}^{-}}\tag{B. 66}$$

应该指出的是，传播时间取决于水道长度 l 的平方，并随摩阻呈线性增加。如果不考虑摩阻，我们所得到的则是在口门与陆地边界之间时间滞后为零的驻波，传播时间的滞后完全是由于摩阻对潮波传播的影响。传播时间与距离平方的相关关系说明，摩阻引起的潮波传播本质上是一种扩散过程。

涨、落潮的不对称性

下面我们将根据涨、落潮的时间差推导最大涨、落潮流速差，然后将该差值与涨、落潮的净泥沙输移关联起来。假设径流量与潮流量相比可以忽略，可得：

$$P=\int_{\mathrm{flood}}A_{C}u\mathrm{d}t=-\int_{\mathrm{ebb}}A_{C}u\mathrm{d}t\tag{B. 67}$$

其中，P 为纳潮量(在整个涨潮期间由潮汐运动进入水道的海水体积)。如果假设涨、落潮流速曲线可以用正弦函数的正、负部分来表示，那么流速可以用下述函数近似求得(参见图 B. 10 和图 B. 11)：

当 $t_{\mathrm{LSW}}-T<t<t_{\mathrm{HSW}}$ 时，
$$u=u_{\mathrm{flood}}\sin\left[\frac{\pi(t-t_{\mathrm{LSW}}+T)}{t_{\mathrm{HSW}}-t_{\mathrm{LSW}}+T}\right]$$

当 $t_{\mathrm{HSW}}<t<t_{\mathrm{LSW}}$ 时，
$$u=u_{\mathrm{ebb}}\sin\left(\frac{\pi(t-t_{\mathrm{LSW}})}{t_{\mathrm{LSW}}-t_{\mathrm{HSW}}}\right)\tag{B. 68}$$

假设断面 $A_{C}(t)$ 随潮位 $\eta(t)$ 呈线性变化，即：

$$A_{C}\approx A_{0C}+A_{1C}\eta/a\tag{B. 69}$$

如果在潮周期内水道宽度几乎为常量($b_{C}\approx b_{C}^{+}\approx b_{C}^{-}$)，则 $A_{0C}\approx hb_{C}$，$A_{1C}\approx ab_{C}$。将(B. 68)和(B. 69)两式代入式(B. 67)，得出如下 u_{flood} 和 u_{ebb} 的估算值：

$$\begin{pmatrix}u_{\mathrm{flood}}\\u_{\mathrm{ebb}}\end{pmatrix}=P\left[\frac{A_{0C}}{\pi}(T\pm2\Delta)\pm\frac{A_{1C}}{4\pi}\frac{((T-\Delta)^{2}-\Delta^{2})T}{\Delta(T-\Delta)}\sin\frac{\pi\Sigma}{T}\sin\frac{\pi\Delta}{T}\right]^{-1}\tag{B. 70}$$

其中 $\Delta=-\Delta_{EF}/2$ 为涨、落潮持续时间差的一半，$\Sigma=2\Delta_{S}$ 为口门处流速和水位变化平均相

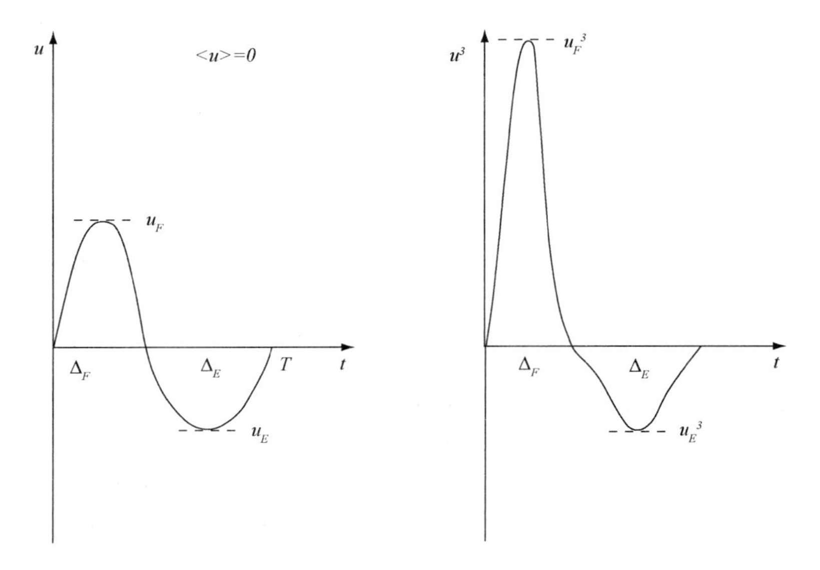

图 B. 11　由涨、落潮不对称性而引起的净泥沙通量示意图

位差的 2 倍，两者数值如下：

$$\begin{pmatrix}\Sigma\\ \Delta\end{pmatrix} = \frac{l^2}{\omega}(k^+\mu^+ \pm k^-\mu^-) \approx \frac{rl^2}{2g}\left(\frac{1}{D^+ D_S^+} \pm \frac{1}{D^- D_S^-}\right) \tag{B. 71}$$

对于长度远小于潮波波长的水道，有 Δ、$\Sigma \ll T$。另外，如果假设水道宽度在整个水道长度内不变，则求得下列更简单的表达式：

$$\begin{pmatrix}u_{\text{flood}}\\ u_{\text{ebb}}\end{pmatrix} = \frac{\pi}{T}\frac{P}{b_C h}\left(1 \pm \frac{\Delta_{EF}}{T} \mp \frac{\pi^2 \alpha \Delta_S}{2hT}\right) \tag{B. 72}$$

该式描述了造成最大涨、落潮流不对称性的两个原因：一是涨、落潮持续时间上的不对称，即式中的 Δ_{EF}/T 项；二是受斯托克斯漂流的影响，即式中的 $\pi^2 a\Delta_S/hT$ 项。

潮流引起的泥沙净输移

下面我们讨论潮流不对称性对整个水道中泥沙净输移的影响。为此，首先采用泥沙输移公式：

$$q \propto b_C |u|^{n-1} u \tag{B. 73}$$

代入式(B. 68)，得出口门处($x=0$)的输移公式：

$$\langle q \rangle \propto \left(1 - \frac{\Delta_{EF}}{T}\right) u_{\text{flood}}^n - \left(1 + \frac{\Delta_{EF}}{T}\right) u_{\text{ebb}}^n \tag{B. 74}$$

代入式(B. 72)，并仍然假设 Δ_{EF}、$\Delta_S \ll T$，采用 Δ_{EF}/T 和 Δ_S/T 的一阶近似，可得：

$$\langle q \rangle \propto \frac{\Delta_{EF}}{2T} - \frac{n}{n-1}\frac{\pi^2 a \Delta_S}{4hT} \tag{B. 75}$$

代入式(B. 71)，并利用近似关系 $|D^+ D_S^+ - D^- D_S^-| \ll D^+ D_S^+ + D^- D_S^-$，可得：

$$\langle q\rangle \propto \left(1-\frac{n\pi^2 a}{8(n-1)h}\right)D^+D_S^+ - \left(1+\frac{n\pi^2 a}{8(n-1)h}\right)D^-D_S^- \tag{B.76}$$

也可以利用近似式 $D^{\pm}=h\pm a$，将上式写作：

$$\langle q\rangle \propto \left(1-\frac{n\pi^2 a}{8(n-1)h}\right)\left(1+\frac{a}{h}\right)^2\frac{b_C^+}{b_S^+} - \left(1+\frac{n\pi^2 a}{8(n-1)h}\right)\left(1-\frac{a}{h}\right)^2\frac{b_C^-}{b_S^-} \tag{B.77}$$

式(B.76)和式(B.77)将潮汐水道中的泥沙净输入或输出与其形态特征联系了起来，其中比例系数是一个变量，大小视水道几何形态而定，但是这并不影响泥沙净输移的方向。在泥沙供给充足的情况下，潮汐水道接近于平衡，即$\langle q\rangle$值很小或为零。影响 $D^+D_S^+$ 或 $D^-D_S^-$ 的平衡形态扰动所造成的泥沙净输移方向将与比例系数变化无关。

斯托克斯漂流的影响

上式括号中的因子$(1\ \pm\ (n\pi^2 a)/8(n-1)h)$表示的就是斯托克斯漂流对潮流作用引起的泥沙净输移的影响。对于振幅/水深比较小($a/h\leqslant 0.1$)的潮汐水道，其值接近于1；如果振幅/水深比较大，斯托克斯漂流将更有助于向海而不是向陆的泥沙输移。

B.7 急剧收缩的潮汐水道

质量平衡和动量平衡方程

在急剧收缩的潮汐水道系统中，几何形态的长度尺度远远小于潮波的长度尺度 $k^{-1}=L/2\pi$。这与前面所讨论的均匀水道正好相反，其几何形态的长度尺度远大于潮波的长度尺度。依据尺度分析(式(B.13))，急剧收缩水道中的潮波传播方程应为：

$$\left(\frac{D_x}{D}+\frac{b_{Cx}}{b_C}\right)D_S u+\eta_t=0$$

$$g\eta_x + r\frac{u}{D}=0 \tag{B.78}$$

在这两个方程中，对摩阻项已经进行了线性化处理，并已假设该项远远大于惯性项 u_t。我们把水道收缩长度称为 L_b，在 L_b 范围内水道横断面积以因子 e 减小。假设水道长度为 L_b 的数倍，潮波在水道陆地边界的反射几乎可以忽略。从式(B.78)可以看出，急剧收缩水道中的潮波传播与均匀水道中无摩阻条件下的潮波传播有显著的不同：后者流速与水位变化相位一致；前者流速与水位变化存在90°的相位差，与无摩阻驻波类似。

指数收缩水道

在水深均匀且指数收缩的潮汐水道中潮波方程(B.78)可以有形式较为简单的解，相应的潮波传播方程为：

$$-\frac{D_S}{L_b}u+\eta_t=0$$

$$g\eta_x+r\frac{u}{D}=0 \tag{B.79}$$

如果假设水道深度和潮波传播深度均为常量，即 $D=h$、$D_S=h_S$，可以求得：

$$\eta(x, t)=a\cos k(x-ct), \quad u(x, t)=-\frac{aL_b\omega}{D_S}\sin k(x-ct) \tag{B.80}$$

其中，波数 k 和传播速度 c 由下式给出：

$$k=\frac{rL_b\omega}{ghh_S}, \qquad c=\frac{ghh_S}{rL_b} \tag{B.81}$$

尽管有较强的摩阻动量耗损，但是潮波在向陆传播中却不受阻尼作用，因为摩阻阻尼作用已被向陆传播的潮流能量的辐聚准确地平衡掉。我们把具有这种特征的潮汐水道系统称为“同步系统”。由于水道深度 D 和传播深度 D_S 随潮汐相位变化，式(B. 79)是非线性的。

高、低潮的传播速度

为了研究非线性对潮波传播速度的影响，可以应用潮波传播方法。在潮差不变的前提下，这是可行的。式(B. 79)在高、低潮期间大体上是线性的，因为在此期间 D 和 D_S 可以用相应的常数替代，可直接求出高、低潮时的潮波传播速度 c^+ 和 c^-：

$$c^{\pm}=\frac{gD^{\pm}D_S^{\pm}}{rL_b} \tag{B.82}$$

高、低潮时间是随 x 呈线性增加的，可由下式给出：

$$t_{\mathrm{HW}}(x)=t_{\mathrm{HW}}(0)+\frac{rL_bx}{gD^+D_S^+}, \qquad t_{\mathrm{LW}}(x)=t_{\mathrm{LW}}(0)+\frac{rL_bx}{gD^-D_S^-} \tag{B.83}$$

因为流速和水位存在90°相位差，所以高、低潮时间分别与高、低平潮时间一致。在水道均匀的情况下，式(B. 83)与式(B. 66)对比，可以发现，这两个表达式是十分相似的。因此，不论是在均匀水道，还是在急剧收缩水道中，潮流的不对称性都同样取决于水道的形态(如水深、潮滩范围等)。

潮流引起的泥沙通量

均匀水道与收缩水道的差异在于，后者中不存在斯托克斯漂流。在急剧收缩的受摩阻阻尼影响的水道中，潮流引起的泥沙输移完全决定于高、低潮传播速度引起的潮流不对称性。因此对于急剧收缩的水道，我们可以用下式替代式(B. 76)：

$$\langle q\rangle \propto D^+D_S^+-D^-D_S^- \tag{B.84}$$

涌潮

如果潮间带范围与水道总面积相比较小，即 $b_S^+-b_S^-\ll b_S^+$，则有 $D_S^+D^+>D_S^-D^-$。在这

种情况下，高潮传播快于低潮，潮波会以不对称的形式出现，由此导致涨潮周期短于落潮周期，涨潮流也大于落潮流。潮波的这种不对称性有时可能会导致涌潮(破碎的潮波，其高潮超过低潮)发育。在均匀的潮汐水道中，理论上会发生这种情况，但是实际上在涌潮形成以前潮波就会受到阻尼作用。在漏斗状河口，潮差是增大而不是减小的，只有在这种情况下才能观察到涌潮。图 B. 12 和图 B. 13 所示为亚马孙河大潮时出现的涌潮。

图 B. 12 阿拉瓜亚河口附近，亚马孙河中的涌潮照片，注意峰后波动的传播。据原著参考文献[296]，该图已获《Scientific American》的复制许可

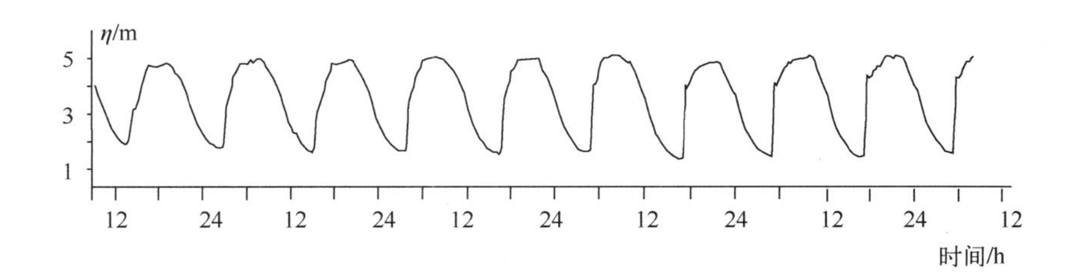

图 B. 13 在阿拉瓜亚河口以南的 Ponto do Guara 记录的亚马孙河中的涌潮水位资料。记录时间：1970 年 4 月 30 日至 1970 年 5 月 5 日，据原著参考文献[173]重绘

中度收缩水道

式(B. 79)是对潮汐动力学十分粗略的简化。在质量平衡方程中忽略 $D_S u_x$ 项是假设了水道收缩长度 L_b 远小于波数的倒数 $1/k = L/2\pi$，而在动量平衡方程中忽略惯性项则是假设了摩阻系数 r/h 远远大于潮波频率 ω。较深的水道能较好地满足第一个条件，而较浅的水道则能较好地满足第二个条件。属于强烈耗散型和急剧收缩型潮汐水道的有 Conwy、Hoogly、Khor、Ord、塔玛以及泰晤士等[161,268]。

对于中度收缩和中度摩阻作用的水道，质量平衡方程和动量平衡方程中的 $D_S u_x$ 和 u_t

两项是不能忽略的，即：

$$-\frac{D_S}{L_b}u+D_S u_x+\eta_t=0$$

$$u_t+g\eta_x+r\frac{u}{D}=0 \tag{B.85}$$

如果水深 D 和传播深度 D_S 取作常量（$D=h$ 及 $D_S=h_S$），这组方程就是线性方程，并可以通过交叉微分消去 η 以及代入 $u \propto e^{i(kx-\omega t)}$ 求解。波数 κ 是一个复数，即 $\kappa=k+i\mu$。如果假设 $|\mu| \ll k$，那么波数 k 仍然可以通过式（B.81）近似求得。阻尼（或振幅）系数 μ 由下式给出：

$$\mu \approx L_b(k^2-k_0^2), \quad k_0=\omega/\sqrt{gh_S} \tag{B.86}$$

括号中的第一项表示 $D_S u_x$ 的贡献，产生潮波阻尼；第二项表示 u_t 的贡献，造成振幅增大。如果潮汐水道属急剧收缩型（L_b 小），且摩阻作用不太强烈，那么括号中为负值，说明潮波在传播中振幅增大，这许多收缩型河口的观测一致[161]，如图 B.14 所示的圣劳伦斯湾。

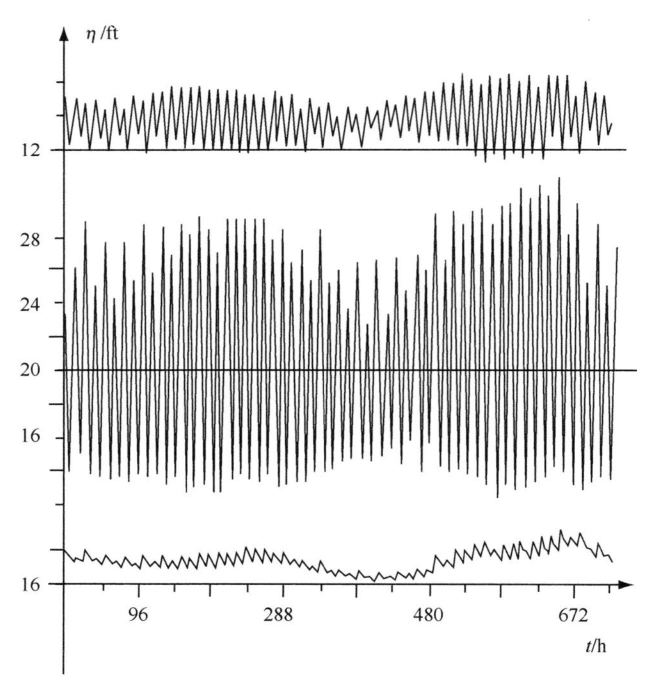

图 B.14 漏斗状的圣劳伦斯湾中潮差的强烈增大，这种现象在圣劳伦斯河感潮河段上游消失，图中水位记录于 1976 年 10 月份。垂直比例尺为英尺，水平比例尺为小时。上图：记录于海湾入口的钱纳尔 – 巴斯克港（Channel – Port aux Basques）；中图：记录于海湾顶部的魁北克港；下图：记录于感潮河段中的三河城。据原著参考文献［271］重绘

摩阻项的线性化

在所有分析模型中，海底切应力均已被线性化。然而，被线性化的摩阻系数实际上是随时间而变化的，而且在平潮时其值为零。这可能会使潮波传播方法的有效性被怀疑，因为在这种方法中潮流的不对称性与高、低潮期间潮波的不同传播速度有关。事实上，在以摩阻作用为主的急剧收缩型潮汐水道以及较短的缓慢收缩型潮汐水道中，高、低平潮(HSW和LSW)是与高、低潮(HW和LW)一致的，可以把随摩阻而变化的传播速度看做只是在平潮前后一定时间内，而不是在平潮期间的合理近似。数值模拟表明，平潮期间短时段内的不同传播速度虽然不会使潮汐曲线的整体不对称性发生明显改变，但是对平潮期间的潮波曲线的确有影响。对此，Lanzoni和Seminara已进行了研究[268]，表明带有非线性摩阻项的潮波方程(B.79)将产生不切实际的高、低潮峰值变化。要消除这种异常，则需要引进其他被忽略的项，特别是质量平衡方程中的$D_S u_x$，该项具有平滑平潮期间潮汐曲线的作用。因此，在解释具有线性化摩阻的模型时应格外谨慎。具有理想潮汐水道地形的简单线性模型或准线性模型并非旨在重现任何野外观测精度下的潮汐曲线，其主要目的仅仅在于重现潮波的总体特征，尤其是潮汐的不对称程度。

附录 C 近海的潮波传播

C.1 线性潮波

用于简化的假设

在本附录中，我们将验证从大洋到海岸带的潮波传播，特别是因与陆架相互作用而引起的潮波变形。在宽广的半封闭陆架上，潮波经历着相当大的改变，正弦大洋潮波已不能很好地表示这种陆架海岸系统的潮汐边界条件，因此陆架海中的潮波变形须考虑在内。通过一系列简化，可以使对潮波传播的讨论更加明朗。有关这些简化及其可应用的条件如下。

• 忽略天体引潮力，因为与沿岸浅水海域的动量耗散相比，这些天体引潮力都是极其微小的。

• 忽略水体垂向加速度，因为流体运动的水平尺度超过了其垂直尺度几个数量级。

• 忽略潮流与密度层化的相互作用。密度层化将减小能量耗散，并减弱潮流与海底地貌的相互作用。在潮流较强的区域，一般不会有密度层化存在。

• 忽略水柱中流速的顺时针旋转。地球自转沿水柱产生了一个可变的横向加速度，由此而引发的流向顺时针变化将影响动量耗散，使动量耗散与垂向平均流速间的二次关系失效，但这种影响在浅水海域(大约 20 m 及以下水深)重要性很小。

• 忽略水平动量交换。流速梯度的水平尺度远远大于其垂直尺度，所以水平速度波动而引发的动量交换远远小于垂向速度波动引起的动量交换。

• 忽略不同分潮的相互作用。不同分潮可以通过潮波方程的非线性项相互作用，如果某一分潮占主导地位(一般是半日分潮)，那么与潮汐主要素产生的高阶分潮相比，这种相互作用产生的潮汐可以忽略不计。

• 忽略小尺度地貌形态。我们可以在比潮波波长小、但比典型地貌特征大的空间范围内对潮波方程进行平均，这样对潮汐传播特征不会产生重大影响。

• 线性化的摩阻动量耗散。摩阻动量耗散的二次特性将产生高阶分潮，特别是三倍于主分潮频率的高阶分潮，忽略这种局部形成的分潮对涨、落潮不对称性仅仅产生很小的影响。

• 忽略潮波方程中的非线性项。这相当于忽略了潮波变形，排除了涨潮 - 落潮不对称性。与线性项比较，非线性项的大小具有与振幅/水深比相近的量级。如果该比值很小，潮波传播可以用线性化的潮波方程进行描述，但是对潮汐不对称性的分析则需要考虑非线性项。

线性潮波方程

在考虑了上述简化的基础上，我们确定了关于垂向平均流速 u、v(去掉了上横线)的潮波方程，并分别在湍流波动范围内和小尺度地貌特征范围内对其进行时空平均。压力梯度与水面坡度相关，摩阻动量耗散与垂向平均流速线性相关。忽略动量平流项，可得潮波方程如下：

$$u_t - fv + g\eta_x + ru/h = 0 \tag{C.1}$$

$$v_t + fu + g\eta_y + rv/h = 0 \tag{C.2}$$

$$\eta_t + (hu)_x + (hv)_y = 0 \tag{C.3}$$

上述方程组视地貌和边界条件的不同可以描述多种类型的潮波运动。由于圆频率 ω 及科氏 f 具有相似的数量级，二维潮波传播受地球自转的强烈影响。

沿无限均匀海岸的开尔文波

在海岸附近(离岸距离短于潮波波长)，垂向速度分量消失，沿岸线传播且垂向流速为零的潮波被称为开尔文波(Kelvin wave)。假定岸线无限平直，平行海岸方向为 x 轴，垂直岸线方向为 y 轴，开尔文波的沿岸流速 u 因地球自转的作用而被垂向水面坡度平衡，即：

$$fu = -g\eta_y \qquad v = 0 \tag{C.4}$$

因此在海岸处潮差最大。在水深均匀且摩阻已忽略不计的情况下，开尔文波可以用如下形式表示：

$$\eta = a\mathrm{e}^{-fy/c}\cos(kx - \omega t), \qquad u = c\eta/h \tag{C.5}$$

其中，$c = \sqrt{gh}$，假设水深均匀意味着潮波波长尺度范围内水深的变化很小。由于潮差在垂向上呈指数减小，因此可以把开尔文波看做是一种海岸捕获波。开尔文波的一个重要特性是其传播方向：在北半球，沿右侧海岸传播；而在南半球，则沿左侧海岸传播。

半封闭沿岸海域的开尔文波

假定存在一个长方形海湾或者近似于长方形的沿岸海域，其水深均匀，长度尺度相当于潮波波长，且只有一个开口与大洋相接。北海、英吉利海峡、黄海、白令海等都是可以用这种一阶近似表述的半封闭沿岸海域。入射波从大洋边界($x=0$)沿右岸传播到海域内；当入射波在陆地边界($x=l$)反射后，沿左岸(从大洋方向看)返回大洋。传播方程如下：

$$\eta = \frac{1}{2}a_l\,\mathrm{e}^{-fy/c_1}\,\mathrm{e}^{-\mu(x-l)}\cos\left[k(x-l) + \frac{fy}{c_2} - \omega t\right]$$

$$+\frac{1}{2}a_l\,e^{fy/c_1}\,e^{\mu(x-l)}\cos\left[k(x-l)+\frac{fy}{c_2}+\omega t\right] \quad (C.6)$$

其中，$y=0$ 为海域轴线（$-b/2 \leqslant y \leqslant b/2$）；$a_l$ 为海域陆地边界（$x=l$，$y=0$）的振幅。此外：

$$c_1=\frac{\omega}{k}(1+\beta^{-2})^{1/2},\qquad c_2=\frac{\omega}{\mu}(1+\beta^{-2})^{1/2},\qquad \beta=\frac{\omega h}{r},$$

$$k=\frac{\omega}{\sqrt{2gh}}\left[1+(1+\beta^{-2})^{1/2}\right]^{1/2},\qquad \mu=\frac{\omega}{\sqrt{2gh}}\left[-1+(1+\beta^{-2})^{1/2}\right]^{1/2}$$

开尔文波不满足陆地边界 $x=l$ 的边界条件 $u=0$。对于方程（C.1）的其他解，也必须要考虑（如庞加莱波，Poincaré wave）；但是，如果距陆地边界足够远，开尔文波则是最主要的潮波分量。

无潮点

在距陆地边界四分之一波长，即 $x=l-\frac{1}{4}L$ 处，可以求得无潮点，潮波围绕该点沿气旋方向旋转。该处潮差为零，即：

$$\eta=\frac{1}{2}a_l\left(e^{\frac{-fy}{c_1}}e^{\frac{\mu L}{4}}-e^{\frac{fy}{c_1}}e^{\frac{-\mu L}{4}}\right)\sin\left(\frac{fy}{c_2}-\omega t\right)=0 \quad (C.7)$$

无潮点不在海域轴线上，而是由于海底摩阻作用沿气旋方向（从大洋方向看）移动。从方程（C.7）可得：

$$y_{\text{amphzi}}=\frac{c_1\,\mu}{4f}L \quad (C.8)$$

第4章图4.39显示了北海半日潮波的同潮时线。可以看出，北海中部的潮波主要由位于北方的大西洋潮波驱动，其无潮点沿气旋方向偏移到了海域东部。在北海南部湾的潮波主要由北海中部的潮波驱动，但也受到了英吉利海峡潮波的影响，从而使无潮点向西偏移。

C.2 沿岸潮波变形

开尔文波的变形与一维潮波类似

如果潮波振幅与水深相比不是很小，潮波方程中的非线性项就不能忽略。潮波在沿海岸传播的同时，将发生变形。对于开尔文波（$v=0$），可以根据下列运动方程求得：

$$u_t+uu_x+g\eta_x+c_D\frac{|u|u}{h+\eta}=0$$

$$\eta_t+[(h+\eta)u]_x=0 \quad (C.9)$$

上述方程的形式与附录B.5节所研究的一维潮波方程相同。沿岸传播的开尔文波在其变形方式上与无宽阔潮滩海域中的潮波相同：在传播过程中，涨潮加快，落潮减慢，并且流速与水位变化存在接近 $\frac{1}{8}T$ 的相位差。

野外观测结果

第4章图4.39展示的是荷兰沿岸潮波在向北传的过程中所发生的变形。北海南部最强的潮汐不对称性出现在荷兰北部和中部沿岸，这也是南部湾最浅的部分，是摩阻对潮波传播影响相对较强的区域。荷兰沿岸的潮差是相当小的，说明摩阻项中的水深变化对潮波变形所起的作用比其他非线性项要大。法国西北沿岸的潮波也是以类似方式发生形变的(图C.1)。

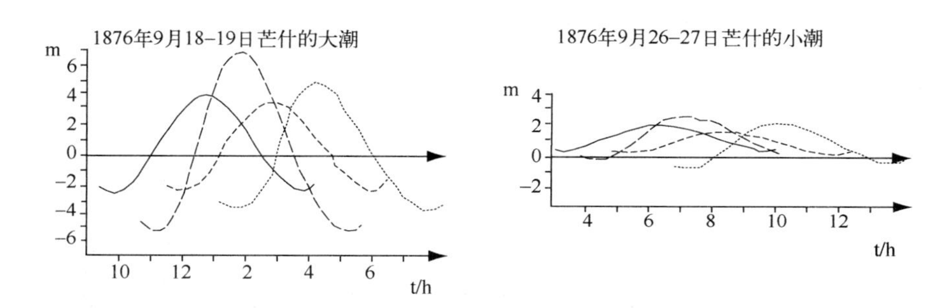

图C.1 法国西北沿岸大、小潮时潮波在传播过程中发生的变形。据原著参考文献[84]。各曲线的站位如下：布雷斯特(实线)，圣马洛(长虚线)，瑟堡(中虚线)，勒阿弗尔(短虚线)，布洛涅(点线)。大潮时的潮汐不对称性比小潮时强得多。布雷斯特靠近大洋边界，几乎为正弦潮波；当潮波进入较浅的圣马洛湾时，涨潮加快，而落潮减慢；潮波进一步向北传播，并穿过深水到达瑟堡，在此处与来自圣马洛湾的反射波发生干涉，相比圣马洛湾的潮汐不对称性减弱；从瑟堡开始，潮波向西朝勒阿弗尔及塞纳河口传播，近岸水深相当浅，潮波变形显得十分明显；在塞纳河口，涨潮比落潮快得多；进一步向北，在布洛涅，潮汐受到来自北海的潮波影响，相比勒阿弗尔的潮波不对称性减弱

近岸海域潮波变形的结果

关于外海潮波的不对称性对潮汐水道的影响，已在第4章第4.6节进行了详细的讨论。潮波不对称性使涨潮加快、落潮减慢，并在口门处造成了受涨潮控制的泥沙输运。地貌平衡需要这种涨潮占优的泥沙补给，以抵消斯托克斯漂流的回流以及宽阔潮滩导致的高潮传播减慢。因此，宽阔陆架海岸上的潮汐水道形态特征不同于直接处于对称大洋潮波影响下的潮汐水道(见第4章第4.6.1节)。

近岸海域的潮波变形对沿岸泥沙净输移也有影响。在大多数情况，尤其是有强烈摩阻作用的情况下，较短的涨潮和较长的落潮过程，对应于较短的涨潮流周期和较长的落潮流周期。例如，实际观测和数值模拟表明，在荷兰沿岸存在向北的泥沙净输移[350]。

附录D 风　浪

D.1 引　言

在本附录中，我们将重现部分经典波浪理论，与波浪－地貌相互作用一章有关。有关对风浪理论更广泛的讨论，可以在许多公认的优秀教科书中找到，例如原著参考文献[426]和[253]等。

单频近似

入射波通常是由周期和波长不同，形状和传播方向也不同的广谱波所组成的波浪场的一部分。波浪场对海底施加应力作用，使泥沙进入运动状态，地貌上的变化就是波浪长期作用所产生的平均结果。为了避免多种不同波浪作用时较大的计算难度，假设由真实波浪场产生的平均泥沙输移与理想波浪场产生的泥沙输移完全相同，理想波浪场由能量与真实波浪场平均能量相同，频率和方向相当于能谱峰值的单频波浪组成。我们将采纳这种假设，并着重于对单向单频波浪的讨论。至于不同周期和方向的波浪所产生的干涉，由此引发的波浪场中大尺度的变化，以及这些大尺度波浪变化对最终地貌形态的影响等，我们暂不考虑。

风浪与潮波在动力学上的差异

风浪的传播至少在3个重要方面与潮波的传播不同。第一是湍流的作用。在潮波传播过程中，湍流切应力导致很强的动量耗散，因为湍流边界层可扩展到大部分的水柱内（在沿岸水域，通常是整个水柱内）；相反，风浪的传播几乎不受海底摩阻切应力的影响，因为风浪周期太短，无法形成湍流边界层，海底摩阻层厚度常常不到1 cm。没有切应力意味着可以把波浪运动看做是无旋运动，用势流理论近似表述。第二是波浪运动中垂向加速度的重要性。在潮波传播过程中，由于其波长很长，所以对垂向加速度可以忽略不计，而且可以利用静压近似。相比之下，风浪不适合用静压近似来表述。第三是水面坡度及其对波浪不对称性发育的影响。在潮波传播过程中，水面坡度很小，对潮波不对称性的产生只起到了很小的作用。然而在风浪中，水面倾斜在波浪轨迹运动的垂向与水平分量之间强加了一种非线性作用，这是造成水面坡度和波浪不对称性发育的主要原因。

D.2 线性波

我们将在上述各项假设的基础上，建立描述风浪传播的方程。通过对这些方程进行求解，可以得出与波浪－地貌相互作用有关的波浪轨迹运动的主要特征。假定单频正弦入射波，在相对于平均水面深度为 $h(x)$ 的海域向岸（沿负 x 方向）传播，振幅为 a，波数为 $k=2\pi/\lambda$，周期为 $T=2\pi/\omega$。由该入射波引起的水面垂向位移用下式表示：

$$\eta(x, t)=a\cos(kx+\omega t) \tag{D.1}$$

由于波浪轨迹运动是一种无旋（$u_z=w_x$）运动，所以我们用势函数 $\Phi(x, z, t)$ 表示其水平和垂向速度分量：即：

$$u=\Phi_x, \qquad w=\Phi_z \tag{D.2}$$

可以将质量平衡方程 $u_x+w_z=0$ 写作：

$$\Delta\Phi=0 \tag{D.3}$$

海底（水平向）和表面边界条件用下式表述：

$$w\big|_{z=-h}=\Phi_z\big|_{z=-h}=0 \tag{D.4}$$

$$w\big|_{z=\eta}=\Phi_z\big|_{z=\eta}=\frac{\mathrm{d}\eta}{\mathrm{d}t}=\eta_t+u\eta_x \tag{D.5}$$

我们将首先讨论线性波浪理论，并忽略式（D.5）右边的最后一项，等价于忽略了与量级为1的项相比，量级约为 $ka=2\pi a/\lambda$ 的项。波动方程简化为线性方程，其解为：

$$\Phi(x, z, t)=-a\frac{\omega}{k}\frac{\cosh[k(z+h)]}{\sinh(kh)}\sin(kx+\omega t) \tag{D.6}$$

求得水平波浪轨迹速度：

$$u=-a\omega\frac{\cosh[k(z+h)]}{\sinh(kh)}\cos(kx+\omega t) \tag{D.7}$$

尽管已经忽略了海底摩阻，但波浪轨迹运动仍随深度的增大而减小。为了推导出波数 k 作为函数 ω 的表达式，还需要一个把水位变化与波浪轨迹运动联系起来的方程。通过动量平衡方程：

$$\begin{aligned} &u_t+uu_x+wu_z+\frac{1}{\rho}p_x=0 \\ &w_t+uw_x+ww_z+\frac{1}{\rho}p_z=-g \end{aligned} \tag{D.8}$$

垂向积分后可得：

$$\Phi_t+\frac{1}{2}(u^2+w^2)+gz-\frac{1}{\rho}p(x, z, t)=f(t) \tag{D.9}$$

假设水面压力为零，则求得伯努利方程：

$$\text{当 } z=\eta \text{ 时，} \Phi_t+\frac{1}{2}(u^2+w^2)+g\eta=0 \tag{D.10}$$

由上式便可以得出 k 与 ω 的关系，即频散关系。代入式(D.6)，并忽略二次项(ka 量级)，可得：

$$c = \frac{\omega}{k} = \sqrt{\frac{g}{k}\tanh(kh)} \tag{D.11}$$

波能

单位长度的波能为波长范围内平均势能和动能的总和，即：

$$E = \frac{1}{\lambda}\int_0^{\lambda}\left[\frac{1}{2}g\rho\eta^2 + \int_{-h}^{\eta}\frac{1}{2}\rho(u^2 + w^2)\,\mathrm{d}z\right]\mathrm{d}x \tag{D.12}$$

如果是线性波，则为：

$$E = \frac{1}{2}\rho g a^2 \tag{D.13}$$

正如下文所述，波能是以不同于波速的速度传播的。

波群及其能量传播

在实际的不规则波浪场内，不同周期和波长的波浪之间将会发生干涉[284]。这种干涉将导致波高的变化，即被称为波群(图 D.1)。波群沿着与其各组成波相同的方向传播，但其波速较低。对此，可以用两个波数接近(即 k 和 $k+\Delta k$)的波浪相互叠加的情况来说明。这两个波浪的总和可以写成：

$$\eta_{\text{sum}} = \eta(k) + \eta(k+\Delta k) = a_{\text{env}}\sin[k(x+ct)] \tag{D.14}$$

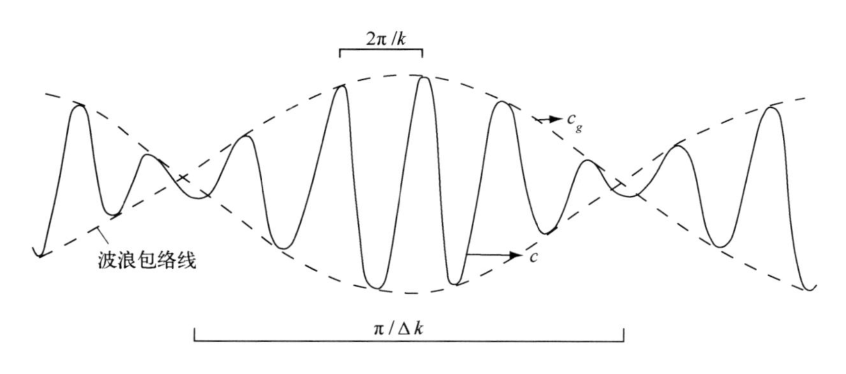

图 D.1 带有波群的波列

其中，a_{env} 为包络线，可由下式给出：

$$a_{\text{env}} = 2a\cos[\Delta k(x+c_g t)]$$

这样，波群便以群速度 c_g 传播。c_g 为：

$$c_g = c + k\,\mathrm{d}c/\mathrm{d}k = nc \tag{D.15}$$

其中，

$$n = \frac{1}{2}\frac{kh}{\sin(2kh)} \tag{D.16}$$

波能也是以群速度 c_g 传播的。如果波能是以不同的速度传播，那么它一定会经过波能为零的波群节点，很显然这是不可能的。波能沿着与其各组成波相同的方向传播，即波数矢量 $\vec{k}$ 的方向。令$\vec{c_g} = c_g\vec{k}/k$，则波能通量可从下式求得：

$$\vec{F} = \vec{c_g}E \tag{D.17}$$

在足够深的水域($kh \geqslant 1$)，波能的耗损很小，有：

$$\vec{\nabla} \cdot \vec{F} \approx 0 \tag{D.18}$$

如果波浪沿水深减小的方向传播，那么群速度 c_g 也将减小。此时波能通量式(D.18)的连续性则意味着波能和波高增长，这种现象被称为“浅水作用”。

D.3 辐射应力

波浪的传播不仅产生往复流动，而且还产生余流，这与动量平衡方程(D.8)中的非线性项有关。余流的产生在数学上可以用“辐射应力”进行描述，辐射应力最初是由 Longuet – Higgins 提出的[289]，当在水深和波浪周期范围内对动量守衡方程平均时才会出现，即：

$$S^{(xx)} = \left\langle \int_{-h}^{\eta}(p + \rho u^2)\mathrm{d}z \right\rangle - \int_{-h}^{\langle\eta\rangle} p_{\mathrm{hydrostat}}\mathrm{d}z$$

$$S^{(yy)} = \left\langle \int_{-h}^{\eta}(p + \rho v^2)\mathrm{d}z \right\rangle - \int_{-h}^{\langle\eta\rangle} p_{\mathrm{hydrostat}}\mathrm{d}z$$

$$S^{(xy)} = \left\langle \int_{-h}^{\eta}\rho uv\mathrm{d}z \right\rangle \tag{D.19}$$

代入线性波浪方程的解，并假设均匀波浪以角度 θ 倾斜海岸入射(x 轴为离岸方向，y 轴为顺岸方向)，可得：

$$S^{(xx)} \approx \left[n(1 + \cos^2\theta) - \frac{1}{2}\right]E$$

$$S^{(yy)} \approx \left[n(1 + \sin^2\theta) - \frac{1}{2}\right]E$$

$$S^{(xy)} \approx nE\sin\theta\cos\theta \tag{D.20}$$

波致余流

如果入射波浪场在空间上是非均匀的，辐射应力将在 x 和 y 两个方向上向波浪平均流场提供额外的动量。经过几次代数运算之后，利用质量平衡方程以及海底和水面边界条件，垂向平均的动量平衡方程则变为：

$$\frac{\partial}{\partial t}\int_{-h}^{\eta}\rho u\mathrm{d}z + \frac{\partial}{\partial x}\int_{-h}^{\eta}\rho(u^2 + p)\mathrm{d}z + \frac{\partial}{\partial y}\int_{-h}^{\eta}\rho uv\mathrm{d}z - p_b\frac{\partial h}{\partial x} + \tau_b^{(x)} = 0$$

$$\frac{\partial}{\partial t}\int_{-h}^{\eta}\rho v\mathrm{d}z + \frac{\partial}{\partial y}\int_{-h}^{\eta}\rho(v^2 + p)\mathrm{d}z + \frac{\partial}{\partial x}\int_{-h}^{\eta}\rho uv\mathrm{d}z - p_b\frac{\partial h}{\partial y} + \tau_b^{(y)} = 0 \qquad (D.21)$$

其中，p_b 是由一阶静水压强公式 $p_b \approx g\rho h$ 近似求得的海底压强。上述这些方程描述了由入射波浪场梯度所引起的垂向平均余流（$u_0(x, y)$，$v_0(x, y)$）和水面坡度（$\eta_{0x}(x, y)$，$\eta_{0y}(x, y)$）。海底应力项 $\tau_b^{(x)}$ 和 $\tau_b^{(y)}$ 已将海底摩阻引起的余流动量耗散包括在内，经过在波浪周期内对方程平均和引进辐射应力（式（D. 19））之后，可得：

$$(u_0^2)_x + (v_0u_0)_y + g\eta_{0x} + (\tau_{0b}^{(x)} + S_x^{(xx)} + S_y^{(xy)})/\rho D = 0 \qquad (D.22)$$

$$(v_0)_y + (u_0v_0)_x + g\eta_{0y} + (\tau_{0b}^{(y)} + S_y^{(yy)} + S_x^{(xy)})/\rho D = 0 \qquad (D.23)$$

$$(Du_0)_y + (Dv_0)_y = 0 \qquad (D.24)$$

其中，$D = h + \eta_0$ 为波浪周期内平均后的总水深，余流在水柱内的变化已忽略未计。这是一种合理的近似，因为破波线向岸一侧水深很小。

假设在沿岸方向上海岸地貌和入射波浪场是均匀一致的，那么所有涉及到沿岸梯度的项均为零。因为在岸线处没有横向余流，即 $u_0 = 0$，所以上述方程可以简化为：

$$g\rho D\eta_{0x} + S_x^{(xx)} = 0 \qquad (D.25)$$

$$\tau_{0b}^{(y)} + S_x^{(xy)} = 0 \qquad (D.26)$$

浅水作用与减水

当波浪垂直入射时（$\theta = 0$），假设在破波带以外能量耗散很小，波能通量 $F = ncE$ 近似为常数（不取决于 x 或 h）。代入式（D. 20），得出用于式（D. 25）的辐射应力表达式，然后求出下列平均水位坡度公式：

$$\frac{\mathrm{d}\eta_0}{\mathrm{d}h} = -\frac{F}{g\rho h}\frac{\mathrm{d}}{\mathrm{d}h}\left(\frac{2n - \frac{1}{2}}{nc}\right) \qquad (D.27)$$

以 h 作为水深 D 的近似，以 h 的微分替换 x 的微分（假设 h 是 x 的单调减函数）。然后对上式右边项进行积分，得出（外海 $\eta_0 = 0$）：

$$\eta_0 = -\frac{1}{2}\frac{ka^2}{\sinh(2kh)} \approx \frac{1}{4}\frac{a^2}{h} \qquad (D.28)$$

该式最后的近似过程只适用于 $kh \ll 1$ 的浅水海域。当接近浅水海域，但在波浪破碎前，波高增大，辐射应力发育，从而导致水位降低。在接近海岸时（破波线之前），减水变得更为重要，一方面是由于 h 减小，另一方面是因为振幅 a 增大（浅水作用所致）（见图 D. 2）。

波浪破碎与增水

波浪破碎引起波高减小，而且水深越浅，波浪破碎后的波高就越小。波浪饱和假说认为，波浪破碎可以在整个破波带内使波高 $H = 2a$ 减小到与水深大体固定的比值，即：

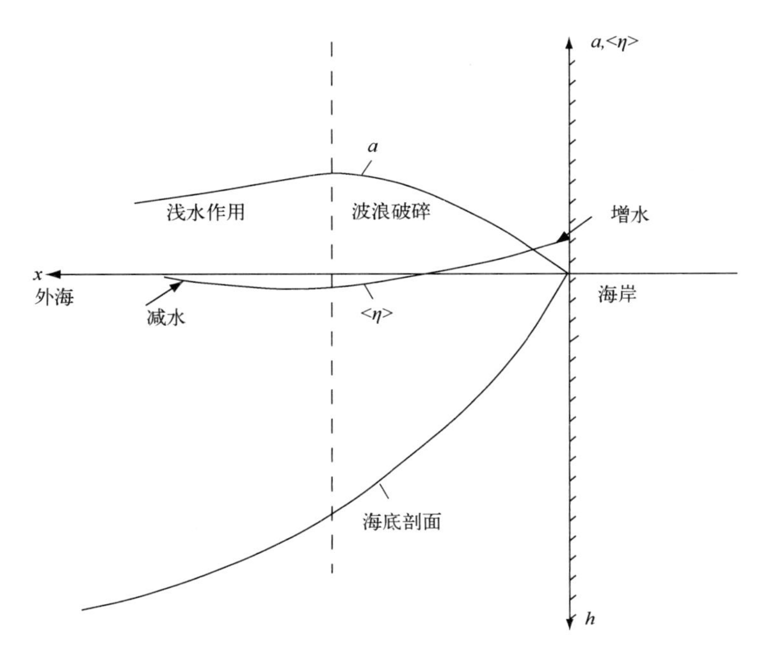

图 D.2 浅水作用和波浪破碎导致的平均水位的增水和减水

$$H(x) = \gamma_{br} D(x) \tag{D.29}$$

观测结果表明，比例常数 γ_{br} 的数值介于 0.4 ~ 1.3 之间。将其连同近似值 $kh \ll 1$ 一起代入辐射应力公式(D.20)，可得：

$$E = \frac{1}{8} g\rho\, \gamma_{br}^2\, D^2, \qquad S^{(xx)} = \frac{3}{16} g\rho\, \gamma_{br}^2\, D^2 \tag{D.30}$$

其中，有关辐射应力对水面坡度的影响，由方程(D.25)计算得出。假设波浪垂直海岸入射($\theta = 0$)，从而得出如下增水公式：

$$\eta_{0x} = -\frac{\frac{3}{8}\gamma_{br}^2}{1 + \frac{3}{8}\gamma_{br}^2} h_x \tag{D.31}$$

D.4 沿岸流

下面讨论以角度 θ 接近均匀海岸的波浪场。在这种情况下，除了引起平均水位向岸倾斜的沿 x 方向的辐射应力分量 $S^{(xx)}$ 以外，辐射应力分量 $S^{(xy)}$ 也在 x 方向上存在梯度。沿岸水面坡度是无法抵消后者的，因为所假设的海岸线是无限长且均匀一致的。因此，横向辐射应力梯度 $S_x^{(xy)}$ 驱动着一个沿岸的平均海流[290]，称为“沿岸流”或“破波流”，其强弱主要取决于辐射应力梯度与动量耗散(通过海底湍流摩阻，见式(D.26))之间的平衡，最大强度出现在波高横向变化最大的地方，即破波带。为了求得海底摩阻引起的动量耗散，我们将采用二次摩阻定律：

$$\vec{\tau}_b = \rho c_D \sqrt{(u_0 + u)^2 + (v_0 + v)^2}(u_0 + u, v_0 + v) \tag{D.32}$$

对于以角度 θ 入射的波浪场，可得：

$$u = U\cos\theta\cos\omega t, \qquad v = U\sin\theta\cos\omega t$$

但是波浪场叠加下恒定流的摩阻系数 c_D 与单纯恒定流不同，所以要获得这两种情况下摩阻系数的可靠数值，还需要通过实验进行测定。一般而言，破波带里的波浪轨迹速度远远大于恒定流的分量。在这种情况下，与 U^2 相比，u_0^2 和 v_0^2 可以忽略不计；而波浪入射角一般较小，因此在一阶近似下，与 $\cos\theta$ 相比，$\sin\theta$ 可以忽略不计。根据这些假设条件，在波浪周期内平均之后，可得出如下结果：

$$\tau_{0b}^{(x)} = 2ru_0, \quad \tau_{0b}^{(y)} = rv_0, \quad r \approx 2\rho c_D U/\pi \tag{D.33}$$

沿岸流的量值 V，可以根据式(D.26)求得：

$$V = -v_0 = -\tau_{0b}^{(y)}/r = S_x^{(xy)}/r \tag{D.34}$$

而辐射应力 $S^{(xy)}$ 可以根据下式求得：

$$S^{(xy)} = nE\cos\theta\sin\theta = F^{(x)}\frac{\sin\theta}{c} \tag{D.35}$$

其中，$F^{(x)} = ncE\cos\theta$ 为横向波能通量。

在破波带以外，向岸波能通量近似为常量，即 $F_x^{(x)} \approx 0$。根据斯奈尔折射定律，$\sin\theta/c$ 为常数。因而在破波带以外 $S_x^{(xy)} \approx 0$，无沿岸流产生。

如果将近似值 $c_g \approx c \approx \sqrt{gh}$ 和 $a \approx \frac{1}{2}\gamma_{br}h$ 分别用于波浪传播速度和振幅，可以得到破波带中 $S^{(xy)}$ 的简化公式：

$$S^{(xy)} \approx S_{br} = \frac{1}{8}\rho g^{3/2}\gamma_{br}^2 h^{5/2}\cos\theta_{br}\left(\frac{\sin\theta_{br}}{c_{br}}\right) \tag{D.36}$$

其中，x_{br}代表的是破波带的宽度，是离岸最远的波浪破碎地点。将该式代入沿岸动量平衡方程(D.34)，得出沿岸流 V 的计算公式：

$$V = \frac{5\pi}{16}\frac{\beta\gamma_{br}}{c_D}\sqrt{gh}\cos\theta_{br}\sin\theta_{br} \tag{D.37}$$

其中，$\beta \approx \tan\beta$ 表示近岸海底坡度。

原著参考文献

[1] Alldridge, A.L. (1979) The chemical composition of macroscopic aggregation in two neretic seas. *Limnol. Oceanogr.* **24**: 855–866.

[2] Allen, J.L.R. (1968) *Current Ripples.* N. Holland Publ. Comp., Amsterdam, 433 pp.

[3] Allen, J.R.L. (1980) Sandwaves: A model of origin and internal structure. *Sed. Geol.* **26**: 281–328.

[4] Allen, J.R.L. (1982) Sedimentary structures — Their characteristics and physical basis. Vol. 1. In: *Developments in Sedimentology*, Vol. 30A, Elsevier, New York, 593 p.

[5] Allen, G.P., Sauzay, G., Castaing, S.P. and Jouanneau, J.M. (1977) Transport and deposition of suspended sediment in the Gironde estuary, France. In: *Estuarine Processes*, Vol. II. Ed., M. Wiley, Academic Press, New York, pp. 63–81.

[6] Allen, G.P., Salomon, J.C., Bassoulet, P., Du Penhoat, Y. and De Grandpre, C. (1980) Effects of tides on mixing and suspended sediment transport in macrotidal estuaries. *Sediment. Geol.* **26**: 69–90.

[7] Amos, C.L., Daborn, G.L., Christian, H.A., Atkinson, A. and Robertson, A. (1992) In situ erosion measurements on fine-grained sediments from the Bay of Fundy. *Mar. Geol.* **108**: 175–196.

[8] Amos, C.L. (1995) Siliciclastic tidal flats. In: Geomorphology and Sedimentology of Estuaries. Ed., G.M.E. Perillo, Elsevier, New York, pp. 273–306.

[9] Andersen, T.J. and Pejrup, M. (2001) Suspended sediment transport on a temperate, microtidal mudflat, the Danish Wadden Sea. *Mar. Geol.* **173**: 69–85.

[10] Anderson, T.J. (2001) Seasonal variability in erodibility of two temperate microtidal mudflats. *Est. Coast. Shelf Sci.* **45**: 507–524.

[11] Antia, E.E. (1996) Rates and patterns of migration of shoreface-connected sandy ridges along the Southern North Sea Coast. *J. Coast. Res.* **12**: 38–46.

[12] Antia, E.E. (1996) Shoreface-connected ridges in German and US Middle Atlantic Bights: Similarities and contrasts. *J. Coast. Res.* **12**: 141–146.

[13] Ashley, G.M. (1990) Classification of large-scale subaqeous bedforms: A new look at an old problem. *J. Sed. Petrol.* **60**: 160–172.

[14] Ashton, A., Murray, A.B. and Arnault, O. (2001) Formation of coastline features by large-scale instabilities induced by high-angle waves. *Nature* **414**: 296–300.

[15] Aubrey, D. (1979) Seasonal patterns of onshore/offshore sediment movement. *J. Geophys. Res.* **84**: 6347–6354.

[16] Aubrey, D.G. and Speer, P.E. (1985) A study of non-linear tidal propagation in shallow inlet/estuarine systems. Part I: Observations. *Est. Coast. Shelf Sci.* **21**: 185–205.

[17] Austin, J.A. (2004) Estimating effective longitudinal dispersion in the Chesapeake Bay. *Est. Coast. Shelf Sci.* **60**: 359–368.
[18] Avoine, J., Allen, G.P., Nichols, M., Salomon, J.C. and Larsonneur, C. (1981) Suspended-sediment transport in the Seine estuary, France: Effect of man-made modifications on estuary-shelf sedimentology. *Mar. Geol.* **40**: 119–137.
[19] Bagnold, R.A. (1963) Mechanics of marine sedimentation. In: *The Sea*, Vol. 3. Ed., M.N. Hill, Wiley-Interscience, pp. 507–528.
[20] Bailard, J.A. (1981) An energetics total load sediment transport model for a plane sloping beach. *J. Geophys. Res.* **86**: 10938–10954.
[21] Baquerizo, A., Losada, M.A. and Smith, J.M. (1998) Wave reflection from beaches: A predictive model. *J. Coast. Res.* **14**: 291–298.
[22] Barwis, J.H. (1978) Sedimentology of some South Carolina tidal-creek point bars and a comparison with their fluvial counterparts. In: *Fluvial Sedimentology.* Ed., A.D. Miall. *Can. Soc. Petr. Geol. Mem.* **5**: 129–160.
[23] Bass, S.J., Aldridge, J.N., McCave, I.N. and Vincent, C.E. (2002) Phase relationship between fine sediment suspensions and tidal currents in coastal seas. *J. Geophys. Res.* **107**: 10-1–10-6.
[24] Battjes, J.A. (1988) Surf-zone dynamics. *Ann. Rev. Fluid Mech.* **20**: 257–293.
[25] Bauer, B.O., Davidson-Arnott, R.G.D., Nordstrom, K.E., Ollerhead, J. and Jackson, N.L. (1996) Indeterminacy in aeolian sediment transport across beaches. *J. Coast. Res.* **12**: 641–653.
[26] Bearman, G. (Ed.) (1991) *Waves, Tides and Shallow-Water Processes.* The Open University, Pergamon Press, Oxford.
[27] Beets, D.J., Roep, Th.B. and de Jong, J. (1981) Sedimentary sequences of the sub-recent North Sea coast of the Western Netherlands near Alkmaar. In: *Holocene Marine Sedimentation in the North Sea Basin.* Eds., S.D. Nio, R.T.E. Schuttenhelm and Tj.C.E. van Weering. *I. A. S. Spec. Publ.* **5**: 133–145.
[28] Beets, J.D., van der Valk, L. and Stive, M.J.F. (1992) Holocene evolution of the coast of Holland. *Mar. Geol.* **103**: 423–443.
[29] Beets, J.D. and van der Spek, A.J.F. (2000) The holocene evolution of the barrier and the back-barrier basins of Belgium and the Netherlands as a function of late Weichselian morphology, relative sea level rise and sediment supply. *Neth. J. Geosci.* **79**: 3–16.
[30] Bell, P.S. (1999) Shallow water bathymetry derived from an analysis of X-band marine radar images of waves. *Coast. Eng.* **37**: 513–527.
[31] Berendsen, H.J.A. (1998) Birds-eye view of the Rhine-Meuse Delta (The Netherlands). *J. Coast. Res.* **14**: 740–752.
[32] Bernabeu, A. M., Medina, R. and Vidal, C. (2003) A morphological model of the beach profile integrating wave and tidal influences. *Mar. Geol.* **197**: 95–116.
[33] Berné, S., Lericolais, G., Marsset, T., Bourillet, J.F. and De Batist, M. (1998) Erosional offshore sand ridges and lowstand shorefaces: Examples from tide- and wave-dominated environments in France. *J. Sed. Res.* **68**: 540–555.
[34] Berné, S., Vagner, P., Guichard, F., Lericolais, G., Liu, Z., Trentesaux, A., Yin, P. and Yi, H.I. (2002) Pleistocene forced regressions and tidal sand ridges in the East China Sea. *Mar. Geol.* **188**: 293–315.
[35] Bijker, E.W. (1967) Some considerations about scales for coastal models with moveable bed. Thesis, Delft Technological University.

[36] Bird, E.C.F. (1996) Coastal erosion and rising sea-level. In: *Sea-Level Rise and Coastal Subsidence*. Ed., J.D. Milliman and B.U. Haq. Kluwer Ac. Publ., Dordrecht.

[37] Bijker, E.W., Kalkwijk, J.P.Th. and Pieters, T. (1974) Mass transport in gravity waves on a sloping bottom. In: *Procs. 14th Int. Coast. Eng. Conf., ASCE*, pp. 447–465.

[38] Black, K.P., Gorman, R.M. and Symonds, G. (1995) Sediment transport near the break-point associated with cross-shore gradients in vertical eddy diffusivity. *Coastal Eng.* **26**: 153–175.

[39] Black, K.P., Gorman, R.M. and Byran, K.R. (2002) Bars formed by horizontal diffusion of suspended sediment. *Coastal Eng.* **47**: 53–75.

[40] Blanton, J.O., Lin, G. and Elston, S.A. (2002) Tidal current asymmetry in shallow estuaries and tidal creeks. *Cont. Shelf Res.* **22**: 1731–1743.

[41] Blanton, J.O., Seim, H., Alexander, C., Amft, J. and Kineke, G. (2003) Transport of salt and suspended sediments in a curving channel of a coastal plain estuary: Satilla River, GA. *Est. Coast. Shelf Sci.* **57**: 993–1006.

[42] Blondeaux, P. and Seminara, G. (1985) A unified bar-bend theory of rivers. *J. Fluid Mech.* **157**: 449–470.

[43] Blondeaux, P. (1990) Sand ripples under sea waves. Part 1: Ripple formation. *J. Fluid Mech.* **218**: 1–17.

[44] Blondeaux, P. (2001) Mechanics of coastal forms. *Ann. Rev. Fluid Mech.* **33**: 339–369.

[45] Bokuniewicz, H. (1995) Sedimentary systems of coastal-plain estuaries. In: *Geomorphology and Sedimentology of Estuaries*. Ed., G.M.E. Perillo, Elsevier, Amsterdam, pp. 49–67.

[46] Bolla Pittaluga, M., Repetto, R. and Tubino, M. (2001) Channel bifurcation in one-dimensional models: A physically based nodal point condition. In: *2nd IAHR Symp. Riv. Coas. Est. Morph.* Ed., S. Ikada. Obihiro, Japan, pp. 305–314.

[47] Boothroyd, J.C. (1985) Tidal inlets and tidal deltas. In: *Coastal Sedimentary Environments*. Ed., R.A. Davis, Springer-Verlag, New York, pp. 445–532.

[48] Bowen, A.J. and Inman, D.L. (1971) Edge waves and crescentic bars. *J. Geophys. Res.* **76**: 8662–8671.

[49] Bowen, A.J. (1980) Simple models of nearshore sedimentation; beach profiles and long-shore bars. In: *The Coastline of Canada*, Ed., S.B. McCann, Geological Survey of Canada, Ottawa, pp. 1–11.

[50] Bowen, A.J. and Holman, R.A. (1989) Shear instabilities of the mean longshore current, 1, *Theory J. Geophys. Res.* **94**: 18023–18030.

[51] Bowen, M.M. and Geyer, W.R. (2003) Salt transport and the time-dependent salt balance of a partially stratified estuary. *J. Geophys. Res.* **108**: 27.1–27.15.

[52] Boyd, R., Forbes, D.L. and Heffler, D.E. (1988) Time-sequence observations of wave-formed sand ripples on an ocean shoreface. *Sedimentol.* **35**: 449–464.

[53] Boyd, R., Dalrymple, R.W. and Zaitlin, B.A. (1992) Classification of clastic coastal depositional environments. *Sed. Geol.* **80**: 139–150.

[54] Brander, R.W. (1999) Field observations on the morphodynamic evolution of a low-energy rip current system. *Mar. Geol.* **157**: 199–217.

[55] Brenon, I. and Le Hir, P. (1999) Modelling the turbidity maximum in the Seine estuary: Identification of formation processes. *Est. Coast Shelf Sci.* **49**: 525–544.

[56] Bruun, P. (1954) Coast erosion and the development of beach profiles. Beach Erosion Board, US Army Corps of Eng., *Tech. Mem.* **44**: 1–79.

[57] Bruun, P. (1962) Sea-level rise as a cause of shore erosion. *Proc. Am. Soc. Civ. Eng., J. Water Harbors Div.* **88**: 117–130.
[58] Bruun, P. (1963) Longshore currents and longshore throughs. *J. Geophys. Res.* **68**: 1065–1078.
[59] Bruun, P. (1988) The Bruun rule of erosion by sea-level rise: A discussion on large-scale two- and three-dimensional usages. *J. Coast. Res.* **4**: 627–648.
[60] Byrne, R.J., Gammisch, R.A. and Thomas, G.R. (1981) Tidal prism-inlet area relationships for small tidal inlets. In: *Procs. 17th Int. Coast. Eng. Conf., ASCE*, New York, pp. 2517–2533.
[61] Caballeria, M., Coco, G., Falqués, A. and Huntley, A.D. (2002) *J. Fluid Mech.* **465**: 379–410.
[62] Callender, R.A. (1969) Instability and river channels. *J. Fluid Mech.* **36**: 465–480.
[63] Calvete, D., Falqués, A., De Swart, H.E. and Walgreen, M. (2001) Modelling the formation of shoreface-connected sand ridges on storm-dominated inner shelves. *J. Fluid Mech.* **441**: 169–193.
[64] Calvete, D., De Swart, H.E. and Falqués, A. (2002) Effect of depth-dependent wave stirring on the final amplitude of shoreface-connected ridges. *Cont. Shelf Res.* **22**: 2763–2776.
[65] Camenen, B. and Larroude, P. (1999) Nearshore and transport modelling: Application to Trucvert Beach. In: *Proc. IAHR Symp. on River, Coastal and Estuarine Morphodynamics*, Vol. II: 31–40.
[66] Carbajal, N. and Montano, Y. (2001) Comparison between predicted and observed physical features of sandbanks. *Est. Coast. Shelf Sci.* **52**: 435–443.
[67] Carter, R.W.G. (1988) *Coastal Environments.* Academic Press, London, 617 pp.
[68] Cartwright, D.E. (1999) *Tides, A Scientific History.* Cambridge University Press, UK, 292 pp.
[69] Castaing, P. (1989) Co-oscillating tide controls long-term sedimentation on the Gironde estuary, France. *Mar. Geol.* **89**: 1–9.
[70] CERC Shore Protection Manual, I-III. Army Corps of Engineers, US Govt. Printing Office.
[71] Chang, J.H. and Choi, J.Y. (2001) Tidal-flat sequence controlled by holocene sea-level rise in Gomso Bay, West Coast of Korea. *Est. Coast. Shelf Science* **52**: 391–399.
[72] Chang, H., Simons, D.B. and Woolisher, D.A. (1971) Flume experiments on alternate bar formation. *Proc. ASCE, Waterways, Harbors Coast. Eng. Div.* **97**: 155–165.
[73] Chantler, A.G. (1971) The applicability of regime theory to tidal water courses. *J. Hydraul. Res.* **12**: 181–191.
[74] Chen, J., Liu, C., Zhang, C. and Walker, H.J. (1990) Geomorphological development and sedimentation in Qiantang estuary and Hangzou bay. *J. Coast. Res.* **6**: 559–572.
[75] Chung, D.H. and Van Rijn, L.C. (2003) Diffusion approach for suspended sediment transport. *J. Coast. Res.* **19**: 1–11.
[76] Clarke, L.B. and Werner, B.T. (2004) Tidally modulated occurrence of megaripples in a saturated surf zone. *J. Geophys. Res.* **109**(C01012): 1–15.
[77] Cleveringa, J. (2000) Reconstruction and modelling of Holocene coastal evolution of the western Netherlands. Thesis, Utrecht University, Geologica Ultraiectina **200**.
[78] Coco, G., O'Hare, T.J. and Huntley, D.A. (1999) Beach cusps: A comparison of data and theories for their formation. *J. Coast. Res.* **15**: 741–749.

[79] Coco, G., Huntley, D.A. and O'Hare, T.J. (2000) Investigation of a self-organization model for beach cusp formation and development. *J. Geophys. Res.* **105**: 219991–22002.
[80] Coco, G., Burnet, T.K. and Werner, B.T. (2003) Test of self-organisation in beach cusp formation. *J. Geophys. Res.* **108** (C3): 46.
[81] Coleman, S.E. and Melville, B.W. (1996) Initiation of bed forms on a flat sand bed. *J. Hydr. Eng.* **122**: 301–310.
[82] Collins, M.B., Amos, C.L. and Evans, G. (1981) Observations of some sediment-transport processes over intertidal flats, the Wash, UK. In: *Int. Ass. Sediment Spec. Publ.* **5**: 81–98.
[83] Collins, M.B. (1983) Supply, distribution and transport of suspended sediment in a macrotidal environment: Bristol Channel, UK *Can. J. Fish. Aquat. Sci.* **40**(suppl.): 44–59.
[84] Comoy, M. (1881) Etude Pratique sur les Marées Fluviales. Gauthiers-Villars, Paris.
[85] Cornaglia, P. (1889) Delle Spiaggie. Accademia Nazionale dei Lincei, *Atti. Cl. Sci. Fis., Mat. e Nat. Mem.* **5**: 284–304.
[86] Cornish, V. (1898) On sea beaches and sandbanks. *Geograph. J.* **11**: 528–559, 628–647.
[87] Cowell, P.J., Stive, M.J.F., Niedoroda, A.W., de Vriend, H.J., Swift, D.P.J., Kaminsky, G.M. and Capobianco, M. (2003) The coastal-tract: A conceptual approach to aggregate modelling of low-order coastal change. *J. Coast. Res.* **19**: 812–827.
[88] Cox, D.T. and Kobayashi, N. (1998) Application of an undertow model to irregular waves on plane and barred beaches. *J. Coast. Res.* **14**: 1314–1324.
[89] Dalrymple, R.W. (1984) Morphology and internal structure of sand waves in the Bay of Fundy. *Sedimentol.* **31**: 365–382.
[90] Dalrymple, R.W., Zaitlin, B.A. and Boyd, R. (1992) Estuarine facies models: Conceptual basis and stratigraphic implications. *J. Sed. Petrol.* **62**: 1130–1146.
[91] Dalrymple, R.W. and Rhodes, R.N. (1995) Estuarine Dunes and Bars. In: *Geomorphology and Sedimentology of Estuaries.* Ed., G.M.E. Perillo. *Developments in Sedimentology* **53**, Elsevier, Amsterdam: pp. 359–422.
[92] Damgaard, J.S., Van Rijn, L.C., Hall, L.J. and Soulsby, R. (2001) Intercomparison of engineering methods for sand transport. In: *Sediment Transport Modelling in Marine Coastal Environments.* Eds, L.C. van Rijn, A.G. Davies, J. Van de Graaff and J.S. Ribberink. Aqua Publications, Amsterdam, CJ1–CJ12.
[93] Davies, A.G. (1982) On the interaction between surface waves and undulations of the sea bed. *J. Mar. Res.* **40**: 331–368.
[94] Davies, A.G., Ribberink, J.S., Temperville, A. and Zyserman, J.A. (1997) Comparisons between sediment transport models and observations made in wave and current flows above plain beds. *Coastal Eng.* **31**: 163–169.
[95] Davies, A.G. and Villaret, C. (1998) Wave-induced currents above rippled beds and their effects on sediment transport. In: *Physics of Estuaries and Coastal Seas.* Eds., J. Dronkers and M. Scheffers. Balkema, Rotterdam, pp. 187–199.
[96] Davies, J.L. (1980) *Geographical Variation in Coastal Development.* Longman, New York, 212 pp.
[97] Davis, R.A. (1985) Beach and nearshore zone. In: *Coastal Sedimentary Environments.* Ed., R.A. Davis, Springer-Verlag, pp. 379–444.
[98] Dean, R.G. (1973) Heuristic models of sand transport in the surf zone. *Proc. Conf. Eng. Dynamics in the Surf Zone*, Sydney, pp. 208–214.

[99] Dean, R.G. (1977) Equilibrium beach profiles: US Atlantic coast and Gulf coasts. *Ocean Eng. Tech. Rep.* **12**, Univ. of Delaware, Newark, 45 pp.
[100] Dean, R.G. and Maurmeyer, E.M. (1980) Beach cusps at Point Reyes and Drakes Bay beaches, California. In: *Procs. Int. Conf. Coast. Eng. ASCE*, New York, pp. 863–884.
[101] Dean, R.G. (1991) Equilibrium beach profiles: Characteristics and applications. *J. Coast. Res.* **7**: 53–84.
[102] Dean, R.G. and Dalrymple, R.A. (2002) *Coastal Processes with Engineering Applications.* Cambridge Univ. Press, 475 pp.
[103] De Bok, C. and Stam, J.M. (2002) *Long-Term Morphology of the Eastern Scheldt.* Report Rijkswatertstaat, RIKZ 2002/108x.
[104] Defant, A. (1961) *Physical Oceanography.* Vol. II. Permanon Press, Oxford.
[105] De Haas, H. and Eisma, D. (1993) Suspended-sediment transport in the Dollard estuary. *Neth. J. Sea Res.* **31**: 37–42.
[106] Deigaard, R., Drønen, N., Fredsøe, J., Jensen, J.H. and Jørgensen, M.P. (1999) A morphology stability analysis for a long straight barred coast. *Coast. Eng.* **36**: 171–195.
[107] Dette, H.H. (2002) Sandbewegung im Küstenbereich. *Die Küste* **65**: 215–256.
[108] De Vriend, H.J., Bakker, W.T. and Bilse, D.P. (1994) A morphological behaviour model for the outer delta of mixed-energy tidal inlets. *Coast. Eng.* **23**: 305–327.
[109] De Vriend, H. (2001) Long-term morphological prediction. In: *River, Coastal and Estuarine Morphodynamics*. Eds., G. Seminara and P. Blondeaux. Springer, Berlin, pp. 163–190.
[110] Dibbits, H.A.M.C. (1950) Nederland Waterland, a historical-technical perspective. Oosthoek, Utrecht, 286 pp. (In Dutch).
[111] Dibajnia, M. and Watanabe, A. (1996) A transport rate formula for mixed-size sands. In: *Proc. Int. Conf. Coast. Eng.*, Orlando, Florida, ASCE, 3791–3804.
[112] Di Silvio, G. (1991) Averaging operations in sediment transport modelling: Short-step versus long-step morphological simulations. In: *Int. Symp. Transp. Susp. Sed. Mod.* Ed., L. Montefusco. Univ. Florence, pp. 723–739.
[113] Dolan, R. (1971) Coastal landforms: Crescentic and rhythmic. *Geol. Soc. Am. Bul.* **82**: 177–180.
[114] Doodson, A.T. (1921) The harmonic development of the tide-generating potential. *Proc. R. Soc. London, Ser. A* **100**: 305–329.
[115] Dronkers, J.J. (1964) *Tidal Computations in Rivers and Coastal Waters.* North-Holland Publ. Co., Amsterdam, 518 pp.
[116] Dronkers, J.J. (1970) Research for the coastal area of the delta region of the Netherlands. *Proc. 12th Int. Coast. Eng. Conf. Washington, ASCE*, Ch.108.
[117] Dronkers, J. and Zimmerman, J.T.F. (1982) Some principles of mixing in coastal lagoons. *Oceanologica Acta* SP, pp. 107–117.
[118] Dronkers, J. (1982) Conditions for gradient-type dispersive transport in one-dimensional tidally averaged transport models. *Est. Coast. Shelf Sci.* **14**: 599–621.
[119] Dronkers, J. (1984) Import of fine marine sediment in tidal basins. In: *Procs. Int. Wadden Sea Symp. Neth. Inst. for Sea Res. Publ. Series* **10**: 83–105.
[120] Dronkers, J. (1986) Tidal asymmetry and estuarine morphology. *Neth. J. Sea Res.* **20**: 117–131.

[121] Dronkers, J. (1998) Morphodynamics of the Dutch Delta. In: *Physics of Estuaries and Coastal Seas*. Ed., J. Dronkers and M.B.A.M. Scheffers, Balkema, Rotterdam, pp. 297–304.

[122] Dupont, J-P., Lafite, R., Huault, F., Hommeril, P. and Meyer, R. (1994) Continental/marine ratio changes in suspended and settled matter across macrotidal estuary (the Seine estuary, northwestern France). *Mar. Geol.* **120**: 27–40.

[123] Dyer, K.R. (1986) *Coastal and Estuarine Sediment Dynamics*. John Wiley, Chichester, p. 342.

[124] Dyer, K.R. and Huntley, D.A. (1999) The origin, classification and modelling of sand banks and ridges. *Cont. Shelf Res.* **19**: 1285–1330 *Int. Coast. Eng. Conf. Washington, ASCE*, Ch.108.

[125] Dyer, K.R. and Manning, A.J. (1999) Observation of the size, settling velocity and effective density of flocs and their fractal dimension. *J. Sea Res.* **41**: 87–95.

[126] Dyer, K.R., Christie, M.C. and Wright, E.W. (2000) The classification of intertidal mudflats. *Cont. Shelf Res.* **20**: 1039–1060.

[127] Dyer, K.R., Christie, M.C. and Manning, A.J. (2004) The effect of suspended sediment on turbulence within an estuarine turbidity maximum. *Est. Coast. Shelf Sci.* **59**: 237–248.

[128] Dyer, K.R. Personal communication.

[129] Eidsvik, K.J. (2004) Some contributions to the uncertainty of sediment transport predictions. *Cont. Shelf Res.* **24**: 739–754.

[130] Einstein, H.A. and Krone, R.B. (1962) Experiments to determine modes of cohesive sediment transport in salt water. *J. Geophys. Res.* **67**: 1451–1461.

[131] Eisma, D., Bernard, P., Cadee, G.C., Ittekot, V., Kalf, J., Laane R., Martin, J.M., Mook, W.G., Van Put, A. and Schuhmacher, T. (1983) Suspended-matter particle size in some West-European estuaries; Part I: *Particle Size Distribution. Neth. J. Sea Res.* **28**: 193–214.

[132] Eitner, V. (1996) Morphological and sedimentological development of a tidal inlet and its catchment area (Otzumer Balje, Southern North Sea). *J. Coast. Res.* **12**: 271–293.

[133] Ehlers, J. (1988) The morphodynamics of the Waddensea. Balkema, Rotterdam.

[134] El Ganaoui, O., Schaaff, E., Boyer, P., Amielh, M., Anselmet, F. and Grenz, C. (2004) The deposition and erosion of cohesive sediment determined by a multi-class model. *Est. Coast. Shelf Sci.* **60**: 457–475.

[135] Elias, E., Stive, M., Bonekamp, H. and Cleveringa, J. (2003) Tidal inlet dynamics in response to human intervention. *J. Coast. Eng.* **45**: 629–658.

[136] Elliott, A.J. (1987) Observations of meteorologically induced circulation in the Potomac estuary. *Est. Coast. Mar. Sci.* **6**: 285–299.

[137] Elgar, S., Gallagher, E.L. and Guza, R.T. (2001) Nearshore sandbar migration. *J. Geophys. Res.* **106**: 11623–11727.

[138] Engelund, F. (1970) Instability of erodible beds. *J. Fluid Mech.* **42**: 225–244.

[139] Engelund, F. and Hansen, E. (1972) *A Monograph on Sediment Transport in Alluvial Streams*, 3rd Edn. Technical Press, Copenhagen.

[140] EUROSION: Living with coastal erosion in Europe (2004) Ed., P. Doody. Off. Publ. European Communities, Luxembourg, ISBN 9289474963.

[141] Falqués, A., Calvete, D. and Montoto, A. (1998) Bed-flow instabilities of coastal currents. In: *Physics of Estuaries and Coastal Seas.* Eds., J. Dronkers and M.B.A.M. Scheffers. Balkema, Rotterdam, pp. 417–424.
[142] Falqués, A. and Iranzo, I. (1994) Numerical simulation of vorticity waves in the nearshore. *J. Geophys. Res.* **99**: 835–841.
[143] Falqués, A., Coco, G. and Huntley, D.A. (2000) A mechanism for the generation of wave-driven rhythmic patterns in the surf zone. *J. Geophys. Res.* **105**(C10): 24071–24087.
[144] Falqués, A. (2003) On the diffusivity in coastline dynamics. *Geophys. Res. Letters* **30**(21): OCE 4.
[145] Falqués, A. and Calvete, D. (2005) Large-scale dynamics of sandy coastlines: *Diffusivity and Instability. J. Geophys. Res.* **110**, C03007.
[146] Feddersen, F. (2004) Effect of wave directional spread on the radiation stress: Comparing theory and observations. *Coast. Eng.* **51**: 473–481.
[147] Field, M.E., Nelson, C.H., Cacchione, D.A. and Drake, D.E. (1981) Sand waves on an epicontinental shelf: Northern Bering Sea. *Mar. Geol.* **42**: 233–258.
[148] Figueiredo, A.G., Swift, D.J.P., Stubblefield, W.L. and Clarke, T.L. (1981) Sand ridges on the inner Atlantic shelf of North America: Morphometric comparisons with Huthnance stability model. *Geomarine Letters* **1**: 187–191.
[149] Figueiredo, A.G., Sanders, J.E. and Swift, D.J.P. (1982) Storm-graded layers on inner continental shelves: Examples from Southern Brazil and the Atlantic coast of the central United States. *Sed. Geol.* **31**: 171–190.
[150] Fischer, H.B., List, E.J., Koh, R.C.Y., Imberger, J. and Brooks, N.H. (1979) *Mixing in Inland and Coastal Waters.* Academic Press, New York.
[151] FitzGerald, D.M. (1988) Shoreline erosional-depositional processes associated with tidal inlets. In: *Hydrodynamics and Sediment Dynamics of Tidal Inlets.* Eds., D.G. Aubrey and L. Weishar. Springer-Verlag, New York, pp. 186–225.
[152] Flemming, B.W. (1988) Zur klassifikation subaquatischer, strömungstransversaler transportkörper. *Bochumer Geologische und Geotechnische Arbeiten*, **29**: 44–47.
[153] Foda, M.A. (2003) Role of wave pressure in bedload sediment transport. *J. Waterway, Port, Coastal and Ocean Eng.* **129**: 243–249.
[154] Fredsøe, J. (1974) On the development of dunes in erodible channels. *J. Fluid Mech.* **64**: 1–16.
[155] Fredsøe, J. (1978) Meandering and braiding of rivers. *J. Fluid Mech.* **84**: 609–624.
[156] Fredsøe, J. (1982) Shape and dimensions of stationary dunes in rivers. *J. Hydr. Div., ASCE* **111**: 1041–1059.
[157] Fredsøe, J. and Deigaard R. (1992) *Mechanics of Coastal Sediment Transport.* World Scientific Publishing, Singapore.
[158] Friedrichs, C.T., Aubrey, D.G. and Speer, P.E. (1990) Impacts of relative sea-level rise on evolution of shallow estuaries. In: *Coastal and Estuarine Studies 38, Residual Currents and Long-Term Transport.* Ed., R.T. Cheng, Springer-Verlag, New York, pp. 105–122.
[159] Friedrichs C.T. and Madsen, O.S. (1992) Non-linear diffusion of the tidal signal in frictionally dominated embayments. *J. Geophys. Res.* **97**: 5637–5650.
[160] Friedrichs, C.T., Lynch, D.R. and Aubrey, D.G. (1992) Velocity asymmetries in frictionally-dominated tidal embayments: Longitudinal and lateral variability. In:

Dynamics and Exchanges in Estuaries and the Coastal Zone. Ed., D. Prandle. Springer-Verlag, New York, pp. 277–312.

[161] Friedrichs C.T. and Aubrey, D.G. (1994) Tidal propagation in strongly convergent channels. *J. Geophys. Res.* **99**: 3321–3336.

[162] Friedrichs, C.T. (1995) Stability shear stress and equilibrium cross-sectional geometry of sheltered tidal channels. *J. Coast. Res.* **11**: 1062–1074.

[163] Friedrichs, C.T. and Aubrey, D.G. (1996) Uniform bottom shear stress and equilibrium hypsometry of intertidal flats. In: *Mixing in Estuaries and Coastal Seas, Coastal Estuarine Stud.* 50. Ed., C. Pattiaratchi. AGU, Washington D.C., pp. 405–429.

[164] Friedrichs, C.T., Armbrust, B.D. and De Swart, H.E. (1998) Hydrodynamics and equilibrium sediment dynamics of shallow funnel-shaped tidal estuaries. In: *Physics of Estuaries and Coastal Seas.* Ed., J. Dronkers and M.B.A.M. Scheffers, Balkema, Rotterdam, pp. 315–328.

[165] Gallagher, B. (1971) Generation of surfbeat by nonlinear wave interactions. *J. Fluid Mech.* **49**: 1–20.

[166] Gallagher, E.L., Guza, T. and Elgar, S. (1998) Observations of sandbar evolution on a natural beach. *J. Geophys. Res.* **103**: 3203–3215.

[167] Gallagher, E.L., Elgar, S. and Thornton, E.B. (1998) Observations and predictions of megaripple migration in a natural surf zone. *Nature* **394**: 165–168.

[168] Gao, S. and Collins, M. (1994) Tidal inlet equilibrium in relation to cross-sectional area and sediment transport patterns. *Est. Coast. Shelf Science* **38**: 157–172.

[169] Gerkema, T. (2000) A linear analysis of tidally generated sand waves. *J. Fluid Mech.* **417**: 303–322.

[170] Gerritsen, F., Dunsbergen, D.W. and Israel, C.G. (2003) A rational stability approach for tidal inlets, including analysis of the effect of wave action. *J. Coast. Res.* **19**: 1066–1081.

[171] Geyer, W.R. and Farmer, D.M. (1989) Tide-induced variation of the dynamics of a salt wedge estuary. *J. Phys. Ocean.* **19**: 1060–1072.

[172] Glenn, S.M. and Grant, W.D. (1987) A suspended sediment stratification correction for combined wave and current flows. *J. Geophys. Res.* **92**: 8244–8264.

[173] Godin, G. (1991) Frictional effects in river tides. In: *Tidal Hydrodynamics.* Ed., B.B. Parker, Wiley, New York, p. 19.

[174] Goff, J.A., Swift, D.J.P., Duncan, C.S., Mayer, L.A. and Hughes-Clarke, J. (1999) High-resolution swath sonar investigation of sand ridge, dune and ribbon morphology in the offshore environment of the New Jersey margin. *Mar. Geol.* **161**: 307–337.

[175] Gourlay, M.R. (1968) Beach and dune erosion tests, Rep. m935/m936, Delft Hydraul. Lab., Delft.

[176] Grabemann, I., Uncles, R.J., Krause, G. and Stephens, J.A. (1997) Behaviour of turbidity maxima in the Tamar and Weser estuaries. *Est. Coast. Shelf Science* **45**: 235–246.

[177] Graf, W.H. (1971) *Hydraulics of Sediment Transport.* McGraw-Hill, NY, 513 pp.

[178] Grant, W.D. and Madsen, O.S. (1979) Combined wave and current interaction with a rough bottom. *J. Geophys. Res.* **84**: 1797–1808.

[179] Grant, W.D. and Madsen, O.S. (1982) Movable bed roughness in unsteady oscillatory flow. *J. Geophys. Res.* **87**: 469–481.

[180] Groen, P. (1967) On the residual transport of suspended matter by an alternating tidal current. *Neth. J. Sea Res.* **3**: 564–574.

[181] Grunnet, N.M., Walstra, D-J.R. and Ruessink, B.G. (2004) Process-based modelling of a shoreface nourishment. *Coast. Eng.* **51**: 581–607.

[182] Guézennec, L., Lafite, R., Dupont, J-P., Meyer, R. and Boust, D. (1999) Hydrodynamics of suspended particulate matter in the tidal freshwater zone of a microtidal estuary. *Estuaries* **22**: 717–727.

[183] Gust, G. and Walger, E. (1976) The influence of suspended cohesive sediments on boundary-layer structure and erosive activity of turbulent seawater flow. *Mar. Geol.* **22**: 189–206.

[184] Guza, R.T. and Inman, D.L. (1975) Edge waves and beach cusps. *J. Geophys. Res.* **80**: 2997–3012.

[185] Haas, K.A., Svendse, I.A., Haller, M.C. and Zhao, Q. (2003) Quasi-three-dimensional modeling of rip current systems. *J. Geophys. Res.* **108**: 10-1–10-21.

[186] Haller, M.C., Dalrymple, R.A. and Svendsen, I.A. (2002) Experimental study of nearshore dynamics on a barred beach with rip channels. *J. Geophys. Res.* **107**(C6): 14-1-21.

[187] Hallermeyer, R.J. (1981) A profile zonation for seasonal sand beaches from wave climate. *Coast. Eng.* **4**: 253–277.

[188] Hands, E.W. and Shepsis, V. (1999) Cyclic movement at the entrance to Willapy Bay, Washington, USA. In: *Coastal Sediments.* Ed., N.C. Kraus and W.G. McDougal. ASCE, pp. 1522–1536.

[189] Hanes, D. and Huntley, D. (1986) Continuous measurements of suspended sand concentration in a wave dominated nearshore environment. *Cont. Shelf Res.* **6**: 585–596.

[190] Hanes, D.M., Alymov, V. and Chang, Y.S. (2001) Wave-formed sand ripples at Duck, North Carolina. *J. Geophys. Res.* **106**: 22575–22592.

[191] Hansen, D.V. (1965) Currents and mixing in the Columbia river estuary. In: *Ocean Science and Ocean Engineering*, Vol. 2. The Marine Technology Society, Wahington D.C., pp. 943–955.

[192] Haring, J. (1970) Historische ontwikkeling in het Noordelijk Deltabekken 1879–1966. Nota W-70.060, Deltadienst, Rijkswaterstaat (in Dutch).

[193] Harms, J.C. (1969) Hydraulic significance of some sand ripples. *Geol. Soc. Amer. Bull.* **80**: 363–396.

[194] Harris, P.T. (1988) Large-scale bedforms as indicators of mutually evasive sand transport and the sequential infilling of wide-mouthed estuaries. *Sediment. Geol.* **57**: 273–298.

[195] Harris, P.T., Baker, E.K., Cole, A.R. and Short, S.A. (1993) A preliminary study of sedimentation in the tidally dominated Fly River delta, Gulf of Papua. *Cont. Shelf Res.* **13**: 441–472.

[196] Haslett, S.K., Cundy, A.B., Davies, C.F.C., Powell, E.S. and Croudace, I.W. (2003) Salt marsh sedimentation over the past c. 120 years along the West Cotentin coast of Normandy (France): Relationship to sea-level rise and sediment supply. *J. Coast. Res.* **19**: 609–620.

[197] Heathershaw, A.D. and Davies, A.G. (1985) Resonant wave reflection by transverse bedforms and its relation to beaches and offshore bars. *Mar. Geol.* **62**: 321–338.

[198] Hedegaard, I.B., Deigaard, R. and Fredsøe, J. (1991) Onshore/offshore sediment transport and morphological modelling of coastal profiles. *Procs. Coast. Sed.* **91**: 643–654.

[199] Hennings, I., Lurin, B., Vernemmen, C. and Vanhessche, U. (2000) On the behaviour of tidal currents due to the presence of submarine sand waves. *Mar. Geol.* **169**: 57–68.

[200] Hibma, A., de Vriend, H.J. and Stive, M.J.F. (2003) Numerical modelling of shoal pattern formation in well-mixed elongated estuaries. *Est. Coast. Shelf Sci.* **57**: 981–991.

[201] Hino, M. (1974) Theory on formation of rip current and cuspidal coast. *Procs. 14th Int. Coast. Eng. Conf., ASCE*, pp. 901–919.

[202] Hitching, E. and Lewis, A.W. (1999) Bed roughness over vortex ripples. In: *Proc. 4th Int. Symp. Coast. Eng. and Coast. Sed. Processes.* Long Island, ASCE, pp. 18–30.

[203] Hoefel, F. and Elgar, S. (2003) Wave-induced sediment transport and sandbar migration. *Science* **299**: 1885–1887.

[204] Hoitink, A.F.J., Hoekstra, P. and van Mare, D.S. (2003) Flow asymmetry associated with astronomical tides: Implications for residual transport of sediment. *J. Geophys. Res.* **108**: 13-1–13-8.

[205] Holland, K.T. and Holman, R.A. (1996) Field observations of beach cusps and swash motions. *Mar. Geol.* **134**: 77–93.

[206] Holloway, P.E. (1981) Longitudinal mixing in the upper reaches of the Bay of Fundy. *Est. Coast. Shelf Sci.* **13**: 495–515.

[207] Holman, R.A., Lippmann, T.C., O'Neill, P.V. and Haines, J.W. (1993) The application of video image processing to the study of nearshore processes. *Oceanography* **6**: 78–85.

[208] Holman, R.A. (2001) Pattern formation in the nearshore. In: *River, Coastal and Estuarine Morphodynamics.* Eds., G. Seminara and P. Blondeaux, Springer-Verlag, Berlin, pp. 141–162.

[209] Horel, J.D. (1984) Complex principal component analysis: Theory and examples. *J. Clim. Appl. Meteorol.* **23**: 1660–1673.

[210] Horikawa, K. and Kuo, C.T. (1966) A study on wave transformation in the surf zone. *Proc. 10th Int. Coast. Eng. Conf.*, Tokyo, ASCE, pp. 217–233.

[211] Horton, R.E. (1945) Erosional development of streams and their drainage basins; hydrophysical approach to quantitative morphology. *Geol. Soc. Am. Bull.* **56**: 275–370.

[212] Houbolt, J.J.H.C. (1968) Recent sediments in the Southern Bight of the North Sea. *Geologie en Mijnbouw* **47**: 245–273.

[213] Howarth, M.J. and Huthnance, J.M. (1984) Tidal and residual currents around a Norfolk sandbank. *Est. Coast. Shelf Sci.* **19**: 105–117.

[214] Hsu, J.R.C., Silvester, R. and Xia, Y.M. (1989) Static equilibrium bays — New relationships. *J. Waterway, Port, Coastal and Ocean Eng., ASCE* **115**: 285–298.

[215] Hughes, F.W. and Rattray, M. (1980) Salt flux and mixing in the Columbia river estuary. *Est. Coast. Shelf Sci.* **10**: 470–493.

[216] Hulscher, S.J.M.H., de Swart, H.E. and de Vriend, H.J. (1993) The generation of offshore tidal sand banks and sand waves. *Cont. Shelf Res.* **13**: 1183–1204.

[217] Hulscher, S.J.M.H. (1996) Tidal-induced large-scale regular bed form patterns in a three-dimensional shallow water model. *J. Geophys. Res.* **101**: 20727–20744.

[218] Hulscher, S.J.M.H. (2001) Comparison between predicted and observed sandwaves and sandbanks in the North Sea. *J. Geophys. Res.* **106**: 9327–9338.

[219] Hume, T.M. and Herdendorf, C.E. (1992) Factors controlling tidal inlet characteristics on low drift coasts. *J. Coast. Res.* **8**: 355–375.

[220] Hunkins, K. (1981) Salt dispersion in the Hudson estuary. *J. Phys. Ocean.* **11**: 729–738.

[221] Hunt, I.A. (1959) Design of seawalls and breakwaters. *J. Waterw. Harb. Div., ASCE* **85**: 123–152.

[222] Hunt, J.R. (1986) Particle aggregate break-up by fluid shear. In: *Estuarine Cohesive Sediment Dynamics*. Ed., A.J. Mehta. *Lecture Notes on Coastal and Estuarine Studies*, Vol. 14. Springer-Verlag, Berlin, pp. 85–109.

[223] Hunter, K.A. and Liss, P.S. (1982) Organic matter and the surface charge of suspended particles in estuarine waters. *Limnol. Oceanogr.* **27**: 322–335.

[224] Huntley, D.A. and Bowen, A.J. (1973) Field observations of edge waves. *Nature* **243**: 160–161.

[225] Huntley, J.R., Nicholls, R.J., Liu, C. and Dyer, K.R. (1994) Measurements of the semi-diurnal drag coefficient over sand waves. *Cont. Shelf Res.* **14**: 437–456.

[226] Huthnance, J.M. (1973) Tidal current asymmetries over the Norfolk sandbanks. *Est. Coast. Mar. Sci.* **1**: 89–99.

[227] Huthnance, J.M. (1982) On one mechanism forming linear sandbanks. *Est. Coast. Mar. Sci.* **14**: 79–99.

[228] Ikeda, S., Parker, G. and Sawai, K. (1981) Bend theory of river meanders. Part 1. Linear development. *J. Fluid Mech.* **112**: 363–377.

[229] Inman, D.L., Elwany, M.H. and Jenkins, S.A. (1993) Shorerise and bar-berm profiles on ocean beaches. *J. Geophy. Res.* **98**: 18181–18199.

[230] Ippen, A.T. and Goda, Y. (1963) Wave-induced oscillations in harbors: The solution for a rectangular harbor connected to the open sea. *Rep. Hydr. Lab MIT*, p. 59.

[231] Ippen, A.T. (1966) *Estuary and Coastline Hydrodynamics.* McGraw-Hill, New York, 744 pp.

[232] Israel, C.G. and Dunsbergen, D.W. (1999) Cyclic morphological development of the Ameland Inlet, The Netherlands. In: *River, Coastal and Estuarine Morphodynamics. Proc. Conf. IAHR*, pp. 705–715.

[233] Izumi, N. and Parker, G. (1995) Inception of channelization and drainage basin formation: Upstream-driven theory. *J. Fluid Mech.* **283**: 341–363.

[234] Jackson, R.G. (1976) Sedimentological and fluid-dynamic implications of the turbulent bursting phenomenon in geophysical flows. *J. Fluid Mech.* **77**: 531–560.

[235] Jaffee, B. and Rubin, D. (1996) Using non-linear forecasting to determine the magnitude and phasing of time-varying sediment suspension in the surf zone. *J. Geophys. Res.* **101**: 14238–14296.

[236] Janssen-Stelder, B. (2000) The effect of different hydrodynamic conditions on the morphodynamics of a tidal mudflat in the Dutch Wadden Sea. *Cont. Shelf Res.* **20**: 1461–1478.

[237] Jarret, J.T. (1976) *Tidal Prism-Inlet Area Relationships.* GITI, Rep.3, US Army Eng. Waterw. Exp. Station, Vicksburg.

[238] Jay, D.A. and Smith, J.D. (1990) Residual circulation in shallow estuaries. 1. Highly stratified, narrow estuaries. *J. Geophys. Res.* **95**: 711–731.

[239] Jay, D.A. (1991) Green's law revisited: Tidal long-wave propagation in channels with strong topography. *J. Geophys. Res.* **96**: 20585–20598.

[240] Jeuken, M.C.J.L. (2000) *On the Morphologic Behaviour of Tidal Channels in the Westerschelde Estuary.* PhD thesis, Utrecht University.

[241] Ji, Z.G. and Mendoza, C. (1997) Weakly nonlinear stability analysis for dune formation. *J. Hydr. Eng.* **123**: 979–985.

[242] Jiyu, C., Cangzi, L., Chongle, Z. and Walker, H.J. (1990) Geomorphological development and sedimentation in Qiantang estuary and Hangzou Bay. *J. Coast. Res.* **6**: 559–572.

[243] Johnson, D.W. (1919) *Shore Processes and Shoreline Development.* Prentice Hall, NY, 584 pp.

[244] Jones, N.V. and Elliot, M. (2000) Coastal zone topics: Process, ecology and management, 4. The Humber estuary and adjoining Yorkshire and Lincolnshire coasts. *Est. Coast. Sci. Ass.*, Hull, UK.

[245] De Jong, H. and Gerritsen, F. (1985) Stability parameters of the Western Scheldt estuary. In: *Procs. 19th Int. Coast. Eng. Conf., ASCE*, New York, pp. 3079–3093.

[246] Jonsson, I.G. (1966) Wave boundary layers and friction factors. In: *Proc. Int. Conf. Coast. Eng.*, Tokyo, Japan. ASCE, pp. 127–148.

[247] Jouanneau, J.M. and Latouche, C. (1981) The Gironde estuary. In: *Contributions to Sedimentology 10 E. Schweizerbartsche Verlagsbuchhandlung, Nagele und Obermiller*, Stuttgart, 115 pp.

[248] Julien, P.Y. and Wargadalam, J. (1995) Alluvial channel geometry: Theory and applications. *J. Hydr. Eng.* **121**: 312–325.

[249] Kaczmarek, L.M., Biegowski, J. and Ostrowski, R. (2004) Modelling cross-shore intensive sand transport and changes of bed grain size distributions versus field data. *Coast. Eng.* **51**: 501–529.

[250] Kamphuis, J.W. (1991) Alongshore sediment transport rate. *J. Waterway, Port, Coastal and Ocean Eng. Div, ASCE* **117**: 624–640.

[251] Kang, S.K., Lee, S.R. and Lie, H.J. (1998) Fine-grid tidal modelling of the Yellow and East China seas. *Cont. Shelf Res.* **18**: 739–772.

[252] Kennedy, J.F. (1969) The formation of sediment ripples, dunes and antidunes. *Ann. Rev. Fluid Mech.* **1**: 147–168.

[253] Kinsman, B. (1965) *Wind Waves.* Prentice-Hall, Englewood Cliffs, N.J.

[254] Kirby, R. and Parker, W.R. (1983) Distribution and behaviour of fine sediment in the Severn Estuary and Inner Bristol Channel. *UK Can. J. Fish. Aquat. Sci.* **40**(suppl.): 83–95.

[255] Kirby, R. (1992) Effects of sea-level on muddy coastal margins. In: *Dynamics and Exchanges in Estuaries and the Coastal Zone.* Ed., D. Prandle. Springer-Verlag, New York, pp. 313–334.

[256] Kitinades, P.K. and Kennedy, J.F. (1984) Secondary currents and river-meander formation. *J. Fluid Mech.* **144**: 217–229.

[257] Kohsiek, L.H.M. and Terwindt, J.H.J. (1981) Characteristics of foreset and topset bedding in megaripples related to hydrodynamic conditions on an intertidal shoal. In: *Holocene Marine Sedimentation in the North Sea Basin.* Eds., S.D. Nio., R.T.E. Schuttenhelm and Tj.C.E. van Weering. *Int. Ass. Sed. Soc. Publ.* **5**: 27–37.

[258] Kohsiek, L.H.M., Buist, H.J., Bloks, P., Misdorp, R., van der Berg, J.H. and Visser, J. (1988) Sedimentary processes on a sandy shoal in a mesotidal estuary (Oosterschelde, The Netherlands). In: *Tide-Influenced Sedimentary Environments and Facies.* Ed., P.L. de Boer *et al.* Reidel Publ. Co., pp. 210–214.

[259] Komar, P.D. (1998) *Beach Processes and Sedimentation.* Prentice Hall, London, p. 544.

[260] Konicki, K.M. and Holman, R.A. (2000) The statistics and kinematics of transverse bars on an open coast. *Mar. Geol.* **169**: 69–101.

[261] Kraak, A., Balfoort, H.M., Vroon, J. and Hallie, F. (2002) Tradition, trends and tomorrow. *The 3rd Coastal Policy Document of The Netherlands.* RIKZ/Rijkswaterstaat, The Hague.

[262] Krone, R.B. (1986) The significance of aggregate properties to transport processes. In: *Estuarine Cohesive Sediment Dynamics.* Ed., A.J. Mehta. *Lecture Notes on Coastal and Estuarine Studies*, Vol. 14. Springer-Verlag, Berlin, pp. 66–84.
[263] Kroon, A. Personal communication.
[264] Lacey, G. (1929) Stable channels in alluvium. *Proc. Inst. Civ. Eng.*, London, **229**: 259–290.
[265] Lamb, H. (1932) *Hydrodynamics.* Cambridge Univ. Press.
[266] Langhorne, D.N. (1973) A sand wave field in the outer Thames Estuary, Great Britain. *Mar. Geol.* **121**: 1–21.
[267] Lanckneus, J., De Moor, G. and Stolk, A. (1994) Environmental setting, morphology and volumetric evolution of the Middelkerke Bank (southern North Sea). *Mar. Geol.* **121**: 1–21.
[268] Lanzoni, S. and Seminara, G. (1998) On tide propagation in convergent estuaries. *J. Geophys. Res.* **103**: 30793–30812.
[269] Lanzoni, S. and Seminara, G. (2002) Long-term evolution and morphodynamic equilibrium of tidal channels. *J. Geophys. Res.* **107**: 1-1–1-13.
[270] Larras, J. (1963) *Embouchures, Estuaires, Lagunes et Deltas.* Collection Centre de Chatou, Eyrolles, France, 171 pp.
[271] LeBlond, P.H. (1978) On tidal propagation in shallow rivers. *J. Geophys. Res.* **83**: 4717–4721.
[272] Le Hir, P., Roberts, W., Cazaillet, O., Christie, M., Bassoullet, P. and Bacher, C. (2000) Characterization of intertidal flat hydrodynamics. *Cont. Shelf Res.* **20**: 1433–1459.
[273] Le Hir, P., Ficht, A., Silva Jacinto, R., Lesueur, P., Dupont, J.-P., Lafitte, R., Brenon, I., Thouvenin, B. and Cugier, P. (2001) Fine sediment transport and accumulations at the mouth of the Seine estuary (France). *Estuaries* **24**: 950–963.
[274] Leopold, L.B., Wolman, M.G. and Miller, J.P. (1964) *Fluvial Processes in Geomorphology.* Freeman, San Francisco.
[275] Lessa, G. (1996) Tidal dynamics and sediment transport in a shallow macrotidal estuary. In: *Mixing in Estuaries and Coastal Seas, Coastal and Estuarine Studies, Am. Geophys. Un.* **50**: 338–360.
[276] Levoy, F., Anthony, E.J., Monfort, O. and Larsonneur, C. (2000) The morphodynamics of megatidal beaches in Normandy, France. *Mar. Geol.* **171**: 39–59.
[277] Li, M.Z. and Amos, C.L. (1998) Predicting ripple geometry and bed roughness under combined waves and currents in a continental shelf environment. *Cont. Shelf Res.* **18**: 941–947.
[278] Li, M.Z. and Amos, C.L. (1999) Field observations of bedforms and sediment transport thresholds of fine sand under combined waves and currents. *Mar. Geol.* **158**: 147–160.
[279] Li, M.Z. and Gust, G. (2000) Boundary layer dynamics and drag reduction in flows of high cohesive sediment suspensions. *Sedimentol.* **47**: 71–86.
[280] Liang, G. and Seymour, R.J. (1991) Complex principle component analysis of wave-like sand motions. In: *Proc. Coastal Sediments*, New York, ASCE, pp. 2175–2186.
[281] Lincoln, J.M. and Fitzgerald, D.M. (1988) Tidal distortions and flood dominance at five small tidal inlets in Southern Maine. *Mar. Geol.* **82**: 133–148.
[282] Linley, E.A.S. and Field, J.G. (1982) The nature and significance of bacterial aggregation in a nearshore upwelling ecosystem. *Est. Coast. Shelf Sci.* **14**: 1–11.
[283] Lippmann, T.C. and Holman, R.A. (1990) The spatial and temporal variability of sandbar morphology. *J. Geophys. Res.* **95**: 11575–11590.

[284] List, J.H. (1986) Wave groupiness as a source for nearshore long waves. *Proc. Int. Conf. Coast. Eng., ASCE*, New York, pp. 497–511.

[285] Liu, Z. (1985) A preliminary study of tidal current ridges. *Chin. J. Ocean. Limnol.* **3**: 118–133.

[286] Liu, Z., Huang, Y. and Zhang, Q. (1989) Tidal current ridges in the southwestern Yellow Sea. *J. Sed. Petr.* **59**: 432–437.

[287] Longuet-Higgins, M.S. (1953) Mass transport in water waves. Royal Soc. London, *Phil. Trans.* **245A**: 535–581.

[288] Longuet-Higgins, M.S. and Stewart, R.W. (1962) Radiation stress and mass transport in gravity waves, with application to 'surf beats'. *J. Fluid Mech.* **8**: 563–583.

[289] Longuet-Higgins, M.S. and Stewart, R.W. (1964) Radiation stresses in water waves: A physical discussion with applications. *Deap-Sea Res.* **11**: 529–562.

[290] Longuet-Higgins, M.S. (1970) Longshore currents generated by obliquely incident sea waves. *J. Geohys. Res.* **75**: 6778–6801.

[291] Louisse, C.J. and Kuik, T.J. (1990) Coastal defence alternatives in The Netherlands. *Int. Conf. Coast. Eng., ASCE*, 1862–1875.

[292] Louda, J.W., Loitz, J.W., Melisiotis, A. and Orem, W.H. (2004) Potential sources of hydrogel stabilisation of Florida Bay lime mud sediments and implications for organic matter preservation. *J. Coast. Res.* **20**: 448–463.

[293] Louters, T. and Gerritsen, F. (1994) The riddle of the sands. *Min. Publ. Works*, The Netherlands, RIKZ-90.040.

[294] Louters, T., van den Berg, J.H. and Mulder, J.P.M. (1998) Geomorphological changes of the Oosterchelde tidal system during and after the implementation of the Delta project. *J. Coast. Res.* **14**: 1134–1151.

[295] Lueck, R.G. and Lu, Y. (1997) The logarithmic layer in a tidal channel. *Cont. Shelf Res.* **17**: 1785–1801.

[296] Lynch, D.K. (1982) Tidal Bores, Scientific American **247**: 134–143.

[297] Madsen, O.S., Wright, L.D., Boon, J.D. and Chisholm, T.A. (1993) Wind stress, bed roughness and sediment suspension on the inner shelf during an extreme storm event. *Cont. Shelf Res.* **13**: 1303–1324.

[298] Malikides, M., Harris, P.T. and Tate, P.M. (1989) Sediment transport and flow over sand waves in a non-rectilinear tidal environment. *Cont. Shelf Res.* **9**: 203–221.

[299] Mallet, C., Howa, H.L., Garlan, T., Sottolichio, A. and Le Hir, P. (2000) Residual transport model in correlation with sedimentary dynamics over an elongate tidal sandbar in the Gironde estuary (Southwestern France). *J. Sed. Res.* **70**: 1005–1016 In: *Coastal Sedimentary Environments*. Ed., R.A. Davis, Springer-Verlag, New York, pp. 77–186.

[300] Marin, F. (2004) Eddy viscosity and Eulerian drift over rippled beds in waves. *Coast. Eng.* **50**: 139–159.

[301] Masselink, G. and Short, A.D. (1993) The effect of tide range on beach morphodynamics and morphology: A conceptual beach model. *J. Coast. Res.* **9**: 785–800.

[302] Masselink, G. (1995) Group bound long waves as a source of infragravity waves in the surf zone. *Cont. Shelf Res.* **15**: 1525–1547.

[303] Masselink, G. and Pattiaratchi, C.B. (1998) Morphological evolution of beach cusps and associated swash circulation patterns. *Mar. Geol.* **146**: 93–113.

[304] Masselink, G. and Hughes, M. (2003) *Introduction to Coastal Processes and Geomorphology*. Oxford University Press.

[305] McBride, R.A. and Moslow, T.F. (1991) Origin, evolution and distribution of shoreface sand ridges, Atlantic inner shelf. *USA Marine Geol.* **97**: 57–85.

[306] McCave, I.N. (1971) Sand waves in the North Sea off the coast of Holland. *Mar. Geol.* **10**: 199–225.

[307] McCave, I.N. and Langhorne, D.N. (1982) Sand waves and sediment transport around the end of a tidal sand bank. *Sedimentol.* **29**: 95–110.

[308] McDowell, D.M. and O'Connor, B.A. (1977) *Hydraulic Behaviour of Estuaries.* MacMillan Press, London, 292 pp.

[309] McLean, S.R., Wolfe, S.R. and Nelson, J.M. (1999) Predicting boundary shear stress and sediment transport over bed forms. *J. Hydr. Eng.* **125**: 725–736.

[310] Meene, J.W.H. van de, Boersma, J.R. and Terwindt, J.H.J. (1996) Sedimentary structures of combined flow deposits from the shoreface-connected ridges along the central Dutch coast. *Mar. Geol.* **131**: 151–175.

[311] Mehta, A.J. and Partheniades, E. (1975) An investigation of the depositional properties of flocculated fine sediments. *J. Hydr. Res.* **13**: 361–381.

[312] Mehta, A.J. (1986) Characteristics of cohesive sediment properties and transport processes in estuaries. In: *Estuarine Cohesive Sediment Dynamics.* Ed., A.J. Mehta. *Lecture Notes Coastal and Estuarine Studies* 14, Springer-Verlag, Berlin, pp. 427–445.

[313] Mehta, A.J. (1996) Interaction between fluid mud and water waves. In: *Environmental Hydraulics.* Eds., V.P. Singh and W.H. Hager. Kluwer Ac. Publ., Dordrecht, pp. 153–187.

[314] Mei, C.N., Fan, S. and Jin, K. (1997) Resuspension and transport of fine sediments by waves. *J. Geophys. Res.* **102**: 15807–15821.

[315] Migniot, C. (1968) Etude des propriétés physiques de différents sédiments très fins et de leur comportement sous des actions hydrodynamiques. *La Houille Blanche* **7**: 591–620.

[316] Monin, A.S. and Yaglom, A.M. (1971) Statistical fluid mechanics: Mechanics of turbulence. MIT Press, MA, 769 pp.

[317] Miles, J. and Munk, W.H. (1961) The harbor paradox. ASCE *J. Waterw. Harb. Div.* p. 2288.

[318] Munk, W.H. and Anderson, E.R. (1948) Notes on the theory of the thermocline. *J. Mar. Res.* **7**: 276–295.

[319] Murray, A.B., LeBars, M. and Guillon, C. (2003) Tests of a new hypothesis for non-bathymetrically driven rip currents. *J. Coast. Res.* **19**: 269–277.

[320] Neumeier, U. and Ciavola, P. (2004) Flow resistance and associated sedimentary processes in a Spartina maritama salt marsh. *J. Coast. Res.* **20**: 435–447.

[321] Nicholls, R.J., Birkemeyer, W.A. and Lee, G.H. (1998) Evaluation of depth of closure using data from Duck, NC, USA. *Mar. Geol.* **148**: 179–201.

[322] Nichols, M.M. and Biggs, R.B. (1985) Estuaries. In: *Coastal Sedimentary Environments.* Ed., R.A. Davis, Springer-Verlag, New York, pp. 77–186.

[323] Nichols, M.M. (1989) Sediment accumulation rates and relative sea-level rise in lagoons. *Mar. Geol.* **88**: 201–219.

[324] Nichols, M.M. and Boon, J.D. (1994) Sediment transport processes in coastal lagoons. In: *Coastal Lagoon Processes.* Ed., B. Kjerfve, Elsevier, Amsterdam, pp. 157–219.

[325] Nicolis, G. and Prigogine, I. (1989) *Exploring Complexity.* Freeman and Co., New York, 313 pp.

[326] Nielsen, P. (1992) Coastal bottom boundary layers and sediment transport. In: *Advanced Series on Ocean Engineering, IV.* World Scientific.

[327] Nikora, V., Goring, D., McEwan, I. and Griffiths, G. (2001) Spatially averaged open-channel flow over rough bed. *J. Hydr. Eng.* **127**: 123–133.

[328] Nordstrom, C.E., Psuty, N. and Carter, R.W.G. (Eds.) (1990) *Coastal Dunes: Processes and Morphology.* John Wiley and Sons, Chichester, 392 pp.

[329] O'Brien, M.P. (Ed.) (1950) *Procs. 1st Conf. Coast. Eng.* Engineering Foundation, University of California, Berkeley.

[330] O'Brien, M.P. (1969) Equilibrium flow areas of inlets and sandy coasts. *J. Waterw. Harbor Coast. Eng. Div.* **95**: 43–52.

[331] O'Connor, B.A., Nunes, C.R. and Sarmento, A.J.N.A. (1996) Sand wave dimensions and statistics. In: *CSTAB Handbook and Final Report.* Ed., B.A. O'Connor. Univ. Liverpool, pp. 336–353.

[332] Odd, N.V.M. and Owen, M.W. (1972) A two-layer model of mud transport in the Thames estuary. In: *Procs. Instn. Civ. Eng.*, Suppl. paper 75175, pp. 175–205.

[333] O'Donoghue, T. and Wright, S. (2001) Experimental study of graded sediments in sinusoidal oscillatory flow. In: *Coastal Dynamics*, Lund, Sweden pp. 918–927.

[334] Oertel, G.F. (1977) Geomorphic cycles in ebb deltas and related patterns of shore erosion and accretion. *J. Sed. Petr.* **47**: 1121–1131.

[335] Oertel, G.F. (1988) Processes of sediment exchange between tidal inlets, ebb deltas and barrier islands. In: *Hydrodynamics and Sediment Dynamics of Tidal Inlets.* Eds., D.G. Aubrey and L. Weishar. Springer-Verlag, New York, pp. 297–318.

[336] Off, T. (1963) Rhythmic linear sand bodies caused by tidal currents. *AAPG Bull.* **47**: 324–341.

[337] Officer, C.B. (1976) *Physical Oceanography of Estuaries and Associated Coastal Waters.* John Wiley, New York.

[338] Oltman-Shay, J., Howd, P.A. and Birkemeier, W.A. (1989) Shear instabilities in the longshore current, 2. Field observations. *J. Geophys. Res.* **94**: 18031–18042.

[339] Osborne, P. and Greenwood, B. (1993) Sediment suspension under waves and currents: Time scales and vertical structure. *Sedimentology*, **40**: 599–622.

[340] Owen, M.W. (1971) The effect of turbulence on the settling velocities of silt flocs. In: *Proc. 14th Conf. IAHR*, Paris, D**4**: 1–5.

[341] Parker, B.B. (1991) The relative importance of the various nonlinear mechanisms in a wide range of tidal interactions. In: *Tidal Hydrodynamics.* Ed., B.B. Parker, Wiley, New York, pp. 237–268.

[342] Parker, G. (1976) On the cause and the characteristic scales of meandering and braiding in rivers. *J. Fluid Mech.* **76**: 457–480.

[343] Parker, G., Lanfredi, N.W. and Swift, D.J.P. (1982) Seafloor response to flow in a southern hemisphere sand ridge field: Argentine inner shelf. *Sed. Geol.* **33**: 195–216.

[344] Partheniades, E. (1965) Erosion and deposition of cohesive soils. ASCE *J. Hydr. Div.* **91**: 105–139.

[345] Pattiaratchi, C.B. and Collins, M.B. (1987) Mechanisms for linear sandbank formation and maintenance in relation to dynamical oceanographic observations. *Progr. Oceanogr.* **19**: 117–176.

[346] Pelnard-Considère, J.R. (1954) Essai de théorie de l'évolution des formes de rivages en plages de sable et de galets. Soc. Hydrotechnique de France, IVmes Journées de l'Hydraulique, Les Energies de la Mer, Paris, Question 3, 1953.

[347] Perillo, G.M.E. (1995) Definitions and geomorphologic classifications of estuaries. In: *Geomorphology and Sedimentology of Estuaries.* Ed., G.M.E. Perillo. Elsevier, Amsterdam, pp. 17–47.
[348] Pethick, J.S. (1984) *An Introduction to Coastal Geomorphology.* Arnold, London, 260 pp.
[349] Pethick, J.S. (1992) Saltmarsh geomorphology. In: *Saltmarshes: Morphodynamics, Conservation and Engineering Significance.* Eds., J.R.L. Allen and K. Pye, Cambridge Univ. Press, pp. 41–63.
[350] Pingree, R.D. and Griffiths, D.K. (1979) Sand transport paths around the British isles resulting from M2 and M4 tidal interactions. *J. Mar. Biol Ass. UK* **59**: 497–513.
[351] Pingree, R.D. and Griffiths, D.K. (1987) Tidal friction for semidiurnal tides. Cont. Shelf Res. **7**: 1181–1209.
[352] Plant, N.G., Ruessink, B.G. and Wijnberg, K.M. (2001) Morphologic properties derived from a simple cross-shore sediment transport model. *J. Geophys. Res.* **106**(C1): 945–958.
[353] Pontee, N.I., Whitehead, P.A. and Hayes, C.M. (2004) The effect of freshwater flow on siltation in the Humber estuary, northeast UK. *Est. Coast. Shelf Sci.* **60**: 241–249.
[354] Postma, H. (1954) Hydrography of the Dutch Wadden Sea. *Arch. Néerl. Zool.* **12**: 319–349.
[355] Postma, H. (1961) Transport and accumulation of suspended matter in the Dutch Wadden Sea. *Neth. J. Sea Res.* **1**: 148–190.
[356] Postma, H. (1967) Sediment transport and sedimentation in the estuarine environment. In: *Estuaries.* Ed., G.H. Lauff, *Am. Ass. Adv. Sci.* 83, Washington, D.C., pp. 158–179.
[357] Powell, M.A., Thieke, R.J. and Mehta, A.J. (2004) Ebb and flood delta volumes at Florida's sandy tidal entrances. In: *Proceedings Physics of Estuaries and Coastal Seas*, 2004.
[358] Prandle, D. and Rahman, M. (1980) Tidal response in estuaries. *J. Phys. Ocean.* **10**: 1552–1573.
[359] Prandle, D. (2003) Relationships between tidal dynamics and bathymetry in strongly convergent estuaries. *J. Phys. Ocean.* **33**: 2738–2750.
[360] Prandle, D. (2004) Salt intrusion in partially mixed estuaries. *Est. Coast. Shelf Sci.* **59**: 385–397.
[361] Prandle, D. (2004) Sediment trapping, turbidity maximum and bathymetric stability in macrotidal estuaries. *J. Geophys. Res.* **109**, C09001.
[362] Price, W.A. (1947) Equilibrium of form and forces in tidal basins on coasts of Texas and Louisiana. *Bul. Am. Ass. Petr. Geol.* **31**: 1619–1663.
[363] Puleo, J.A., Holland, K.T., Plant, N.G., Slinn, D.N. and Hanes, D.M. (2003) Fluid acceleration effects on suspended sediment transport in the swash zone. *J. Geophys. Res.* **108**: C11.
[364] Pullen, T. and She, K. (2002) A numerical study of breaking waves and a comparison of breaking criteria. *Proc. 28th Int. Conf. Coast. Eng.*, Cardiff, ASCE, pp. 293–305.
[365] Ranasinghe, R., Symonds, G., Black, K. and Holman, R. (2004) Morphodynamics of intermediate beaches: A video imaging and numerical modelling study. *Coast. Eng.* **51**: 629–665.
[366] Raubenheimer, B., Guza, R.T. and Elgar, S. (1996) Wave transformation across the inner surf zone. *J. Geophys. Res.* **101**: 25589–25597.
[367] Raubenheimer, B., Guza, R.T. and Elgar, S. (2001) Field observations of wave-driven setdown and setup. *J. Geophys. Res.* **106**: 4629–4638.

[368] Raubenheimer, R., Elgar, S. and Guza, T. (2004) Observations of swash zone velocities: A note on friction coefficients. *J. Geophys. Res.* **109**(C01027): 1–8.

[369] Raudkivi, A.J. and Witte, H.H. (1990) Development of bed features. *J. Hydr. Eng.* **116**: 1063–1079.

[370] Raudkivi, A.J. (1997) Ripples on stream bed. *J. Hydr. Eng.* **123**: 58–64.

[371] Reniers, A.J.H.M., Thornton, E.B., Stanton, T.P. and Roelvink, J.A. (2004) Vertical flow structure during Sandy Duck: observations and modelling. *Coast. Eng.* **51**: 237–260.

[372] Reniers, A.J.H.M. (2005) Personal communication.

[373] Ribas, F., Falqués, A., Plant, N. and Hulscher, S. (2001) Self-organization in surf zone morphodynamics: Alongshore uniform instabilities. In: *Procs. 4th Int. Conf. Coastal Dynamics.* Eds., H. Hanson and M. Larson. ASCE, pp. 1068–1077.

[374] Ribas, F., Falqués, A. and Montoto, A. (2003) Nearshore oblique sand bars. *J. Geophys. Res.* **108**: C4.

[375] Richards, K.J. (1980) The formation of ripples and dunes on an erodible bed. *J. Fluid Mech.* **99**: 597–618.

[376] Ridderinkhof, H. (1990) *Residual Currents and Mixing in the Wadden Sea.* Thesis, Utrecht University, p. 91.

[377] Ridderinkhof, H., van der Ham, R. and van der Lee, W. (2000) Temporal variations in concentration and transport of suspended sediments in a channel-flat system in the Ems-Dollard estuary. *Cont. Shelf Res.* **20**: 1479–1493.

[378] Riethmüller, R., Fanger, H.U., Grabemann, I., Krasemann, H.L., Ohm, K., Böning, J., Neumann, L.J.R., Lang, G., Markofsky, M. and Schubert, R. (1988) Hydrographic measurements in the turbidity maximum of the Weser estuary. In: *Physical Processes in Estuaries.* Eds., J. Dronkers and W. van Leussen. Springer-Verlag, Berlin, pp. 332–344.

[379] RIKZ National Institute for Coastal and Marine Management (1994) Average tidal curves for the Dutch tidal waters. 1991.0. (De gemiddelde getijkromme, in Dutch). RIKZ, The Netherlands, ISBN 90-369-0453-6.

[380] Robinson, A.H.W. (1965) Residual currents in relation to shoreline evolution of the east Anglian coast. *Mar. Geol.* **4**: 57–84.

[381] Robinson, I.S. (1983) A tidal model of the Fleet — An English tidal lagoon. *Set. Coast. Shelf Sci.* **16**: 669–688.

[382] Roelvink, D.J.A. and Stive, M.J.F. (1989) Bar-generating cross-shore flow mechanisms on a beach. *J. Geophys. Rev.* **94**: 4785–4800.

[383] Roy, P.S., Cowell, P.J., Ferland, M.A. and Thom, B.G. (1994) Wave dominated coasts. In: *Coastal Evolution: Late Quaternary Shoreline Morphodynamics.* Eds., R.W.G. Carter and C.D.Woodroffe, Cambridge University Press, pp. 121–185.

[384] Rubin, D.M. and Ikeda, H. (1990) Flume experiments on the alignment of transverse, oblique and longitudinal dunes in directionally varying flows. *Sedimentol.* **37**: 673–684.

[385] Ruessink, B.G., van Enckevort, I.M.J., Kingston, K.S. and Davidson, M.A. (2000) Analysis of observed two- and three-dimensional nearshore bar behaviour. *Mar. Geol.* **169**: 161–183.

[386] Ruessink, B.G., van Enckevort, I.M.J., Kingston, K.S. and Davidson, M.A. (2002) In: *Coast3D-Egmond; The Behaviour of a Straight Sandy Coast on the Time Scale of Storms and Seasons.* Eds., L.C. Van Rijn, B.G. Ruessink and J.P.M. Mulder. ISBN 90-800356-5-3, Aqua Publ., Amsterdam, L1–L23.

[387] Russel, R.J. and McIntire, W.G. (1965) Beach cusps. *Geol. Soc. Am. Bull.* **76**: 307–320.

[388] Ryu, S.O. (2003) Seasonal variation of sedimentary processes in a semi-enclosed bay: Hampyong Bay, Korea. *Est. Coast. Shelf Sci.* **56**: 481–492.

[389] Salomons, W. and Mook, W.G. (1981) Field observations of isotopic composition of particulate organic carbon in the Southern North Sea and adjacent estuaries. *Mar. Geol.* **41**: 11–20.

[390] Savenije, H.H.G. (2003) The width of a bankfull channel; Lacey's formula explained. *J. Hydrol.* **276**: 176–183.

[391] Scharp, J.C. (1949) Hydrografie. In: *Handboek der Geografie van Nederland.* Eds., G.J.A. Mulder, J.J. De Erven, Z. Tijl. **1**: 378–529.

[392] Schielen, R., Doelman, A. and De Swart, H.E. (1993) On the nonlinear dynamics of free bars in straight channels. *J. Fluid Mech.* **252**: 325–356.

[393] Schijf, J.B. and Schönfeld, J.C. (1953) Theoretical considerations on the motion of salt and fresh water. In: *Proc. Minn. Int. Hydraul. Conv.*, Mineanopolis, p. 321.

[394] Schramkowski, G.P., Schuttelaars, H.M. and de Swart, H.E. (2002) The effect of geometry and bottom friction on local bed forms in a tidal embayment. *Cont. Shelf Res.* **22**: 1821–1833.

[395] Schröder, M. and Siedler, G. (1989) Turbulent momentum and salt transport in the mixing zone of the Elbe estuary. *Est. Coast. Shelf Sci.* **28**: 615–638.

[396] Schumm, S.A. (1969) River metamorphosis. *J. Hydr. Div. Proc.* ASCE **96**: 201–222.

[397] Schuttelaars, H.M. and De Swart, H.E. (1999) Formation of channels and shoals in a short tidal embayment. *J. Fluid Mech.* **386**: 15–42.

[398] Seminara, G. and Tubino, M. (1997) Bed formation in tidal channels: Analogy with fluvial bars. In: *Morphology of Rivers, Estuaries and Coasts.* Ed., DiSilvio, IAHR, London.

[399] Seminara, G. and Blondeax, P. (Eds.) (2001) *River, Coastal and Estuarine Morphodynamics.* Springer, Berlin, p. 211.

[400] Seminara, G. and Tubino, M. (2001) Sand bars in tidal channels. Part 1. Free bars. *J. Fluid Mech.* **440**: 49–74.

[401] Seminara, G., Lanzoni, S., Bolla Pittaluga, M. and Solari, L. (2001) Estuarine Patterns: An introduction to their morphology and mechanics. In: *Geomorphological Fluid Mechanics.* Eds., M.J. Balmforth and E. Provenxale. Springer, pp. 455–499.

[402] Sha, L.P. (1998) Sand transport patterns in the ebb-tidal delta off Texel Inlet, Wadden Sea, The Netherlands. *Mar. Geol.* **86**: 137–154.

[403] Sha, L.P. and van den Berg, J.H. (1993) Variation in ebb-tidal delta geometry along the coast of the Netherlands and the German Bight. *J. Coast. Res.* **9**: 730–746.

[404] Shi, N.C. and Larsen, L.H. (1984) Reverse transport induced by amplitude-modulated waves. *Mar. Geol.* **54**: 181–200.

[405] Shepard, F.P. (1973) *Submarine Geology.* Harper and Row, New York, 517 pp.

[406] Short, A.D. (1991) Macro-meso tidal beach morphodynamics — An overview. *J. Coast. Res.* **7**: 417–436.

[407] Simpson, J.H., Crawford, W.R., Rippeth, T.P., Campbell, A.R. and Cheok, J.V.S. (1996) The vertical structure of turbulent dissipation in shelf seas. *J. Phys. Ocean.* **26**: 1579–1590.

[408] Sistermans, P.J.G., Van de Graaff, J. and Van Rijn, L.C. (2001) Vertical sorting of graded sediments by waves and currents. In: *Proc. Int. Conf. Coast. Eng.*, Sydney, Australia. ASCE, pp. 2780–2793.

[409] Sleath, J.F.A. (1976) On rolling grain ripples. *J. Hydr. Res.* **14**: 69–80.

[410] Sleath, J.F.A. (1984) *Sea Bed Mechanics.* Wiley, New York.
[411] Sleath, J.F.A. (1991) Velocities and shear stress in wave-current flows. *J. Geophys. Res.* **96**: 15237–15244.
[412] Small, C. and Nicholls, R.J. (2003) A global analysis of human settlement in coastal zones. *J. Coast. Res.* **19**: 584–599.
[413] Smith, J.B. and FitzGerald, D.M. (1994) Sediment transport patterns at the Essex River Inlet ebb-tidal delta, Massachusetts, USA. *J. Coast. Res.* **10**: 752–774.
[414] Smith, J.D. (1969) Geomorphology of a sand ridge. *J. Geol.* **77**: 39–55.
[415] Smith, J.D. and McLean, S.R. (1977) Spatially averaged flow over a wavy surface. *J. Geophys. Res.* **82**: 1735–1746.
[416] Sonu, C.J. (1968) Collective movement of sediment in littoral environment. In: *Proc. Int. Conf. Coast. Eng.*, ASCE, pp. 373–400.
[417] Soulsby, R.L., Atkins, R. and Salkfield, P. (1994) Observations of the turbulent structure of a suspension of sand in a tidal current. *Cont. Shelf Res.* **14**: 429–435.
[418] Soulsby, R.L. (1997) *Dynamics of Marine Sands.* Thomas Telford, pp. 249.
[419] Southard, J.B. and Dingler, J.R. (1971) Flume study of ripple propagation behind mounds on flat sand beds. *Sedimentol.* **16**: 251–263.
[420] Southard, J.B. and Boguchwal, L.A. (1980) Bed configurations in steady inudirectional water flows. Part 2. Synthesis of flume data. *J. Sed. Petrol.* **60**: 658–779.
[421] Spanhoff, R., Biegel, E.J., Burger, M. and Dunsbergen, D.W. (2004) *Shoreface Nourishments in the Netherlands* (In press).
[422] Spanhoff, R. Personal communication.
[423] Speer, P.E. and Aubrey, D.G. (1985) A study of non-linear tidal propagation in shallow inlet/estuarine systems. Part II: Theory. *Estuarine, Coast. Shelf Sci.* **21**: 207–224.
[424] Stive, M.J.F., Roelvink, D.J.A. and De Vriend, H.J. (1991) Large-scale coastal evolution concept. *Procs. 22nd Int. Conf. Coast. Eng. ASCE*, pp. 1962–1974.
[425] Stive, M.J.F., Aarninkhof, S.G.J., Hamm, L., Hanson, H., Larson, M., Wijnberg, K.M., Nicholls, J. and Capobianco, M. (2002) Variability of shore and shoreline evolution. *Coastal Eng.* **47**: 211–235.
[426] Stoker, J.J. (1957) Water waves. *Interscience*, New York.
[427] Straaten, L.M.J.U. and Kuenen, P.H. (1957) Accumulation of fine-grained sediments in the Dutch Wadden Sea. *Geol. Mijnbouw* (N.S.) **19**: 329–354.
[428] Sunamura, T. (2004) A predictive relationship for the spacing of beach cusps in nature. *Coast. Eng.* **51**: 697–711.
[429] Sutherland, A.J. (1967) Proposed mechanism for sediment entrainmment by turbulent flows. *J. Geophys. Res.* **72**: 6183–6194.
[430] Swift, D.J.P., Duane, D.B. and McKinney, T.F. (1973) Ridge and swale topography of the middle Atlantic Bight, North America: Secular response to the Holocene hydraulic regime. *Marine Geology* **15**: 227–247.
[431] Swift, D.J.P., Parker, G., Lanfredi, N.W., Perillo, G. and Figge, K. (1978) Shoreline-connected sand ridges on American and European shelves — A comparison. *Est. Coast. Mar. Sci.* **7**: 227–247.
[432] Swift, D.J.P. and Field, M.E. (1981) Evolution of a classic sand ridge field: Maryland sector, North American inner shelf *Sedimentol.* **28**: 461–482.
[433] Swift, D.J.P. and Thorne, J.A. (1991) Sedimentation on continental margins, I: A general model for shelf sedimentation. In: *Shelf Sand and Sandstone Bodies.* Eds., D.J.P.

Swift, G.F. Oertel, R.W. Tillman and J.A. Thorne. *Int. Ass. Sed.*, Blackwell, Oxford, pp. 3–31.

[434] Swart, D.H. (1776) Coastal sediment transport. *Computation of Longshore Transport.* rep. R**968**: Part I. W.L. Delft Hydraulics, Delft.

[435] Tang, E.C.S. and Dalrymple, R.A. (1989) Nearshore circulation: B. Rip currents and wave groups. In: *Nearshore Sediment Transport.*

[436] Temmerman, S., Govers, G., Meire, P. and Wartel, S. (2003) Modelling long-term marsh growth under changing tidal conditions and suspended sediment concentrations, Scheldt estuary, Belgium. *Mar. Geol.* **193**: 151–169.

[437] Ten Brinke, W.B.M., Dronkers, J. and Mulder, J.P.M. (1994) Fine sediments in the Eastern-Scheldt tidal basin before and after partial closure. *Hydrobiol.* **282/283**: 41–56.

[438] Terwindt, J.H.J. (1971) Sand waves in the southern North Sea. *Mar. Geol.* **10**: 51–67.

[439] Thompson, C.E.L., Amos, C.L., Lecouturier, M. and Jones, T.E.R. (2004) Flow deceleration as a method of determining drag coefficient over roughened flat beds. *J. Geophys. Res.* **109**: C03001, 1–12.

[440] Thornton, E.B. and Guza, R.T. (1982) Energy saturation and phase speeds measured on a natural beach. *J. Geophys. Res.* **87**: 9499–9508.

[441] Thornton, E.B. and Guza, R.T. (1983) Transformation of wave height distribution. *J. Geophys. Res.* **88**: 5925–5938.

[442] Thornton, E., Humiston, R. and Birkemeyer, W. (1996) Bar-trough generation on a natural beach. *J. Geophys. Res.* **101**: 12097–12110.

[443] Tomasicchio, G.R. and Sancho, F. (2002) On wave induced undertow at a barred beach. *Proc. 28th Int. Conf. Coast. Eng.*, Cardiff, ASCE, pp. 557–569.

[444] Trembanis, A.C., Wright, L.D., Friedrichs, C.T., Green, M.O. and Hume, T. (2004) The effects of spatially complex inner shelf roughness on boundary layer turbulence and current and wave friction: Tairua embayment, New Zealand. *Cont. Shelf Res.* **24**: 1549–1571.

[445] Trowbridge, J.H. and Madsen, O.S. (1984) Turbulent wave boundary layers: 2. Second-order theory and mass transport. *J. Geophys. Res.* **89**: 7999–8007.

[446] Trowbridge, J.H. (1995) A mechanism for the formation and maintenance of the shore-oblique sand ridges on storm-dominated shelves. *J. Geophys. Res.* **100**: 16071–16086.

[447] Turrell, W.R. and Simpson, J.H. (1988) The measurement and modelling of axial convergence in shallow well-mixed estuaries. In: *Physical Processes in Estuaries.* Eds., J. Dronkers and W. van Leussen, Springer-Verlag, Berlin, pp. 130–145.

[448] Uncles, R.J. and Jordan, M.B. (1979) Residual fluxes of water and salt at two stations in the Severn Estuary. *Est. Coast. Mar. Sci.* **9**: 287–302.

[449] Uncles R.J. and Jordan, M.B. (1980) A one-dimensional representation of residual currents in the Severn estuary and associated observations. *Est. Coast. Shelf Sci.* **10**: 39–60.

[450] Uncles, R.J., Elliot, R.C.A. and Weston, S.A. (1985) Observed fluxes of water, salt and suspended sediment in a partly mixed estuary. *Est. Coast. Shelf Sci.* **20**: 147–167.

[451] Uncles, R.J., Elliot, R.C.A. and Weston, S.A. (1986) Observed and computed lateral circulation patterns in a partially mixed estuary. *Est. Coast. Shelf Sci.* **22**: 439–457.

[452] Uncles, R.J. and Stephens, J.A. (1990) Salinity stratification and vertical shear transport in an estuary. In: *Coastal and Estuarine Studies* 38, Residual currents and long-term transport. Ed., R.T. Cheng, Springer-Verlag, New York, pp. 137–150.

[453] Uncles, R.J. and Stephens, J.A. (1993) The nature of the turbidity maximum in the Tamar estuary. *Est. Coast. Shelf Sci.* **36**: 413–431.

[454] Uncles, R.J. (2002) Estuarine physical processes research: Some recent studies and progress. *Est. Coast. Shelf Sci.* **55**: 829–856.

[455] Uncles, R.J., Bale, A.J., Brinsley, M.D., Frickers, P.E., Harris, C., Lewis, R.E., Pope, N.D., Staff, F.J., Stephens, J.A., Turley, C.M. and Widdows, J. (2003) Intertidal mudflat properties, currents and sediment erosion in the partially mixed Tamar Estuary, UK. *Ocean Dynamics* **53**: 239–251.

[456] Van den Berg, J.H. (1987) Bed form migration and bedload transport in some rivers and tidal environments. *Sedimentology* **34**: 681–698.

[457] Van de Kreeke, J. Stability of tidal inlets; Escoffier's analysis. *Shore and Beach* **60**: 9–12.

[458] Van de Kreeke, J. and Iannuzzi, R.A. (1998) Second-order solutions for damped cooscillating tide in narrow canal. *J. Hydr. Eng.* **124**: 1253–1260.

[459] Van der Molen, J. (2002) The influence of tides, wind and waves on the net sand transport in the North Sea. *Cont. Shelf Res.* **22**: 2739–2762.

[460] Van der Spek, A.F.J. (1994) *Large-Scale Evolution of Holocene Tidal Basins in the Netherlands.* Thesis, Utrecht University, 191 pp.

[461] Van der Spek, A.F.J. (1997) Tidal asymmetry and long-term evolution of Holocene tidal basins in The Netherlands: Simulation of paleo-tides in the Schelde estuary. *Mar. Geol.* **141**: 71–90.

[462] Van der Wal, D. (1999) *Aeolian Transport of Nourishment Sand in Beach-Dune Environments.* Thesis, University of Amsterdam.

[463] Van der Wal, D., Pye, K. and Neal, A. (2002) Long-term morphological change in the Ribble estuary, northwest England. *Mar. Geol.* **189**: 249–266.

[464] Van Dongeren, A.R. and De Vriend, H.J. (1994) A model of morphological behaviour of tidal basins. *Coast. Eng.* **22**: 287–310.

[465] Van Duin, M.J.P., Wiersma, N.R., Walstra, D.-J.R., Van Rijn, L.C. and Stive, M.J.F. (2004) Nourishing the shoreface: Observations and hindcasting of the Egmond case, The Netherlands. *Coast. Eng.* **51**: 813–837.

[466] Van Goor, M.A., Zitman, T.J., Wang, Z.B. and Stive, M.J.F. (2003) Impact of sea-level rise on the morphological equilibrium state of tidal inlets. *Mar. Geol.* **202**: 211–227.

[467] Van Heteren, S., Baptist, M.J., Van Bergen Henegouwen, V.N., Van Dalfsen, J.A., Van Dijk, T.A.G.P., Hulscher, N.H.B.M., Knaapen, M.A.F., Lewis, W.E., Morelissen, R., Passchier, S., Penning, W.E., Storbeck, F., Van der Spek, A.F.J., Van het Groenewoud, H. and Weber, A. (2003) *Eco-Morphodynamics of the Seafloor.* Delft Cluster Publ. 03.01.05-04, Univ. Delft, p. 52

[468] Van Lancker, V.R.M. and Jacobs, P. (2000) The dynamical behaviour of shallow-marine dunes. In: *Marine Sandwave Dynamics.* Eds., A. Trentesaux and T. Garlan. *Procs. Int. Workshop*, Univ. Lille, pp. 213–220.

[469] Van Leussen, W. (1994) *Estuarine Macro-Flocs and their Role in Fine-Grained Sediment Transport.* Thesis, Utrecht University, p. 488.

[470] Van Maldegem, D.C., Mulder, H.P.J. and Langerak, A. (1991) A cohesive sediment balance for the Scheldt estuary. *Neth. J. Aq. Ecol.* **27**: 247–256.

[471] Van Rijn, L.C. (1984) Sediment transport, Part II: Suspended load transport. *J. Hydraul. Div. Proc. ASCE* **110**: 1613–1641.

[472] Van Rijn, L.C. (1993) *Handbook Sediment Transport in Rivers, Estuaries and Coastal Seas.* Aqua Publ., Amsterdam.

[473] Van Rijn, L.C., Ruessink, B.G. and Mulder, J.P.M. (2002) Summary of project results. In: *Coast3D-Egmond; The Behaviour of a Straight Sandy Coast on the Time Scale of Storms and Seasons.* ISBN 90-800356-5-3, Aqua Publ., Amsterdam.

[474] Van Rijn, L.C., Caljauw, M. and Kleinhout, K. (2002). Basic features of morphodynamics at the Egmond site on the medium-term time scale of seasons. In: *Coast3D-Egmond; The Behaviour of a Straight Sandy Coast on the Time Scale of Storms and Seasons.* Eds., L.C. Van Rijn, B.G. Ruessink and J.P.M. Mulder. ISBN 90-800356-5-3, Aqua Publ., Amsterdam, J1–J20.

[475] Van Straaten, L.M.J.U. and Kuenen, P.H. (1957) Accumulation of fine grained sands in the Dutch Wadden sea. *Geol. en Mijnbouw* **19**: 406–413.

[476] Van Veen, J. (1950) Eb- en vloedschaar systemen in de Nederlandse getijdewateren. *Tijdschrift Kon. Ned. Aardrijkskundig Genootschap* **67**: 303–325.

[477] Vincent, C.E. and Green, M.O. (1990) Field measurements of the suspended sand concentration profiles and fluxes and of the resuspensionm coefficient over a rippled bed. *J. Geophys. Res.* **95**: 11591–11601.

[478] Vincent, C.E., Stolk, A. and Porteer, C.F.C. (1998) Sand suspension and transport on the Middelkerke Bank (southern North Sea) by storms and tidal currents. *Mar. Geol.* **150**: 113–129.

[479] Vittori, G. (2003) Sediment suspension due to waves. *J. Geophys. Res.* **108**(C6), 4: 1–17.

[480] Walton, T.L. and Adams, W.D. (1976) Capacity of inlet outer bars to store sand. *Procs. 15th Int. Coast. Eng. Conf., ASCE*, New York, pp. 1919–1937.

[481] Wang, Z.B., Fokkink, R.J., de Vries, M. and Langerak, A. (1995) Stability of river bifurcations in 1D morphological models. *J. Hydraul. Res.* **33**: 739–750.

[482] Wang, P., Ebersole, B.A. and Smith, E.R. (2003) Beach-profile evolution under spilling and plunging breakers. *J. Waterway, Port, Coast. Ocean Eng., ASCE* **129**: 41–46.

[483] Wells, J.T. (1997) Tide-dominated estuaries and tidal rivers. In: *Geomorphology and Sedimentology of Estuaries.* Ed., G.M.E. Perillo, Elsevier, Amsterdam, pp. 179–205.

[484] Warrick, R.A., Barrow, E.M. and Wigley, T.M.I. (Eds.) (1993) Climate and sea level change: Observations, projections and implications. Cambridge Univ. Press, 424 pp.

[485] Werner, B.T. and Fink, T.M. (1993) Beach cusps as self-organized patterns. *Science*, **260**: 968–971.

[486] Werner, S.R., Beardsley, R.C. and Williams, A.J. (2003) Bottom friction and bed forms on the southern flank of Georges Bank. *J. Geophys. Res.* **108**(C11), GLO 5: 1–21.

[487] West, J.R. and Mangat, J.S. (1986) The determination and prediction of longitudinal dispersion coefficients in a narrow, shallow estuary. *Est. Coast. Shelf Sci.*, pp. 161–181.

[488] Whitehouse, R.J.S. and Mitchener, H.J. (1998) Observations of the morphodynamic behaviour of an intertidal mudflat at different timescales. In: *Sedimentary Processes in the Intertidal Zone.* Eds., K.S. Black, D.M. Paterson and A. Cramp, Geological Society, London, Special Publ. **139**: 255–271.

[489] Wijnberg, K. (1995) *Morphologic Behaviour of a Barred Coast over a Period of Decades.* Thesis, Utrecht University, ISBN 90-6266-125-4, 245 pp.

[490] Wijnberg, K. and Terwindt, J.H.J. (1995) Extracting decadal morphological behaviour from high-resolution long-term bathymetric surveys along the Holland coast using eigen-function analysis. *Marine Geol.* **126**: 301–330.

[491] Williams, P.B. and Kemp, P.H. (1971) Initiation of ripples on flat sediment beds. *J. Hydr. Div. ASCE* **97**: 505–522.

[492] Winkelmolen, A.H. and Veenstra, H.J. (1980) The effect of a storm surge on nearshore sediments in the Ameland-Schiermonnikoog area. *Geologie Mijnbouw* **59**: 97–111.

[493] Winterwerp, J.C. (2001) Stratification effects by cohesive and non-cohesive sediments. *J. Geophys. Res.* **106**: 22559–22574.

[494] Wolanski, E., King, B. and Galloway, D. (1997) Salinity intrusion in the Fly River estuary, Papua New Guinea. *J. Coast. Res.* **13**: 983–994.

[495] Wood, R. and Widdows, J. (2002) A model of sediment transport over an intertidal transect, comparing the influence of biological and physical factors. *Limnol. Ocean.* **47**: 848–855.

[496] Woodroffe, C.D. (2002) Coasts, form, processes and evolution. Cambridge Univ. Press, 623 pp.

[497] Wright, L.D., Coleman, J.M. and Thom, B.G. (1973) Processes of channel development in a high tide-range environment: Cambridge Gulf-Ord River Delta, Western Australia. *J. Geol.* **81**: 15–41.

[498] Wright, L.D., Chappel, J., Thom, B.G., Bradshow, M.P. and Cowell, P. (1979) Morphodynamics of reflective and dissipative beach and inshore systems: Southeastern Australia. *Mar. Geol.* **32**: 105–140.

[499] Wright, L.D. and Short, A.D. (1984) Morphodynamic variability of surf zones and beaches: A synthesis. *Mar. Geol.* **56**: 93–118.

[500] Wright, L.D. (1985) River Deltas. In: *Coastal Sedimentary Environments.* Ed., R.A. Davis. Springer-Verlag, New York, pp. 1–76.

[501] Yalin, M.S. (1964) Geometrical properties of sand waves. *Proc. Am. Soc. Civil Eng.* **90**: 105–119.

[502] Yalin, M.S. and da Silva, A.M.F. (1992) Horizontal turbulence and alternating bars. *J. Hydrosci. Hydraul. Eng.* **9**: 47–58.

[503] Yu, J. and Slinn, D.N. (2003) Effects of wave-current interaction on rip currents. *J. Geophys. Res.* **108**: 33-1–33-19.

[504] Zagwijn, W.H. (1983) Sea level changes in the Netherlands during the Eemian. *Geol. Mijnb.* **62**: 437–450.

[505] Zagwijn, W.H. (1986) Nederland in het Holoceen. Rijks Geologische Dienst. *Haarlem*, 46 pp.

[506] Zang, D.P. and Sunamura, T. (1994) Multiple bar formation by breaker induced vortices: A laboratory approach. In: *Proc. 24th Int. Coast. Eng.*, Kobe, Japan. ASCE, pp. 2856–2870.

[507] Zedler, E.A. and Street, R.L. (2001) Large-eddy simulation of sediment transport: Current over ripples. *J. Hydr. Eng.* **127**: 444–452.

[508] Zimmerman, J.T.F. (1973) The influence of the subaqeous profile on wave-induced bottom stress. *Neth. J. Sea Res.* **6**: 542–549.

[509] Zimmerman, J.T.F. (1976) Mixing and flushing of tidal embayments in the western Wadden Sea, I: Distribution of salinity and calculation of mixing time scales. *Neth. J. Sea Res.* **10**: 149–191.

[510] Zimmerman, J.T.F. (1978) Topographic generation of residual circulation by oscillatory (tidal) currents. *Geophys. Astrophys. Fluid Dyn.* **11**: 35–47.

[511] Zimmerman, J.T.F. (1981) Dynamics, diffusion and geomorphological significance of tidal residual eddies. *Nature* **290**: 549–555.

[512] Zimmerman, J.T.F. (1986) The tidal whirlpool: A review of horizontal dispersion by tidal and residual currents. *Neth. Journal of Sea Research* **20**: 133–154.